Eisenbahngeschichte der Vereinigten Staaten von Nordamerika
Band 2

Heinrich Buchmann

Dampflokomotiven in den USA 1825-1950

Band 2:
Die technische Hochblüte
der Dampftraktion
1921–1950

Verlängerte Lokdurchläufe
Beschleunigter Güterverkehr
Höhere Dampfdrücke
Letzte Blüte der 3-Zylinderlok
Duplex-Bauart
Stärkere Achsbilder
Turbinenantrieb
Diesellok übernimmt den Streckendienst
bei den grossen Gesellschaften

Birkhäuser Verlag
Basel und Stuttgart

Umschlag:
Zwei weltberühmte Schnellzugs-Dampflokomotiven der
‹Pennsylvania› beim Kohlenbunkern. Links die 6–4–4–6-Duplex
Nr. 6100 mit Stromlinienverkleidung (vgl. Abb. 19, 194 und 195),
rechts die 4–6–2-K4s-Schnellzugsmaschine (vgl. Abb. 89–93),
Nr. 5344. Das Bild wurde von Grif Teller für den Penn-Kalender
1937 gemalt. Die Duplex erhielt den Namen «Big Engine» und
blieb eine Einzelausführung, weil sie zu kräftig konzipiert war.
Von der K4s-Erfolgsmaschine wurden dagegen 425 Einheiten
gebaut. Obwohl derartige Bilder einmalig-musterhaft die
Dampflokzeit verherrlichen, konnte man damit die Ablösung
durch die Dieselelektrolok in Amerika nicht verhindern.

Frontispiz:
Nr. 6415 (neu Nr. 143) der ‹Milwaukee›, Class F6a, Serie
6414–6421, Baldwin 1931, in Frontansicht. Es war eine
Zwillingsmaschine vom für Expressmaschinen typischen Achsbild
4–6–4 mit 2006,6 mm Triebrad-∅, 660,4 mm Zylinder-∅,
711,2 mm Hub und 20 t Zugkraft. Normale Streckenleistung pro
Monat 18 390 Meilen, also 10mal Minneapolis–Harlowton und
zurück (siehe SN11) ohne Maschinenwechsel auf der Hin- bzw.
Rückfahrt mit 9–10 schweren Personenwagen. Auf jeder Fahrt
fand 5mal Mannschaftswechsel statt. Auf einer Fahrt wurden 11
Wasser- und 7 Kohlenbetankungen sowie 7 kleine Schmierservice
durchgeführt. All dies mit einem minimalen Zeitaufwand am
Zuge. Der Zug benötigte auch auf der stärksten Steigung (10‰),
die auf der Ost-West-Passage während 17,5 Meilen anhielt, keinen
Vorspann, ausgenommen zu jenen Zeiten, wo starke Blizzards
herrschten.

Vorsatz:
Die geomorphologische Karte des nordamerikanischen
Kontinents zeigt in den Hauptlinien eine grosszügige Gliederung,
die dem Bau des geologischen Untergrunds recht gut entspricht.
Im Westen befindet sich das während der alpidischen Faltung
gebildete Kordillierengebirgssystem. Im Osten befindet sich das
paläozoisch gefaltete und heute stark abgetragene appalachische
Gebirgssystem. Zwischen beiden Systemen liegt die tiefer
gelegene Hauptmasse des Kontinents mit dem grossen
Fluss-System der Mississippi-Missouri-Ohio-Rivers, das teilweise
bis fast zur kanadischen Grenze hinaufreicht. Jede dieser
Regionen boten auf ihre Art den Eisenbahnbauern gewaltige
Probleme, die mit viel Mut meist auf gut Glück beim Linienbau
angegangen wurden. Diese grosszügige Landschaft mit ihren
klimatischen Extremen wurde von den Einwanderern in mehreren
Schüben und ab Mitte des 19. Jahrhunderts vor allem mit Hilfe
der Eisenbahn in Besitz genommen. Viele Entwicklungen im
Lokbau tragen darum den Stempel dieser gewaltigen Aufgaben
und lassen sich nur so erklären, dass alles eher einer Flucht in die
technische Entwicklung glich, weil es kein Zurück mehr gab. Noch
viel mehr als der erste Band zeigt dies der zweite auf, weil in
diesem Zeitabschnitt das Gigantische ein Muss war und
keinesfalls nur eine blosse Manie. Der Kontinent war erobert, er
musste aber im Streben nach einem höheren Lebensstandard noch
gewaltig ausgebaut werden. Hiezu benötigten Staat und Industrie
den Schienenverkehr, d. h. leistungsfähige Lokomotiven, die die
Weiten des Kontinents meisterten.
Die Zeichnung wurde nach dem «Physiographic Diagramm» von
Erwin Raisz (1954) angefertigt.

© Birkhäuser Verlag Basel, 1978
Gesamtherstellung: Birkhäuser AG, Basel

Printed in Switzerland
ISBN 3-7643-1016-2

CIP-Kurztitelaufnahme der Deutschen Bibliothek

**Eisenbahngeschichte der Vereinigten Staaten von
Amerika.** – Basel, Stuttgart : Birkhäuser.
Bd. 2. → Buchmann, Heinrich: Dampflokomotiven in den
USA

Buchmann, Heinrich:
Dampflokomotiven in den USA : 1825 – 1950 / Heinrich
Buchmann. – Basel, Stuttgart : Birkhäuser.
Bd. 2. Die technische Hochblüte der Dampftraktion 1921
– 1950. – 1978.
    (Eisenbahngeschichte der Vereinigten Staaten von
    Amerika ; Bd. 2)
ISBN 3-7643-1016-2

Inhaltsverzeichnis

1921–1936 29

Konkurrenten zu Schiene und Dampfloks wachsen heran. Gewaltige Anstrengungen durch Verlängerung der Lokdurchläufe und Beschleunigung des Güterverkehrs; Kesseldruck- und Zugkraftvergrösserung. Stärkere Achsbilder zur Abschaffung der Doppeltraktion. Mehr Sicherheit durch Einführung des automatischen Verkehrs. Bessere Ausnützung der vorhandenen Reserven bisheriger Achsbilder wie Pacific, Mountain im Schnellzugsverkehr und Consolidation, Mikado im Güterverkehr. Vermehrtes Interesse an Dreizylindermaschinen. Einführung des Wälzlagers im Dampflokbau. Die Achsbilder Hudson und Northern werden zur weiteren Beschleunigung des Schnellzugsverkehrs eingeführt. Die Einrahmenbauweise findet in der 4–12–2-Lok der ‹UP› ihren oberen Grenzwert. Die Mallet-Lok wird systematisch verstärkt und erhält neue Achsbilder, besonders im Hinblick auf höhere Geschwindigkeiten. Rekordfahrten zur Verbesserung des Städteverkehrs

1937–1950 96

Stromlinierte Dampfloks kommen in Mode. Duplex-Bauart als neuer Loktyp der Einrahmenbauweise konnte nicht überzeugen. Dampfturbinenloks zwar für den Langstreckendienst im Schnellverkehr geeignet, doch die grossen Gesellschaften wenden sich der Dieseltraktion mit gekuppelten Einheiten zu. Höhere Geschwindigkeiten auch bei Güterzügen notwendig. Letzte Vergrösserungen der Mallet-Lok im Typ 4–6–6–4 und 4–8–8–4. Cab ahead-Loks der ‹SP›. Letzte Blüte des Northern-Typ. Letzter Anlauf der ‹Penn› mit der Duplexbauart. Endgrösse des Texas-Typs bei ‹Penn› und ‹Santa Fé› erreicht. Die ‹C&O› entwickelt mit Lima den Allegheny-Typ. Entstehung des «Locomotive Development Commitee» zur Entwicklung der Gasturbinenlok mit Kohleverbrennung. Letzte Blüte des Yellowstone-Typ bei ‹B&O›. Grosstest der ‹NYC›: Dampf contra Diesel. ‹C&O› baut Dampfturbinenlok «Chessie». ‹Penn› macht Schluss mit Dampflok. ‹UP› versucht noch einmal eine Gasturbinenlokserie. ‹Santa Fé› rettet noch eine Zeitlang die Dampflok über die Ölfeuerung. ‹N&W› gibt der Dampflok den Vortritt und hebt Elektrifizierung auf

Vorwort

Wie bereits im Vorwort des ersten Bandes dargelegt, zerfällt die Zeit der Dampflok in Amerika in mehrere markante Abschnitte. Nach den Jahrzehnten der Pioniere und des ungestümen Ausbaus erfolgten die ersten staatlichen Eingriffe. Trotzdem blieb noch genügend Spielraum für die Verwirklichung ehrgeiziger privatwirtschaftlicher Pläne, die sich bei entsprechendem Einsatz finanzieller Mittel und dank des Aufkommens einer Supertechnik auf den Schienen, stark ausweiten liess. Die Bildung von umfassenden Bahnsystemen war an die für die USA typisch gewordenen Schienengiganten gebunden. Die Initianten und Planer der grossen Gesellschaften mit über 5000 km Streckenlänge forderten ihre technischen Stäbe und die Lokindustrie heraus, noch grössere Leistungen zu vollbringen, um die Transportkapazität den wachsenden Bedürfnissen einer grossen Industrienation anzupassen und; – eine willkommene Gelegenheit, die Gewinne zu vergrössern.

Während sich staatliche Instanzen immer mehr – begründet oder nur aus Prinzip – mit der Überwachung der Eisenbahngesellschaften zur Eindämmung gewinnsüchtiger Auswüchse beschäftigten, zeigten sich am Horizont neue Schwierigkeiten, die vor allem aus der erstarkenden Konkurrenz resultierten. Es zeigte sich, dass das Flugzeug seit anfang der dreissiger Jahre ein ideales Transportmittel zur Verbindung der weit auseinanderliegenden Industriezentren und Pionierstädte darstellte. Diese Entwicklungen führten bei den staatlichen Funktionären dazu, sich bald aktiv für die Existenzsicherung der Bahngesellschaften einzusetzen, damit sich nicht durch allzu grosse Schwächung des Schienenverkehrs ein zusammenbruchähnlicher Zustand entwickeln konnte. Die Jahre nach 1920 sind darum mindestens so spannend wie die Pionierzeit, da das wechselvolle Spiel zwischen Technik, Wirtschaft und Staat von allen Parteien hohen Einsatz forderte. Dass die Dampftraktion schliesslich doch aufgegeben wurde, mag bedauerlich erscheinen, lässt sich aber bei Kenntnis aller wesentlichen historischen Fakten im Falle USA plausibel erklären. Zu einfache oder gar einseitige Denkmodelle sind dabei jedoch ungenügend. Beispielsweise ist es nicht vertretbar, der Ölindustrie einen allzu grossen Prozentsatz an Schuld zuzuschieben, sind doch beachtliche Stückzahlen ölgefeuerter Dampfloks viele Jahre im Grosseinsatz gestanden. Auch das mit den Dieselloks aufgezogene Leasinggeschäft, dürfte nicht den Ausschlag dafür gegeben haben; zumal bei den Dieselloks noch Anfangsschwierigkeiten zu überwinden waren. Die zu jener Zeit gern genannten Nachteile der Dampflok z. B. das Warmhalten von Reserveloks oder von Dampfloks mit grösseren Dienstpausen war besonders im Winter ein Problem, das jedoch bei grossen Bahnhöfen weniger ins Gewicht fiel. Die lange Lebensdauer und die «Gutmütigkeit» der amerikanischen Dampfloks war ausserdem sprichwörtlich, was nicht nur Einzeltests, sondern vor allem die täglichen Leistungen bewiesen. Diese für die Dampftraktion positiven Tatsachen wurden und werden von niemandem geleugnet. Nicht umsonst gibt es in den USA seit Jahren so viele Freunde der Dampflok und damit der Dampfzeit; es sei z. B. an die regelmässig erscheinenden Publikationen der 'Railway & Locomotive Historical Society, Inc. (Baker Library, Harvard Business School, Boston, Mass.)' erinnert. Solche wohl organisierten und aktiven Gesellschaften mit wissenschaftlichem Charakter existieren nur in den USA. Dank ihren Bemühungen sind die einmaligen Leistungen der Dampflok festgehalten.

Nachdem nun der erste Band guten Anklang gefunden hat und die Fachwelt den Inhalt als nützlich betrachtet, wurde der zweite Band in gleicher Weise durchgestaltet. Gewisse Anregungen wie z. B. das Herausheben der für das Nachschlagen wichtigen Begriffe im Text, wurde soweit möglich durchgeführt. Die Graphiker glauben im gewählten Weg eine gangbare Lösung gefunden zu haben, um dem Handbuchcharakter noch mehr Gewicht zu geben. Inhaltlich gesehen weist die Zeit von 1921–1950, die Periode der technischen Hochblüte der Dampftraktion in den USA, so viele konstruktiv hochinteressante Einzelheiten auf, dass die Fülle von spannenden Einzelheiten anhält.

Chronologie der Dampflokzeit
1921–1950

1921–1936 **Sich zunehmend verstärkende Massnahmen des Dampfbetriebes gegen die Konkurrenz durch Leistungssteigerung und Verlängerung der Lokdurchläufe sowie Beschleunigung des Güterverkehrs. Streckenbegradigung, Bau stärkerer Brücken, Verwendung von Leichtmetall im Wagenbau, Bedienung kleiner Bahnhöfe durch Autos etc. Letzte Blüte der 3-Zylinderlok. Ernsthafte Umsatzrückgänge bei der Bahn trotz Modernisierungen.**

1921–22 Santa Fé Grosserie für ‹IC› und ‹SP›, starke Consolidations für ‹WM›, Vergleich mit 1D-Maschinen Europas; Ten Wheels nach wie vor gefragt, Gebirgs-Pacifics für ‹CB&Q›-Untergesellschaften (Vergleich ‹AL›), Mikados und Mountains für ‹NC&St.L›, ‹NYC›, ‹P&LE›, ‹UP›, Sicherheit durch Automatik

1923 Vergrösserung des Lokdurchlaufs bei ‹NC&St.L›, Kleinmikados für die ‹Sewell Valley›, «Capitol Ltd.» der ‹B&O›, *schwere Pacifics für ‹Southern›, ‹NYC› und ‹B&M›,* Mountains für ‹SP›, ‹FEC›, ‹N&W›, ‹LV› sowie ‹Lackawanna›, 3-Zylindermaschinen, Mikados für Schmalspur, Klein-Pacifics für ‹MKT›, Ten Wheels für ‹Penn› als 4–4–0-Ersatz, 4–6–2 für ‹T&P›, Lokpark der ‹BR&P›, 2–10–2 für ‹UP›

1924 Experimentier-Pacific, Umbau von Compound-Mallets in Einfachdehnung, 3-Zylinderloks für ‹Wabash›, ‹NYC›, ‹NYNH&H› etc., 4–4–0 für ‹Monon› etc., Versuchsmaschinen der ‹D&H› für höhere Dampfdrücke, 4–6–2 für ‹LV›, Vergrösserung der ‹SP›, 2–8–8–0 für ‹KCS›, Moguls und Consolidations für ‹GB&W›, Klein-Pacific für ‹P&WV›, 4–4–0-Loks für ‹Monon› und ‹Cornwall›

1925 Overland für ‹SP› und ‹UP›, «Crescent», Berkshire und Texas von Lima, 4–6–2 für ‹MC›, 3-Zylinderloks für ‹L&N› und ‹MP›, 4–8–2 für ‹NYC› und ‹SAL›, 2–8–0 für ‹Reading›, 2–10–0 für ‹Osage Rw.›, 2–10–2 für ‹CofG›

1926 4–12–2 für ‹UP›, Experimentierlok 4–10–2 (3-Zylinder Baldwin), 4–8–4 für ‹NP›, 3-Zylinder-Mountains für ‹Rio Grande›, ‹NYNH&H›, ‹Penn›, ‹SOO›, Zugstop-Versuchsstrecke der ‹SP›, 4–6–2 für ‹Reading›

1927 ‹Penn›-Class K4s-Pacific, Hudsons für ‹NYC› und ‹Santa Fé›, 2–8–4 für ‹Erie›, ‹Santa Fé›, 2–10–4 für ‹CB&Q›, ‹T&P›, 4–8–4 für ‹Lackawanna› und ‹NP›, 2–8–8–2 für ‹GN› und ‹Rio Grande›, «President Washington» der ‹B&O›, CTC-System eingeführt, letzte Pacifics für ‹NYC›, 4–4–0 für ‹C&IM›

1928 Moffat-Tunnel, USA-Mexiko–Panama (‹KCM&O›), 2–10–4 für ‹CV›, Cabahead-Mallet der ‹SP› Typ 4–8–8–2, 2–8–8–4 für ‹NP›, 2–8–8–2 für ‹Southern›, 4–8–4 für ‹Santa Fé›, 2–8–2 für ‹CNO&TP›, 4–4–0-Modernisierung bei ‹Frisco›

1929 Cascade-Tunnel, Schnellzugs-Mikados der ‹GN›, Pullmann air-cond. Chicago–Los Angeles, Bahn-Flugzeug New York–Los Angeles, 4–8–4 für ‹GN›, ‹C&NW›, ‹Rock Island›, 4–6–4 für ‹Nickel Plate›, 2–8–2 für ‹WP›, ‹Monon›, 2–8–4 für ‹B&M›, 2–10–4 für ‹B&LE›, ‹C&O›, 4–6–2 für ‹Rutland›, K5 (Nachfolgemuster K4s) für ‹Penn›

1930 Timken-Lok, ‹NYC›-Parallelversuch, Hudson-, Mountain- und Texas-Ablieferungen, ‹Wabash›-4–8–2/4–8–4-Vergleich, ‹B&O›-Feuerbüchsen-Test, E-Coupler eingeführt, 4–6–2 für ‹CSt.PM&O›,

⟨MP⟩-Modernisierungsprogramm, 2–8–4 für ⟨MP⟩, Sulzer entwickelt Traktionsdieselmotoren in den USA, ⟨NYC⟩ verstärkt seine Position, 4–8–4 für ⟨Wabash⟩, ⟨SP⟩, leichte Decapod für ⟨D&S⟩, ⟨SAL⟩ etc., Vergleich mit ⟨DRB⟩-Decapod, 2–8–2 für ⟨Frisco⟩, Holz für Stegbau, Suisan Bay-Brücke für ⟨SP⟩

1931 Testfahrten 4–8–4 ⟨LV⟩, ⟨NYC⟩-HD-Versuchslok, 4–6–4 für ⟨Milwaukee⟩, ⟨B&A⟩, ⟨NYC⟩, 2–8–8–2 für ⟨WP⟩, 4–6–2 für ⟨D&H⟩

1932–33 Pullmann-Zug «George Washington», Rekordfahrt Chicago–Milwaukee, Eisenbahnbrücke über den Ohio bei Henderson und den Ohio in Pittsburgh, weitere 4–8–4 für ⟨DL&W⟩, 'Emergency Transportation Act 1933'

1934 Gründung der AAR, Versuche mit Luftvorwärmung, «Lady Baltimore», Rekordfahrten ⟨UP⟩ und ⟨CB&Q⟩ (mit Stromlinienzügen), Rekordfahrten der ⟨CMSt.P&P⟩ mit Dampflok, 4–4–4-Hochleistungslok der ⟨B&O⟩, Leicht-Mallet für Weyerhäuser, 2–6–6–4 für ⟨P&WV⟩; 4–6–2 für ⟨B&M⟩, Beyer-Garratt-Gliederlok

1935 Kampf gegen Rauchbelästigung, 4–6–4 («Lord Baltimore») der ⟨B&O⟩, Luxuszug «Abraham Lincoln/Ann Rutledge», ⟨C&NW⟩-high speed trains, «Hiawatha» der ⟨Milwaukee⟩ mit 4–4–2-Stromlinienloks, grossrädrige Mallets für ⟨SAL⟩

1936 Challenger als Schnelläufer von Alco, Rekordfahrten mit dieselelektrischen Zügen, ⟨SP⟩-Stromlinienlok vom 4–8–4-Typ, 2–6–6–4 für ⟨N&W⟩, 4–4–4-Schnellzugslok für ⟨CPR⟩, 2–8–2 für ⟨L&A⟩, 0–10–2 für ⟨Union RR⟩, «Florida Sunbeam» der ⟨SR⟩, «Mercury» ⟨NYC⟩

1937–1950 Letzte Anstrengungen der Dampfkraft durch Vergrösserung der Zugkraft und Geschwindigkeit sowie durch Duplex-Bauart und Turbinenantrieb. Letzte Mallet-Maschinenvergrösserung im Big Boy

1937 ⟨UP⟩-«Forty Niner», Emerson-Maschine, ⟨UP⟩-Dampfturboelektro-Loks, Stromlinienlok der ⟨NYNH&H⟩, ⟨Santa Fé⟩, ⟨NYC⟩, Cab-ahead der ⟨SP⟩, Umbau 2–8–4→4–6–4 der ⟨IC⟩, 2–8–4 für ⟨W&LE⟩, kleine Consolidations, Duplex-

Maschine der ⟨B&O⟩, 4–6–4 für ⟨NYC⟩ und ⟨DL&W⟩, 2–10–4 für ⟨KCS⟩, 4–8–4 für ⟨UP⟩ und ⟨Milwaukee⟩, «Crusader» (⟨Reading⟩) eingeführt

1938 Kupplung für Personenwagen, Staatshilfe, Testfahrten 100 mph mit 1000 t, Stoker obligatorisch, Stromlinienloks der ⟨CMSt.P&P⟩, ⟨NYC⟩, ⟨Frisco⟩, 4–8–4-Beschaffungswelle, Governor-Serie der ⟨RF&P⟩, geschweisster Kessel, Umbau 4–6–2 → 4–6–4 (⟨Frisco⟩), «Broadway Limited» mit K4s-Stromlinienloks, Elektrifizierung New York–Washington, 4–6–6–4 für ⟨Rio Grande⟩, 4–8–2 für Meterspur

1939 6–4–4–6 der ⟨Penn⟩, 2–8–8–4-Stromlinien-Mallet der ⟨SP⟩, Cimarron-Brücke der ⟨CR&P⟩, Lokmodernisierungen der ⟨MP⟩, «John Wilkes»-Luxuszug der ⟨LV⟩ in Betrieb genommen, Los Angeles erhält neuen Bahnhof

1940 Stromlinienlok für ⟨SAL⟩, Langstreckenlok, Lokumbauten der ⟨UP⟩, Bildung der ⟨GM&O⟩, neue Mohawk-Serien für ⟨NYC⟩, ⟨MP⟩ führte 6 neue Stromlinienzüge ein (vorgesehene Dampftraktion übersprungen durch Dieselelektrik), 2–8–8–0 in Einfachdehnung umgebaut, 4–6–6–4 für ⟨D&H⟩, ⟨Erie⟩ modernisiert 4–6–2, ⟨NYC⟩-Lagertest, 2–8–4 als 2–8–0-Ersatz bei ⟨NS⟩

1941 «Big Boy» für ⟨UP⟩, «Allegheny» für ⟨N&W⟩, 4–8–4 für ⟨N&W⟩, ⟨Santa Fé⟩ und ⟨SP⟩, «Yellowstones» für ⟨DM&IR⟩, «Challengers» für ⟨WM⟩, Kettie Falls-Brücke der ⟨GN⟩

1942 4–4–4–4 der ⟨Penn⟩, «Challengers» für ⟨UP⟩, «Allegheny» für ⟨C&O⟩, «Texas»-Maschinen als Gegenspieler zu den 4–4–6–4-Duplex der ⟨Penn⟩, 4–8–4 für ⟨WP⟩, ⟨CofG⟩, Elektro-Diesel statt 4–8–4 bei ⟨L&N⟩, 2–8–4 für ⟨RF&P⟩, 4–8–4 für ⟨Cotton Belt⟩

1943 Bestellungen des WPB, «Challengers» für ⟨Clinchfield⟩, ⟨Wabash⟩-Umbauten, Umbauten 2–10–2 → 4–8–2 bei ⟨IC⟩, 2–8–2 → 4–6–4 bei ⟨Wabash⟩, 4–8–4 für ⟨NC&St.L⟩, ⟨D&H⟩ & ⟨Milwaukee⟩, 2–8–4 für ⟨L&N⟩

1944 «Challengers» für ⟨NP⟩, «Yellowstones» für ⟨B&O⟩, «Allegheny» für ⟨Virginia⟩,

Dampfturbinenlok für ‹Penn›, Kohlengasturbinenforschung des LDC, 4–8–2 als 2–8–0-Ersatz bei ‹L&HR›, 2–8–2 für ‹DT&I›, 4–8–4 für ‹UP›

1945 Neue Eisenbahnbrücken, 4–8–4-Loks für ‹NYC›, ‹RF&P› (und Frankreich), Vista Dome bei ‹CB&Q›, 2–8–2-Loks für Frankreich, 2–10–0-Loks für Russland

1946–47 Testfahrten Dampf contra Dieselelektrik bei der ‹NYC›, letzte 4–8–4-Loks bei der ‹Rock Island›, Stromlinienloks bei ‹B&O› und ‹C&O›, Turbinenlok der ‹C&O›, Diesel/Dampftraktion bei der ‹Penn›, ‹PM› von ‹C&O› übernommen, ‹Reading› baut letzte 4–8–4-Loks

1948 Letzte Dampfloks 2–8–4, 4–8–4, 4–6–4 von Alco und Lima, Gasturbinenlok ‹UP›, ‹Reading› baut nochmals Pacifics

1949 2–8–4 für ‹P&LE› und ‹Nickel Plate›, letzte Dampfloks von Baldwin für ‹C&O›, ‹N&W› hebt elektr. Betrieb auf, ‹W&LE› von ‹Nickel Plate› übernommen, ‹N&W› lässt «Jawn Henry» bauen und übernimmt weitere 2–8–8–2-Compound-Mallets, ‹CB&Q› baut Streckennetz aus, auch die UdSSR erkennt die Vorteile der Mallet-Bauweise

1950 ‹N&W› als Nunataker der Dampfzeit fuhr unentwegt mit Dampfloks, insbesondere mit 2–8–8–2 Mallets

Triebwerke amerikanischer Dampfloks (power transmission)

Technische Erläuterungen (TE)

Die Antriebsanlage kolbengetriebener Dampfloks war auch in den USA, wie z.B. Abb. 12, 16, 22, 23, 31 und 79 in Band 1 zeigen, schon in der Frühzeit des Dampfbetriebes in ihren Grundzügen festgelegt, d.h. sie blieb sich bis zum Schluss der Dampftraktion prinzipiell gleich. Einer der wichtigsten Verbindungsteile im Triebwerk zwischen Dampfmaschine und Rad war der Kreuzkopf, der die Kolbenstange mit der Pleuelstange (Schub- oder Triebstange) verband und über die Kurbel die Kraft auf die gekuppelten Triebräder übertrug. Der Kreuzkopf gleitet entweder in einer ein- oder zweischienigen Führung. Darüber, resp. davor, anfänglich innerhalb des Lokrahmens wurde die Steuerung, d.h. die Dampfverteilungseinrichtung plaziert, die je nach Konstrukteur (Stephenson, Walschaert, Baker, Young etc.) benannt wurde. Zur Steuerung zählen alle Teile, die an der Dampfverteilung mitwirken, wobei zwischen Dampfverteiler, d.h. innerer Steuerung (Schieber) und äusserer Steuerung (Schieberantrieb meist von der Gegenkurbel ausgehend) zu unterscheiden ist.

Trotz unverändertem Prinzip wurde im Verlauf der Jahrzehnte viel Entwicklungsarbeit geleistet, wie die hier gezeigte Bildersammlung beweist. Die Steuerungen hatten anfänglich Flachschieber, dann Kolbenschieber und später Ventile. Es sei hervorgehoben, dass eine Dampfmaschinensteuerung mehrere Aufgaben hat. Zunächst sorgt sie dafür, dass der Dampf im gewünschten Rhythmus zu den beiden Kolbenseiten gelangt, und zwar richtig dosiert, damit nicht während des ganzen Kolbenweges der volle Dampfdruck herrscht. Der Dampf soll sich ja ausdehnen und abkühlen, um seine ihm innewohnende Energie an den Kolben abgeben zu können. Dann soll über die Steuerung auch eine Leistungsregelung in einem weiten Bereich möglich sein, was über den variablen Füllungsgrad erreicht wird. Als 3. Aufgabe soll die Steuerung den Druckausgleich während des Leerlaufes – soweit Leerlauffahren überhaupt gestattet – ermöglichen, damit nicht ein Pumpeffekt entsteht.

Hier sei auch noch auf einige Probleme, die bei der Kupplung der Triebräder auftreten, hingewiesen. Zunächst können nur 2 Achsen durch eine ungeteilte Kuppelstange miteinander verbunden werden. Schon deshalb, weil das ununterbrochene Federspiel eine starre Kuppelstange bei 3 und mehr Triebachsen zum Brechen bringen müsste, was verschleissbringende Gelenke verhindern können. Ist z.B. ein Kraus-Helmholtz-Drehgestell vorhanden, müssen zudem auch noch Gelenke eingebaut sein, die ein seitliches Ausschlagen der Stangen erlauben, was kugelförmige Kurbelzapfen erforderlich macht. Seitlich verschiebbare Achsen bedingen auch verschiebbare Lager auf verlängerten Kurbelzapfen. Erinnert sei auch an die Notwendigkeit der gleichen Durchmesser gekuppelter Achsen, da sonst Gleiten und Schleifen der Räder auftritt (Bremswirkung und Verschleiss).

Eines der schwierigsten Probleme bei Dampfloks – besonders bei kräftig gebauten Maschinen – ist der Massenausgleich für die kreisenden Kurbeln, die hin- und hergehenden, resp. auf- und abgehenden Trieb- und Kuppelstangen und die zum Ausgleich angebrachten Gegengewichte. Die auftretenden Zentrifugalkräfte «hämmern» mit kräftigen Stössen auf die Schienen, wenn die Massen unten durch gehen und heben die Achse empor, wenn sie oben durchgehen. Die Raddrücke schwanken also jeweils zwischen Extremwerten* bei einer Drehung. Die Raddrücke können also reibungsmässig nie voll ausgenützt werden. Die Wucht der hin- und hergehenden Stangen wird zwar durch das Dampfpolster etwas gedämpft, doch im Leerlauf fehlt dieses Polster, so dass die Maschine ausgerechnet im Leerlauf ins Zucken kommt. Bei hohen Geschwindigkeiten darf der Lokführer den Dampf überhaupt nie absperren. Muss er bei Schnellfahrt stoppen, so muss er zuerst bremsen und erst anschliessend darf er den Dampf etwas weniges zurücknehmen. Drei- und Vierzylindermaschinen stehen in dieser Beziehung etwas besser da, weil sich der Massenausgleich weit günstiger durchführen lässt. Dafür sind bei dieser Bauart aber andere Nachteile in Kauf zu nehmen (Abkühlungsverluste, Reibungsverluste, Zugänglichkeit etc.).

Anmerkung: Bei der Reproduktion der TE-Fotos (Sammlung Buchmann, TE 12a und b Sammlung Hürlimann), haben die Herren Prof. Dr. L. Jenny, Universität Basel, Physikalisch-Chemisches Institut, Abtg. für wissenschaftliche Photographie und Marcel Jenni, Universitätsbibliothek Basel, mitgewirkt.

* Literatur zu diesen Massenausgleichsproblemen:
Rail Damage and the Relation of Locomotive thereto. Rw. Age 1938 I, S.653–657
Plett: Massenkräfte und deren Ausgleich im Triebwerk von Lokomotiven. Die Lokomotivtechnik 1964, S.82–86
Schöning: Über Zuckschwingungen an Dampflokomotiven. Glas. Ann. 1941, S.233–241
Techn. Vereinbarungen über den Bau und Betrieb der Haupt- und Nebenbahnen, herausgegeben vom VMEV, § 69

TE 1 Robustes Triebwerk einer leistungsfähigen
0–8–0-Rangierlok der ‹Aliquippa & Southern›, Nr. 216, von Alco
aus dem Jahre 1937. Triebrad-∅ nur 1295,4 mm; Zylinder
2(635×711,2 mm); Kesseldruck 14,6 atü; Zugkraft 25,4 t;
Walschaert-Steuerung mit Servoantrieb; Alligator-Kreuzköpfe
mit starken Linealen; automatische Schmierung; 2 Sanddome;
Maschinengewicht (=Reibungsgewicht) 105 t.

TE 2 Leichtmetall-Antriebsanlage einer starken
0–10–0-Rangierlok der ‹Alton & Southern›, Nr. 14, von Baldwin
aus dem Jahre 1931. Triebrad-∅ 1447,8 mm; Zylinder
2(711,2×762 mm); Kesseldruck 16,17 atü; Zugkraft 34,8 t;
Baker-Steuerung; Kolbenschieber-∅ 355,6 mm; hängende
Kreuzköpfe aus Alcoa 70 S-T-Aluminium-Legierung;
Tender-Booster (nicht sichtbar); 2 Wassertaschen in der
Feuerbüchse; 2 Druckluftpumpen; 2 Sanddome;
Maschinengewicht (=Reibungsgewicht) 149 t.

TE 3 Leichtes Schnellzugsmaschinentriebwerk einer 4–6–2-Lok der ‹Chicago & Northwestern›, Nr. 1648, von Alco aus dem Jahre 1922. Triebrad- ∅ 1905 mm; Zylinder 2(635×711,2 mm); Kesseldruck 13,01 atü; Zugkraft 16,1 t; Young-Steuerung (vgl. auch TE 16); Alligator-Kreuzköpfe; 1 Sanddom; Maschinengewicht 124 t; Reibungsgewicht 78,2 t.

TE 4 Antriebsanlage einer 4–6–2-Schnellzugslok der ‹Santa Fé›, Nr. 3440 von Baldwin aus dem Jahre 1924. Triebrad- ∅ 1854,2 mm; Zylinder 2(635×711,2 mm); Kesseldruck 14,06 atü; Zugkraft 17,8 t; Walschaert-Steuerung; hängende Kreuzköpfe; Maschinengewicht 142 t; Reibungsgewicht 87 t; Kreuzverbund-Druckluftpumpe; Speisewasserpumpe zwischen der 2. und 3. Triebachse (vgl. Band 1, Abb. 208).

TE 5 Antriebsanlage einer 4–6–2-Personenzugslok der ‹GM&N›, Nr. 425 von Baldwin aus dem Jahre 1928. Triebrad- ∅ 1752,6 mm; Zylinder 2(558,8×711,2 mm); Kesseldruck 14,76 atü; Kolbenschieber- ∅ 304,8 mm; Zugkraft 15,3 t; leicht gebaute Walschaert-Steuerung; Alligator-Kreuzköpfe; Reibungsgewicht 59 t; Maschinengewicht 99,8 t; Kreuzverbund-Druckluftpumpe (vgl. auch Abb. 32).

TE 6 Antriebsanlage einer 4–6–2-Schnellzugslok der ‹Southern Pacific›, Nr. 631 (Nrn. 631–633, letzte 4–6–2-Loks der ‹SP›) von Baldwin aus dem Jahre 1928. Triebrad- ∅ 1866,9 mm, später 1854,2 mm; Zylinder 2(635×762 mm); Alligator-Kreuzköpfe; Kesseldruck 14,06 atü, später 14,76 atü; Zugkraft 19,1 t, später 20 t; Kolbenschieber- ∅ 355,6 mm; Reibungsgewicht 90 t; Booster ca. 4 t Zugkraft; Worthington-Speisewasser-Vorwärmer; Kreuzverbund-Druckluftpumpe. Einsatzstrecke: Salt Lake Division (Sparks, Nev.-Ogden, Utah = 563 Meilen). Vgl. auch Farbtafel Band 1, gegenüber Seite 248.

TE 7   Antriebsanlage einer 4–6–2-Schnellzugslok der ‹Boston &
Maine›, Nr. 3715 (Serie 3715–3719), von Lima aus dem Jahre
1937. Triebrad- ∅ 2032 mm; Zylinder 2(584×711 mm);
Kesseldruck 18,3 atü; Rostfläche 6,22 m²; Heizfläche 357,6 m²;
Überhitzer 89,8 m²; Reibungsgewicht 95,2 t; Maschinengewicht
154,1 t; Zugkraft 18,5 t+5,4 t Booster; Servosteuerung;
automatische Schmieranlage; Doppelkamin. Siehe auch Abb. 42,
4–6–2 Nr. 3708.

TE 8   Triebwerk einer 2–8–2-Güterzugslok, Nr. 2647 (Serie
2619–2678), der ‹Rock Island› von Alco 1923 gebaut. Triebrad- ∅
1600,2 mm; Zylinder 2(711,2×762 mm); Kesseldruck 13,36 atü;
Alligator-Kreuzköpfe, Baker-Steuerung;
Speisewasservorwärmerpumpe Worthington BL-2.
Reibungsgewicht 115 t; Rostfläche 5,8 m² (ölgefeuert); Zugkraft
25 t+4,5 t Booster. Vgl. auch Abb. 33, 34 und 52a.

TE 9 Triebwerk einer 2–8–4-Eilgüterzugslok, Nr. 757 (Serie
755–769), der ‹Nickel Plate› von Lima 1944 gebaut. Triebrad-∅
1752,6 mm; Zylinder 2(635×863,6 mm); Kesseldruck 17,22 atü;
Rostfläche 8,4 m²; Wassertaschen und Zirkulatoren;
Reibungsgewicht 120 t; Maschinengewicht 199,9 t; Heizfläche
443,2 m²; Überhitzer 179,4 m²; Zugkraft 28 t; Baker-Steuerung mit
Servoantrieb; automatische Schmieranlage; hängende
Kreuzköpfe; grosser Sanddom; vordere Laufachse aussengelagert.
Vgl. auch Abb. 226.

TE 10 Antriebsanlage einer 4–8–2-Schnellzugslok der ‹GN›,
Nr. 2527, von Baldwin aus dem Jahre 1923. Triebrad-∅
1854,2 mm; Zylinder 2(736,6×711,2 mm); Kolbenschieber-∅
355,6 mm; überquadratisch! Kesseldruck 14,06 atü;
Wassertaschen und Verbrennungskammer; Zugkraft 27,7 atü;
Walschaert-Steuerung; Alligator-Kreuzköpfe; Reibungsgewicht
115,8 t; 1 Kreuzverbund-Druckluftpumpe; 1 Sanddom. Vgl. auch
Abb. 118.

TE 11 Antriebsanlage einer 4–8–2-Lok für gemischten Betrieb, Nr. 460 (Serie 451–460, Class Y2), der ‹*New York, Ontario & Western*› von Alco 1929 gebaut. Triebrad-∅ 1752,6 mm; Zylinder 2(685,8×762 mm); Kesseldruck 15,82 atü; Zugkraft 29 t+5 t Booster; Maschinengewicht 163,5 t; Reibungsgewicht 108,5 t; Baker-Steuerung mit Servoantrieb; automatische Schmieranlage; Alligator-Kreuzköpfe; 1 Sanddom.

TE 12a und b Nahaufnahmen von Zylinder- und Kreuzkopfgegend der leistungsfähigen 4–8–4-Schnellzugsmaschine Nr. 3010 (Serie 3003–3020) der ‹*Chicago & Northwestern*› von Baldwin 1929 gebaut. Triebrad-∅ 1930,4 mm (Speichenräder); Zylinder 2(685,8×812,8 mm); Kesseldruck 19,33 atü; Rostfläche 9,3 m²; Heizfläche 584,3 m²; Reibungsgewicht 130,5 t; Zugkraft 31,4+5,6 t Booster; Walschaert-Steuerung; automatischer Öler, angetrieben vom Voreilhebel der Steuerung, siehe Band 1, Abb. 33; hängende Kreuzköpfe; vordere Laufachsen aussengelagert; Heisswasserpumpe über dem Zylinder (Vorwärmer in der Rauchkammer, Worthington Type SA). Fotos Hürlimann

TE13 Antriebsanlage einer 4–8–4-Schnellzugslok der ‹SP›, Nr. 4401 (Serie 4400–4409, Class GS 1) von Baldwin aus dem Jahre 1930. Sie waren für die Strecke Oakland–Portland gebaut, wo sie vor allem die schweren Pullmann-Züge «Cascade» und «West Coast» (14–15 Wagen) fahren mussten. Sie benötigten nur für die Steigung Sacramento River Canyon–Grass Lake (Calif.) eine 2. Maschine. Wegen Entgleisungen, die auf Konstruktionsfehlern beruhten, wurden sie auf die Salt Lake Division (Sparks–Ogden) versetzt, bis man die Fehler gefunden hatte (Entgleisungsgefahr nur auf kurvenreichen Strecken, weil die Befestigungen des vorderen und hinteren Drehgestells zu grosse Abstände aufwiesen). Triebrad- ⌀ 1854,2 mm; Zylinder 2(685,8×762 mm); Kesseldruck 17,58 atü; Zugkraft 27,3–27,5 t; Walschaert-Steuerung in Leichtbauweise; Alligator-Kreuzköpfe; Reibungsgewicht 118 t; Heisswasserpumpe über der Schieberstange. Vgl. auch Abb. 209.

TE14 Antriebsanlage einer 4–8–4-Schnellzugslok der *Timken* Roller Bearing, Canton (Ohio), Nr. 1111, gebaut von Alco 1930 (2.1.1933 an ‹NP› verkauft). Erste Lok mit Wälzlagerausrüstung! Triebrad- ⌀ 1854,2 mm; Kesseldruck 17,58 atü; Zylinder 2(685,8×762 mm); Rostfläche 8,1 m²; Heizfläche 475,7 m²; Verbrennungskammer+2 Wassertaschen; Überhitzer 200,3 m²; Reibungsgewicht 119,8 t; Zugkraft 27,4 t+5,7 t Booster; Walschaert-Steuerung; automatischer Öler. Siehe auch Abb. 123.

TE 15   Antriebsanlage einer 4–8–4-Eilgüterzugs- und
Schnellzugslok der ‹Richmond, Fredericksburg & Potomac› von
Baldwin aus dem Jahre 1938, Nr. 602 (Serie 601–606). Triebrad-∅
1955,8 mm; Kesseldruck 18,28 atü; Zylinder 2(685,8×762 mm);
Reibungsgewicht 118 t; Zugkraft 27,4 t; 3
Wassertaschen+Verbrennungskammer; Speisewasservorwärmer
Worthington Type 5-SA; Walschaert-Steuerung;
Baldwin-Scheibenräder; grosser Sanddom. Diese als
«Governor-Class» bezeichneten Loks gehörten zu den schönsten
Northern Amerikas. Siehe auch Abb. 169, 4–8–4 Nr. 552 und Abb.
187, Nr. 606.

TE 16   Antriebsanlage einer 2–10–2-Güterzugslok der ‹UP›,
Nr. 5515 von Baldwin aus dem Jahre 1924. Die Serien 5500–5514
und 5515–5524 waren der ‹LA&SL› zugeteilt. Triebrad-∅
1600,2 mm; Zylinder 2(749,3×762 mm); Kesseltyp Straight top;
Kesseldruck 14,06 atü; Kolbenschieber-∅ 355,6 mm; Zugkraft
30,6 t; Young-Steuerung; Alligator-Kreuzköpfe; Reibungsgewicht
131 t; 2 Kreuzverbund-Druckluftpumpen; automatischer Öler.
Vgl. auch Abb. 64.

TE 17 Antriebsanlage einer schweren 2–10–2-Güterzugslok der ‹Santa Fé›, Nr. 3870, gebaut von Baldwin im Jahre 1923. Sie standen auf Rampen bis 35‰-Steigung im Dienst (3 Wassertaschen!). Triebrad-∅ 1600,2 mm; Zylinder 2(762×812,8 mm); Kesseltyp Wagon top; Kesseldruck 14,76 atü; Zugkraft 35,5 t; Walschaert-Steuerung; Kolbenschieber-∅ 381 mm; hängende Kreuzköpfe; Reibungsgewicht 142,8 t; Walschaert-Steuerung; 2 Sanddome. Vgl. auch Abb. 205, Band 1.

TE 18 Antriebsanlage einer ölgefeuerten 2–10–2-Güterzugslok der ‹Southern Pacific›, Nr. 3754 (Class F 5), gebaut von Baldwin im Jahre 1924. Triebrad-∅ 1612,9 mm; Kesseltyp Straight top; Kesseldruck 14,06 atü; Kolbenschieber-∅ 381 mm; Zylinder 2(749,3×812,8 mm); Zugkraft 33 t + 4,8 t Booster; Reibungsgewicht 138,8 t; Walschaert-Steuerung in Leichtbau; Worthington BL2-Speisewasservorwärmer; 1 Sanddom.

TE 19 Antriebsanlage einer schweren 4–12–2-Güterzugslok,
Nr. 9014 (Serie 9000–9014) der ‹UP› von der Alco 1926 gebaut.
Triebrad-⌀ 1701,8 mm (alle Räder besassen Spurkränze);
Kesseldruck 15,5 atü; lange Kolbenstangen; Zylinder
2(737×812,8 mm)+1(737×787 mm); Rostfläche 10 m²; lange
Rauchkammer; Reibungsgewicht 161 t; Zugkraft 43,84 t;
Walschaert-Steuerung, mittlerer Zylinder Gresley-System;
Bremsluftpumpen vor der Rauchkammertür; Feuerbüchse reichte
noch bis über die hinterste Triebachse. Vollständiges Bild der Lok
siehe Abb. 70.

TE 20 Antriebsanlage einer 4–6–6–4-Eilgüterzugs-Mallet-
Maschine, Nr. 3800 (Serie 3800–3805), der ‹Rio Grande›, gebaut
von Alco 1943. Triebrad-⌀ 1752,6 mm; Scheibenräder! Rostfläche
12,3 m²; Kesseldruck 19,69 atü; Zylinder 4(533,4×812,8 mm);
Reibungsgewicht 184 t; Zugkraft 44 t; Walschaert-Steuerung;
hängende Kreuzköpfe; vorne besonders lange Kolbenstangen;
Doppelkamin; siehe auch Abb. 192, 4–6–6–4 Nr. 3706. – Es sei
daran erinnert, dass die ‹B&O› bereits 1930/31 Mallets mit
1778 mm Triebrad-⌀ besass. Auch die ‹WP› besass derartige
Mallets.

TE 21   Antriebsanlage einer 2–6–6–6-Eilgüterzugslok vom
Mallet-Type, Nr. 1633 (Serie 1630–1644) der ‹C&O› von Lima aus
dem Jahre 1944. Triebrad-∅ 1701,8 mm; Kesseldruck 18,28 atü;
Doppelkamin; Zylinder 4(571,5×838,2 mm); Rostfläche 12,58 m²;
Reibungsgewicht 213,8 t; Zugkraft 49,9 t; Baker-Steuerung (leichte
Bauweise); hängende Kreuzköpfe; automatische Schmierung;
gross dimensionierte Dampfleitungen, Speisewasservorwärmer
über dem vorderen Laufgestell (aussengelagert); Doppelkamin; 2
grosse Sanddome. Siehe Abb. 218, 2–6–6–6 Nr. 1605 und Abb.
225, 2–6–6–6 ‹Vgn›.

TE 22   Vordere Antriebsanlage (Drehgestell) einer
2–8–8–2-Mallet, Nr. 4052 (Serie 4050–4058) der ‹Southern› gebaut
von Baldwin 1928. Triebrad-∅ 1447,8 mm; Zylinder
4(584,2×762 mm); Kesseldruck 14,76 atü; Rostfläche 7,65 m²;
Reibungsgewicht 185,5 t; Zugkraft 41,6 t; Baker-Steuerung;
Alligator-Kreuzköpfe; Doppelkamin, Abb. 111 zeigt vollständige
Lok.

TE 23   Antriebsanlage einer 2–8–8–2-Mallet, Nr. 3608 (Serie
3600–3609), der ‹Rio Grande› gebaut von Alco 1927. Triebrad-∅
1600 mm; Kesseldruck 16,9 atü; Zylinder 4(660×812,8 mm);
Kolbenschieber-∅ 355,6 mm; max. Füllung 70%;
Reibungsgewicht 253,8 t; Feuerbüche + Verbrennungskammer +
5 Wasserkammern + Zirkulatoren; Elesco-Speisewasser-
Vorwärmer über der Rauchkammertür; Rostfläche 12,68 m²; die
Feuerbüchse wurde über die beiden letzten Triebachsen
vorgezogen; Zugkraft 59,78 t; Walschaert-Steuerung; siehe auch
Abb. 100a, 2–8–8–2 Nr. 3608.

TE 24   Antriebsanlagen einer 2–8–8–4-Mallet, Prototyp Nr. 5000
(Serie 5001–5011), der ‹Northern Pacific› gebaut von Baldwin
1930. Triebrad-∅ 1600,2 mm; die Feuerbüchse wurde über die
beiden letzten Triebachsen vorgezogen; Kesseldruck 17,58 atü;
Zylinder 4(660,4×812,8 mm); Reibungsgewicht 250,8 t; Zugkraft
63,6 t + 5.9 t Booster; Walschaert-Steuerung;
Alligator-Kreuzköpfe; Trittbrett (klappbar) für Rostreinigung
(Rostfläche 16,9 m²). Einsatzstrecke: ‹Bad Lands› (siehe SN 42);
siehe auch Abb. 174, 2–8–8–4 Nr. 5002.

TE 25   Antriebsanlage einer 2–8–8–2-Compound-Mallet, Nr.
2130 (Serie 2130–2139, Class Y6), gebaut von ‹N&W›-Werkstatt
in Roanoke im Jahre 1939. Kesseldruck 21,09 atü; Triebrad-∅
1447,8 mm; Zylinder 2(635×812,8 mm) + 2(990,6×812,8 mm);
Zugkraft Einfachdehnung 69 t, Compound 58,8 t;
Reibungsgewicht 237 t; Baker-Steuerung (leichte Bauweise);
Rostfläche 9,85 m²; die grosse Woottenfeuerbüchse wurde über die
beiden letzten Triebachsen vorgezogen. Siehe auch Abb. 240,
2–8–8–2 Nr. 2181.

Die technische Hochblüte der Dampftraktion in den USA: 1921–1950

Schon in den Jahren 1921–1936 begann ein allmähliches Abwandern der Fracht von der Schiene auf leistungsfähig gewordene Strassenfahrzeuge und 'Pipelines' (Öl und in einem Fall auch für Feinkohle). Das Aufkommen des Erdgases als Energieträger und die zahlreichen Wasserkraftwerke mit grosser Leistung verdrängten vielerorts die per Bahn transportierte Kohle. Der gegenüber Schiene und Auto schnellere und ebenfalls regelmässige Luftverkehr (Beginn 1926) machte im Intercity-Dienst von Jahr zu Jahr Fortschritte. Schon 1933 war die USA von einem dichten Liniennetz überzogen. Die Versuche zur Einführung des kombinierten Verkehrs «Bahn-Flugzeug» waren nicht erfolgreich, obwohl sich Leute wie Lindbergh zur Verfügung stellten. Die stolzen und mächtigen Bahngesellschaften kamen besonders nach Ausbruch der allgemeinen Wirtschaftskrise vom Oktober 1929 in Not, weil sich ihre Haupteinnahmen aus Fracht- und Luxuszügen merklich verkleinerten und bis 1932 auf ca. die Hälfte zusammensackten. 1932/33 stellten dann noch zahlreiche Banken ihre Zahlungen ein. Die finanziellen Schwierigkeiten wesentlicher amerikanischer Bahngesellschaften veranlassten Präsident Franklin Roosevelt 1933 energisch einzugreifen. Das Eisenbahnnotgesetz ('Emergency RR Transportation Act') vom 16.6.1933 sah u. a. das Amt eines 'Federal Coordinator of Transportation' (also einen Transport-Koordinator auf Bundesebene) vor. Auch die Stellung der ICC (siehe Seite 263, Band 1) wurde wiederum wesentlich gestärkt. Trotz der Krise aber – nicht zuletzt dank der Anleihen bei der 'Reconstruction Finance Corp.' – die Entwicklung der Dampflok weitergetrieben. So hat die ‹Denver & Rio Grande Western› 1930 ihre stärksten 2–8–8–2-Loks mit 750 m² Heizfläche + 322 m² Überhitzer erhalten (1600 mm Triebrad- ⌀). Die ‹Delaware &

Hudson› baute in den Jahren 1924–1933 ihre 2–8–0-Hochdruckloks. Im Jahre 1930 schaffte die ‹Chesapeake&Ohio› ihre 2–10–4-Maschinen (Einrahmenbauweise), mit über 616 m² Heizfläche +281 m² Überhitzer an, und die ‹Reading› ihre 2–10–2-Loks mit 508 m² Heizfläche +170 m² Überhitzer bei einer Rostfläche von 10 m². Auch die ‹Missouri Pacific› nahm neue 4–8–2-Maschinen in Betrieb, die 475 m² Heizfläche und 125 m² Überhitzerfläche besassen. Etwas besser ging es in diesen Krisenzeiten jenen Bahngesellschaften, die den stark angewachsenen Vorortsverkehr der grossen Städte zweckmässig ausbauen konnten. Sie hatten damit immerhin einen Teilersatz für die Abwanderung früherer Bahnkunden gefunden, denn hier blieben die Bahnen weitgehend konkurrenzlos.

Wie schlecht es mit der Schienentraktion zu jener Zeit stand, zeigen folgende Angaben. Im Jahre 1933 stand ungefähr ein Sechstel der gesamten Betriebslänge der amerikanischen Bahnen unter Zwangsverwaltung oder im Stadium der Sanierung (zur Vermeidung des Konkurses aufgrund des 'Hastings Bankrupty Law' vom 3.3.1933). Im Jahre 1934 wurden 13 212 km Eisenbahnstrecke stillgelegt; davon wurden 1951 km abgebrochen, meist kleinere Strecken, die im Strassenverkehr wirtschaftlicher zu bedienen waren. Auch die Bahngesellschaften nahmen teilweise den Autobetrieb in grossem Massstab auf.

Als sich endlich um 1934 die gelähmte Wirtschaft wieder langsam erholte, erfolgte der Einbruch der Dieselelektrik in den Bahnbetrieb. Schon vorher (nach Encyclopedia Americana 1962, Bd. 6, S. 211, soll 1925 bei der ‹CofNJ› die erste diesel-elektrische Lok gefahren sein) bauten 'General Electric Comp.' und 'Ingersoll-Rand' Rangiermaschinen (‹New York Central›) kleiner Leistung und 1929 wartete Baldwin bereits mit einer 1000pferdigen Rangiermaschine mit Achsbild (A1A)+(A1A) auf. Aber erst 1934 hat die ‹Burlington› einen Vorstoss zur Eroberung des schnellen Streckendienstes durch die Diesellok resp. den Dieseltriebzug unternommen. Hersteller war die 'Edward-G. Budd Manufacturing Co.'; als Motor diente ein Winton-Die-

Tafel 1
4–12–2-Güterzugslok Nr. 9039 der ‹UP› mit einem Güterzug von 31 Wagen auf der Ausfahrt bei Denver für Laramie, Wyo. Antriebsanlage der Maschine siehe TE 19; Gesamtansicht der Lok siehe Abb. 70. Bild aus Sammlung Henzi; Foto R. H. Kindig, 16.3.1941. Denver (Colo.) 5280 ft., Laramie (Wyo.) 7165 ft.

sel. Dennoch wurden vielerorts bis kurz nach dem Zweiten Weltkrieg leistungsfähige Dampflokomotiven – Einrahmenmaschinen und Mallets – angeschafft, denn die amerikanischen Dampffriesen galten nach wie vor leistungsmässig und wegen ihres breiten Brennstoffspektrums (alle Kohlensorten und Öl) als unschlagbar. Ausserdem gaben die bahnaktienbesitzenden Kohlengesellschaften nicht so rasch klein bei, zumal es den Lokherstellern gelang, kohlengefeuerte Maschinen mit extrem hohen Leistungsdaten (Mallet-Loks und Einrahmenmaschinen, z.B. der 2–10–4-Typ) zu bauen, die schwerste Züge auf steigungsreichen Strecken über 1000 km weit beförderten. Von der ‹Penn› wurden z.B. auch die 4-Zylinder-Einrahmenmaschinen mit 2 getrennten Antriebsgruppen in beachtlichen Stückzahlen gebaut, die allerdings nicht halten konnten, was man sich von ihnen versprach und 1947 zu dem Direktionsentscheid führten, die Dampftraktion definitiv aufzugeben.

Gewisse Kenner der amerikanischen Lokindustrie glauben, dass die Dampflok – wenn auch in modernerer Form, als Turbinenlok mit oder ohne elektrischer Übertragung – in den USA kaum hätte total besiegt werden können, wenn nicht die mächtig gewordene Ölindustrie und das interessante Leasinggeschäft hinter der Verdieselung gestanden wären. Andere wiederum meinen, die einfachere Betriebsweise der diesel-elektrischen Lokomotiven und ihre raschere Einsatzbereitschaft sowie die finanziellen Vorteile beim Kauf und im Unterhalt (Unterhalt sei nach gewissen Fachleuten teurer als bei Dampfloks) hätten zur Anschaffung der genormten und stark vereinfachten 'hoodunits', 'cabtype' und 'roadswitchers' geführt, und die Bahngesellschaften veranlasst, den Dampfbetrieb trotz Vorhandenseins eines teilweise nach wie vor modernen Dampflokparks aufzugeben. Auch verloren gelegentlich die kaufmännischen Direktoren die Geduld, wenn die Realisierung neuer Möglichkeiten der Dampftraktion nicht sofort erfolgreich war (siehe 1947 ‹Pennsylvania›). Die grossen Vorteile der Bahn (von Zentrum zu Zentrum, unbeschränktes Gepäckgewicht, grosser Bewegungsraum, sicherer Allwetterbetrieb und genaues Einhalten der Destinationen) wurden zu wenig ausgenützt. So konnte der mächtig aufholende Luftverkehr, trotz etwas höherer Tarife das Rennen machen. Auf die Dauer half auch die Einführung von schnelleren und komfortablen Schlafwagen und Reisezügen, der 'Vista-Dome-Cars' sowie der Aussichtswagen am Schluss des Zuges nur noch wenig, Passagiere zurückzugewinnen. Im Kampf um Geschwindigkeit haben die meisten Bahngesellschaften sogenannte 'Speed tests' durch-

geführt, wobei nicht nur neue, sondern oft bereits mehrere Jahre alte, teilweise modernisierte Dampfloks Rekordzeiten mit Zügen üblicher Wagenzahl fuhren (siehe 1933, 1934). Besonders die ‹Chicago, Milwaukee, St. Paul & Pacific› (1938), deren Züge auf gewissen Strecken bis 190 km/h fuhren, machte viel von sich reden. Der Unterschied gegenüber Europa war auffallend (z.B. DR 2–C–2 mit einer V_{max} von nur 175 km/h). Diese beachtlichen Leistungen mit Dampfloks wurden von einigen Bahngesellschaften noch jahrelang aufrecht erhalten, während andere für den Schnellverkehr schon längst auf dieselelektrische Traktion umgestellt hatten. Doch konnte keine der beiden Arten den massiven Rückgang des Personenverkehrs aufhalten. Tragisch war, dass die grossen Herstellerfirmen wie z.B. Baldwin die neue Situation zu spät erkannten. Sie erhielten immer weniger Aufträge für die von ihnen entwickelten, ausgereiften Hochleistungs-Dampfloks und verloren damit rasch an Bedeutung. Die interessanten Dampfturbinenloks für die ‹C&O› hätten zwar den Beginn einer neuen Aera bilden können, doch blieb die Bestellung gewinnbringender Serien aus. Die Würfel zugunsten von Flugzeug und Dieseltraktion waren gefallen! Daran änderte auch der 'Transportation Act' von 1940 nichts mehr, mit dem der Staat die Bahnen unterstützen und nicht zuletzt auch die Dampftraktion erhalten wollte.

Der ‹B&O›, welche Schnellzugsmaschinen mit höheren Dampfdrücken baute, erging es nicht besser. Obwohl eine durch Umbau entstandene Versuchsmaschine (4–6–4-Typ) erfolgreich war, blieben eigentliche Serien aus. Auch in den USA konnten sich die HD-Loks (genau genommen waren es MD-Maschinen) nicht durchsetzen (siehe W. Stoffels 'Lokbau und Dampftechnik', Seite 93).

Der grösste Teil der bisherigen Bahnpassagiere wanderte auf den nach dem Zweiten Weltkrieg immer leistungsfähiger werdenden Flugverkehr ab. Eine Flugrouten-Karte der USA aus dem Jahre 1933 zeigte bereits ein ausgedehntes Netz. Auch Autobus-Organisationen, deren Netz die USA und auch 7 kanadische Provinzen umfasste, vergrösserten mit einem gut ausgebauten Servicenetz inkl. Hotels ihren Anteil an der Personenbeförderung immer mehr. Die 1930 aus kleinen Anfängen hervorgegangene 'Greyhound Corp.' bediente 1955 bereits eine Streckenlänge von 98 000 Meilen. Das 'National Trailways Bus System' umfasste 1955 auch schon 72 000 Meilen.

Zur technischen Ausrüstung der amerikanischen Bahnen ist zu sagen, dass die meist ferngesteuerten Hauptstrecken mit einem Oberbau verlegt sind, der wesentlich stärker belastet werden kann als jener der besten europäischen Hauptbahnen. Bei einem Schienengewicht von 69,4 kg/m oder 74 kg/m und dichter Schwellenlage (mindestens 14 schwere Schwellen pro 30 ft), sowie entsprechend berechneten Brücken ist ein Achsdruck von mehr als 30 t (teilweise bis 36 t Achsdruck, ausnahmsweise auf gewissen Strecken sogar 37,5 t, in einem Sonderfall 39 t) zulässig. Gewisse Bahngesellschaften haben gegenüber den Normen auf wichtigen Strecken zusätzlich verstärkte Profile verlegt. Im allgemeinen sind die Gleise für 30–31 t Achsdruck mindestens mit Schienen vom Metergewicht 60,5 kg ausgestattet. Einer Notiz der Baldwin-Werke ist zu entnehmen, dass z.B. das Adhäsionsgewicht der damals stark verbreiteten Pacific-Lok von 53 t (1904) auf 93 t (1927) stieg, was einem Achsdruck von 31 t entsprach. Bei den Achsbildern Northern (4–8–4) und Berkshire (2–8–4) ging man teilweise noch höher, z.B. 32,8 t (1942) oder 33,4 t (1943). Im Güterzugsdienst sind bis heute nur Drehgestellwagen eingesetzt, die in engen Fabrikhöfen Schienenradien bis hinunter auf 20 m befahren können. Die amerikanischen Bahnen waren also in der Lage, ihre Kunden in mancher Beziehung zu verwöhnen. – Auch die Diesel-Loks wurden fast durchwegs in kurvenschonender Drehgestellbauweise gebaut. – Das durchschnittliche Ladegewicht des gedeckten Güterwagens ist seit 1920 um 22% auf 41 t erhöht worden, so dass auch schwerste Güter im Normalservice befördert werden können. Spezialkonstruktionen gehen noch höher. Selbstentlader für Kohlen befördern z.B. durchschnittlich 51 t. Auf den hierzu geeigneten Strecken verkehren Güterzüge bis zu 125 Wagen mit einem Bruttogewicht bis zu 7000 t.

Technisch interessant und teilweise mit dem in den USA üblichen höheren Achsdruck erklärbar ist die Tatsache, dass zur Leistungsvergrösserung (grössere Rostfläche und Einbau von Zirkulatoren und Wassertaschen) das 2achsige hintere Drehgestell bei der Dampflok in den USA erst um 1925 in Erscheinung getreten ist. Carl Gölsdorf verwendete diese Konstruktion in Österreich schon 1908 an seiner Nassdampf-1C2-Schnellzugslok (Reihe 210); auch die spätere 1D2-Schnellzugslok (Reihe 214) Österreichs muss hier erwähnt werden. Erst im Februar 1925 baute Lima eine 2–8–4-Experimentiermaschine, die sie den Bahnverwaltungen versuchsweise zur Verfügung stellte. Dies hatte bei zahlreichen Gesellschaften die Einführung von Loks mit Laufdrehgestell unter dem Stehkessel zur Folge. Manche Autoren möchten darum das Jahr 1925 als den Beginn der amerikanischen "Superlok" bezeichnen. Das dürfte aber schon deshalb nicht zweck-

mässig sein, weil der Begriff "Superlok" nicht immer mit diesem Drehgestell zusammenfällt. Es sei nur an die 4–12–2 der ‹UP› aus dem Jahre 1926 erinnert. Gesamthaft gesehen bildete das hintere Laufgestell aber eine wesentliche Hilfe bei der Leistungsvergrösserung des Dampfkessels.

Dass auf die 2–8–4-Loks sehr rasch die 4–6–4- und die 4–8–4-Loks folgten, überrascht nicht. Der 4–8–4-Typ wurde zu einer Art Universallok der amerikanischen Bahngesellschaften, zumindest in bezug auf das Achsbild. Das genaue Vergleichen der Daten zeigt jedoch noch grosse Unterschiede bei den Heiz- und Überhitzerflächen, was teilweise auch auf die "Unsicherheit" beim Berechnen hinweist. Der Triebrad-∅ wurde je nach Gelände des Einsatzgebietes ebenfalls stark variiert, wobei hie und da mit Boostern der Einsatz erweitert oder die vordem notwendige Schublok abgeschafft werden konnte. Gelegentlich hat auch eine als Mehrzwecklok konzipierte Maschine enttäuscht, weil sie vor schweren Güterzügen wegen zu grosser Triebräder und/oder mangelhafter Dampferzeugung zu schwach war und vor Schnellzügen die grossen Triebwerkgewichte bei hohen Geschwindigkeiten Schwierigkeiten bereiteten (Beispiel: Q1 der ‹Penn› 1942). Die der Aufgabe angepassten Feinheiten der «inneren Verschiedenheiten» einer Maschine zeigten sich zumindest im Maschinengewicht. Für das Lokpersonal bedeuteten derartige Unterschiede, bei sonst gleichem Achsbild, sehr oft ein grundverschiedenes Verhalten der Dampferzeugung bei Änderungen der Brennstoffzufuhr. Diese technischen Feinheiten erforderten eine genaue Kenntnis der zu befahrenden Strecken unter Berücksichtigung der Anhängelast. Dies zu einer Zeit, da der Computer noch nicht als automatischer Regler zur Verfügung stand und nur das erfahrungsbedingte Können der Maschinenbesatzung eine wirtschaftliche Fahrtechnik gewährleistete. – Das Fahren von mehrfach gekuppelten Dieselelektroloks (oft 4 Einheiten) soll einfacher sein, wie aus manchen Anpreisungen oder Beschreibungen herauszulesen ist. – Für den Zugsförderungsdienst der Gesellschaften waren die 4–8–4-Maschinen aber trotz allem beinahe ideale Zugsmaschinen, wenn es mit den Mannschaften klappte. Ebenso wesentlich war natürlich die optimale Datenfestlegung bei der Bestellung, wobei des öftern erst die zweite oder gar dritte Serie dem Optimum am nächsten kam. (Beispiele: ‹C&O› aus den Jahren 1935 und 1948; letzte Serie 4–8–4 mit merklich anderen Heizflächen. Das Gleiche gilt für die 4–8–4-Loks der ‹Lackawanna›.) Rein äusserlich waren an den Loks keine Unterschiede festzustellen. Die andere Zusammensetzung der Heiz- und Überhitzerflächen mit Variierung der Wassertaschen (sog. 'thermic syphons') und Verbrennungskammern zeigt aber, dass aufgrund der gesammelten Streckenerfahrungen eine Annäherung an die Kundenwünsche möglich war. Die Betriebstüchtigkeit (Ausfallquote etc.) wurde dadurch leider nicht verringert. Der Einbau von Wassertaschen (1–5 Stück) und Zirkulatoren im Feuerraum (oft auch in der Verbrennungskammer) bot zudem den Vorteil der rascheren Erhöhung der Dampferzeugung bei vermehrter Brennstoffzufuhr. Man kam dadurch näher an die Dieselmotor-Betriebsweise heran; die Dampflok reagierte rascher bei hohem Leistungsbedarf.

Die Dampflok hat in den USA im behandelten Zeitraum eine gewaltige Entwicklung durchgemacht.

Mit Recht kann deshalb von einer Hochblüte gesprochen werden.

Anmerkung:
Zum Problem Dampf → Diesel gibt es zahlreiche gute Darlegungen amerikanischer Fachleute aus der damaligen Zeit. Sie sind sehr lesenswert, können aber hier nicht gewürdigt werden. Auf Arbeiten dieser Art sei hier verwiesen:

Rob. S. Binkerd: What about the Steam Locomotive? A proved high-speed machine of wide flexibility and possessing greater availability than that for which it has been given credit.

Rw. Age 25. May 1935, S. 800–804

L.K. Sillcox: Steam or Diesel-Electrics?

An evaluation of the characteristics of the two types of motive power for high-speed passenger-train service. Rw. Age 18. March 1939, S. 459–462

1921–1936:
Massive Massnahmen des Dampfbetriebes gegen die grösser werdende Konkurrenz; Verlängerung der Lokdurchläufe; Beschleunigung des Güterverkehrs und Streckenbegradigung; letzte Blüte der 3-Zylinderlok

Als im Frühjahr 1920 die Verwaltung der Bahngesellschaften in private Hände zurückging, wurde ein kräftiger Ausbau erwartet, da das während der staatlichen Verwaltungszeit zurückgedrängte Konkurrenzdenken neuen Auftrieb erhielt. Die grossen Gesellschaften beschafften sich jedoch nur zögernd die besonders ab 1925 notwendig werdenden schnelleren Maschinen. Die leistungsfähigen Loks für den Expressdienst und für den Eilgüterzugsdienst erforderten bei grösserem Triebrad-∅ auch eine grössere Zugkraft. Nicht zuletzt war die Zurückhaltung auf eine Sättigung durch die Ende des Krieges allen Gesellschaften zugute gekommenen USRA-Lieferungen zurückzuführen. Die 'US Railroad Administration' (USRA) begann über ihr schon 1917 eröffnetes Konstruktionsbüro Einheitsloks zu entwerfen und zu bauen. Von den 12 Bauarten sind insgesamt 1800 Einheiten gebaut worden. Der Börsenkrach 1929/30 führte schliesslich zu einem eigentlichen Bestellungs-Zusammenbruch, so dass die amerikanische Lokindustrie während Jahren notleidend wurde.

Um so beachtlicher sind die in diesen harten Zeiten entstandenen Neuheiten. Bei der ‹D&H› wurden in den Jahren 1924 bis 1933 sog. HD-Loks gebaut, deren Kesseldruck anfänglich 24,6 und bei der letzten Einheit 35,15 atü betrug. 1925 wurde bei Lima die 2–8–4-Lok entwickelt und folgerichtig auch die 2–10–4-Maschine. Die Auswertung dieser Achsbilder brachte einiges Leben in die Lokbeschaffung. Sowohl die «Berkshire» als auch die «Texas» wurden grösstenteils als Güterzugsmaschinen eingesetzt. Im gleichen Jahr entwickelte die Alco die für schwere Schnellzüge gedachte 4–10–2-Lok, «Overland» (auch «Sierra») genannt. Ein Jahr später entstand die «Nines» bei Alco mit dem Achsbild 4–12–2. Zur selben Zeit baute Alco die 4–8–4-Lok für die ‹GN›, genannt «Northern». 1927 lieferte die Alco den 4–6–4-Loktyp an die ‹NYC›. Dieser meist mit «Hudson» bezeichnete Maschinentyp wurde zur eigentlichen Expressmaschine vieler amerikanischer Gesellschaften, deren illustre Züge sie jahrelang zog. Es scheint, dass Lima gar nicht daran gedacht hat, auch den Dreikuppler weiter zu entwickeln. Einen lauftech-nisch besonders interessanten Mallet-Typ erbrachte dann das 4–6–6–4-Achsbild (1936). Die ‹UP› und ‹NP› setzten diesen Challenger-Typ erfolgreich vor Eilgüterzügen ein und konnten damit deren Tempo bei stets zunehmenden Zuggewichten merklich steigern. Die Alco versuchte vor der Schaffung des Challengers die Beyer-Garratt-Bauweise in den USA einzuführen (1934), was jedoch zum Missgriff wurde. Sie setzte sich anschliessend kräftig für die Entwicklung der Schnellfahr-Mallets ein.

Die grösseren amerikanischen Eisenbahngesellschaften beschritten in der Regel den Weg der Rationalisierung über die schweren Zugseinheiten, im Güterzugsverkehr, aber auch im Personenverkehr, um die Kosten pro Tonnenkilometer so weit als technisch möglich hinunterzudrücken. Die schweren Schnellzüge wiesen Gewichte von 600–800 t. Bei grossem Verkehrsandrang wurden oft mehrere 'sections' in Blockabstand geführt. Die ‹Great Northern› (siehe SN 24) führte sogar Schnellzüge bis 1100 t über die langen Cascade-Rampen, die ‹Rio Grande› (siehe SN 17) solche bis 800 t durch die Sierra Nevada. Die grössten Unterschiede gegenüber Europa zeigte aber der Güterverkehr. Man ging in den USA weit über 1500 und 1800 t Zugsgewicht. Es seien hier die von E. Metzeltin 1929 (VDI 3.8.1929) veröffentlichten Beispiele angeführt:

‹Penn›	4800 t-Züge mit einer 2–10–0-Lok auf 16 km langer 10‰ Rampe mit zusätzlich 2 Schubloks.
‹B&O›	5500–7250 t-Züge mit einer 2–8–2-Lok auf 8‰ Rampe mit zusätzlich einer Mallet-Schublok.
‹CB&Q›	7250 t-Züge mit einer 2–10–4-Lok auf 3‰ Rampe.
‹Vgn›	8450 t-Züge mit elektrischen Loks (3×2–8–2) und 2 gleichen Schubloks auf 20‰ Rampe.

Metzeltin betont, dass bei günstigen Verhältnissen (d.h. bei schwachem Gefälle) von der ‹GN› Züge mit mehr als 10 000 t Gewicht gefahren wurden. Die Gesellschaft setzte hiefür ihre bekannten 2–8–8–2-Mallet-Maschinen ein, auf den elektrifizierten Strecken waren es 2–6–6–2-Elektroloks.

Folgende amerikanische Darstellung der Dampfkraftentwicklung in den Jahren 1912–1922–1932 stammt von Winterrowd (Franklin Rw. Supply Comp., Chicago):

	1912	1922	1932
Typische Dampfloks (Güterzugsdienst)	2–8–0/2–10–0	2–8–2/2–10–2	2–8–4/2–10–4
Dampfkonsum pro indz. HPh	27 lb. (12,25 kg)	22 lb. (9,98 kg)	16 lb. (7,26 kg)
Kohlenkonsum pro indiz. HPh (Zughacken)	6,5 lb. (2,949 kg)	5 lb. (2,268 kg)	3 lb. (1,361 kg)
Leistung pro Triebachse	~475 HP	~575 HP	~1000 HP

1921 / 22

1921 erteilten amerikanische Bahngesellschaften nur 239 Bestellungen und 1185 Loks wurden abgeliefert. Diese niedere Zahl von Bestellungen liess kein gutes Geschäftsjahr erwarten. Insgesamt sollen Ende 1921 in den USA 64 949 Loks im Dienst gestanden haben.

Lima lieferte in den Jahren 1921–1923 insgesamt 125 Einheiten von 2–10–2-Güterzugsloks an die ‹Illinois Central›; Serie 2901–3000 im Jahre 1921 und Serie 3001–3025 im Jahre 1923 (siehe Abb. 30). Die Hauptdaten waren: Kesseldruck 13,36 atü; Zylinder 2(762 × 812,8 mm); Triebrad-∅ 1600,2 mm (einige Nrn. sollen später 1638,3 mm ∅ besessen haben); Rostfläche 8,2 m²; Heizfläche 479 m²; Überhitzer 117 m²; Zugkraft 32 t; Maschinengewicht 173 t; Reibungsgewicht 134,2 t; Tender 2×2achsig (Wasser + Kohle); Baker-Steuerung; Leistung in HP 3082. – Die ‹Illinois Central› hat auch 2–10–2-Maschinen von der ‹Alabama & Vicksburg› übernommen (Nrn. 3100–3102 mit Baujahr 1919, Nrn. 3103/04 mit Baujahr 1922, beide Serien von Baldwin). Es handelte sich um leichtere und schwächere Maschinen (Kesseldruck 13,01 atü); Triebrad-∅ 1473,2 mm; Zylinder 2(660,4× 711,2 mm); (Rostfläche 5,45 m²); Zugkraft 22,5 t. – Von der Grossserie 2901–3000 sind einige noch 1943 im Werk Paducah modernisiert worden. – Auch Alco (1915 und 1918) konnte 2–10–2-Maschinen an die ‹CofG› liefern, die dann später an die ‹IC› gingen.

Zu den stärksten Consolidations, die je gebaut worden sind, gehörten die 1921–1923 von Baldwin abgelieferten 51 Einheiten schwerer Güterzugsmaschinen der ‹Western Maryland› (Abb. 31 zeigt Lok Nr. 810). Es waren die Serien 801–840 (1921) und 841–850 (1923).

Die Hauptdaten waren: Kesseldruck 15,47 atü (andere Quellen 14,76 atü); Zylinder 2(685,8×812,8 mm); Triebrad-∅ 1549,4 mm; Rostfläche 6,95 m²; Heizfläche 324,5 m²; Überhitzer 87,5 m²; Zugkraft 29,5 t (andere Quellen 31 t); Maschinengewicht 134 t; Reibungsgewicht 121,5 t. Nr. 842 (möglicherweise auch einige weitere Nummern) hatten einen Tenderbooster mit ca. 7 t Zugkraft. Die ‹WM› besass seit 1892 Consolidations (alle von Baldwin mit Ausnahme der 1911–1914 angeschafften Alco-Serie). Die Zylinderabmessungen haben sich dabei von 482,6 mm ∅ bis auf 685,8 mm ∅ entwickelt; der Hub von 609,6 mm bis auf 812,8 mm. Der Kesseldruck ist von 11,95 atü bis auf 15,47 atü gestiegen und die Zugkraft von 11,7 t auf 31 t. Fotos von G. C. Corey bei L. Beebe und Ch. Clegg, The Age of Steam, S. 72, zeigen den schweren Dienst der Consolidations bei der ‹WM›, u. a. einen Güterzug auf der Thomas-Rampe mit einer Lok an der Spitze, drei in der Mitte und zwei am Ende des Zuges. – 1927 wurden dann Decapod-Maschinen angeschafft (siehe 1927, ‹WM›). – Zum Vergleich seien hier die Daten einer europäischen Consolidation der ‹Belgischen Staatsbahn› aus dem Jahre 1920 aufgeführt: Kesseldruck 14 atü; Zylinder 2(609,6×711,2 mm); Triebrad-∅ 1520 mm; Rostfläche 3,26 m²; Heizfläche 194,3 m²; Überhitzer 44,5 m²; Maschinengewicht 82 t; Reibungsgewicht 70 t. – Eine interessante Vergleichsmaschine ist die G8² der ‹Preussischen Staatsbahn› aus dem Jahre 1919, die aus einer Kriegs-Decapod der gleichen Gesellschaft (1917, Drillingsmaschine) durch Verkürzung entwickelt wurde. Die 1. Serie waren auch Drillingsmaschinen (G8³), doch scheint man wahrscheinlich nicht ohne Grund davon abgekommen zu sein, denn die 2. Serie wurde zu Zwillingsmaschinen. Die Hauptdaten dieser G8² lauteten: Kesseldruck 14 atü; Zylinder 2(630× 660 mm); Triebrad-∅ 1400 mm; Rostfläche 3,43 m²; Heizfläche 167 m²; Überhitzer 53,5 m²; Maschinengewicht 83,5 t; Reibungsgewicht 70,2 t. Als Leistung wird angegeben: 940 t mit 40 km/h bei 5‰ Steigung.

Im Januar 1921 hat die Alco an die französische Bahngesellschaft ‹Paris Orleans› eine Serie Pacific, Nrn. 3591–3640 abgeliefert. Sie wurden nach ‹PO›-Normen und amerikanischen Gesichtspunkten gebaut und besassen beinahe französisches Aussehen. Die Hauptdaten der Schnellzugsmaschinen waren: Kesseldruck 12 atü; Zylinder 2(620×650 mm); Triebrad-∅ 1900 mm; Rostfläche 4,7 m²; Heizfläche 223,1 m²; Überhitzer 72 m²; Zugkraft 15,8 t; Maschinengewicht 96,4 t; Reibungsgewicht 57,9 t; Kesseltyp Straight top. Die Maschinen zeigten bei einer Geschwindigkeit von 77½ mph noch sehr stabile Fahrweise, ebenso ruhig wie die 4-Zylinder-Verbund-Maschinen der Gesellschaft. Sie waren wirtschaftlicher und besassen geringeren Reibungswiderstand. – Die ‹PO› bezog schon in den Jahren 1908 Pacifics bei Alco, 1917–1919 Mikados ebenfalls bei Alco. Stets handelte es sich um respektable Stückzahlen, was das Interesse französischer Bahnen an der amerikanischen Lokbauweise dartut (siehe auch 1945, ‹SNCF›).

Im Jahr 1922 wurden in den USA 1303 Dampfloks geliefert und 2600 Einheiten bestellt. Die Bestellungen gaben Anlass, wieder auf einen besseren Geschäftsgang zu hoffen.

Die ‹Chicago, Burlington & Quincy› beschaffte sich 1922 Pacific-Maschinen für ihre Untergesellschaften ‹Colorado & Southern› und ‹Fort Worth & Denver› (siehe Band 1, Seite 186, 1901, ‹Burlington Lines›). Die Maschinen der ‹FW&D›-Gesellschaft wiesen etwa die Daten der damaligen Pacific-Maschinen für die ‹CB&Q› auf (siehe Band 1, Seite 164, 1915, ‹CB&Q›); sie besassen jedoch Ölfeuerung. Die ‹C&S›-Maschinen waren als Gebirgsloks für den Personenzugsdienst mit nur 1752,6 mm Triebrad-∅ ausgebildet. Der Kesseldruck betrug 12,3 atü; Zylinder 2(685,8×711,2 mm); Rostfläche 5,4 m²; Heizfläche 315,3 m²; Überhitzer 70,2 m²; Zugkraft 19,3 t. Abb. 32 zeigt die Werkaufnahme der Lok-Nr. 373. Das Dienstgewicht der Lok betrug 133,2 t; das Reibungsgewicht 81 t; der Tender war 2×2achsig (19 t Kohle + 37 850 l Wasser). – Vergleichbare Pacifics in Europa sind schwer zu finden, da der Triebrad-∅ und der Kesseldruck der ‹C&S›-Loks ungewöhnlich klein waren. Die 2C1-Maschine der Reichseisenbahnen Elsass–Lothringen (‹AL›) aus dem Jahre 1932, Reihe S16, ist in diesem Zusammenhang interessant, weil es sich auch um leistungsfähige Loks handelte, die in der Konzeption amerikanische Eigenschaften aufwiesen – die eine Maschine besass einen Booster! Entsprechend hoch war aber der Kohlenverbrauch, weshalb sie nach 10jähriger Dienstzeit verschwanden. Als indizierte Dauerleistung sollen sie 3200 PS abgegeben haben. Die Hauptdaten dieser eher kurzlebigen Maschinen waren: Kesseldruck 20 atü; Zylinder 2(540×720 mm); Triebrad-∅ 1950 mm; Rostfläche 4,5 m²; Heizfläche 223,5 m²; Überhitzer 73,5 m²; 2×2achsiger Tender (9 t Kohle+28 m³ Wasser). – Die Experimentier-Pacific der ‹Milwaukee› aus dem Jahre 1905 lässt sich kaum zum Vergleich heranziehen, da es sich noch um eine überhitzerlose Lok gehandelt hat (siehe Band 1, Seite 141, 1905, ‹CM&St.P›).

Zur Zeit der starken Decapod-Maschinen bei der ‹Penn› (siehe Abb. 207, Band 1) herrschte Grossverkehr über die Alleghenies. Einem offiziellen Bericht ist

zu entnehmen, dass täglich 6700 Güterwagen über dieses Gebirge gezogen wurden.

Die ‹Nashville, Chattanooga & St. Louis› (siehe SN 30) beschaffte sich 1922/23 ihre letzten Mikados. Es war die Serie 660–671, Class L2A 55 (Baldwin). Abb. 33 zeigt Lok Nr. 660 mit Vanderbilt-Tender. Die Hauptdaten waren: Kesseldruck 14,06 atü; Kesseltyp Conical; Zylinder 2(660×762 mm); Triebrad-∅ 1600,2 mm (die 2–8–8–2-Güterzugsloks aus dem Jahre 1915 – siehe 1. Band, Abb. 177 – besassen nur 1422,4 mm Triebrad-∅; später als Schubloks oder Vorspann auf Rampen eingesetzt); Rostfläche 6,2 m²; Heizfläche 346,9 m²; Überhitzer 91,2 m²; Maschinengewicht 134,5 t; Reibungsgewicht 99,8 t; Zugkraft 24,86 t; Tender 2×2achsig (16,26 t Kohle + 38 000 l Wasser); Duplex-Stoker; Walschaert-Steuerung. Die Maschinen erhielten später (vor 1927) Booster eingebaut, um das Anfahren schwerer Güterzüge zu erleichtern. Strecke: Nashville–Atlanta. Vorläufer dieser Serie waren die USRA-Mikados von Alco aus dem Jahre 1918 (Nrn. 650–659), die noch etwas kleinere Überhitzer besassen.

Die ‹New York Central›, die ‹Michigan Central› und die ‹Pittsburgh & Lake Erie› (siehe SN 37) erhielten 1922 eine neue Serie von Mikado-Maschinen, gebaut von Lima und Alco, Class H 10, H 10a und H 10b, Nrn. 8000–. Sie waren alle in den Daten sehr ähnlich und sollen die stärksten Loks dieses Achsbildes bei der ‹NYC› gewesen sein. Sie fielen besonders durch ihre grossen Heiz- und Überhitzerflächen auf. Die Hauptdaten der Lok-Nr. 8000, Class H 10 (siehe Abb. 34), die von Lima geliefert wurde, waren: Kesseldruck 14,6 atü; Zylinder 2(711,2×762 mm); Baker-Steuerung; Triebrad-∅ 1600,2 mm; Rostfläche 6,15 m²; Heizfläche 425,2 m²; Überhitzer 165,4 m²; Maschinengewicht 151,5 t; Reibungsgewicht 111,2 t; Zugkraft 27,5 t; Leistung 2824 HP; Baker-Steuerung; Tender 2×2achsig (16 t Kohle + 37 850 l Wasser). Wie üblich waren die Tender mit ‹New York Central Lines› angeschrieben. Die 1924 gelieferten Mikados für die ‹CCCSt.L› erhielten 2×3achsige Tender. Die meisten Maschinen dieser Serie standen noch 1945 im regulären Einsatz. Die Gesellschaft besass über 1000 Mikados, von denen sie seit 1912 immer wieder anschaffte. – Über die Weiterentwicklung der 2–8–2- zur 2–8–4-Lok siehe S. 43, 1925, ‹B&A›.

Die 1929 von der ‹SP› übernommene ‹Northwestern Pacific› (siehe SN 50 und Band 1, Seite 147) beschaffte sich 1922 von Baldwin Ten-Wheeler (4–6–0), und zwar die Nrn. 142/43 mit 1600,2 mm Triebrad-∅ und die Nrn. 182–184 mit 1447,8 mm Triebrad-∅. Die Zylinderabmessungen lauteten: Nrn. 141/43

2(508×711,2 mm); Nrn. 182–184 2(533,4×711,2 mm). Von beiden Typen wird gesagt, dass sie im Personenzugsdienst und im Güterzugsdienst eingesetzt waren. Es handelte sich um anspruchslose Maschinen mit Ölfeuerung und 2×2achsigem Tender, Vanderbilt-Typ. Weitere Daten der Lok Nr. 182–184 waren: Kesseldruck 14,06 atü; Kesseltyp: Wagon top; Walschaert-Steuerung; Heizfläche 211,39 m²; Überhitzer 45,2 m²; Zugkraft 16,69 t; Maschinengewicht 89,35 t; Reibungsgewicht 68 t; Rostfläche 4,69 m². Zum Vergleich sei auf die 4–6–0-Loks der ⟨NS⟩ (Band 1, Seite 149) aus dem Jahre 1907 und jene der ⟨NYC&HR⟩ (Band 1, Seite 151) aus dem Jahre 1909 verwiesen. Die ⟨NS⟩-Maschinen waren schwächer, die ⟨NYC&HR⟩-Maschinen waren stärker. – Zu Vergleichszwecken sei auch auf die Ten Wheels der ⟨London, Midland & Scottish⟩ aus dem Jahre 1934 verwiesen. Es waren auch Zwillingsmaschinen (entworfen von W. A. Stanier) und besassen folgende Daten: Kesseldruck 15,8 atü; Zylinder 2(470×711 mm); Triebrad-∅ 1829 mm; Rostfläche 2,58 m²; Heizfläche 150,13 m²; Überhitzer 21,14 m²; Maschinengewicht 73,15 t; Reibungsgewicht 54,86 t; Belpaire-Feuerbüchse; 3achsiger Tender. Von dieser Maschine wurden 842 Stück gebaut.

Die ⟨Union Pacific⟩ hat 1922 mit der Alco-Serie Nrn. 7000–7039 nur 40 Mountains angeschafft. Zusätzlich wurden auf der Strecke Los Angeles–Salt Lake 1923/24 ebenfalls 20 Mountains in Betrieb genommen, die aber in den Loklisten separat aufgeführt wurden. Die 4–8–2-Maschinen Serie 7000– besassen folgende Hauptdaten: Kesseldruck 14,06 atü; Zylinder 2(736,6×711,2 mm), dies war eine seltene Kurzhubigkeit; die Steuerung der Dampfverteilung war ebenfalls ausserhalb der üblichen Norm, da an diesen Maschinen die Young-Steuerung angewendet wurde; Triebrad-∅ 1854,2 mm; Rostfläche 7,8 m²; Heizfläche 461,8 m²; Überhitzer 124 m²; Maschinengewicht 156,8–159 t; Zugkraft 30,5 t. – Abb. 35 zeigt Lok Nr. 7869 (Serie Nrn. 7850–7864, Nrn. 7865–7869 wurden von der ⟨UP⟩ geleast) der ⟨Los Angeles & Salt Lake⟩ aus dem Jahre 1924 mit den gleichen Daten und vom gleichen Hersteller wie die Serie 7000–. Diese Lok erhielt den Übernamen «Sport Modell». Sie soll damals die leichteste Lok dieser Leistung gewesen sein. Spätere Umbauten bestanden vor allem im Auswechseln der Speichenräder durch Scheibenräder auf der angetriebenen Achse. Nr. 7006 erhielt Caprotti-Steuerung, Nr. 7002 eine wälzgelagerte Antriebsanlage in Leichtbauweise. Anfangs wurden die Loks auf den Strecken Cheyenne–Ogden und Cheyenne–Huntington eingesetzt. Der Tender war vom 2×3achsigen Van-

derbilt-Typ mit 20 t Kohle und 45 420 l Wasser. Chefkonstrukteur war A. H. Fetters. Die Maschinen wurden 1930 umgebaut (Zylinderteil aus einem Stück Stahlguss, Gewichtsverteilung zur Vergrösserung des Reibungsgewichts geändert). – Zum Vergleich sei auf die Mountains der ⟨SP⟩ (1923) S. 37 oder der ⟨N&W⟩ (1923) S. 37 verwiesen.

Die ⟨Pittsburg & West Virginia⟩ (siehe Band 1, Seite 140, ⟨WPT⟩) beschaffte sich von Alco 1922 ihre letzte Serie (Nrn. 923–928) Consolidations für den Kohlen- und Erztransport. Abb. 36 zeigt Lok Nr. 926. Ihre Vorläufer entstammten Serien aus den Jahren 1909 und 1918 mit, bis auf das Gewicht, gleichen Daten. Die Hauptdaten der letzten Serie waren: Kesseldruck 11,95 atü (später 14,06 atü); Zylinder 2(635×812,8 mm); Triebrad-∅ 1473,2 mm; Rostfläche 4,7 m²; Heizfläche 283,6 m²; Überhitzer 63,9 m²; Maschinengewicht 111 t; Reibungsgewicht 96,4 t; Zugkraft 22,5 t (später 26,4 t); Baker-Steuerung; 2×2achsiger Tender für 14 t Kohle + 30 000 l Wasser. – Diese Consolidations waren aber noch nicht die kleinsten, die in den USA gebaut wurden. So lieferte Baldwin 1925 eine 2–8–0-Lok (Nr. 43) an die ⟨Maryland & Pennsylvania RR⟩ mit folgenden Hauptdaten: Kesseldruck 13,36 atü; Zylinder 2(558,8×711,2 mm); Triebrad-∅ 1295,4 mm; Rostfläche 4,6 m²; Heizfläche 216 m²; Überhitzer 54,7 m²; Maschinengewicht 93 t; Reibungsgewicht 82 t; Zugkraft 19,5 t. Abb. 37 zeigt Lok Nr. 43. – Auch die ⟨Monongahela Rw.⟩ erhielt von Alco einige dieser Klein-Consolidations. – 1934 erhielt die ⟨Pittsburg & West Virginia⟩ schwere Mallet-Maschinen für den Kohlen- und Erztransport (siehe S. 86 1934, ⟨P&WV⟩).

1922 bezog die ⟨Chicago, Burlington & Quincy⟩ bei Lima eine Serie von Mountains für den schweren Personenzugsdienst, um die teure Doppeltraktion auf sämtlichen Hauptlinien auszuschalten. Es waren die Nrn. 7000–7007, Class B1. Die Hauptdaten waren: Kesseldruck 14,67 atü; Zylinder 2(685,8×762 mm); Triebrad-∅ 1879,6 mm; Rostfläche 7,25 m²; Heizfläche 414,2 m²; Überhitzer 108,8 m²; Maschinengewicht 159 t; Reibungsgewicht 106,8 t; Zugkraft 23 t. 1925 wurde von Baldwin eine ähnliche Serie angeschafft, Class B1A, Nrn. 7008–7020. Die Heizfläche wurde auf 379,1 m² verkleinert und dafür die Überhitzerfläche auf 117,2 m² vergrössert. Das Maschinengewicht wurde etwas grösser, die Zugkraft blieb gleich. Der Tender war 2×3achsig. – Die ⟨CB&Q⟩ beschaffte auch 1922 für die ⟨Colorado & Southern⟩ 2–10–2-Güterzugsloks bei Baldwin. Sie wurden als Class E5C bezeichnet und besassen die Nrn. 910–914. Es war dies die letzte Serie von Santa Fé-Maschinen, die seit

1915 bei der Gesellschaft im Einsatz standen (Nrn. 900–909). Die Hauptdaten waren: Kesseldruck 13,01 atü; Zylinder 2(762×812,8 mm); Triebrad-∅ 1524 mm; Zugkraft 33 t.

Die ‹SP› bestellte 1921 bei Baldwin 50 schwere 2–10–2-Loks, die als Lokzug von Eddystone (Pa.) nach Los Angeles (Calif.) gefahren wurden. Ein solcher Transport von jeweils ungefähr 12 Maschinen dauerte vom 26.5.1922 bis am 4.7.1922. Zuerst wurde mit 2 ‹Penn›-Mikados auf den Gleisen der ‹Penn› nach St. Louis gefahren. Dann fuhr der unter dem Namen «Prosperity Special» laufende Transport auf Gleisen der ‹St. Louis Southwestern› nach Corsicana (Tex.) und anschliessend auf jenen der ‹SP› nach Los Angeles. Hersteller und Käufer machten daraus eine Werbefahrt mit zahlreichen Demonstrationen und Feiern. Die Hauptdaten der transportierten Santa Fé-Maschinen mit den Nrn. 3668–3717 waren: Kesseldruck 14,06 atü; Zylinder 2(749,3×812,8 mm); Rostfläche 7,7 m²; Triebrad-∅ 1600,2 mm (andere Quellen 1612,9 mm); Maschinengewicht 180,4 t; Zugkraft 32,6 t; Kesseltyp: Straight top; anfänglich mit Booster ausgerüstet; Ölfeuerung. Zum Vergleich sei auf die ähnlichen Loks der ‹UP›, 1923 S. 36 verwiesen. – Die ‹SP› besass schon seit 1917 Maschinen dieses Achsbildes und hat solche Loks bis 1924/25 bezogen (Nrn. 3600–3770); viele dieser Einheiten wurden an die ‹T&NO› geleast.

Am 13.6.1922 ordnete die ICC an, dass 49 Bahngesellschaften entlang ihrer Bahnanlagen und auf Loks Einrichtungen zu installieren hätten, die für den Personenzugsdienst den automatischen Verkehr auf einer Streckeneinheit gewährleisteten. Darunter war zu verstehen, dass die Automatik unter gewissen Umständen einen Zug stoppen oder verlangsamen konnte. Solange der Lokführer alle Weisungen selber auslöste, sollte die Anlage nicht eingreifen. Am 14.1.1924 kam die zweite derartige Weisung für 45 weitere Bahngesellschaften heraus. Auf Grund von Erfahrungen wurde später 13 Gesellschaften erlaubt, das automatische Abbremsen aufzuheben und nur noch das Durchgeben von Signalen an den Lokführer, also ins Führerhaus, vorzunehmen. Diese reduzierte Automatik umfasste 6624,4 Meilen Streckenlänge. Siehe auch Zugsunglücke, z.B. 1923, ‹NYC›, S. 35; 1931, ‹Penn›, S. 78; 1934, ‹Penn›, S. 83. – Vgl. auch 1926, ‹SP›, S. 36; 1923, Speed Control.

1923

Im Jahre 1923 lieferten die amerikanischen Lokhersteller 3505 Loks ab. Die Zahl der Bestellungen, 1944 Stück, zeigt deutlich, dass sich der erwartete Boom nicht einstellte.

Die Brüder Oris Paxton Van Sweringen und Mantis James Van Sweringen aus Cleveland machten durch verschiedene Käufe und Verkäufe von Eisenbahngesellschaften, insbesondere die Geschäfte mit der ‹New York, Chicago & St. Louis› (‹Nickel Plate›) stark von sich reden. Im Jahre 1922 wurde von den Konkurrenten bemerkt, dass sich um die ‹Nickel Plate› und die ‹Chesapeake & Ohio› ein neues Eisenbahnsystem bildete. (Die Vorgeschichte des Wachstums der ‹C&O› ist in Band 1 auf den Seiten 73 und 108 nachzulesen.) Man sprach schon vom ‹Van Sweringen System›. Am 26.4.1922 vergrösserte sich dessen Netz um die ‹Lake Erie & Western›; 1923 wurden noch die ‹C&O› und die ‹Hocking Valley› eingebracht. Erst am 2.3.1926 entschied die ICC im Van Sweringen-Fall, dass die Gruppenbildung zwar transporttechnisch anzustreben sei, doch alle andern Gründe (grosse Aktienminderheiten vermitteln Machtbefugnisse, die nicht berechtigt sind und das öffentliche Interesse sei zur Hauptsache durch die Aktionen tangiert) sprechen gegen das ‹Van Sweringen-System›. – Schon 1923 zeichneten sich «Machtkämpfe» ab, als die ‹Erie› ins Gerede kam, jedenfalls sah sich das ‹New York Central System› veranlasst, ebenfalls aktiv in diesem Raum einzugreifen. ‹NYC› wandte sich deshalb 1923 an die ICC, um Strecken der ‹Central of New Jersey› und der ‹Philadelphia & Reading› zu übernehmen. Auch wollte sie Fahrrechte bei der ‹Penn›, ‹Buffalo, Rochester & Pittsburgh› (siehe 1923, ‹BR&P›, S. 36) und jenen Gesellschaften erstehen, die nicht käuflich zu erwerben waren. Grund: Bildung einer Entlastungsstrecke zur New York–Albany–Buffalo–Chicago-Stammstrecke vor allem für den Güterverkehr. Diese sollte von Jersey City nach Ashtabula am Lake Erie über Tamanend (Pa.), Newberry Junction, Clearfield (Keating), Rose Siding gehen, und 40 Meilen kürzer sein als die Stammstrecke (New York–Ashtabula 528 Meilen). Auch lag der höchste Punkt der geplanten Strecke noch relativ günstig auf nur 1539 ft. (höchster Punkt der Stammstrecke 996 ft.). – Im Jahre 1923 wurden auch die New England-Staaten unruhig. Sie bildeten das ‹New England RR Committee› mit dem Zweck, die intensive Zusammenarbeit aller Bahnen ihres Gebietes zu organisieren. Insgesamt besassen sie 8135 Meilen Schienennetz. Als Schlagworte dienten: Ausbau der Bahnen ohne auswärtige Hilfe (vgl. Seite 160/161 in Band 1)! Seehäfen-Entwicklung! Rehabilitierung der ‹NYNH&H› und der ‹B&M›! Canadian Gateway. Der Planungsexperte W. Z. Ripley (siehe Band 1, Seite 174) sagte zum Plan der New England-Staaten: 'Best for New England'. In diesem Zusammenhang sei an die Vorgeschichte dieser Bahngesellschaften erinnert. Auf den Seiten 160/161 in Band 1 wird auf die Geschehnisse der Morgan-Hill-Gruppe verwiesen, die als natürliche Folge bei den Gesellschaften der New England-Bahngesellschaften ein extrem starkes Selbständigkeitsstreben auslösten.

Die ⟨Sewell Valley RR Co.⟩, eine kleine Gesellschaft in West Virginia, die später in der ⟨C&O⟩ aufgegangen ist, besass wohl die kleinsten Normalspur-*Mikado*-Loks aller USA-Gesellschaften. Insgesamt wurden von Baldwin 7 Stück 1919–1922 geliefert. 1923 wurden 2 weitere bei Lima gekauft (Nr. 9 und 12, später bei ⟨C&O⟩ Nrn. 2920 und 2921). Die Hauptdaten der Lima-Maschinen waren: Kesseldruck 13,36 atü; Zylinder 2(558,8×711,2 mm); Triebrad-⌀ 1295,4 mm; Rostfläche 5,8 m²; Heizfläche 334,5 m²; Überhitzer 71 m²; Maschinengewicht 113,4 t; Reibungsgewicht 85 t; Zugkraft 19,5 t; Tender 2×2achsig für 10 t Kohle + 22 700 l Wasser. – Die ⟨C&O⟩ besass auch Mikados, die jedoch zu den stärksten der USA gehörten, siehe S. 48, 1926, ⟨C&O⟩. – Siehe sodann S. 134, 1945, ⟨SNCF⟩.

Auch die ⟨Nickel Plate⟩ nahm 1923 ihre letzten Mikado-Serien, Class H 6E Nrn. 632–661 und Nrn. 662–671 von Lima in Betrieb. Sie besassen folgende Hauptdaten: Kesseldruck 14,1 atü; Zylinder 2(660,4×762 mm); Triebrad-⌀ 1600,2 mm; Rostfläche 6,2 m²; Heizfläche 347,8 m²; Überhitzer 81,9 m²; Maschinengewicht 144,9 t; Reibungsgewicht 107,5 t; Zugkraft 24,8 t + 4,7 t Booster. Tender 2×2achsig für 20,3 t Kohle + 83 340 l Wasser. – Die nächst stärkeren und schnelleren Güterzugsloks der Gesellschaft waren 2–8–4-Maschinen aus dem Jahre 1934 (Nrn. 700–714) mit 1753 mm Triebrad-⌀ und 8,4 m² Rostfläche, Kesseldruck 17,2 atü.

Im Zuge der Rationalisierung liess die ⟨Nashville, Chattanooga & St. Louis⟩ (siehe SN 30) ab 1923 gewisse Züge mit der gleichen Lok, jedoch mit Mannschaftswechsel durchlaufen; so zwischen Nashville und Atlanta (288 Meilen). Auf diese Weise liess sich die Kilometerleistung der Loks um 23% anheben und 13 Loks konnten auf andere Strecken verlegt werden. Das gleiche wurde auch mit Eilgüterzügen auf dieser Strecke durchgeführt. Mountain-Loks standen jahrelang im Einsatz (Baujahre: 1919, 1922 und 1925) und bewährten sich dabei in gewissem Sinne als Universalloks.

Die ⟨Denver & Rio Grande Western⟩ erhielt 1923 für ihre Schmalspurlinien von Alco 10 Güterzugsmaschinen 2–8–2 (Class K 28). Die Hauptdaten waren: Kesseldruck 14,06 atü; Triebrad-⌀ 1117,66 mm; Zylinder 2(457,2×558,8 mm); Walschaert-Steuerung; Rostfläche 2,8 m²; Heizfläche 150 m²; Überhitzer 38 m²; Maschinengewicht 72 t; Zugkraft 12 t. 1925 wurden noch-

mals von Baldwin 2–8–2-Maschinen (10 Stück, Class K 36) geliefert, jedoch mit grösserer Leistung. Beide Typen besassen Aussenrahmen; sie waren viele Jahre im schweren Gebirgsdienst eingesetzt, zuletzt vor allem vor Touristenzügen.

Die ⟨B&O⟩ nahm am 13.5.1923 den Pullman-Luxuszug «Capitol Ltd.» zwischen Chicago und Washington, resp. Baltimore, in Betrieb. Die Fahrzeiten waren 1925: Baltimore ab: 13⁵² pm, Chicago an: 9⁰⁰ am. Als moderne Schnellzugsloks standen der Gesellschaft 15 Pacifics aus dem Jahre 1922 zur Verfügung, Class P 6, Nrn. 5230–5244. Die Hauptdaten waren: Kesseldruck 14,06 atü; Zylinder 2(603,25×711,2 mm), andere Quellen 2(628,65×711,2 mm) später vermutlich 2(635×711,2 mm); Triebrad-⌀ 1879,6 mm; Rostfläche 6,2 m²; Heizfläche 311 m²; Überhitzer 73,4 m²; Zugkraft 17,2 t; Maschinengewicht 131 t; Reibungsgewicht 79 t. Tender 2×2achsig mit 16 t Kohle + 37 850 l Wasser. – Weitere Loks für den Luxuszugsverkehr der ⟨B&O⟩ waren jene der «Präsidentenklasse» (siehe S. 59, 1927, ⟨B&O⟩) und die 4–8–2-Maschinen (siehe S. 73, 1930, ⟨B&O⟩). – Der Luxuszugsverkehr mit Pullman-Wagen und später (1950) mit strata-dome-Schlafwagen, wurde dann am 24.5.1931 zwischen Washington und New York auf Diesel-Traktion umgestellt. Der «Capitol Ltd.» fuhr mit schweren Pullman-Wagen die Strecke Chicago–Washington–Baltimore–New York in 20 h 15 min. (Diesel-Traktion). Die Strecke Chicago–Washington, resp. Baltimore wurde schon ab 1923 mit Dampfloks in Rekordzeiten befahren.

Die ⟨Reading⟩ (siehe Band 1, Seite 31/32) und die ⟨Lehigh Valley⟩ (siehe Band 1, Seite 47) übernahmen 1923 zusammen die ⟨Irontown RR Comp.⟩.

Die ⟨Southern⟩ nahm in den Jahren 1923–1928 schwere Pacific-Maschinen, Class Ps 4, in Betrieb. Die Farbtafel gegenüber Seite 248 in Band 1 zeigt eine Pacific dieser Class im Einsatz. Von Alco teilweise auch von Baldwin erhielt sie 1923–1928 die Serie 1366–1409 (Abb. 39); von Baldwin 1928 die Serie 6471–6482 (siehe Abb. 40) für die Strecken der ⟨Cincinnati, New Orleans & Texas Pacifics⟩ (siehe SN 49) und 1926 von Alco die Serie 6684–6691 für die Strecken der ⟨Alabama Great Southern⟩. Die Hauptdaten dieser zur Hauptsache vor dem «Crescent Ltd.» fahrenden und besonders bemalten Maschinen (siehe S. 42, 1925, ⟨L&N⟩) waren: Kesseldruck 14,06 atü; Zylinder 2(685,8×711,2 mm); Triebrad-⌀ 1854,2 mm; Rostfläche 6,56 m²; Heizfläche 342,5 m²; Überhitzer 84 m²; Maschinengewicht 138 t; Reibungsgewicht 82,2 t; Zugkraft 19,6 t (andere Quellen 20,7 t). Zum Datenvergleich siehe Band 1, Seite 174, 1919, ⟨T&P⟩. – Zur gleichen Zeit wurden Pacifics mit kleinerem Triebrad-∅ für den Güterzugsdienst beschafft.

Eine typische Auffahrkollision zweier Züge (1. und 2. Sektion) ereignete sich bei der ‹NYC› am 9.12.1923 bei Forsyth (N.Y.). Es handelte sich um den doppelt geführten «20th Century Limited», der von den grossrädrigen Pacifics der Class K3q gezogen wurde. Der zweite Zug fuhr auf den ersten Zug, wobei es 9 Tote und 5 Verletzte gab.

Die ‹New York Central›, eine Bahngesellschaft, welche die Pacific als Schnellzugs- und auch als Güterzugsmaschine (mit kleinerem Triebrad-∅) einsetzte, hatte für Schnellzugsmaschinen mit diesem Achsbild dankbare Strecken. 1923 beschaffte sie sich leichtere und schwerere 4–6–2-Loks mit den Zylindermassen 2(597×660 mm) und dem grossen Triebrad-∅ von 2007 mm. Es waren die letzten der K3-Class – insgesamt wurden 281 Einheiten der K3-Class angeschafft – mit diesen Abmessungen. Sie besassen die Nrn. 4635–4639, 4885–4888, 4890–4899 (Maschinengewicht 134 t) und Nrn. 4697–4699 (mit 125 t), alle von Alco, Class K3q. Die Hauptdaten der 134 t schweren Maschinen waren: Kesseldruck 14,06 atü; Zylinder 2(597×660 mm); Triebrad-∅ 2007 mm; Rostfläche 5,25 m²; Heizfläche 318,4 m²; Überhitzer 77,4 m²; Zugkraft 14 t + 4,39 t (Booster); Maschinengewicht 134 t; Reibungsgewicht 88,2 t; Tender 2×2achsig (10,9 t Kohle + 30,3 m² Wasser). Abb. 41 zeigt die leichtere Ausführung Nr. 4689, modernisiert. – Solange die Pacifics nur 10-Wagenzüge im Flachland zu befördern hatten, genügten ihre Leistungen. Die Pullman-Wagen wurden aber schwerer und die Züge länger, so dass sich Ersatz aufdrängte. Man ging auf die Zylindermasse 2(635×711,2 mm) und baute noch die Serie beginnend mit Nr. 4925 anno 1924–1926/7 (siehe S. 54, 1927, ‹NYC›), musste aber einsehen, dass stärkere Maschinen notwendig wurden. Paul Kiefer, ab 1.1.1926

Chief-Engineer der ‹NYC›, entwickelte dann mit der Alco zusammen die 4–6–4-Maschine (siehe S. 54/5, 1927, ‹NYC›).

Die ‹Boston & Maine› beschaffte sich 1923/24 Pacific-Loks, Serie 3700–3709 (Alco 1923) und 3696–3699 (Alco 1924, DLW 1189 etc.). Die Hauptdaten waren: Kesseldruck 12,66 atü; Zylinder 2(609,6×711,2 mm); Triebrad-∅ 1854,2 mm; Zugkraft 14,7 t + ca. 5 t Booster; Rostfläche 4,86 m²; Heizfläche 273,23 m²; Überhitzer 74 m²; Maschinengewicht 114,5 t; Reibungsgewicht 73,8 t. Lok Nr. 3708 mit Milchzug zeigt Abb. 42. – Weitere Serien derartiger Pacific-Maschinen wurden 1934 (Nrn. 3710–3714) und 1937 (Nrn. 3715–3719) von Lima geliefert (siehe S. 85, 1934, ‹B&M›).

Die ‹Missouri, Kansas & Texas› (siehe SN 35) erhielt 1923 von Lima ihre letzten Pacifics, Nrn. 409–413, Class H3d (siehe Band 1, Abb. 213). Sie besassen folgende Hauptdaten: Kesseldruck 14,76 atü; Zylinder 2(635×711 mm); Triebrad-∅ 1854 mm; Rostfläche 5,34 m²; Heizfläche 350,5 m²; Überhitzer 81,8 m²; Zugkraft 19,4 t; Maschinengewicht 122,9 t; Reibungsgewicht 74,84 t; Tender 2×2achsig (Öl 15 280 l / Wasser 37 880 l); Walschaert-Steuerung. – Nr. 413 kollidierte im Dezember 1941 mit Pacific Nr. 387 in Boughner (Mo.). – Sie gehörten zu den kleineren Pacifics der USA, siehe Tabelle 1914 ‹WC› (Band 1, Seite 162) sowie 1919 ‹T&P› (siehe Band 1, Seite 174). Zum Vergleich mit den leichten Standardloks der USRA ('United States Railway Administration Standard, Designs 1919/20') sei auf 1919 ‹ACL› (Band 1, Seite 174) verwiesen. Die ‹MKT› besass insgesamt 64 Pacifics; die ersten (1910) kosteten 20 133.50 $, die letzten 48 500 $.

Die ‹Penn› beschaffte sich als Ersatz für die 4–4–0-Schnellzugsmaschinen, Class D16sb (siehe Band 1, Seite 135 und 137), die im Vorortsverkehr eingesetzt waren, 4–6–0-Loks, Class G5s. Die erste Ten Wheel (Nr. 987) der neuen Serie, von der auch 31 Einheiten (zwischen 1924 und 1929 gebaut) an die ‹Long Island› gingen, wurde im Juni 1923 vom Juniata-Werk der Gesellschaft fertiggestellt. Es sollen 90 Maschinen bis 1925 gebaut worden sein. Sie besassen ein grosses Beschleunigungsvermögen. Die Hauptdaten der beiden Maschinentypen, die mit 2×2achsigem Tender ausgerüstet waren, lauteten (zum Vergleich sind noch die Daten der preussischen P8, letzte Ausführung (1914) und der ‹London, Midland & Scottish Rw.› aufgeführt): siehe Tabelle linke Spalte unten mit Vergleichsmaschinen. Bereits 1914 nahm die ‹Penn› Schnellzugsmaschinen vom Typ 4–4–2, Class E6, in Betrieb (siehe Band 1, Seite 161), die vor allem die New York-Philadelphia-Washington-Strecke zu betreuen hatten.

		4–4–0 D16sb (vor Überhitzereinbau D16b)	4–6–0 G5s	2C P8 ‹Preussische Staatsbahn›	2C Black Fives ‹LM&S› 1934
Kesseldruck	atü	12,3	14,43	12	15,8
Rostfläche	m²	3,1	5,1	2,65	2,58
Zylinder	mm	2(520,7×660,4)	2(609,6×711,2)	2(575×630)	2(470×711)
Triebrad-∅	mm	1727,2	1727,2	1750	1829
Heizfläche	m²	130,5	263,5	146,28	150,13
Überhitzer	m²	32,2	73,8	58,9	21,14
Zugkraft	t	10,4	18,1		
Maschinengewicht	t	64	107,4	77,5	73,15
Reibungsgewicht	t	44,5	80,8	51,9	54,86

Die ‹Texas & Pacific› (siehe SN 53) bezog 1923 bei Alco (Richmond) ihre letzte Serie Pacifics, Class P1b, Nrn. 714–721. Diese Maschinen hatten Vorgängerinnen aus dem Jahre 1919 und waren mit Booster ausgerüstet; sie besassen folgende Hauptdaten: Kesseldruck anfänglich 13,01 atü, später 14,08 atü; Zylinder 2(660,4×711,2 mm); Triebrad-∅ anfänglich 1854,2 mm, später 1879,6 mm; Rostfläche 5,6 m²; Heizfläche 350,4 m²; Überhitzer 77,1 m²; Maschinengewicht 133,8 t; Reibungsgewicht 84,9 t; Zugkraft 21 t + 4 t Booster; Tender 2×2achsig. Abb. 208 in Band 1 zeigt Lok Nr. 720. Die Serie 707–713 wurde 1919 bei Alco bezogen, die Serie 700–706 bei Baldwin, ebenfalls 1919. Diese Maschinen wiesen sehr ähnliche Daten auf, waren jedoch nicht mit Booster ausgerüstet (siehe Band 1, S. 174). – In den Jahren 1925 und 1928 folgten Mountains von Alco und Baldwin mit etwas höherem Kesseldruck und grösserem Zylinder-∅, teilweise ebenfalls mit Booster (siehe S. 43, 1925, ‹T&P›).

1923 hat die ‹Buffalo, Rochester & Pittsburgh› (siehe SN 4 und 1923, ‹Van Sweringen-System›) namhafte Anschaffungen getätigt. Diese Gesellschaft betreute sowohl die Verbindungen zwischen Buffalo und Pittsburgh als auch zwischen Rochester und Pittsburgh. Die von der ‹Penn› betriebenen Konkurrenzlinien (siehe SN 4 und 43) waren mit ein Grund, dass die ‹BR&P› sich der ‹B&O› anschliessen musste (siehe Band 1, Seite 139/40). Die 1923 getätigten Bestellungen waren die letzten dieser Gesellschaft, die im gleichen Jahr von der ‹NYC› über die ICC beansprucht worden ist. Es handelte sich um 9 Rangiermaschinen vom Typ 0–8–0, 2 Mallets vom Typ 2–8–8–2 und 5 Pacifics. Die Gesellschaft besass auch zahlreiche Consolidations, einige Mikados und Decapods sowie als Rarität 25 Güterzugsmaschinen vom Typ 4–8–0 aus den Jahren 1899 und 1900. Die Hauptdaten der zuletzt beschafften Maschinen finden sich in der Tabelle am unteren Rand dieser Spalte.

Der Vergleich der Daten in der dritten und vierten Spalte zeigt, dass Pacifics ähnlicher Art schon 1906 bei der ‹B&O› im Dienst standen. Daraus lässt sich schliessen, dass der Nord/Süd-Verkehr aus dem Raum Buffalo eher schwach war und blieb. Zum Vergleich der 2–8–8–2-Mallet mit der ersten Maschine dieses Achsbildes aus dem Jahre 1909 sei auf Abb. 147 und Seite 151 in Band 1 verwiesen. Besonders interessant ist der Vergleich mit Abb. 57 (I) auf Seite 155 in Band 1 und den später angeschafften 2–8–8–2-Compound-Maschinen der ‹Virginian›.

1923 beschaffte die ‹UP› ihre letzten 2–10–2-Güterzugsmaschinen. Sie verteilte die Bestellung auf Alco, Baldwin und Lima, wie die folgende Aufstellung zeigt:
Nrn. 5040–5049 von Alco (Nrn. 5306–5313)
Nrn. 5050–5052 von Baldwin (Nrn. 5500–5514, 5317, 5318, 5400–5414, 5515–5524)
Nrn. 5053–5089 von Lima (etwas schwerer als Baldwin-Maschinen)
Nrn. 5306–5318 (‹OSL›) erhielten einen Booster (später wieder ausgebaut)
Nrn. 5400–5414 (‹OWR&N›) erhielten einen Booster (später wieder ausgebaut)
Nr. 5087 erhielt ein 'Nicholson Syphon' (Wassertasche), erstmals bei ‹UP› verwendet
Nrn. 5040–5089 besassen die Young-Steuerung und Duplex-Stoker
Nr. 5040 erhielt einen Elesco-Speisewasservorwärmer vor dem Kamin
Nrn. 5400 und 5040 erhielten Scheibenräder auf der angetriebenen Achse
Normal ausgerüstet mit 2×2achsigem Vanderbilt-Tender. Einzelne Nrn. (z. B. 5017 und 5034) erhielten später 2×3achsige Grosstender (ex ‹C&O›). Als die Maschinen zu Vorspannloks degradiert wurden, erhielten sie Tenderscheinwerfer und vereinzelt auch kleine Schneepflüge vormontiert, gelegentlich auch die Einrichtung für die Zugsheizung.
Nrn. 5014 und 5511 waren noch im Lokverzeichnis von 1958 aufgeführt und
Nr. 5038 wurde noch 1953 zu Testzwecken mit der automatischen Zugsbeeinflussung ausgerüstet.

Die Hauptdaten der Serien waren: Kesseldruck 14,06 atü; Triebrad-∅ 1600,2 mm; Zylinder 2(749,3×762 mm); Rostfläche 7,8 m²; Heizfläche ~475 m² (je nach Hersteller); Überhitzer 104–117 m² (je nach Hersteller); Maschinengewicht ~164 t; Reibungsgewicht ~131 t; Zugkraft ~30,5 t.

Das Problem der Geschwindigkeitskontrolle (Speed Control) beschäftigte die Bahngesellschaften und die ICC (siehe Band 1, Seite 116). Zahlreiche Berichte und Aufsätze jener Zeit legen davon Zeugnis ab. Als Beispiel sei auf den Beitrag 'Automatic Train Control' in Rw. Age vom 15.9.1923, S. 487 uf. verwiesen. Hier wird erstmals deutlich unterteilt in:

	0–8–0 Nrn. 529–537 1923	2–8–8–2 Nrn. 807–808 1923	4–6–2 Nrn. 675–679 1923	4–6–2 Nrn. 5150–(‹B&O›) 1906
Kesseldruck atü	13	14,06	14,06	14,76
Zylinder mm	2(558,8×711,2)	2(711,2×812,2)+ 2(1117,6×812,2)	2(571,5×711,2)	2(558,8×711,2)
Triebrad-∅ mm	1295,4	1447,8	1854,2	1930,4
Zugkraft t	22,3	48,8	14,5	13,9

Nr. dieser 4–8–2-Lok zu schliessen, gehörte sie eigentlich in die Mountain-Serie der Jahre 1917/18, doch wurde im Railway Age vom 5.1.1924 ein Inserat mit dem Bild und den Daten dieser Maschine gefunden, so dass das Baujahr 1924 stimmen dürfte. A.W. Bruce spricht zwar nur von einem Umbau der Nr. 2568. Die Hauptdaten dieser Drillingsmaschine waren: Kesseldruck 14,06 atü; Zylinder 3(635×711,2 mm); der mittlere Zylinder wurde bei den Alco-Maschinen nach dem Gresley-System von den beiden äussern gesteuert; Triebrad-∅ 1752,8 mm; Rostfläche 6,2 m²; Heizfläche 478,9 m²; Überhitzer 200,4 m²; Maschinengewicht 167 t; Reibungsgewicht 109,4 t; Zugkraft 28,3 t + 4,8 t Booster; Tender 2×3achsig; Walschaert-Steuerung. Nach der VDI-Zeitschrift vom 12.1.1924 waren die Flächen grösser, doch dürfte ein Umrechnungsfehler vorliegen, da unsere Daten dem Alco-Datenblatt entnommen sind. Zum Vergleich der Daten sei auf die Drillings-Mountains der ‹NYNH&H› (siehe S. 46/7, 1926 ‹NYNH&H›) verwiesen. – Beim Vergleich der Kesseldaten dieser Drillings-Mountain mit den entsprechenden Daten der ersten 4–8–4-Loks der ‹NP› (siehe S. 57, 1927) fällt auf, dass beide trotz ungleichem Achsbild der gleichen Leistungsklasse angehörten und dass die Verdampfungsleistung der 3-Zylinder-Mountain noch etwas grösser war; die Rostfläche war allerdings kleiner. Beide Maschinentypen liessen sich aber noch weiterentwickeln; der 4–8–4-Typ im hinteren Teil entsprechend mehr.

Am 24.4.1924 fand bei der ‹Rock Island› eine typisch amerikanische Propagandafahrt zwischen 2 Bahnhöfen in Chicago zur Propagierung der Trinkmilch statt. Ein Zug mit 5 Wagen, gezogen von einer Ten Wheel, wurde mit Pulvermilch betrieben (vorgeheizt mit Kohle). Man wollte den Schulkindern, die mitfahren durften, die Erkenntnis beibringen: 'Milk is to the human body as fuel is to the locomotive!' (Milch ist für den Menschen das was die Kohle für die Lok ist).

Die ‹NYC› nahm am 20.11.1924 den 'Casleton Cut-Off' (Abkürzung) über den Hudson River ca. 12 Meilen unterhalb Albany (N.Y.) in Betrieb. Es ist dies eine doppelspurige high level bridge (Hochbrücke) für den Güterverkehr (Stahlviadukt). Die Personenzüge fuhren nach wie vor über Rensselaer und Albany. Streckennetz der ‹NYC› siehe SN 37.

Die ‹Great Northern› änderte 1924 eine ihrer 2–8–8–0-Compound-Mallet-Loks (siehe Band 1, Seite 151/52, 1909, ‹GN›) in eine Maschine mit Einfachdehnung (Daten siehe Band 1, Seite 152, ‹GN›, 1909). Dieser Umbau war so erfolgreich, dass die Gesellschaft anschliessend 4 Mallet-Maschinen vom Typ 2–8–8–2 bei Baldwin bestellte, deren 4 Zylinder ebenfalls dauernd unter Kesseldruck arbeiteten. Bald bestellten andere Gesellschaften auch Mallet-Maschinen mit Einfachdehnung, so z.B. die ‹Denver & Rio Grande Western›, die ‹Southern Pacific› (vorgängig ebenfalls ein Umbau einer 4–8–8–2 Compound in eine solche mit Einfachdehnung), die ‹B&O› etc. Das Beispiel der ‹GN› machte diesmal Schule; die ‹Pennsylvania› liess zwar schon 1911 eine Mallet-Maschine mit Einfachdehnung bauen, doch ohne Nachfolge (siehe Band 1, Seite 156). Der Leistungsbedarf war damals offenbar noch nicht so gross. – Betrachtungen, wie sie W. Stoffels in seinem Werk "Lokbau und Dampftechnik", 1976, auf Seiten 93–104 angestellt hat, sollten auch auf Mallet-Maschinen (Verbund und Einfachdehnung) ausgeweitet werden. Es wurde bis heute keine abschliessende Arbeit darüber geschrieben. Es sei darauf hingewiesen, dass die Duplex-Maschine mit der Mallet-Lok einige Gemeinsamkeiten besitzt.

Alco liefert 1924 an die ‹Lehigh Valley› 10 Pacifics mit einem Triebrad-∅ von 1955,8 mm. Sie besassen die Nrn. 2090–2099 und Class K6B. Die Feuerbüchse hatte eine Weite von 2286 mm. Die Daten wurden nach einem sorgfältigen Studium des Leistungsbedarfes unter Auswertung der Erfahrungen früherer Pacifics auf den Strecken Easton–Sayre, Sayre–Buffalo, Mauch Chunk–Glen Summit Spring festgelegt. Als vornehmste Aufgabe war ihnen die Beförderung des «Black Diamond Express» zugedacht, der zwar nicht den schwersten Schnellzugsdienst forderte, dafür aber den schnellsten und pünktlichsten Betrieb (siehe Band 1, Seite 127). Die Hauptdaten der Alco-Maschinen waren: Kesseldruck 18,28 atü; Zylinder 2(635×711,2 mm); Rostfläche 7 m²; Heizfläche 305,5 m²; Überhitzer 78,59 m²; Zugkraft 18,84 t + 4,72 t Booster; Maschinengewicht 132 t; Reibungsgewicht 82,1 t. – Im Jahre 1926 wurden 2 weitere Pacifics gleicher Grösse vom ‹LV›-Werk Sayre gebaut (Nrn. 2088/89). Diese Loks sah man vor dem «The Toronto».

Im Jahre 1924 gliederte die ‹Southern Pacific› folgende Bahnen ein: ‹Alamagordo & Sacramento Mountain› (gegründet 1898 und in der ‹El Paso & Southwestern› aufgegangen, die 1924 in der ‹SP› aufging); ‹Arizona & Eastern› (in dieser aufgegangen waren zuvor: ‹Arizona & Colorado›, ‹Gila Valley, Globe & Northern›, ‹Maricopa, Phoenix & Salt River Valley›, ‹Phoenix & Eastern›). Im Jahre 1925 gingen auch die ‹San Antonio & Aransas Pass› und im Jahre 1926 die ‹Dayton-Goose Creek› in der ‹SP› auf. Weitere Einzelheiten der ‹SP› siehe Band 1, Seite 53 und S. 54, 1928, ‹TM›. Das Streckennetz der ‹SP› zeigt SN 50, teilweise auch SN 53.

Die ‹Detroit & Toledo Shore Line› nahm 1924 3 Mikado-Güterzugsloks in Betrieb. Serie Nrn. 21–23; Nr. 24 wurde 1925 geliefert. Die Hauptdaten waren: Kesseldruck 14,06 atü; Zylinder 2(660,4×762 mm); Triebrad-∅ 1600,2 mm; Rostfläche 6,2 m²; Heizfläche 351,6 m²; Überhitzer 84 m²; Zugkraft 23,8 t; Maschinengewicht 141 t. Siehe Abb. 51 (Nr. 23 vor Kühlzug) und 52 (Werkbild). – Im Jahre 1928 wurden nochmals 4 Mikados, diesmal von Baldwin – die ersten beiden Serien lieferte Alco – gebaut. Auch Lima kam später zum Zug, denn diese Fabrik lieferte 1936 3 Mikados (Nrn. 30–32) an die Gesellschaft. Alle Maschinen besassen gleiche oder nur wenig differierende Daten. Innerhalb dieser Gesellschaft waren dies die stärksten Maschinen. Die Daten der Moguls siehe 1912, ‹D&TSL›, Band 1, Seite 158/59.

Die Alco baute in den Jahren 1924–1926 3-Zylinderloks für die ‹Louisville & Nashville› (siehe S. 44, 1925 und Abb. 53), die ‹Missouri Pacific› (siehe S. 44, 1925, ‹MP›, die ‹Wabash› etc.). Es waren 4–6–2-, resp. 2–8–2-Heissdampfloks mit Einfachdehnung. Mit der Aufteilung der Leistung auf 3 Zylinder waren grössere Leistungen unterzubringen, ohne dass es Mühe machte, die Fahrzeugumgrenzungslinie einzuhalten. – Die Daten der ‹L&N›-Maschine sowie jene der ‹MP› finden sich S. 44, unter 1925, ‹L&N›. – Eine 3-Zylinder-Mikado (2–8–2) der ‹Missouri-Pacific› (Baujahr 1924) wurde auf dem Prüfstand der ‹Pennsylvania› in Altoona getestet. Sie erbrachte eine Maximalleistung von 3176 PS. Die Zugkraft betrug bei 12 km/h und 90% Füllung 28 t. – Im November 1924 lieferte Alco auch 10 Dreizylinderloks, Typ 0–8–0, an die ‹New York, New Haven & Hartford›. Im Mai 1926 folgten 10 Mountain-Dreizylinderloks, Type 4–8–2, Nrn. 3550–3559, Class RZ (siehe Abb. 54 und 55 sowie S. 46/7, 1926, ‹NYNH&H›). Anschliessend wurden noch einmal 10 weitere Mountains bestellt. Trotzdem stellten in den USA die 3Zylindermaschinen eine Minderheit dar; offenbar war die Unbeliebtheit beim Lokpersonal einer der entscheidenden Gründe; siehe auch Band 1, Seite 50, 1848 (erste Drillingsmaschine der USA). – In Europa wurde die 3Zylinderidee auch einige Male realisiert; es sei auf die 1929 in Betrieb genommene 2–8–4-Schnellzugsmaschine der ‹Österreichischen Bundesbahnen› verwiesen, die aus dem Werk Florisdorf kam. Etwas vorher wurde eine gleiche 2zylindrige Maschine gebaut. Vergleichsversuche ergaben bei beiden die Erfüllung der geforderten Leistung (500 t auf 10‰ Steigung mit 50 km/h), doch war bei der Drillingsmaschine der Kohlenverbrauch höher und die Kurbelzapfendrücke bei der Zwillingsmaschine blieben wieder Er-

warten in normalen Grenzen. Eine spätere Serie wurde darum in Zwillingsbauweise ausgeführt. Eine der Maschinen erreichte auf einer Probefahrt 156 km/h. Die Daten seien zum Vergleich angeführt: Kesseldruck 15 atü; Zylinder 2(650×720 mm); Triebrad-∅ 1900 mm; Rostfläche 4,7 m²; Heizfläche 283,3 m²; Überhitzer 77,8 m²; Maschinengewicht 118 t; Reibungsgewicht 70,7 t. Zum Vergleich der Daten sei auf die erste Berkshire-Lok der USA verwiesen, siehe 1925, S. 43, und 1926, S. 49/50, ‹B&A›.

Die ‹Delaware & Hudson› (siehe Band 1, S. 25, 1829 ‹D&H›) baute als Pioniergesellschaft in den Jahren 1924–1933 4 Versuchsmaschinen für den Güterzugsverkehr mit Kesseldrücken von 24,6 atü bis 35,15 atü, sowie Drehschiebern und Tenderboosters. Die Entwicklungsarbeiten wurden von Ing. Mühlfeld im Auftrag der Direktion geleistet. Die Namen der 4 Maschinen lauteten: «Horatio Allen» (Nr. 1400), 1924; «John B. Jervis» (Nr. 1401), 1927; «James Archibald» (Nr. 1402), 1930; «L. F. Loree» (Nr. 1403), 1933. Die letzte Maschine besass 4 Zylinder mit 3fach Expansion (Anfangsdruck 35,2 atü; Zylinder-∅ 508 mm, 698,5 mm, 835,2 mm; Hub 812,8 mm) und ein Leitdrehgestell (4–8–0); die anderen Maschinen besassen das Achsbild 2–8–0 und arbeiteten in 2fach Expansion. Alle Maschinen arbeiteten mit für die USA beachtlichem Wirkungsgrad, doch war ihr Unterhalt kompliziert. Diese HD-Loks brachten aber immerhin dem Verbundbetrieb in den USA wieder etwas Aufschwung. «Horatio Allen» war übrigens in den USA die erste Dampflok mit über 20 atü Kesseldruck (24,6 atü). Der Kessel besass eine Wasserrohrfeuerbüchse. Es war eine 2Zylinderverbundmaschine mit Young-Steuerung und 1447,8 mm Triebrad-∅; 597 mm HD-Zylinder-∅, 1041 mm ND-Zylinder-∅ bei einem Kolbenhub von 762 mm und Tenderbooster. Bei einer Probefahrt mit einem 4100 t-Güterzug wurden 39 t Zugkraft gemessen. Gesamtwirkungsgrad bei voller Leistung 8,73% (USA-Loks zwischen 4 und 6%, europäische Verbundloks zwischen 8 und 10%). Weitere Angaben siehe W. Stoffels «Lokbau und Dampftechnik», 1976, Seiten 71–76.

Die ‹Kansas City Southern› beschaffte sich 2 Serien Mallet-Maschinen vom Typ 2–8–8–0; die erste Serie Nrn. 750–756 schon im Jahre 1918, die zweite Serie Nrn. 757–766, Class G2, im Jahre 1924; beide Serien lieferte Alco. Sie besassen Triebräder mit nur

Tafel 2
4–12–2-Güterzugslok Nr. 9027 der ‹UP› mit einem Güterzug in Kansas. Dieser Loktyp, ein 6-Kuppler mit 3 Zylindern, war als Ersatz für Mallet-Bauarten gedacht. Bild aus Sammlung Henzi.

1447,8 mm ⌀, einen Kesseldruck von 15,82 atü; 2 HD-Zylinder mit 660,4×812,8 + 2 ND-Zylinder mit 1041,4×812,8 mm. Weitere Daten der Serie 757–766 waren: Heizfläche 478,5 m²; Überhitzer 140 m²; Rostfläche 8,2 m²; Zugkraft Einfachdehnung 60 t, Compound 52 t; Maschinengewicht 215 t; Reibungsgewicht 193 t. Abb. 56 zeigt Nr. 760 der zweiten Serie. Interessant ist die Tatsache, dass ‹KCS› nach wie vor Compound-Maschinen bestellte, obwohl andere Gesellschaften bereits mit dem Umbau von Compound-Maschinen in solche mit Einfachdehnung begonnen hatten, so z. B. ‹L&N›, ‹MP›, ‹Wabash› (siehe S. 39, 1924).

Die ‹Monon› baute sich in der eigenen Werkstätte (Lafayette) 1924 eine Kleinserie von 4–4–0-Loks (Serie 80/81, Class D7a). Sie standen noch 1933 im Dienst (siehe Band 1, Seite 43 ‹Reading›). Die Hauptdaten waren: Kesseldruck 12,66 atü; Zylinder 2(482,6×609,6 mm); Triebrad-⌀ 1854,2 mm; Zugkraft 8 t. – Im gleichen Jahr hat die ‹Cornwall RR› ebenfalls noch eine 4–4–0-Maschine Nr. 14 angeschafft. Die Hauptdaten der in Abb. 57 gezeigten Kleinlok waren: Kesseldruck 14,06 atü; Zylinder 2(508×609,6 mm); Triebrad-⌀ 1498,6 mm; Rostfläche 3,1 m²; Heizfläche 169 m²; Überhitzer 36,5 m²; Zugkraft 10,8 t; Maschinengewicht 70 t; Reibungsgewicht 46 t. Walschaert-Steuerung. 2×2achsiger Tender. Schmale Feuerbüchse zwischen den beiden Achsen. – Modernisierte 4–4–0-Maschinen siehe S. 62, 1928, ‹Frisco›.

Die ‹Green Bay & Western›, auch ‹Green Bay Route› genannt, eine Ost-West-Linie von 214 Meilen Länge zwischen Kewaunee am Lake Michigan und Winona (Minn.) am Mississippi, beschaffte sich noch 1924 eine Mogul (Nr. 56) für den Güterzugverkehr, die gelegentlich auch vor Personenzügen fotografiert wurde. Diese modernen Moguls sollen angeblich mit 70 mph gefahren sein. Die Hauptdaten dieser 2–6–0-Maschine waren: Kesseldruck 12,66 atü; Zylinder 2(482,6×660,4 mm); Triebrad-⌀ 1422,4 mm; Rostfläche 3,8 m²; Heizfläche 103,7 m²; Überhitzer 22 m²; Maschinengewicht 64,5 t; Reibungsgewicht 56,5 t; Zugkraft 9,8 t; Tender 2×2achsig (12 t Kohle + 18 900 l Wasser); die Maschine besass im Stehkessel eine Wassertasche (thermic syphon) und einen zwischen die Räder hinunter gezogenen Stehkessel; gebaut wurde die Maschine wie die Vorläufer aus den Jahren 1910–1914, 1916, 1917 und 1921 von Alco. Die Gesellschaft hat auch noch 1929 Consolidations angeschafft, die vermutlich in den USA die letzte Neubeschaffung dieses Achsbildes waren. Die Hauptdaten dieser späten Consolidations: Kesseldruck 14,06 atü; Zylinder 2(533,4×711,2 mm); Triebrad-⌀ 1397 mm; Zugkraft 17,2 t; Ma-

schinengewicht 79 t. Stärkere Maschinen als 6 schwache Mikados aus dem Jahre 1939 hat die Gesellschaft nie besessen.

Die ‹Duluth, South Shore & Atlantic› (siehe SN 20), welche Duluth auf dem kürzesten Weg über Sault Ste.-Marie mit der ‹Canadian Pacific›, d. h. mit Montreal verbindet, hat ihre Chancen nie richtig auswerten können. Weder die amerikanischen noch die kanadischen Bahngesellschaften hatten ein Interesse daran, Verkehr abzugeben oder eine weitere Konkurrenz hochzuziehen. Deshalb konnte die ‹DSS&A› nicht gross werden. Wie klein sie war, beweist der Bezug von 2 Consolidations (Nrn. 91 und 92) bei Alco. Die Hauptdaten lauteten wie folgt: Kesseldruck 13,36 atü; Zylinder 2(533,4×711,2 mm); Triebrad-⌀ 1295,4 mm; Rostfläche 4,1 m²; Heizfläche 170,8 m²; Überhitzer 41 m²; Maschinengewicht 87 t; Reibungsgewicht 75,2 t; Zugkraft 17,2 t; Tender 2×2achsig, kurz. Die beiden Maschinen lassen sich am ehesten mit den Consolidations der ‹Green Bay & Western› vergleichen. – Ebenfalls 1924 nahm ‹DSS&A› noch 2 Pacifics von Alco in Betrieb. Sie arbeiteten mit 14,06 atü Kesseldruck und besassen nur 1701,8 mm Triebrad-⌀. Die Zylindermasse lauteten 2(533,4×660,4 mm).

Im Mai 1924 erhielt die ‹Pittsburgh & West Virginia› eine letzte, besonders kleine Pacific von Alco. Sie trug die Nr. 202 (siehe Abb. 58). Diese 4–6–2 dürfte die kleinsten Triebräder der amerikanischen Normalspurloks dieses Achsbildes besessen haben. Ihre Hauptdaten waren: Kesseldruck 12,66 atü; Zylinder 2(508×660,4 mm); Triebrad-⌀ 1600,2 mm; Rostfläche 3,65 m²; Heizfläche 188,1 m²; Überhitzer 48,6 m²; Maschinengewicht 87 t; Reibungsgewicht 54 t; Zugkraft 11 t; Radstand 3353 mm (Triebräder), 9144 mm (Lok total). – Es ist schwierig, zu dieser Maschine eine Vergleichslok zu finden. Am ehesten lässt sie sich mit Nr. 1123 (später 6509) der ‹Missouri Pacific› aus dem Jahre 1902 (Hersteller Brooks) vergleichen. Hauptdaten: Kesseldruck 14,06 atü; Zylinder 2(508×660,4); Triebrad-⌀ 1753 mm; Rostfläche 3,98 m²; Heizfläche 272,2 m²; Maschinengewicht 82,55 t; Reibungsgewicht 55,34 t; Zugkraft 11,7 t. Siehe auch Band 1, Seite 137 ‹MP›. In Europa sind die Normalspur-Pacifics stets mit grösserem Triebrad-⌀ ausgerüstet worden.

1925

Im Jahre 1925 wurden von amerikanischen Bahngesellschaften 1055 Loks bestellt und 994 Loks geliefert.

Am 26. 4. 1925 nahm ‹Louisville & Nashville› den Luxuszug «Crescent» zwischen New Orleans und New

York in Betrieb (siehe auch Seite 125, Band 1). Ab Juli 1926 wurde der «Crescent» zwischen Atlanta und Washington mit den grünen Pacific-Loks der ‹Southern› gefahren (siehe Farbtafel gegenüber Seite 248 in Band 1). Ab 1929 waren alle Wagen grün bemalt. Vorläufer waren bereits ab 1891 Züge des «Washington & Southwestern Vestibuled Limited». – Die Zugmaschinen dieser Züge siehe S. 34, 1923, ‹SR›.

Die Alco lieferte 1925 der ‹Michigan Central› (‹New York Central Lines›) besonders starke Pacific-Maschinen für den Schnellzugsverkehr: sie entsprachen weitgehend der ‹NYC›-Class K 5b. Die Serie enthielt die in Abb. 59 gezeigte Lok Nr. 8363, die in den Loklisten der ‹NYC› nicht aufgeführt ist, da bis 1930 alle ‹Michigan Central›-Maschinen mit eigenen Nummern bezeichnet wurden. Die ‹MC›-Maschinen besassen Booster und einen 2×2achsigen Tender mit 'Water pic up'. Die Hauptdaten waren: Kesseldruck 14,06 atü; Zylinder 2(635×711,2 mm); Triebrad-∅ 2006,6 mm; Rostfläche 6,3 m²; Heizfläche 367,5 m²; Überhitzer 107 m²; Zugkraft 17 t + Booster 4,4 t. Maschinengewicht 136,9 t; Reibungsgewicht 83,9 t. Die Maschinen haben noch wenige Jahre vor schweren Schnellzügen Dienst geleistet, da sie etwas stärker als die K 3q der ‹NYC› waren (siehe S. 35, 1923, ‹NYC›), mussten aber dann doch stärkeren Loks Platz machen. – Abb. 155 in Band 1 zeigt eine ‹MC›-Pacific aus dem Jahre 1912.

Die Lima baute 1925 als leistungsfähige Weiterentwicklung der Mikado-Güterzugsmaschinen (siehe S. 31, 1922 ‹NYC› und ‹P&LE›) eine Versuchslok zur Propagierung des hinteren Drehgestells bei Vierkupplern an Stelle der einen, bisher üblichen Laufachse. Sie besass das Achsbild 2–8–4 mit erstmals einem solchen Drehgestell unter der Feuerbüchse. Als tragende Idee lag diesem Achsbild 'power at speed' zugrunde. Ab Februar 1925 stand die 2–8–4-Lok den Gesellschaften für Versuchsfahrten zur Verfügung. Sie erhielt den Typennamen Berkshire und tat anschliessend bei der ‹Boston & Albany› als Nr. 1 Dienst. Später wurde sie an die ‹IC› verkauft, wo sie als Nr. 7050 in einem Lokverzeichnis vom Januar 1937 aufgeführt ist. Die Hauptdaten dieser ersten Berkshire waren: Triebrad-∅ 1600 mm (Güterzugsmaschine); Kesseldruck 16,87 atü; Zylinder 2(711×762 mm); Baker-Steuerung; Rostfläche 9,3 m²; Heizfläche 474,8 m²; Überhitzer 196,1 m²; Zugkraft 30,2 t + 5,8 t Booster, andere Quellen 31,66 t; Maschinengewicht 179,67 t; Reibungsgewicht 112,5 t; – Serie siehe S. 49, 1926, ‹B&A›. – Schaffung des Hudson-Typs siehe S. 54, 1927, ‹NYC›. Sie wurde zur markantesten Schnellzugsmaschine Amerikas entwickelt.

Die ‹Texas & Pacific› bestellte erstmals 1925 (geliefert Dezember 1925) bei der Lima 10 Güterzugsloks (Serie 600–609) vom neuen Achsbild 2–10–4; dieses Achsbild erhielt den Namen Texas. Die Hauptdaten waren: Kesseldruck 17,58 atü, andere Quellen 17,93 atü; Zylinder 2(736,6×812,8 mm); Triebrad-∅ 1600,2 mm; Zugkraft 36 t (bei 60% Füllung); Rostfläche 9,3 m²; Heizfläche 475 m²; Überhitzer 195,1 m²; Maschinengewicht 203,2 t; Reibungsgewicht 136,1 t. Diese Maschinen (siehe Abb. 60) waren in bezug auf Wirtschaftlichkeit und Fahrleistung so vorteilhaft, dass 1927 15 weitere, 1928 nochmals 30 Stück und 1929 15 Stück bestellt wurden (Serie 610–669). Siehe 1927, S. 53, ‹T&P›. Erste 2–10–4-Lok siehe 1919, Band 1, Seite 173 ‹Santa Fé›. – Für den Personenverkehr wurden 1925 5 Mountains (4–8–2), Serie 900–904, weitere 5 (Serie 905–909) 1928 von ‹T&P› angeschafft (Alco). Sie hatten die Pacific-Maschinen mit 20 t + 4,4 t (Booster) Zugkraft aus dem Jahre 1919 zu ersetzen. Die ölgeheizten Mountain-Loks besassen 25,9 t + 4,7 t (Booster) Zugkraft; sie wurden auf längeren Expressstrecken vor Zügen wie «Sunshine Special», «The Texan» usw. eingesetzt. Die Hauptdaten waren: Kesseldruck 14,76 atü, später 15,11 atü; Maschinengewicht 163,6 t, später 164 t; Reibungsgewicht 111 t; Heizfläche 350,5 m² (inkl. Verbrennungskammer und 2 Wassertaschen); Überhitzer 103,1 m². Weitere 5 Mountains (von Baldwin) wurden 1928 angeschafft (Überhitzer 95,9 m²). Alle 10 Mountains besassen Triebräder mit 1854,2 mm ∅, 2 Zylinder mit 685,8×762 mm Abmessungen und Rostflächen mit 7,4 m². Abb. 61 zeigt Lok Nr. 909. – Die Gesellschaft gab 1928 eine interessante Broschüre über die Anstrengungen zum Einsparen von Heizöl, das sog. 'Souvenir Program', heraus. Die während 6 Jahren gemachten Erfahrungen wurden darin besprochen.

Im Herbst 1925 wurde auf der Verkehrsausstellung in München die erste HD-Lok (Umbau Nr. 17206 der ‹DR›) der Schmidt'schen Heissdampf-Gesellschaft ausgestellt (Primärdruck 60 atü). Diese Ten Wheel musste nach Probefahrten umgebaut werden (Hauptfehler: Ungleiche Wärmeverteilung in der Feuerbüchse). Die Behebung weiterer Entwicklungsprobleme dauerte bis 1928. Nähere Einzelheiten siehe W. Stoffels 1976, Seiten 38–42. Eine neue HD-Lok wurde von der ‹DR› bestellt, aber nicht mehr gebaut. Auf der Weltkraftkonferenz 1930 in Berlin kam es nochmals zur Vorführung der HD-Lok 17206, die 1936 ausgemustert wurde. Die ‹Canadian Pacific› und die ‹New York Central› (siehe 1931, S. 76, 4–8–4-Dreizylinder-Lok der ‹NYC›) interessierten sich für die deutschen Versuche mit HD-Loks. Die ⟨CPR⟩ baute eine 2–10–4 und die ⟨NYC⟩ eine 4–8–4, beide von Alco.

Die ⟨Lehigh & Hudson River⟩ (siehe Band 1, Seite 64), erhielt 1925–1927 von Baldwin 4 Consolidations, 2–8–0 (Nrn. 90–93) zur Hauptsache für ihre schweren Kohlenzüge; 1927 folgten die letzten beiden Maschinen gleicher Bauart (Nrn. 94/95). Abb. 62 zeigt Lok Nr. 95. Die Gesellschaft betrieb eine 96 Meilen lange Strecke zwischen Maybrook und Phillipsburg am Delaware River. Die Hauptdaten der Serien Nrn. 94/95 waren: Kesseldruck 15,47 atü; Kesseltyp Straight top; Wootten-Feuerbüchse; Zylinder 2(685,8×812,8 mm); Triebrad-∅ 1549,4 mm; Rostfläche 9,3 m²; Heizfläche 335 m²; Überhitzer 86,5 m²; Zugkraft 31 t; Maschinengewicht 140,5 t. Stärkere Maschinen vom 4–8–2-Typ wurden 1944 angeschafft (siehe 1944, S. 129, ⟨L&HR⟩).

Die ⟨Southern Pacific⟩ (siehe SN 50) nahm 1925–1927 von Alco (Schenectady) 4–10–2-Dreizylinderloks mit Booster (später oft wieder ausgebaut) in Dienst. Es waren damals die weltstärksten Starrahmen-Maschinen. Abb. 63 zeigt Lok Nr. 5043, Typenbezeichnung bei der ⟨SP⟩ Overland. Bis 1927 wurden 3 Serien (Nrn. 5000–5015, 5016–5038, 5039–5048) geliefert (Alco). Zum Einsatz kamen sie vor allem zwischen Roseville und Summit (80 Meilen mit 26‰ Steigung), California. Die Hauptdaten waren: Kesseldruck 15,82 atü; Triebrad-∅ 1600,2, resp. 1612,9 mm; Walschaert-Steuerung; Zylinder 3(635×711,2 innen resp. 812,8 mm aussen), der Innenzylinder war geneigt und trieb die 2. Achse an; Rostfläche 8,35 m²; Zugkraft 38,2 t, mit Booster 43,4 t; Heizfläche 527,5 m² (andere Quellen 528,3 m²); Überhitzer 139,3 m²; Maschinengewicht 201,8 t; Reibungsgewicht 144 t; Tender 2×3achsig. Die Nr. 5000 (Prototyp der Serie 5000–5015) war in den USA die erste Lok dieses Achsbildes, das bald von mehreren Gesellschaften akzeptiert wurde. Sie wurde erst 1954 aus dem Dienst genommen. Verschiedene Namen wurden für dieses Achsbild verwendet, z. B. neben Overland auch Sierra. – Baldwin kam 1926 ebenfalls mit einer solchen Maschine heraus (siehe 1926, S. 47, Baldwin 4–10–2). Diese arbeitete im Verbundverfahren. Es blieb aber beim Prototyp. Von den Drillingsmaschinen (also Einfachdehnung) dieses Achsbildes wurden etwa 60 Stück gebaut (siehe ⟨UP⟩). Sie waren sehr erfolgreich, durften aber nicht schneller als mit 35 mph (56 km/h) gefahren werden.

Auch die ⟨Union Pacific⟩ erhielt von der Alco 1925/26 für die Strecken der ehemaligen ⟨Los Angeles & Salt Lake⟩ (siehe SN 54) 4–10–2-Loks (Serie 8800–8809). Abb. 64 zeigt die im Spätsommer 1925 gelieferte Lok Nr. 8000 (später 8800). Die Hauptdaten der von

Obering. A. H. Fetters mit Alco entwickelten Maschine waren: Dampfdruck 14,76 atü (später 14,06 atü); Triebrad-∅ 1600,2 mm; Rostfläche 7,8 m²; Heizfläche 512,8 m²; Überhitzer 139,7 m² (andere Quellen 127,8 m²); Maschinengewicht 183,5 t; Reibungsgewicht 131 t; Zugkraft 34 t. Die 4–10–2-Lok konnte 20% mehr Tonnage befördern als die 2–10–2-Loks von 1917–1923. Im Gegensatz zur ⟨SP⟩ waren die ⟨UP⟩-Maschinen kohlegefeuert und ohne Booster; sie besassen auch 3 Zylinder: innen 1(685,8×787,4 mm), aussen 2(685,8×812,8 mm); äussere Kolbenstangen und Schubstangen waren lang ausgebildet. Die Dreizylindermaschinen wurden 1942 in Zweizylindermaschinen umgebaut, einige davon erhielten auch Scheibenräder auf der angetriebenen Achse. – Ab 1926 hat die ⟨UP⟩ noch stärkere 4–12–2-Einrahmenmaschinen ebenfalls in 3-Zylinderbauweise, angeschafft (siehe 1926, S. 46, ⟨UP⟩), weil die 4–10–2-Loks nicht ganz dem entsprachen, was von einer starken Einrahmenmaschine erwartet worden war.

Die ⟨Louisville & Nashville⟩ nahm 1925 von Alco eine 3-Zylinder-Pacific, Class K7, Nr. 295, in Betrieb. Sie wurde später stromlinienförmig umgebaut und tat noch nach dem Zweiten Weltkrieg Dienst vor Expresszügen (siehe 1942, S. 124, ⟨L&N⟩). Sie blieb die einzige 3-Zylinder-Maschine. Die Hauptdaten bei der Ablieferung waren: Kesseldruck 13,36 atü; Zylinder 3(317,5×711,2 mm); Triebrad-∅ 1854,2 mm; Rostfläche 6,2 m²; Heizfläche 319,1 m²; Überhitzer 86,7 m²; Zugkraft 20,5 t; Maschinengewicht 133,9 t; Reibungsgewicht 80,2 t. Abb. 53 zeigt die Werkaufnahme der Maschine. – Anschliessend an die letzte Pacific der ⟨L&N⟩ wurden nur noch Mountains bestellt (Nrn. 400–421, 1926 und 1930). 1927 wurde noch eine 4–6–2-Lok von der ⟨LH&St. L⟩ übernommen. Diese Gesellschaft – zum ⟨L&N⟩-System gehörend – besass noch 6 Pacifics aus den Jahren 1923/24; sie hatten einen Triebrad-∅ von 1752,6 mm.

Die ⟨Missouri Pacific⟩ nahm von Alco 1925 eine 3-Zylinder-Pacific-Maschine Nr. 6000, Class P73, in Betrieb. Sie wurde noch in der Lokliste von 1938 als 3-Zylinderlok aufgeführt und wurde wahrscheinlich nicht mehr umgebaut. Die Hauptdaten waren: Kesseldruck 13,36 atü; Zylinder 3(571,5×711,2 mm), zum Vergleich seien die Zylinderdaten der 3-Zylinder-Mountain der ⟨Lackawanna⟩ angeführt: 3(635×711,2 mm); sie besass den gleichen Triebrad-∅. Weitere Daten der ⟨MP⟩-3-Zylinderlok waren: Triebrad-∅ 1854,2 mm; Zugkraft 20,5 t; Maschinengewicht 139,5 t. Die Vorläufer und Anschluss-Serien Nrn. 6601–6629, ebenfalls von Alco aus den Jahren 1924/25, besassen 2(685,8×711,2 mm)-

Zylinder; 1854,2 Triebrad-∅; Kesseldruck 14,06 atü; Zugkraft 20,7 t. – Die Gesellschaft bezog auch eine dreizylindrige Mikado (siehe 1924, ⟨L&N⟩, ⟨MP⟩ und ⟨Wabash⟩, S. 37/8). Diese Lok war im Lokverzeichnis März/April 1938 nicht mehr aufgeführt.

Die ⟨New York Central⟩ erhielt 1925/26 von Alco weitere 100 Stück 4–8–2-Loks, Class L2a, Nrn. 2700–2799 (Vorläufer siehe 1916, Band 1, Seite 167 ⟨NYC⟩). Die Hauptdaten dieser für den Güterzugsdienst, und in Ferienzeiten auch für den schweren Reisezugsdienst vorgesehenen Maschinen waren: Kesseldruck 15,82 atü; Zylinder 2(685,8×762 mm); Baker-Steuerung; Triebrad-∅ 1752,6 mm; Rostfläche 7 m²; Heizfläche 413,4 m²; Überhitzer 179,6 m²; Zugkraft 26,1 + 5,7 t; Maschinengewicht 164,6 t; Reibungsgewicht 110 t. Abb. 65 zeigt Lok Nr. 2743; eine Datenvergleichstabelle ist auf Seite 166 in Band 1 zu finden. – Weitere Machinen dieses Typs wurden 1929 (Serie 2800–2899, Class L2c; Serie 2900–2924, Class L2b; Serie 2925–2949 und 2950–2994, Class L2d) von Alco geliefert. Die Hauptdaten der L2d-Güterzugsmaschinen mit dem Achsbild 4–8–2, 1930 geliefert, waren: Kesseldruck 15,82 atü; Zylinder 2(685,8×762 mm); Triebrad-∅ 1752,6 m²; Rostfläche 7 m²; Heizfläche 423,67 m²; Überhitzer 179,6 m²; Maschinengewicht 167,9 t; Reibungsgewicht 113,4 t; Zugkraft (0,85) 27,5 t + Booster 5,6 t; Baker-Steuerung; Elesco-Vorwärmer vor dem Kamin; Tender 2×3achsig (Wasser 56,8 m² + 19 t Kohle). Maschinen dieser Serie wurden 1939 für den Schnellzugsdienst umgebaut (Class L2d Umbau), um leistungsfähigere Maschinen zu besitzen. Der Kesseldruck wurde dabei auf 17,58 atü erhöht. Das Lokgewicht betrug 174,4 t. Die Zylinder wurden verkleinert (648×762 mm). Die Zugkraft wird mit 27,2 t + 6,2 t Booster angegeben. Der Tender fasste nach dem Umbau 25,4 t Kohle. Als Speisewasservorwärmer diente der Worthington-Typ. – Weitere 4–8–2-Maschinen wurden von der ⟨NYC⟩ im Jahre 1940 und 1943/44 angeschafft (siehe ⟨NYC⟩, 1940, S. 115).

Die 'American Rw. Engineering Association' strich 1925 die Bessemerstahl-Eisenbahnschiene aus ihren Normen. Dieser Werkstoff wurde seit etwa 1906 immer mehr durch den nach dem basischen Offenherd-Verfahren hergestellten Stahl ersetzt, weil letzterer sich als geeigneter erwies, den steigenden Achsdrücken standzuhalten. – Die Firmenmarke der ⟨B&LE⟩ enthielt das Schienenprofil.

Ein besonders leichtes Einzelstück (siehe Abb. 66) einer 2–10–0-Güterzugslok baute Baldwin 1925 für die ⟨Osage Rw.⟩. Die Hauptdaten dieser mit Nr. 10 bezeichneten Maschine waren: Kesseldruck 13,36 atü;

Zylinder 2(609,6×711,2 mm); Triebrad-∅ 1422,4 mm; Rostfläche 5 m²; Heizfläche 217,7 m²; Überhitzer 49,5 m²; Zugkraft 20,2 t; Maschinengewicht 98,2 t; Reibungsgewicht 87,5 t; Tender 2×2achsig (14 t Kohle + 30 300 l Wasser). Der schlanke Kessel war hochgelagert. – Eine sehr ähnliche Maschine erhielt die ⟨D&S⟩ 1930, ebenfalls von Baldwin. – Die ⟨Osage Rw.⟩ (siehe Band 1, Seite 107) befährt eine 18 Meilen lange Strecke von Foraker nach Lyman (Okla.).

Die ⟨Reading⟩, die schon seit 1914 leistungsfähige Mikados besass, erhielt 1925 (andere Quellen 1924) von Baldwin ihre letzte Serie 2–8–0-Güterzugsmaschinen, Nrn. 2025–2049, Serie I 10. Abb. 67 zeigt Lok Nr. 2025. Es waren die stärksten Consolidations; sie besassen Wootten-Feuerbüchse, über der hintersten Triebachse einen grossen Überhang und Walschaert-Steuerung. Schon 1923 wurde die Serie 2000–2024 mit den gleichen Daten geliefert. Die Hauptdaten waren: Kesseldruck 15,47 atü; der Kessel besass eine Verbrennungskammer und einen Feuerschirm; Zylinder 2(685,8×812,8 mm); Triebrad-∅ 1562,1 mm (niedrige Geschwindigkeit); Rostfläche 8,8 m²; Heizfläche 104,9 m²; Überhitzer 72,3 m²; Maschinengewicht 143 t; Reibungsgewicht 128,9 t; Zugkraft 30,9 t; Tender 2×2-achsig mit Rückwärtsscheinwerfer. – Einer Loktabelle aus dem Jahre 1944 ist zu entnehmen, dass die Consolidations der Class I9 und I10 noch unverändert im Dienst standen. – Etwas schwächere Consolidations besass die ⟨Western Maryland⟩ (siehe ⟨WM⟩, 1921/22, S. 30).

Baldwin baute 1925 für die ⟨Central of Georgia⟩ (siehe SN6) 10 Einheiten 2–10–2-Güterzugsmaschinen, Nrn. 701–710 (Abb. 68 zeigt Lok Nr. 704) mit folgenden Daten: Kesseldruck 13,36 atü; Kesseltyp: Conical; Zylinder 2(762×812,8 mm); Triebrad-∅ 1600,2 mm; Rostfläche 8,1 m²; Heizfläche 486,1 m²; Überhitzer 119,4 m²; Maschinengewicht 182 t; Reibungsgewicht 140,1 t; Zugkraft 32,1 t; Verbrennungskammer und Wassertaschen; Walschaert-Steuerung; Tender 2×2achsig. Die ⟨CofG⟩ besass auch ehemalige ⟨IC⟩-Maschinen vom Santa Fé-Typ; sie stammten von Alco aus den Jahren 1916 und 1918, wurden aber von Baldwin modernisiert.

In den Jahren 1925/26 nahm die ⟨Seaboard Air Line⟩ ihre letzten Mountain-Loks von Baldwin in Betrieb; Class M2, Nrn. 245–270 (siehe Abb. 69). Sie fuhren vor allem die Luxuszüge «Orange Blossom Special» und den «Seaboard Florida Ltd.». Die Hauptdaten dieser auffallend schönen Maschinen lauteten: Kesseldruck 14,02 atü; Zylinder 2(685,8×711,2 mm); Triebrad-∅ 1828,8 mm; Rostfläche 6,2 m²; Heizfläche

375,2 m²; Überhitzer 94,4 m²; Zugkraft 21,1 t; Maschinengewicht 145,5 t; Reibungsgewicht 96,8 t; Baker-Steuerung; Tender 2×2achsig (17 t Kohle + 34 070 l Wasser). – Die Gesellschaft hat keine 4–8–4-Maschinen angeschafft, da die Mountains genügten. Für die «Rennstrecke» und den Luxusverkehr wurden anfangs 1939 Dieselzüge angeschafft. Es waren 8 Wagenzüge mit 1 Lok (2×3achsig). Am 2.2.1939 ein 1. Zug, ab 1.12.1939 2 weitere Züge. – Interessant ist die Modernisierung von Pacific-Maschinen (siehe 1940, S. 115, ‹SAL›).

Die ‹Nashville, Chattanooga & St. Louis› hat zwischen 1911 und 1915 Pacifics (Serien 500–503, 504–511 und 530–537) angeschafft. Erst die letzte Serie erhielt einen Triebrad-⌀ von 1828,8 mm; bei den andern mit 1752,6 mm konnte man noch nicht von Schnellzugsmaschinen sprechen. 1919 begann die Gesellschaft mit der Beschaffung von Mountains (Nrn. 550–554). 1925 wurde die letzte Serie dieses Achsbildes übernommen (Nr. 558–562). Die Hauptdaten dieser als Class J1B54-Maschinen bezeichneten Mountains waren: Kesseldruck 14,6 atü; Zylinder 2(685,8×762 mm); Triebrad-⌀ 1752,6 mm; Rostfläche 6,7 m²; Heizfläche 373,2 m²; Überhitzer 106,3 m²; Maschinengewicht 148,2 t; Reibungsgewicht 97,9 t; Zugkraft 23,6 t; Vanderbilt-Tender 2×2achsig. Man bezeichnete damals diese Mountains 'all-around service locomotives'. Seit 1.3.1923 fuhren die im Passagierdienst eingesetzten Loks zwischen Nashville und Atlanta (228 Meilen) die ganze Strecke ohne Lokwechsel, ein Mannschaftswechsel fand jeweils bei Chattanooga statt. Schon 1920 gab es bei der ‹UP› längere Durchläufe (siehe Band 1, Seite 175). – Unter 1943 werden die – Northern der ‹NC&St.L› beschrieben (S. 126).

1926

Insgesamt sollen Ende 1926 in den USA 62 776 Loks im Dienst gestanden haben. Im Jahre 1926 wurden in den USA 1585 neue Dampfloks abgeliefert und nur noch 1301 neue Einheiten bestellt.

Zwischen Bayonne und Elisabeth (N.J.) wurde 1926 über die New-Yark-Bay eine doppelte, zweitorige Vertikalhebebrücke in Stahlkonstruktion für 4 Spuren in Betrieb genommen. Sie ist mit 2258,9 m Länge die weltgrösste, 4spurige Eisenbahnbrücke. Das eine Tor ist 65,8 m, das ander 40,8 m breit. Freie Höhe 41,1 m über dem Wasserspiegel. Siehe 1847, ‹CofNJ›, S. 47.

Zum Anlass des 28. Internat. Eucharistischen Kongresses vom 20.–24.6.1926 in Chicago wurde der «Cardinals Train» von der ‹NYC› eingeführt, und zwar als Pullman-Luxuszug «7 cars in red». – Die Bewohner der durchfahrenen Orte warteten knieend auf den Luxuszug.

Die ‹Union Pacific› erhielt von Alco im April 1926 ihre erste «Nines», eine 4–12–2-Dampflok (Serie 9000) mit 43,84 t Zugkraft und 1701,8 mm Triebrad-⌀ (anfänglich Speichenräder, später Scheibenräder, was eine Geschwindigkeitssteigerung um 7 Meilen erlaubte); Kesseldruck 15,5 atü. Sie besass wie die 4–10–2-Loks der ‹UP› (siehe 1925, ‹UP›) auch 3 Zylinder mit Einfachdehnung; Abmessungen aussen 2(737×812,8 mm), innen 1(737×787 mm); die Aussenzylinder wirkten auf die 3. Achse, die Innenzylinder auf die 2. Achse (stark geneigt); äussere Kolbenstangen und Schubstangen waren besonders lang ausgebildet. Rostfläche 10 m²; Heizfläche 543,8 m²; Überhitzer 237,6 m²; Maschinengewicht 270 t; Reibungsgewicht 161 t. Stückzahl 88 (Nrn. 9000-9087, 1926–1930). Nrn. 9055–9062 fuhren als Nrn. 9700–9707 bei der ‹OW›, Nrn. 9063–9087 als Nrn. 9500–9514 bei der ‹Oregon Short Line› (‹OSL›). Diese Gesellschaft bediente die Strecken der Idaho-Division der ‹UP› am oberen Snake River (Granger-Pocatello-Ontario). Die ‹Oregon-Washington› (‹OW›) – genauere Bezeichnung ‹OWRN› – musste aber die Maschinen wieder zurückgeben, weil ihre Strecken (Huntington–Portland) für Einrahmenmaschinen mit 6 Triebachsen zu kurvenreich waren. In beiden Fällen erhielten die Loks wieder ‹UP›-Nrn. – Die 4–12–2-Loks besassen bei wesentlich grösserer Zugkraft als die 4–10–2-Loks einen kaum grösseren Achsdruck (25,3 t bei 5 Triebachsen, 26,1 t bei 6 Triebachsen). Diese Einrahmenmaschinen wurden auf der Strecke Cheyenne–Odgen (Wahsatch) über die Sherman Hills (2400 m), quer durch die Wyoming-Wüste und durch den Weber-Canyon eingesetzt; sowohl im schweren Frachtdienst (3500 t mit 27,5 mph auf 361 Meilen), als auch im Personenverkehr. Bei einer Geschwindigkeit von 42 mph und einem Füllungsgrad von 48 % entwickelten die «Nines» 4750 PS. Abb. 70 zeigt Lok Nr. 9016. In der Literatur sind gelegentlich unterschiedliche Angaben über Stückzahl und Nrn. zu finden. Auch der nachträgliche Ausbau der Gresley-Ventilsteuerung für den Innenzylinder gab zu falschen Angaben in der Literatur Anlass. Die Loks besassen Walschaerts-Steuerung (triple Walschaerts valve gear). Die Kompressoren wurden bei einigen Nrn. von der Rauchkammertür auf die linke Seite versetzt. – Eine Weiterentwicklung dieser amerikanischen Einrahmenmaschine mit 6 Triebachsen zu 7fach gekuppelten führten die Russen 1935 durch (siehe 1949, S. 141, 4–14–4).

Interessante 3-Zylinder-Loks, Typ 4–8–2, Serie

3550–3562, Class R3, lieferte die Alco 1926 an die ⟨New York, New Haven & Hartford⟩. Die Hauptdaten waren: Kesseldruck 18,63 atü; Zylinder 3(558,8× 762 mm); Triebrad-∅ 1752,6 mm; Rostfläche 6,58 m²; Heizfläche 384,1 m²; Überhitzer 163,4 m²; Maschinengewicht 169,8 t; Reibungsgewicht 120,7 t; Zugkraft 30,9 t; Tender 2×3achsig. Abb. 54 und 55 zeigen Lok-Nr. 3559. Besonderes Merkmal dieser Maschinen war, dass die Schubstangen auf die dritte Triebachse wirkten; Kolbenstange und Schubstange waren deshalb sehr lang. – Die Serie 3501–3507, ebenfalls von Alco gebaut, war eine im gleichen Jahr abgelieferte Vorserie, Class R2a, deren Antrieb aber nur zweizylindrig ausgebildet war. Die Schubstangen wirkten auf die zweite Triebachse. Die Zylinderdaten waren 2(685,8× 762 mm); die Zugkraft betrug 29,5 t; das Maschinengewicht betrug 164,6 t und dementsprechend das Reibungsgewicht 111,3 t. – Nach der offiziellen Lokliste aus dem Jahre 1939 sollen die 3-Zylindermaschinen in 2 Serien abgeliefert worden sein; Nrn. 3550–3552 anno 1926, Nrn. 3553–3562 anno 1928; sie wurden als Class R3, resp. R3a, bezeichnet. Wenn die Bestellung tatsächlich auf die beiden Jahre aufgeteilt worden ist, so würde dies beweisen, dass die ⟨NYNH&H⟩ zu den wenigen Gesellschaften gehörte, die mit dem 3-Zylindertyp zufrieden war. Diese Vermutung wird auch damit bestätigt, dass diese Maschinen noch 1939 als 3-Zylinderloks in den offiziellen Loklisten figurierten; Umbauten wie anderswo wurden also nicht vorgenommen. Erwähnt sei noch, dass die Zeit der modernen Mountains mit einem Prototyp, der bereits einen Kesseldruck von 17,58 atü aufwies, im Jahre 1924 begann. Er führte die Nr. 3500 und war als Class R2 bezeichnet. – Kleinere und schwächere Mountains (Nrn. 3300–3309) besass die Gesellschaft bereits 1919; ihnen folgten 1920 (Nrn. 3310–3339) und 1924 (Nrn. 3340–3348) je eine weitere Serie.

Die ⟨Southern Pacific⟩ konsolidierte 1926 alle Eisenbahnlinien östlich von El Paso und leaste sie unter dem Namen ⟨Atlantic System⟩ der 1859 gegründeten ⟨Texas & New Orleans⟩. Diese besass anfänglich Breitspur (5½'). Sie wurde während des Bürgerkrieges grösstenteils zerstört und 1875 als Normalspur wieder instandgestellt. 1881 gewann die ⟨SP⟩ bei ihr starken Einfluss. 1902 wurde noch die ⟨Sabine & East Texas⟩ einverleibt (Sabine Division). Dieses Beispiel zeigt, mit welcher Konsequenz die ⟨SP⟩ ihr Ziel verfolgte, die grosse Transkontinentalbahn des Südens zu werden. Weitere Anwärter waren die ⟨Rock Island⟩ und die ⟨Texas & Pacific⟩, d.h. die ⟨Missouri Pacific⟩. Siehe auch 1930, S. 76, ⟨SP⟩.

Am 1.7.1926 wurde bei der ⟨Southern Pacific⟩ die 125,4 Meilen lange Strecke von Tracy (Calif.) nach Fresno und 75 Loks, die mit dem automatischen Zugstop-System ausgerüstet wurden in Betrieb genommen. Es war eine einspurige Strecke der Stockton-Division. Sie wurde zur Versuchsstrecke, über die die ICC, Abteilung 1, einen ausführlichen Bericht verfasste. Das System hatte die 'National Safety Appliance Comp.' entwickelt. – Siehe auch 1922, ICC, S. 33.

Baldwin baute 1926 eine Experimentiermaschine (als Güterzugsmaschine gedacht, da nur 1612,9 mm Triebrad-∅), Typ 4–10–2 (Overland), 3-Zylinder-Compound, Nr. 60000. Die Hauptdaten waren: Kesseldruck 24,61 atü; die Maschine besass eine lange Wasserrohr-Feuerbüchse nach Emerson; Zylinder 3(685,8×812,8 mm), der mittlere Zylinder war der HD- und die beiden äusseren waren ND-Zylinder, Kesselsattel und die 3 Zylinder samt Kolbenschieber bildeten ein Gussstück; Walschaert-Steuerung; Triebrad-∅ 1612,9 mm; Rostfläche 7,7 m²; Heizfläche 482,4 m²; Überhitzer 130 m²; Maschinengewicht 204 t; Reibungsgewicht 151 t; Zugkraft 36 t; Tender 2×3achsig, Typ Vanderbilt. Die Maschine wurde als Mitteldrucklok bezeichnet (offiziell 'High Pressure Loc'). Sie wurde von einigen Gesellschaften, so von der ⟨SP⟩, der ⟨B&O⟩ und ⟨Santa Fé⟩ und bei der ⟨Pennsylvania⟩ auf dem Prüfstand (Altoona), getestet. Es wurden Messdaten ermittelt innerhalb 80–200 U./min (15–37,5 mph) und Füllungsgrade zwischen 50–90% HD, 20–70% ND. Die PS-Leistung bewegte sich zwischen 1500 und 4515 PS, wobei die Testanlage nicht mehr höher gehen konnte. Die maximale Leistung wurde bei 200 U./min, HD 80%, ND 50% Füllungsgrad erreicht. Die Dampftemperaturen lagen zwischen 280°C und 344°C. Die äusseren Zylinder trieben die mittlere Triebachse an und der innere Zylinder die zweite Triebachse. Die Kurbeln waren aussen um 90° versetzt und die Innenkurbel war um 135° gegen die äusseren versetzt. Drei unabhängige Walschaert-Steuerungen. – 1926 wurde die 4–10–2-Lok auf der 'RR Convention in Atlantic City' ausgestellt; sie kam 1933 ins Franklin Institute in Philadelphia. Nachbauten dieser Baldwin-Maschine hat es nicht gegeben. – Die ⟨Southern Pacific⟩ beschaffte sich bei Alco 4–10–2-Loks schon 1925 (bis 1927 total 3 Serien; siehe 1925, S. 44, ⟨SP⟩). – In den Jahren 1933–1937 baute die ⟨B&O⟩ ebenfalls Mitteldruckmaschinen. 1933 handelte es sich nur um einen Umbau aus einer 4–6–2 in eine 4–6–4 (Nr. 5047). Siehe 1934, S. 84; 1935, S. 87 und 1937, S. 100, ⟨B&O⟩.

Die ⟨Rio Grande⟩ nahm 10 Mountains mit 3-Zylinderantrieb (Serie 1600) auf der Strecke Denver–Salt

Lake City 1926 in Betrieb (Baldwin). Das Streckennetz zeigt SN 17. Die Hauptdaten dieser im Personenzugsdienst eingesetzten Gebirgsmaschinen (siehe Abb. 71) waren: Kesseldruck 14,76 atü; Zylinder 3(635×762 mm); Triebrad-∅ 1701,8 mm; Rostfläche 8,8 m²; Heizfläche 473 m²; Überhitzer 139 m²; Maschinengewicht 190 t; Reibungsgewicht 131,5 t; Zugkraft 32,6 t; 2×3-achsiger Tender (Wasser 56 780 l + 25 t Kohle). Die Leistung der Maschinen wurde wie folgt beschrieben: 18 schwere Wagen auf 14,2‰-Rampen mit 22 mph. Für die Maximalsteigung (33,3‰) war eine zweite Maschine notwendig. Die 745 Meilen lange Strecke wurde auf 3 Maschinen aufgeteilt: Denver–Salida 215 Meilen; Salida–Grand Junction 234 Meilen; Grand Junction–Salt Lake City 296 Meilen. Die Züge fuhren über den Tennessee Pass (10 239 ft = 3120,9 m). Kleinster Kurvenradius ca. 139 m. Grösste Steigung zwischen Minturn und Malta (Colo.) am Tennessee Pass >30‰. Die 4–8–2-Loks von Baldwin mit den Nrn. 1600–1609 leisteten gute Dienste als Gebirgsmaschinen. Sie hatten aus amerikanischer Sicht nur einen Fehler, nämlich der zusätzliche Unterhalt des in der Mitte arbeitenden Zylinders, was zu vorzeitigem Verschleiss wegen ungenügender Pflege führte. 1949 standen nur noch 6 Maschinen dieser Serie im Dienst. Schon 1929 wurden darum 2 Serien Zwillingsloks vom Achsbild 4–8–4 bei Baldwin bezogen, denen 1937 nochmals eine Serie folgte. Beide Maschinentypen, sowohl die Mountains als auch die Northern, geben einen Hinweis, wie in Europa, z. B. am Gotthard als internationale Durchgangsstrecke, bei Fortführung des Dampfbetriebes die Dampfloks hätten entwickelt werden müssen. Es kann nur dem Ersten Weltkrieg zugeschrieben werden, dass für den Gotthard nie Pacifics, Mountains resp. Mikados, oder Santa Fé's bestellt wurden (siehe auch O. Herrmann, Lokomotiven der Gotthardbahn, 1971). Deutschland als Gotthard-Vertragspartner hätte sicher an den zunehmenden Kohlenbestellungen grosses Interesse gezeigt. – Es sei daran erinnert, dass die ‹Rio Grande› schon 1913 Pacifics, 1912 Mikados, 1916 Santa Fé's, 1922 Mountains bezog. Bereits 1910 standen Mallets vom Typ 2–6–6–2 und 1913 solche vom Typ 2–8–8–2 im Dienst.

Die ‹Reading› erhielt 1926 ihre 3. Serie 175–179 von grossrädrigen 4–6–2-Maschinen (siehe auch 1916, ‹Reading›, Band 1, Seite 167); Hersteller Baldwin. Die Hauptdaten dieser als Class G 2sa bezeichneten Schnellzugsmaschinen waren: Kesseldruck 16,17 atü; Zylinder 2(635×711,2 mm); Triebrad-∅ 2032 mm; Rostfläche 8,8 m²; Heizfläche 282,9 m²; Überhitzer 71,65 m²; Zugkraft 18,7 t; Maschinengewicht 139 t;

Reibungsgewicht 87,3 t; Wootten-Feuerbüchse; Verbrennungskammer; Walschaert-Steuerung; Wagon top-Kessel. Gegenüber den ersten Lieferungen (1916) waren vor allem Heizflächen, Gewichte und Kesseldruck anders dimensioniert. Die letzte Serie Pacifics aus dem Jahre 1948 besass teilweise andere Daten (siehe 1948, S. 137, ‹Reading›). – Abb. 72 zeigt Lok Nr. 175 im Ablieferungszustand. Eine Foto der Lok Nr. 178 zeigt eine Stromlinienverkleidung der Kesseloberseite (semistreamlined). Auch Lok Nr. 108 der Class G 1a soll später (1934) modernisiert worden sein. Sie führte weiterhin die schwerer gewordenen Schnellzüge zwischen Philadelphia und New York.

Die ‹Norfolk & Western› nahm 1926 für den Güterzugsdienst die Serie Nrn. 200–209 Mountain-Loks (4–8–2), Class K 3 in Betrieb. Abb. 73 zeigt Lok Nr. 203. Die Maschinen wurden im eigenen Werk in Roanoke gebaut. Sie besassen folgende Hauptdaten: Kesseldruck 15,82 atü; Kesseltyp: Radial Stay; Zylinder 2(711,2×762 mm); Baker-Steuerung; Triebrad-∅ 1600,2 mm (die erste Mountain, siehe Abb. 58 in Band 1, erhielt nur einen Triebrad-∅ von 1574,8 mm); Zugkraft 29,5 t; Rostfläche 7,8 m²; Heizfläche 449 m²; Überhitzer 128,2 m²; Maschinengewicht 182 t; Reibungsgewicht 119,8 t. Diese nur für den Güterzugsdienst gebauten Maschinen mit 2×3achsigem Tender hatten in den 1916–1923 abgelieferten Loks gleichen Typs, jedoch mit grösseren Triebrädern (1752,6 mm) ihre Vorgänger (siehe 1923, S. 37, ‹N&W›).

Die ‹Chesapeake & Ohio› erhielt von Alco 1926 ihre letzten Pacific-Maschinen Nrn. 490–494, Class F 19. Sie besassen gleiche Hauptdaten wie die erste Baldwin-Serie Nrn. 460–467 von 1913, jedoch mit einem etwas höheren Kesseldruck, nämlich 14,06 atü. Weitere Daten: Zylinder 2(685,8×711,2 mm); Triebrad-∅ 1854,2 mm; Rostfläche 7,4 m²; Heizfläche 393,4 m²; Überhitzer 112,7 m²; Maschinengewicht 150 t; Reibungsgewicht 90,6 t; Zugkraft 20,3 t. Abb. 74 zeigt Lok Nr. 494. Die Daten der ersten Pacifics der ‹C&O› siehe 1902, ‹C&O›. – Die Werkstätte der Gesellschaft in Huntington baute in den Jahren 1946/47 diese Maschinen in Stromlinienloks um, wobei sie zu 4–6–4-Maschinen vergrössert wurden. Der Kesseldruck wurde etwas angehoben, ebenso der Triebrad-∅ (14,06 → 14,76 atü, resp. 1854,2–1879,6 mm). Sodann wurde ein Franklin-Booster eingebaut. Die Antriebsmaschinerie erhielt Wälzlager (siehe 1946/47, S. 135, ‹C&O›).

‹Chesapeake & Ohio› nahm 1926 auch ihre letzte Mikado-Serie in Betrieb; Class K 3A, Nrn. 2300–2349. Die Maschinen wurden gerne als «Super-Mikados» bezeichnet. Die Hauptdaten waren: Kesseldruck 14,06 atü; Zylinder 2(711,2×812,8 mm); Triebrad-∅ 1600,2 mm; Rostfläche 7,5 m²; Zugkraft 30,7 t; Maschinengewicht 162,8 t. Lok-Nr. 2344 mit Güterzug auf dem Kreuzungsbahnhof Marion zeigt Abb. 75. Lok-Nr. 2320 ist in Abb. 76 gezeigt. – Ähnliche Maschinen beschaffte sich ‹Frisco› 1930; siehe 1930, S. 75, ‹Frisco›.

‹Chesapeake & Ohio› erhielt von Baldwin 1926 eine Serie von 2–8–8–2-Mallet-Loks, Nrn. 1570–1589, Class H 7A. Eine erste Serie erhielt sie von Alco bereits im Jahre 1924 mit gleichen Hauptdaten, Class H 7, Nrn. 1540–1564. Die Daten der Class H 7A-Loks waren: Kesseldruck 15,1 atü (einige hatten 15,82 atü); Kesseltyp Straight top; Zylinder 4(584,2×812,8 mm); Triebrad-∅ 1447,8 mm; Rostfläche 10,5 m²; Heizfläche 597,2 m²; Überhitzer 175 m²; Brennmaterial: Weichkohle; Zugkraft 44,5 t; Maschinengewicht 258 t. Lok-Nr. 1572 zeigt Abb. 77. – Stärkere und schwerere Maschinen erhielt die ‹GN› 1925, S. 39, ebenfalls von Baldwin. Sie waren ölgeheizt und besassen Triebräder mit 1600,2 mm ∅.

Die beiden kleinen Gesellschaften ‹Atlanta & West Point› (gegründet 1847) und ‹Western Rw. of Alabama› (gegründet 1883) erhielten 1926 von Lima je eine 4–6–2-Lok für den schweren Personenzugsdienst (15 Wagen, d.h. 1260 t). Die Daten der Maschinen waren: Kesseldruck 14,06 atü; Zylinder 2(685,8×711,2 mm); Triebrad-∅ 1854,2 mm; Rostfläche 6,6 m²; Heizfläche 340 m²; Überhitzer 93,5 m²; Maschinengewicht 138 t; Reibungsgewicht 87 t; Zugkraft 20,5 t (bei 85 % Füllung). Abb. 78 zeigt Maschine der ‹A&WP›. – Vorläufer mit kleinerem Zylinder-∅ wurden 1913 von Alco geliefert. – Die ‹A&WP› und die ‹WofA› bilden zusammen die ‹West Point Route› (227 Meilen Streckenlänge). Siehe auch 1850, Band 1, Seite 53, ‹L&N›.

Die Alco lieferte 1926 der ‹Northern Pacific› kesselverstärkte «Mountain-Loks» vom Achsbild 4–8–4 (Class A, Nrn. 2600–2611), d.h. erstmals eine Northern mit vor- und nachlaufendem Laufdrehgestell. Die Hauptdaten waren: Kesseldruck 16,13 atü; grosse Rostfläche für Rosebud lignite coal; Zylinder 2(711,2×762 mm); Triebrad-∅ 1854,2 mm; Zugkraft 28,5 t. Maschinen vom gleichen Achsbild erhielten 1927 die ‹Lackawanna›, 1928 die ‹Rio Grande›, 1929 die ‹Chicago & Northwestern› und die ‹Chicago, Rock Island & Pacific›, 1930 die ‹Milwaukee› und ‹Wabash›. Die 1927 ausgelieferte Northern-Serie erhielt andere Daten als der Prototyp (siehe 1927, S. 57, ‹NP›).

Die ‹Pennsylvania› baute 1923 (Ablieferung im Oktober, anschliessend 2 Jahre getestet) für den schweren Schnellzugs- und Eilgüterverkehr eine Mountain-Lok (4–8–2), Nr. 4700 (später unter Nr. 6699 bekannt) als

«verstärkte Dacapod» der Class 11s aus dem Jahre 1918 (siehe Abb. 207 in Band 1), mit der sie viele Teile gemeinsam hatte. Die als Class M1 bezeichnete Mountain-Lokkategorie war stärker als die Mountains der USRA. Sie besass folgende Hauptdaten: Kesseldruck 17,58 atü; Belpaire-Feuerbüchse; Zylinder 2(685,8× 762 mm); Triebrad-∅ 1828,8 mm; Maschinengewicht 173,7 t; Reibungsgewicht 121 t; Rostfläche 6,5 m²; Heizfläche 437,1 m²; Überhitzer 151 m²; Zugkraft 28 t (78 % Füllung). J.T. Wallis und W.F. Kiesel Jr. von der ‹Penn› waren die Konstrukteure. Diesem Prototyp folgte 1926 eine M1-Serie von 200 Stück, von denen wenige im eigenen Werk (Juniata) und der grosse Rest bei Baldwin und Lima gefertigt wurden; Nrn. 6800–6999. Die Hauptdaten waren die gleichen. Zahlreiche Tests wurden durchgeführt. Man stellte dabei eine Leistung von 4278 HP bei 200 U./min und 60% Füllung fest. Streckentests ergaben 3300 PS-Leistung. Ab April 1930 wurden nochmals 100 Stück (Class M1a), beginnend mit Nr. 6700 mit gleichen Hauptdaten, aber zahlreichen Verbesserungen angeschafft. Die Zylinder wurden um 228 mm vorgeschoben und damit auch der Radstand. Der hintere Kesselschuss wurde zylindrisch. Der 2×3achsige Tender fasste 83 m³ Wasser + 29 t Kohle (gegenüber Class M1 nahezu verdoppelt). Abb. 79 zeigt Lok Nr. 6707 (Serie 6700–6749 von Baldwin). Loks Nrn. 6700–6709 sollen für den Personenzugsdienst, Loks Nrn. 6710–6749 für den Eilgüterzugsdienst ausgerüstet worden sein. Lok Nr. 6750 ist im 1. Band gegenüber Seite 160, unten vor einem Güterzug abgebildet (Class M 1a). Einige M 1a-Maschinen erhielten später einen Kessel für etwas höheren Druck.

Alco lieferte in den Jahren 1926–1928 Mountains für den gemischten Dienst an die ‹SOO›, und zwar die Nrn. 4000–4009 und 4010–4017; die Nrn. 4018–4020 baute die Gesellschaft in der eigenen Werkstätte in Dunkirk. Die 4–8–2-Maschinen besassen folgende Hauptdaten: Kesseldruck 14,06 atü; Zylinder 2(685,8×762 mm); Triebrad-∅ 1752,6 mm; Zugkraft 23,5 t + Booster 5,4 t; Maschinengewicht 156,5 t; die selbstgebauten Maschinen 152,7 t; Rostfläche 9,5 m²; Heizfläche 352 m²; Überhitzer 108,5 m². Abb. 81 zeigt Lok Nr. 4000. Diese Maschinen wurden auf den Strecken der ‹Wisconsin Central› (siehe SN 57) eingesetzt, die 1938 4–8–4-Loks mit 1905 mm grossen Triebrädern für den Schnellzugsdienst erhielt (siehe 1938, S. 110, ‹SOO›).

In den Jahren 1926 und 1930 lieferte Lima 2–8–4-Güterzugsmaschinen besonders schöner Bauart an die ‹Boston & Albany› (siehe SN 37). Es waren die Serien 1400–1444 und 1445–1454; noch 1939 standen Loks dieser Serien im täglichen Einsatz. Lok Nr. 1434 wurde nach dem Krieg an die ‹Tennessee & Alabama› verkauft. Die Hauptdaten der Lok Nr. 1400 aus dem Jahre 1926 waren: Kesseldruck 16,87 atü; Zylinder 2(711,2×762 mm); Baker-Steuerung; Triebrad-∅ 1600,2 mm; Rostfläche 9,3 m²; Heizfläche 475 m²; Überhitzer 196 m²; Maschinengewicht 176 t; Reibungsgewicht 113 t; Zugkraft 30,3 t (60 % Füllung) + 5,5 t (Booster). Bei der Serie des Jahres 1930 waren zusätzlich noch Wassertaschen (syphons) eingebaut, was gegenüber den älteren Maschinen die Heizfläche (471 m²) und das Gewicht (180 t) veränderte. Abb. 82 zeigt Lok Nr. 1448. – Die ‹B&A›-Lok vom Typ 2–8–4 aus dem Jahre 1925 war die erste Maschine dieses Achsbildes (siehe 1925, S. 43, ‹B&A›). Sie wurde auf den Rampen der Berkshire Hills in Massachusetts östlich von Albany eingesetzt, deshalb der Name Berkshire-Typ. Für den schweren Güterzugsdienst besass die Gesellschaft kleinrädrige Malletts vom Typ 2–6–6–2 (Triebrad-∅ 1447,8 mm) mit etwas kleinerer Zugkraft als die 2–8–4-Maschinen.

Die ‹Missouri Pacific› erhielt 1926 von Baldwin 2–10–2-Güterzugsmaschinen, Nrn. 1720–1729, Class SF63. Neben einer 2–8–8–2-Mallet-Lok (Triebrad-∅ 1397 mm) aus dem Jahre 1912 waren dies die stärksten Loks der Gesellschaft. Die Hauptdaten dieser Santa-Fé-Maschinen waren: Kesseldruck 14,76 atü; Zylinder 2(762×812,8 mm); Triebrad-∅ 1600,2 mm; Rostfläche 8,3 m²; Heizfläche 472,1 m²; Überhitzer 118 m²; Maschinengewicht 193,4 t; Reibungsgewicht 148 t; Zugkraft 35,5 t; Baker-Steuerung; Tender 2×3achsig (16 t Kohle + 45424 l Wasser). Abb. 83 zeigt Lok Nr. 1729. – Die ‹B&O› hat ähnliche 2–10–2-Maschinen mit etwas

grösserem Triebrad-∅ ebenfalls im Jahre 1926 erhalten (siehe Band 1, Seite 163). Besonders starke 2–10–2-Loks erhielt die ‹Reading› 1931 von Baldwin (siehe 1927, S. 56, ‹Reading›). – Im Jahre 1926 beschaffte die ‹MP› für die Strecken der ‹St. Louis, Brownsville & Mexico› (siehe SN 36) dann die letzten Mikados, mit Ölfeuerung wie die Pacifics des gleichen Jahres (siehe Abb. 84). Die Hauptdaten dieser Serie (Nrn. 1111–1120) waren: Kesseldruck 13,36 atü; Zylinder 2(685,8×812,8 mm); Triebrad-∅ 1600,2 mm; Rostfläche 6,2 m²; Heizfläche 379,7 m²; Überhitzer 97,6 m²; Maschinengewicht 151 t; Reibungsgewicht 112,6 t; Zugkraft 26,1 t; Tender 2×2achsig. – Das ‹MP›-System erhielt von Alco in den Jahren 1926/27 ausserdem zwei Serien Pacific-Maschinen; Class P 73: Serie 1151–1155 (‹Internat. Great Northern›); Serie 1156–1161 (‹St. Louis, Brownsville & Mexico›). Die Hauptdaten waren: Kesseldruck 14,06 atü; Zylinder 2(685,8×711,2 mm); Triebrad-∅ 1854,2 mm; Rostfläche 6,2 m²; Zugkraft 20,7 t; Heizfläche 345,5 m²; Überhitzer 107,3 m²; Maschinengewicht 133 t, resp. 137 t. Abb. 85 zeigt Lok Nr. 1153, ölgefeuert mit 2×3achsigem Tender (18930 l Öl + 45430 l Wasser). – Aber schon 1927 beschaffte sich die Gesellschaft Mountain-Maschinen für den schweren Expressverkehr (siehe 1927, S. 57, ‹MP›). Sie besassen den gleichen Triebrad-∅ wie die Pacifics.

Im Jahre 1926 (A.W. Bruce sagt schon im Jahre 1925) soll in den USA erstmals der Lokrahmen aus Stahlguss mit angegossenen Zylindern und andern Anhängseln (integrierter Stahlgussrahmen) eingeführt worden sein. Um die 800 Teile sind damit in einem einzigen Gussstück vereinigt worden; die Präzision konnte angehoben werden. Als Hersteller wird 'General Steel Castings Corp.' genannt. Diese Bauweise erforderte grosse Bearbeitungsmaschinen, brachte aber den Vorteil der grösstmöglichen Starrheit bei gewichtsmässig geringstem Werkstoffaufwand.

Für den schweren Güterverkehr in hügeligem Gelände der Appalachen besass die ‹B&O› 2–10–2-Maschinen. Ihre erste Serie erhielt sie 1914 von Baldwin (siehe in Band 1 Seite 163 und Abb. 174); dann folgten erst in den Jahren 1923, 1924 und 1926 wieder Maschinen dieses Achsbildes von Baldwin und Lima. Die Hauptdaten dieser Loks (siehe Lok Nr. 6206 in Abb. 83b) sind in der nebenstehenden Tabelle zusammengestellt (Vergleichsloks in Spalte 3 und 4; weitere Vergleichsmaschinen siehe 1930, S. 74, ‹Santa Fé›). Ergänzende Angaben zu den ‹B&O›-Maschinen: Kesseltyp Straight top; Kessel-∅ 2286 mm; Tender 2×3achsig, Typ Vanderbilt. Im Vergleich mit diesen Maschinen nimmt sich die deutsche Santa Fé-Ma-

		2–10–2 6000–6008, 6010–6029 1914	2–10–2 (6100–6199) 6200–6224 1923, 1924, 1926	2–10–2 USRA 2102B 1919/Abb. 83c	2–10–2 Deutsche Reichsbahn Reihe 45, 1937, 1941 Abb. 83d
Kesseldruck	atü	14,08	15,47	13,4	20
Zylinder	mm	2(762×812,8)	2(755,65×812,8)	2(762×812,8)	3(520×720)
Triebrad-∅	mm	1473,2	1625,6	1600,2	1600
Rostfläche	m²	8,18	8,18	8,18	5,04
Heizfläche	m²	517,8	489,56	478,7	289
Überhitzer	m²	123,8	140,4	112,3	132,5
Zugkraft	t	36,4	36,5	32	22
Maschinen- gewicht	t	184	199,8	172,37	128,14
Reibungs- gewicht	t	152,9	157,1	132,9	99,19
Triebachs-Rad- stand	mm	6401	6807,6	6807,6	5550

schine, die als «Zukunftslok der ⟨DRB⟩ für schwere Güterzüge» bezeichnet wurde (Spalte 4), als schwache Schwester der normalen amerikanischen Santa Fé's aus (siehe Abb. 83d). Dies erst recht, wenn man bedenkt, dass durch Modernisierung der Kessel in den USA um diese Zeit der Druck auf 20 atü erhöht wurde. Damals waren in den USA bereits die noch stärkeren 2–10–4-Güterzugsloks im Einsatz (siehe 1937, S. 101, ⟨KCS⟩), ein Achsbild, das in Europa kaum je Verwendung fand.

Der Verkehrsknotenpunkt Denver am Ostfuss der Front Range in den Rocky Mountains ist die Hauptstadt des Staates Colorado. Sie liegt am South Platte River, dort wo der Cherry Creek einmündet, auf 1600 m Höhe. Durch Goldvorkommen wurde man auf diese Gegend aufmerksam. 1859 schlossen sich 3 rivalisierende Siedlungen zum wichtigen Ort Denver zusammen. 1870 nahm die ⟨Denver Pacific⟩ (siehe 1876, Band 1, Seite 104) als erste Bahnlinie den Betrieb nach Denver auf. Dann folgte die ⟨Kansas Pacific⟩ (siehe Band 1, Seite 66). Bereits 1872 fuhren 4 Bahngesellschaften nach Denver, das immer mehr zum Zentrum des Staates Colorado wurde (siehe SN 1, SN 9, SN 12, SN 13, SN 17, SN 54). 1914 war der Höhepunkt der Eisenbahn-Entwicklung dieses Staates mit 5814 Meilen totaler Streckenlänge erreicht. 1957 waren es nur noch 3842 Meilen. Dafür entwickelte sich aber Denver seit 1926 zum wichtigen Fluglinienzentrum der Mountain-States. Denvers Geschichte zeigt den Aufstieg und den Niedergang des Schienenverkehrs und das rasche Anwachsen des Luftverkehrs seit Mitte der zwanziger Jahre. Trotzdem sagt die 'Encyclopedia Americana' (1962, Bd. 8, Seite 698) von Denver: 'The city is at the crossroads of motor highways, railroads and air routes.' Folgende Bahngesellschaften fahren nach Denver: ⟨Rio Grande⟩, ⟨Burlington⟩, ⟨Colorado & Southern⟩, ⟨UP⟩, ⟨Santa Fé⟩, ⟨Rock Island⟩.

1927

Im Jahre 1927 wurden in den USA 734 neue Dampfloks bestellt und 1009 abgeliefert. Insgesamt standen in den USA Ende 1927 61 363 Loks im Dienst.

Die bei Fort Madison (Iowa) über den Mississippi gebaute Drehbrücke wurde dem Eisenbahnverkehr der ⟨Santa Fé⟩-Linie übergeben. Spannweite 160 m. Fort Madison (siehe SN 1) war ehemals ein markanter Umschlagplatz der Mississippi-Schiffahrt bis die ⟨Santa Fé⟩ den Strom überbrückte. Die Gesellschaft unterhält eine Werkstatt in Madison.

Die Beschaffungspolitik amerikanischer Eisenbahngesellschaften war immer wieder Gegenstand von Zeitungsartikeln. In Baisse-Zeiten waren die Preise für Loks und Wagenmaterial oft günstig, was die Gesellschaften gelegentlich zur Modernisierung ihres Lokparkes ausnützten. Im Jahre 1927 wurde z. B. der ⟨Erie⟩ angekreidet, dass sie 367 Loks ausmusterte und dafür 50 neue Güterzugsloks und 30 Rangierloks kaufte. Die ⟨Erie⟩ machte geltend, dass die neuen Maschinen billiger im Unterhalt und leistungsfähiger als die ausrangierten Loks seien. Den Kritikern war in diesem Falle die Zahl der Ausgemusterten eindeutig zu hoch. – Die ⟨Erie⟩ betonte vor allem, dass der neue Berkshiretyp, also 2–8–4-Loks (siehe 1925, S. 43, ⟨B&A⟩), für den schnellen Güterverkehr weit zweckmässiger sei (z. B. in der Dampferzeugung) als die alten Mikados. Ausserdem würden auch andere Gesellschaften an der Entwicklung neuer Loktypen arbeiten (z. B. die ⟨NP⟩). 1927 hat ⟨Erie⟩ tatsächlich 25 Einheiten 2–8–4-Maschinen bezogen und anschliessend weitere 25 Exemplare angeschafft; es waren dies die Nrn. 3300–3324 (Class S1) und 3325–3349 (Class S2). Mit den nachfolgend aufgeführten Daten lagen sie an der Spitze aller USA-Maschinen dieses Achsbildes: Kesseldruck 17,58 atü; Zylinder 2(723,9×812,8 mm); Triebrad-∅ 1778 mm; Rostfläche 9,3 m²; Heizfläche 529,3 m²; Überhitzer 236,4 m² (andere Quelle 227,4 m²); Maschinengewicht S2 207,4 t, S1 201 t; Reibungsgewicht 124 t; Zugkraft 31,4 t + 5,6 Booster. Abb. 86 zeigt Lok-Nr. 3325. Interessant an diesen Maschinen war auch der grössere Triebrad-∅ – die andern Gesellschaften beschafften sich Maschinen mit 1753 mm Triebrad-∅ oder nur 1600,2 mm ∅ – obwohl sie eindeutig noch als Güterzugsmaschinen bezeichnet wurden. In den USA war die 2–8–4-Lok sozusagen nur für den schnellen Güterzugsdienst vorgesehen! Sie kamen jedoch mit ihren Rädern bereits in die Nähe der Triebrad-∅ österreichischer Maschinen, die ab 1928 als Schnellzugsmaschinen auf der Strecke Wien–Salzburg eingesetzt waren. Die Hauptdaten der ersten Österreicher-Lok dieses Achsbildes waren: Kesseldruck 15 atü; Zylinder 2(650×720 mm); Triebrad-∅ 1900 mm; Rostfläche 4,72 m²; Heizfläche 283,3 m²; Überhitzer 78 m² (andere Quelle 71,9 m²); Maschinengewicht 118 t (andere Quelle 124 t); Reibungsgewicht 70,9 t (andere Quelle 72 t). Der Datenvergleich zeigt, dass in Europa die Möglichkeiten des 2–8–4-Achsbildes der grossen Rostfläche, Heiz- und Überhitzerfläche bei weitem nicht ausgenützt wurden, dabei hätte man noch gut mehr Heizfläche einbauen können, besassen doch die Triebachsen erst 17,7 t Achsdruck.

Im September und Oktober 1927 fand in Halethorpe bei Baltimore die von der ⟨B&O⟩ organisierte

'Fair of the Iron Horse' statt. Sie stand unter dem Zeichen «100 Jahre ‹B&O›-Eisenbahn». Neben den modernen amerikanischen Schienenriesen (siehe z. B. 1927, S. 49, 53, ‹Penn›) und Loks aus England und Kanada (die erste holzgefeuerte 4–4–0 «Trevithick» und die 4–8–4-Maschine Nr. 6100 der ‹CPR›) waren auch einige nachgebaute Loks der Anfangszeit in Betrieb zu sehen. Es gab mehrere offizielle Tage, z. B. am 28. 9. 1927, als der 'Baldwin Day' stattfand. Vauclain brachte ungefähr 4600 Baldwin-Mitarbeiter samt Angehörigen in 6 Sonderzügen zu je 12 Wagen von Philadelphia nach Halethorpe.

Der Film 'The General' (siehe Band 1, Seite 67) wurde 1927 mit Buster Keaton und einer 4–4–0-Lok von bewegter Vergangenheit gedreht (Stummfilm). Die Maschine war ursprünglich Nr. 12 der ‹Oregon Pacific› (gegründet 1880), wurde 1902 an die ‹Oregon & Southeastern› verkauft und anschliessend an die J. H. Chambers Lumber Co., wo sie bis 1940 im Einsatz stand. Ebenso bewegt war die Geschichte der Bahngesellschaft ‹Oregon Pacific›, die als ‹Willamette Valley & Coast› gegründet und 1890 von Yaquina nach Corvallis und Detroit (Oreg.) fuhr. 1894 entstand sie neu als ‹Oregon Central & Eastern›, 1897 wurde sie nochmals reorganisiert und hiess dann ‹Corvallis & Eastern›. 1906 wurde diese Gesellschaft von der ‹Southern Pacific› erworben und 1915 modernisiert.

Das CTC-System ('Centralized Traffic Control' = Streckenzentralstellwerksanlagen) wurde am 25. 7. 1927 auf einer Länge von 40 Meilen bei Berwick (Ohio) probeweise eingeführt. Sehr bald wurden mehrere Hauptstrecken damit ausgerüstet, da die Vorteile frappant waren. 1950 sollen bereits 12 358 Meilen damit modernisiert gewesen sein. Um die gleiche Zeit waren 108 052 Meilen mit dem automatischen Block versehen. Die Zunahme der Zugdichte und die erhöhten Reisegeschwindigkeiten erforderten derartige Sicherheitsvorkehren (siehe 1923, Geschwindigkeitskontrolle). Trotzdem ereigneten sich schwere Unfälle (siehe z. B. 1934, S. 83, ‹Penn› oder 1940, S. 117, ‹NYC›).

Die ‹Santa Fé› beschaffte sich bereits im Mai 1927, also 3 Monate nach Inbetriebnahme des Prototyps durch die ‹NYC›, bei Baldwin 10 Schnellzugsmaschinen vom Typ 4–6–4, Serie Nrn. 3450–3459. Abb. 87 zeigt Lok Nr. 3450. Die Hauptdaten waren: Kesseldruck 15,47 atü; Kesseltyp: Wagon top; Zylinder 2(635×711,2 mm); Triebrad-∅ 1854,2 mm (man beachte die Stellung des Ausgleichsgewichtes des mittleren Triebrades); Rostfläche 7,4 m; Heizfläche 380 m²; Überhitzer 91 m²; Zugkraft 19,5 t; Maschinengewicht

158,5 t; Reibungsgewicht 90 t; Tender 2×3achsig. 1936 wurden im Topeka-Werk die Nrn. 3456 und 3457 modernisiert. Später folgten weitere Loks dieser Serie. Sie erhielten höheren Kesseldruck (16 atü) und grössere Triebräder vom Scheibentyp (2006,6 mm ∅). Es zeigte sich, dass dieses Achsbild noch weiter entwickelt werden konnte. – Eine weitere Serie wurde 1937 angeschafft (siehe 1937, S. 97, ‹Santa Fé› und Abb. 160).

Die ‹Lackawanna› begann 1927 mit dem Ausbau der Strecke Hoboken (N. J.)–Buffalo (siehe SN16) zur Expressstrecke als Konkurrenzlinie der Gesellschaften ‹Lehigh Valley›, ‹Pennsylvania› und ‹New York Central›. Sie traf zu diesem Zwecke mit der ‹Nickel Plate› eine Vereinbarung, wonach diese ihre 'Through Cars' in Buffalo übernehmen musste (siehe SN 38). Die aus dem Jahre 1923 noch vorhandenen grossrädrigen Pacifics (Triebrad-∅ 2006,6 mm; Zugkraft 19 t) waren für schwere Expresszüge zu schwach. Die ‹Lackawanna› schaffte darum 1927 ihre ersten 4–8–4-Maschinen (Nrn. 1501–1505) an, nachdem dieses Achsbild bei der ‹Northern Pacific› erfolgreich war. Die erste Serie wies folgende Hauptdaten auf: Kesseldruck 17,58 atü; Zylinder 2(685,8×812,8 mm); Triebrad-∅ 1955,8 mm; Rostfläche 8,18 m²; Heizfläche 482,4 m²; Überhitzer 123,2 m²; Zugkraft 29 t; Maschinengewicht 191,1 t; Reibungsgewicht 122 t; Adhäsionsfaktor 4,17; Tender 2×2achsig (14 t Kohle + 45 000 l Wasser). – Zur Situation der Konkurrenzlage lässt sich rückblickend sagen: Die ‹NYC› fuhr Richtung Chicago über Albany mit Hilfe der 1927 angeschafften im Flachland voll wirksamen raschen, grossrädrigen 4–6–4-Maschinen, von denen sie 1937 eine weitere Serie bestellte (siehe 1937, S. 100, ‹NYC›). Die ‹Pennsylvania› profitierte davon, dass ihre Züge durch dicht bevölkerte Industriegebiete fuhren, die die Züge auch unterwegs stets wieder füllten. Im Konkurrenzkampf mit diesen Gesellschaften, welche die Strecke New York–Chicago entweder wegen der topographisch günstigen Linienführung mit schnelleren Zügen bedienten, oder auf gut ausgebauten Strecken durch dicht besiedelte Industriegebiete fahren konnten, wurde es für die ‹Lackawanna› immer schwieriger, ihre durch Hügelland fahrenden weniger raschen Züge zu füllen. Sie beschaffte sich deshalb im Jahre 1937 ebenfalls Hudson-Maschinen (siehe 1937, S. 103, ‹DL&W›). – Weitere 4–8–4-Loks wurden zwar von der ‹DL&W› 1929, 1932 und 1934 angeschafft (siehe 1932, S. 80, ‹Lackawanna›); diese Maschinen wurden aber zur Hauptsache für den Eilgüterzugsdienst verwendet.

Die ‹Richmond, Fredericksburg & Potomac› beschaffte sich 1927 ihre letzten Pacifics (Baldwin). Vorläuferserien siehe 1915, Band 1, Seite 164, ‹RF&P›. Es waren die Nummern 325–328, welche im Schnellzugsdienst eingesetzt wurden. Abb. 88 zeigt Lok Nr. 325. Die Hauptdaten dieser schön bemalten Maschinen waren: Kesseldruck 14,76 atü; Zylinder 2(685,8×711,2 mm); Triebrad-∅ 1905 mm; Rostfläche 7,1 m²; Heizfläche 387,9 m²; Überhitzer 100,2 m²; Maschinengewicht 151 t; Reibungsgewicht 93 t; Zugkraft 21,3 t; Walschaert-Steuerung; Tender 2×2achsig. – 1924/25 wurden 4 Mountains und 1936 die ersten 4–8–4-Maschinen angeschafft.

Die ‹Pennsylvania› nahm 1927 die letzte Serie einer ihrer besten Pacific-Loks mit dem grösseren Tender in Betrieb, Class K 4s (Entwurf von 'Motive Power Chief' J.T. Wallis), Serie Nrn. 5400–5499 (Baldwin 5400–5474). Die Hauptdaten waren: Kesseldruck 14,43 atü; Zylinder 2(685,8×711,2 mm); Triebrad-∅ 2032 mm; Rostfläche 6,5 m²; Heizfläche 375,5 m²; Überhitzer 88 m²; Zugkraft 20,17 t; Maschinengewicht 145 t; Reibungsgewicht 94,5 t. Die K4s bildet auch heute noch unter Eisenbahnfreunden wegen ihrer Einmaligkeit ausgiebigen Gesprächsstoff (siehe auch Band 1, die Abbildung gegenüber Seite 160 oben). Das eigentliche Vorbild war die Atlantic, Class E6s (Entwurf: A.W. Gibbs). Der Prototyp der K4s (Nr. 1737) wurde bereits 1914 gebaut (siehe Band 1, Seite 156). Doch erst 1917 wurde mit dem Bau der ersten Serie, insgesamt 41 Stück begonnen. 1918 wurden 111 Maschinen dieses Typs in Betrieb genommen. Normalerweise erhielten die K4s-Loks 2×2achsige Tender; ungefähr 1931 erhielten einige den langen 2×3achsigen Tender. Anfangs 1936 erschien eine Stromlinienlok (Nr. 3768) mit vollständiger Verkleidung, die nach Windtunnelversuchen festgelegt wurde. Es handelte sich nach H. Westcott um eine Juniata-Maschine aus dem Jahre 1920. Sie soll bei 60 mph über ein Drittel weniger Windwiderstand besessen haben. Ihre Bemalung war dunkelbronzen mit Goldlinien und Goldbuchstaben. Der verlängerte Tender besass 2×3achsige Drehgestelle und das Führerhaus war geschlossen. Die K 4s Nr. 5475 wurde 1927 an der 'Fair of the Iron Horse' ausgestellt. Einige Vorläuferserien der 5400 waren: 1920 Serie 3700-; 1923 Serie 3800-; 1924 Serie 5300-. In den Jahren 1914–1928 sollen insgesamt 425 K4s-Maschinen gebaut worden sein. Abb. 89 zeigt 2 K4s in Doppeltraktion vor einem Güterzug. Abb. 90 zeigt K4s Nr. 5495; Abb. 91 K4s Nr. 1737 (Prototyp); Abb. 92 K4s Nr. 5489; Abb. 93 K4s Nr. 7275. – Einem Testbericht ist zu entnehmen, dass die normal ausgerüstete K4s-Lok auf dem Lokprüfstand während einer Stunde 3184 indizierte PS leistete (1 PS pro 97 lb). Der Wasserverbrauch betrug 15,5 lb und der Kohlenverbrauch 1,75 lb pro PS und h. Interessant ist auch die Tatsache, dass die K4s 1939 in einen Test einbezogen wurde, mit dem festgestellt werden sollte, welche Loktypen sich dazu eignen, 1000 t-Züge mit 100 mph auf ebener Strecke zu befördern. – Auf der Strecke Washington D.C.-New York wurde von der ‹Pennsylvania› ein Geschwindigkeitsrekord gefahren. Die 224,5 Meilen wurden in 3 h 7 min zurückgelegt, was eine Durchschnittsgeschwindigkeit von 72,1 mph ergibt (115,95 km/h). – Über das Nachfolgemuster der K4s siehe 1929, S. 66, ‹Penn›.

Die ‹Kansas, Oklahoma & Gulf›, die mit der ‹Midland Valley› verbunden ist, bezog bei Baldwin 1927 5 Einheiten 2–10–2-Güterzugslok für ihre 325 Meilen lange Strecke mit Steigungen bis 15‰. Sie gehörten nicht zu den stärksten Maschinen dieses Achsbildes. Ihre Hauptdaten waren: Kesseldruck 14,02 atü; Kesseltyp: Conical wagon top; Zylinder 2(685,8×762 mm); Triebrad-∅ 1600,2 mm; Rostfläche 6,54 m²; Heizfläche 383,8 m²; Überhitzer 89,2 m²; Zugkraft 25,8 t; Maschinengewicht 149,2 t; Reibungsgewicht 112,1 t; Walschaert-Steuerung; Tender 2×2achsig (16 t Kohle + 45424 l Wasser), mit Bremserhäuschen; Verbrennungskammer und 2 Wassertaschen. Abb. 94 zeigt Lok Nr. 503. Trotz der für amerikanische Verhältnisse niedrigen Daten waren diese ‹KO&G›-Maschinen immer noch leistungsfähiger als z.B. die Lok 2–10–2 der ‹DRB› auf Abb. 83d.

Die ‹Texas & Pacific› nahm in den Jahren 1927–1929 von Lima gelieferte Serien von 2–10–4-Güterzugsloks, Class I 1a-d, Nrn. 610–669, in Betrieb. Die Vorserie Nrn. 600–609 zeigt Abb. 60 (1925). Die Hauptdaten der neuen Texas-Serien waren praktisch gleich: Kesseldruck 17,93 atü; Zylinder 2(736,6×812,8 mm); Triebrad-∅ 1600,2 mm; Rostfläche 9,3 m²; Heizfläche 475 m²; Überhitzer 195,1 m²; Zugkraft 38,4 t + 6 t (Booster), max. Füllungsgrad 60 %; Maschinengewicht 203,2 t; Reibungsgewicht 136,1 t; Tender 2×3-achsig. Speisewasservorwärmer vor dem Kamin. – Die Maschinen wurden im 'Fort Worth-District' (siehe SN 53) eingesetzt. Sie hatten die 2–10–2-Loks zu ersetzen (Baujahre 1916–1919), die 1925 Kessel für 14,06 atü erhalten hatten. Im Test leisteten sie 4160 HP bei 38 mph und 57 % Füllung. Die Mannschaften schätzten die neuen Maschinen wegen ihrer grossen Flexibilität, ihrer beachtlichen Geschwindigkeit und den angenehmen Laufeigenschaften. Anfänglich fuhren die Texas-Maschinen mit 38–45 mph Maximalgeschwindigkeit, erhielten dann aber 1939 Antriebsanlagen aus Nickelstahl in Leichtbauweise, wodurch die V_{max} auf 60 mph (96,5 km/h) erhöht werden konnte.

Baldwin meldete in seiner Zeitschrift vom September 1929, dass für die ‹Chicago Great Western› (siehe Band 1, Seite 59/60) Consolidations der Baldwin-Serie 320–339 aus dem Jahre 1909 modernisiert wurden. Diese 40 Maschinen erhielten einen integrierten Rahmen (Zylinder angegossen), sowie eine grössere Feuerbüchse mit 6,5 m² Rostfläche. Die Wiederinbetriebnahme der ersten Maschine erfolgte am 19. 8. 1927. Sie konnte 2000 t-Züge auf 10‰-Rampen befördern. Die Maschine Nr. 337 erhielt zusätzlich einen Tender-Booster. Die Daten der Maschinen vor und nach dem Umbau waren (siehe Tabelle rechts oben):

	(‹CGW›) 2–8–0 (Orig.) 1909/10: 320–359	umgeb. 2–8–0 1927: Nr. 337 (‹CGW›)	2–8–2 1916: Nr. 716 (‹CGW›)
Kesseldruck	14,06 atü	14,06	13,15
Zylinder	2(609,6×762) mm	2(660,4×762)	2(685×762)
Triebrad-∅	1600,2 mm	1600,2	1600,2
Rostfläche	4,6 m²	6,5	6,24
Heizfläche	342,2 m²	284,5	349,3
Überhitzer	–	57,5	74
Maschinengew.	98 t	109	129,6
Reibungsgew.	85 t	99	100,3
Zugkraft		24 (30+Booster)	24

Zum Vergleich sind die Daten der Mikados der Gesellschaft beigefügt.

Class	Nrn.	Kesseldruck atü	Zylinder mm	Triebrad-∅ mm	Zugkraft t	Baujahre
KE	544 (‹B&A›)	14,06	2(558,8×660,4)	1905	12,5	1908
KJ/KL	546–554/ 555–559	14,06	2(558,8×660,4)	1905	12,5	1911/12
KM	560–565	14,06	2(558,8×660,4)	1905	12,5	1913/14
K 3a/b	4807/08, 4812/4818	14,06	2(596,9×660,4)	2006,6	13,5+4	1911
K 3c	4822–4827	14,06	2(596,9×660,4)	2006,6	13,5+4	1912
K3d, e, f, g	4832–4835, 4837–4841, 4603, 4850–4854	14,06	2(596,9×660,4)	2006,6	13,5+4	1912/13
K 3h, i, k, l, m, n, p, q, r	4640–4644, 4611–4614, 4800–4869, 4870–4874, 4615–4624, 4723–4756, 4625–4634, 4697–4722, 4875–4884, 4635–4639, 4667–4696, 4885–4899, 4800–4804	14,06	2(596,9×660,4)	2006,6	13,5 14	1916–1918, 1920, 1923, 1925
K 4a/b	9225–9229, 9230–9234	14,06	2(596,9×660,4)	1828,8	14,7+4,7	1917/18 (‹P&LE›)
K 5	4925	14,43	2(635×711,2)	1828,8		1924
K 5a	4926–4930	14,06	2(635×711,2)	2006,6		1925
K 5b	4905–4914	14,43	2(635×711,2)	2006,6		1926/27
K 5b	4915, 4917, 4916, 4918–4924, 4931–4940	14,71	2(635×711,2)	2006,6		1926/27
K 6a	9245–9249	14,06	2(660,4×711,2)	1905	17,8+4	1925 (‹P&LE›)

Es war dem initiativen Obering. Paul W. Kiefer, der am 1. 1. 1926 seine Stelle antrat, vorbehalten, das neue Traktionsmittel in die Wege zu leiten (siehe nächster Abschnitt Hudson-Maschinen der ‹NYC›).

Die letzten Pacific-Schnellzugsmaschinen wurden bei der ‹New York Central› im Jahre 1927 angeschafft. Wohl keine Bahngesellschaft hat so viele 4–6–2-Maschinen besessen und im täglichen Grosseinsatz auf einer 1541,6 km langen Rennstrecke in Betrieb gehabt, wie die ‹NYC›. Seit 1908 wurde dieses Achsbild als Ablösung für die 4–6–0- und 2–6–2-Maschinen angeschafft. Die Tabelle gibt eine Übersicht über den Pacific-Lok-Bestand im Jahre 1939. Überraschend ist die Konstanz des Kesseldrucks, der erst beim stärkeren Hudson-Typ merklich angehoben wurde (siehe Tabelle links unten).

Nachdem 1925 die Lima das zweiachsige hintere Laufdrehgestell unter der Feuerbüchse der Berkshire-Lok (2–8–4) eingeführt hatte, war es logisch, diese Verstärkungsmöglichkeit auch beim Pacific-Typ (4–6–2) zur Anwendung zu bringen. Merkwürdigerweise überliess Lima diese Neuerung der Alco, welche im Februar 1927 einen für die USA neuen Loktyp lieferte. Es handelte sich um eine Hudson-Maschine Nr. 5200 als Prototyp (J 1a) für weitere Serien der ‹New York Central›. Noch im gleichen Jahr wurde die erste Serie (Nrn.

Tafel 3
Nachtbetrieb bei der ‹UP›. Die Maschinen sind von links nach rechts: Nr. 4002, Big Boy aus dem Jahre 1941; Nr. 3958, Challenger aus dem Jahre 1942; Nr. 3953, Challenger aus dem Jahre 1942. Beide Mallet-Typen waren für Eilgüter- und Schnellzüge gebaut. Sie waren die Krönung der Mallet-Bauweise; sie boten beides hohe Zugkraft und Geschwindigkeit. Bild aus Sammlung Henzi.

5201–5249) geliefert (J 1b). Abb. 95a zeigt Nr. 5249. Es folgte 1927 die Serie 5345–5352. Die Nrn. 5250–5259 wurden 1928 abgeliefert; es war bereits Class J 1c, ebenso die Serie 5260–5267 und 5268–5274. Sie übernahmen den Dienst der Pacific-Maschinen (Class K 2 und K 3 und später auch K 4) vor schweren Expresszügen zwischen New York und Chicago; sie verwiesen damit die vielgerühmte Pacific auf den zweiten Platz im Schnellzugsdienst. Die Hauptdaten der ersten Serie (Class J 1b) waren: Kesseldruck 15,82 atü; Zylinder 2(635×711,2 mm); Triebrad-$\varnothing$ 2006,6 mm; Rostfläche 7,55 m²; Heizfläche 423,1 m² (Prototyp 416,5 m²); Überhitzer 181,3 m²; Maschinengewicht 158,7 t (Prototyp 155,8 t); Reibungsgewicht 84,2 t; Zugkraft 18,5 + 4,7 t Booster. Tender 2×3achsig (Prototyp 2×2achsig). Die 4–6–4-Serie, welche die Gesellschaft 1937 bezog (Class J 3a), wies teilweise andere Daten auf (siehe 1937, S. 100, ‹NYC›). Alle Serien waren jedoch in der Dampferzeugung wesentlich stärker dimensioniert, als die ersetzten Pacifics (siehe 1923, S. 35, ‹NYC›). Dies ermöglichte auch bei hohen Anhängelasten ein Durchhalten hoher Geschwindigkeiten auf langen Schnellzugsstrecken. Alvin F. Staufer sagt von ihnen: 'The Hudson was a phenomenal succes.' Abb. 115 zeigt eine spätere Hudson mit Nr. 5300 (Class J 1d), siehe auch 1929, S. 66, ‹NYC›. Die letzte Serie mit den Nrn. 5445–5454, Class J 3a, wurde stromlinienförmig verkleidet (siehe 1938, S. 108, ‹NYC› und Abb. 182). Ausser dem Prototyp sollen alle Hudsons Booster-Antrieb besessen haben, weil auf rasches Beschleunigen beim Start grosses Gewicht gelegt wurde. – Hier muss erwähnt werden, dass die ‹CMSt.P&P› schon im Jahre 1925 eine 4–6–4-Schnellzugsmaschine entworfen hat, die dann aber nicht gebaut wurde. Diese Gesellschaft, die länger als andere an die grossen Leistungsreserven von dampfbetriebenen Schnellzugsloks glaubte, nannte ihre 4–6–4-Loks (siehe 1931, S. 76, ‹CMSt.P&P›) nicht Hudson, sondern Baltic, um die Fachwelt daran zu erinnern, dass das 4–6–4-Achsbild nicht eine Erfindung der ‹NYC›, sondern der französischen Bahngesellschaft ‹Nord› war. Diese baute bereits 1911 zwei Loks dieses Achsbildes. Der Entwurf dazu, stammte von Gaston Du Bousquet, der leider 2 Monate vor Inbetriebnahme der Maschinen starb. Abb. 95b zeigt die Baltic-Lok Nr. 3.1102 der ‹Nord›. Eine dieser beiden Compound-Maschinen erhielt einen Belpaire-Stehkessel und wurde an der damaligen Weltausstellung gezeigt. Sie wurde als weltstärkste Schnellzugsmaschine gepriesen. Ihre Hauptdaten waren: Kesseldruck 16 atü; Zylinder 2(440×640 mm) + 2(620×730 mm), die HD-Zylinder waren aussen angeordnet und besas-

sen Walschaert-Steuerung; Triebrad-$\varnothing$ 2040 mm; Rostfläche 4,28 m²; Heizfläche 362,29 m²; Überhitzer 62 m²; Maschinengewicht 102 t; Reibungsgewicht 54 t; Tender 2×2achsig (7 t Kohle/26 m³ Wasser); getestete Leistung 2800 HP, auf ebener Strecke zog die Maschine kurze Zeit einen 800 t schweren Zug mit 125 km/h Geschwindigkeit. – Die ‹Nord›-Baltic-Maschine war tatsächlich ein bemerkenswerter Versuch der europäischen Lokindustrie, mit den Amerikanern gleichzuziehen. Wie aber die Versuchsmaschine der ‹Penn› aus dem gleichen Jahre (siehe Band 1, Seite 156) zeigt, holten die Amerikaner aus dem Achsbild 4–6–2 mehr Leistung heraus als die Franzosen aus dem Achsbild 4–6–4. Diese Beobachtung ist immer wieder zu machen. Die Amerikaner gingen auf höhere Achsdrücke, im zitierten Fall auf 30 t, während die Franzosen nur 18 t wagten. Die Baltics der ‹Nord› hatten darum keinen Erfolg (Schleudergefahr hauptsächlich wegen des kleinen Achsdrucks). Auch die ersten Mountains der ‹C&O›, ebenfalls 1911 geliefert, besassen bereits 27 t Achsdruck. Die Amerikaner hatten also vorerst keine Veranlassung, den Hudson-Typ zu schaffen, so dass die Franzosen mit den Maschinen von Du Bousquet mit Abstand die Ersten waren. Zu erwähnen ist in diesem Zusammenhang, dass die Franzosen auch 1936/1939 bei der 2C2-HD-Lok und 1937 bei der 232 S und 232 R, sowie 1949 bei der 232 U nochmals zum 4–6–4-Achsbild griffen.

Die ‹Reading› begann 1927 mit dem Umbau von Mallets 2–8–8–2 zu schweren 2–10–2-Loks für die Strecken im Lebanon Valley und Ost-Pennsylvanien. Lok Nr. 3000 (Original Nr. 1801 aus dem Jahre 1917) war die erste Lok dieses Typs der Gesellschaft. Sie wurde im Reading-Werk aus einer Mallet von Baldwin zur Einrahmenmaschine, Class N1sa, umgebaut (siehe 1917, Band 1, Seite 169, ‹Reading›). Damals war sie die stärkste Lok der USA vom Santa Fé-Typ. Bis 1929 (andere Quellen 1930) entstanden auf diese Weise insgesamt 11 Stück dieses Typs (Class K 1sa). – Die 1931 gelieferte Serie gleicher Maschinen stammt ebenfalls von Baldwin (Nrn. 3011–3020). Abb. 96 zeigt Lok Nr. 3014 (Class K 1sb). Die Hauptdaten dieser Loks waren: Kesseldruck 15,82 atü (1. Serie 15,47 atü); Zylinder 2(774,7×812,8 mm); Triebrad-$\varnothing$ 1562,1 mm; Rostfläche 10,03 m²; Heizfläche 511,5 m² (mit 3 Wassertaschen); Überhitzer 170,7 m² (zweite Serie 146 m²); Zugkraft 40 t (erste Serie etwas weniger); Maschinengewicht 204,5 t (erste Serie ca. 5,5 t leichter); Reibungsgewicht 165,1 t. – Bei der Modernisierung der restlichen 2–8–8–2-Maschinen wurde nur das Achsbild auf 2–8–8–0 abgeändert. Da sie zur Hauptsache als Schub-

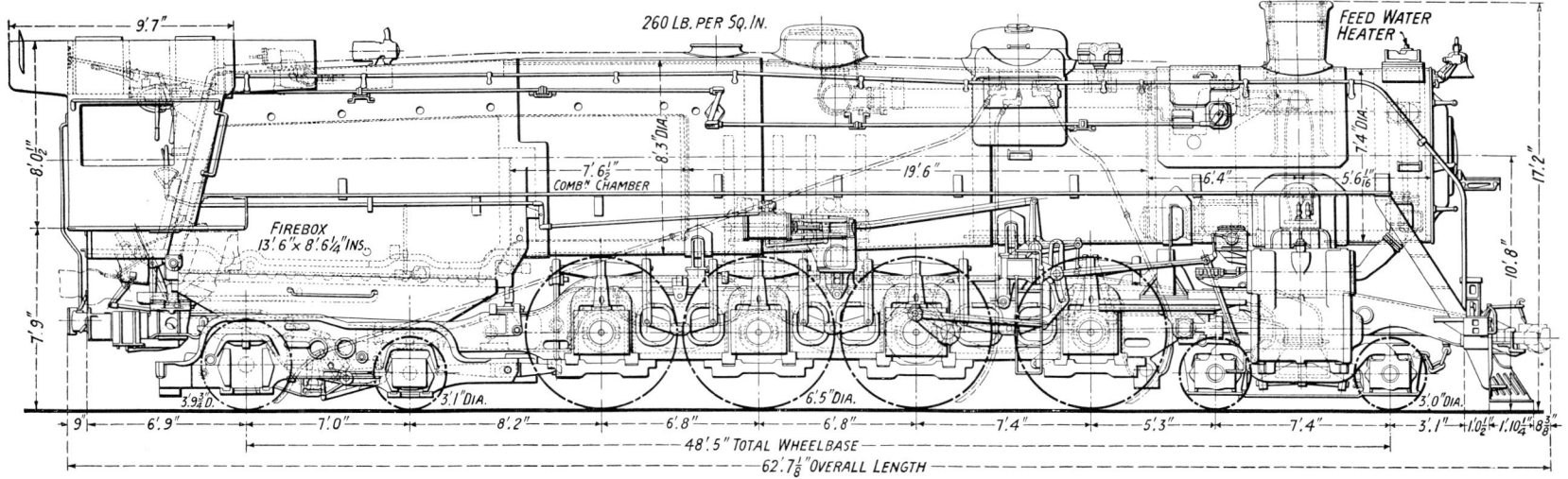

1 4–8–4-Schnellzugsmaschine, Serie 2650–2659, Class A 2, der ⟨Northern Pacific⟩. Baldwin 1934. Triebrad-∅ 1956 mm. Lange Verbrennungskammer. Kesselmitte über Schienenoberkante 3251 mm. Heizfläche 460 m². Rostfläche 10,7 m².

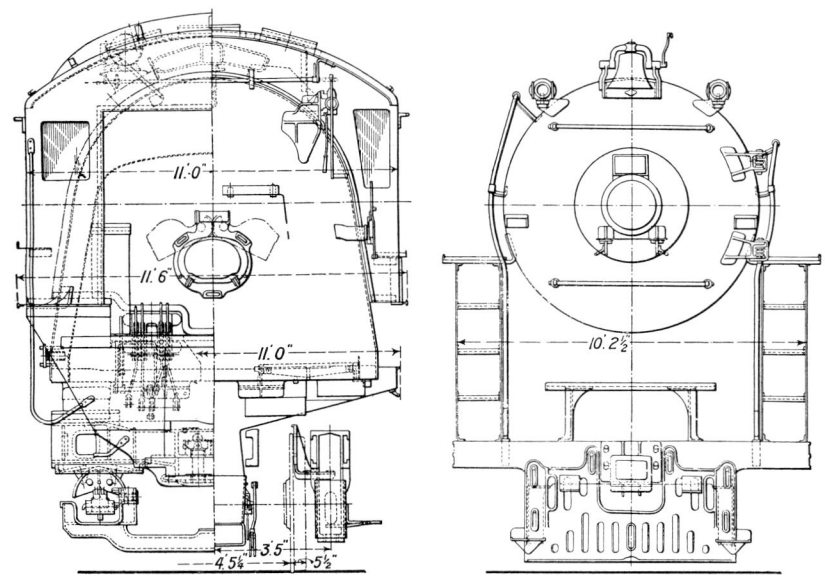

loks auf Rampen eingesetzt wurden, konnten sie den kleinen Triebrad-∅ behalten (siehe Band 1, Seite 169).

Die ⟨Missouri Pacific⟩ beschaffte sich von Alco 1927 und 1930 die erste Hälfte einer letzten Doppelserie Mountain-Maschinen 4–8–2 (1927: Nrn. 5335–5339; 1930: 5340–5344). Class MT 73. Die längste Express-strecke der Gesellschaft war 327 Meilen lang (Coffey-ville, Kans. – Little Rock, Ark.). Später kam noch die Strecke Little Rock–New Orleans (598 Meilen) dazu. Die Hauptdaten der 4–8–2-Maschinen waren: Kessel-druck 17,6 atü; Zylinder 2(685,8×762 mm); Triebrad-∅ 1854,2 mm; Rostfläche 7,8 m²; Heizfläche 475,2 m²; Überhitzer 125,4 m²; Maschinengewicht mit Kohlenfeuerung 178,71 t, mit Ölfeuerung 175,4 t; Zug-

kraft 28,9 t. Abb. 97 zeigt Lok Nr. 5337, kohlegefeuert. – Schon 1921 und 1923 erhielt die ⟨MP⟩ 4–8–2-Maschi-nen mit 14,76 atü Kesseldruck, gleichen Zylindern und Triebrädern, sowie 23,4 t Zugkraft. Sie besassen die Nrn. 5308–5316.

Die ⟨Northern Pacific⟩ nahm 1927, nachdem sich der Alco-Prototyp (Baujahr 1926) bewährt hatte ihre ersten von Alco gebauten 4–8–4-Loks, Nrn. 2600–2611, Class A1 in Betrieb. Die Hauptdaten dieser meist mit dem Namen Northern bezeichneten 4–8–4-Maschinen waren: Kesseldruck 15,82 atü (später 16,87 atü); Zylin-der 2(711,2×762 mm); Triebrad-∅ 1854,2 mm; Rost-fläche 10,7 m² (diese war so gross, damit die Rosebud-Kohle mit 8–10% Aschegehalt bei 20% Feuchtigkeit verwendet werden konnte); Heizfläche 427 m²; Über-hitzer 182 m²; Maschinengewicht 193 t; Zugkraft 27 t (später 28,5 t) + 4,5 t Booster. – 1930 wurde die Tim-ken-Vorführlok als Nr. 2626 übernommen (siehe 1930 S. 70). – 1934 wurden weitere 10 Maschinen dieses Typs von Baldwin geliefert. Serie 2650–2659, Class A 2 (siehe Abb. 1). Die Hauptdaten dieser auf langen Strecken bewährten Loks waren: Kesseldruck 18,28 atü; Zylin-der 2(711,2×787,4 mm); Triebrad-∅ 1955,8 mm; Rostfläche 10,7 m²; Heizfläche 460 m²; Überhitzer 202,5 m²; Zugkraft 30,5 t; Maschinengewicht 222 t; Adhäsisionsgewicht 133 t. Wie die grosse Heizfläche dieser Serie zeigt, wurde stark variiert. Schon 1927 wur-den aber weit grössere Heizflächen bei 4–8–4-Loks angewendet, so z.B. bei den ⟨Santa Fé⟩-Maschinen (siehe 1928, S. 62, ⟨Santa Fé⟩): 526,9 m² (Überhitzer 208,9 m²). Die späteren Serien der Class A3 sind nicht mehr so hoch gegangen wie bei der A2-Class (siehe 1938, S. 110, ⟨NP⟩). Zu Vergleichszwecken sei auf die Daten der 4–8–4-Maschinen der ⟨Lackawanna⟩, 1932 verwiesen.

Die ‹Lehigh & New England›, eine kleine Bahngesellschaft in den Staaten Pennsylvania, New Jersey und Norfolk mit 217 Meilen Streckenlänge, beschaffte sich in den Jahren 1927 und 1931 von Baldwin schwere Decapod-Maschinen für den Anthrazit-, Schiefer- und Zementtransport aus Pennsylvanien (Nesquehoning) nach dem südöstlichen Teil des Staates New York (Campbell Hall). Die Nrn. 401–402 wurden 1927, Nrn. 403–404 1931 geliefert; Nr. 404 besass zusätzlich ein Tendertriebwerk, vor allem wegen der max. Steigung von 27,4‰. Die Maschinen besassen folgende Hauptdaten: Kesseldruck 15,82 atü; Zylinder 2(762× 812,8 mm); Triebrad-$\varnothing$ 1549,4 mm; Rostfläche 9,6 m² (weite Feuerbüchse); Heizfläche 415 m², resp. 422 m²; Überhitzer 115 m², resp. 125 m²; Zugkraft 39 t; Maschinengewicht 181 t, resp. 182 t; 91% des Maschinengewichts wirkten auf die Triebräder; Kesseltyp Conical. Abb. 98 zeigt Lok-Nr. 404 mit Tendertriebwerk. – Sehr ähnliche Daten besassen die Decapods der ‹WM›, siehe 1927, S. 60, Abb. 99.

Die Alco lieferte 1927 10 Mallet-Maschinen vom Typ 2–8–8–2, Serie Nrn. 3600–3609, Class L 131, an die ‹Denver & Rio Grande Western› für die Strecke Grand Junction-Tennessee Pass-Salida, bzw. Pueblo (Colo.). Der schwierigste Teil der Strecke führt von Minturn zum Tennessee-Pass (siehe 1926, S. 48, ‹Rio Grande›) hinauf, wo eine Höhe von 3121 m erreicht wird. Schwächere Mallet-Maschinen dienten hier als Vorspann. Es wurde Zugsgewicht bis 3000 t befördert. Abb. 100a zeigt Lok Nr. 3608. Die Hauptdaten dieser Maschinen waren: Zylinder 4(660,4×812,8 mm); Kesseldruck 16,87 atü; Triebrad-$\varnothing$ 1600,2 mm; Zugkraft 59,8 t (bei 70% Füllung); Maschinengewicht 294,4 t; Adhäsionsgewicht 253,8 t; Adhäsionsfaktor 4,34; Rostfläche 12,68 m; Heizfläche 674,9 m²; Überhitzer 213,2 m². – Die lange Feuerbüchse besass 2 grosse Wassertaschen (‹thermal syphons›). Am Kesselhinterteil sowie an der Rauchkammer war bereits viel geschweisst und nur noch wenig genietet. Der in der Rauchkammer plazierte Mehrfachregler besass 5 Ventile. Der Gesamtradstand betrug 19151 mm; der Triebradstand 5105 mm. Tender 2×3achsig (30 t Kohle und 81,8 m³ Wasser). – Eine letzte Serie Nrn. 3610–3619 (Alco 1930) wurde mit Wassertaschen in der Feuerbüchse und in der Verbrennungskammer ausgerüstet. Sie besassen 744,5 m² Heizfläche; 325,5 m² Überhitzer; 301,6 t Maschinengewicht und 259,46 t Reibungsgewicht. – Abb. 2 zeigt Zeichnungen zur 2–8–8–2, Nr. 3608.

2 2–8–8–2-Mallet-Güterzugslok, Class L 131, Serie 3600–3609 der ‹Rio Grande›. Triebrad-$\varnothing$ 1600,2 mm. Alco 1927. Lange Verbrennungskammer; Wassertaschen in der Feuerbüchse. Rostfläche 12.68 m².

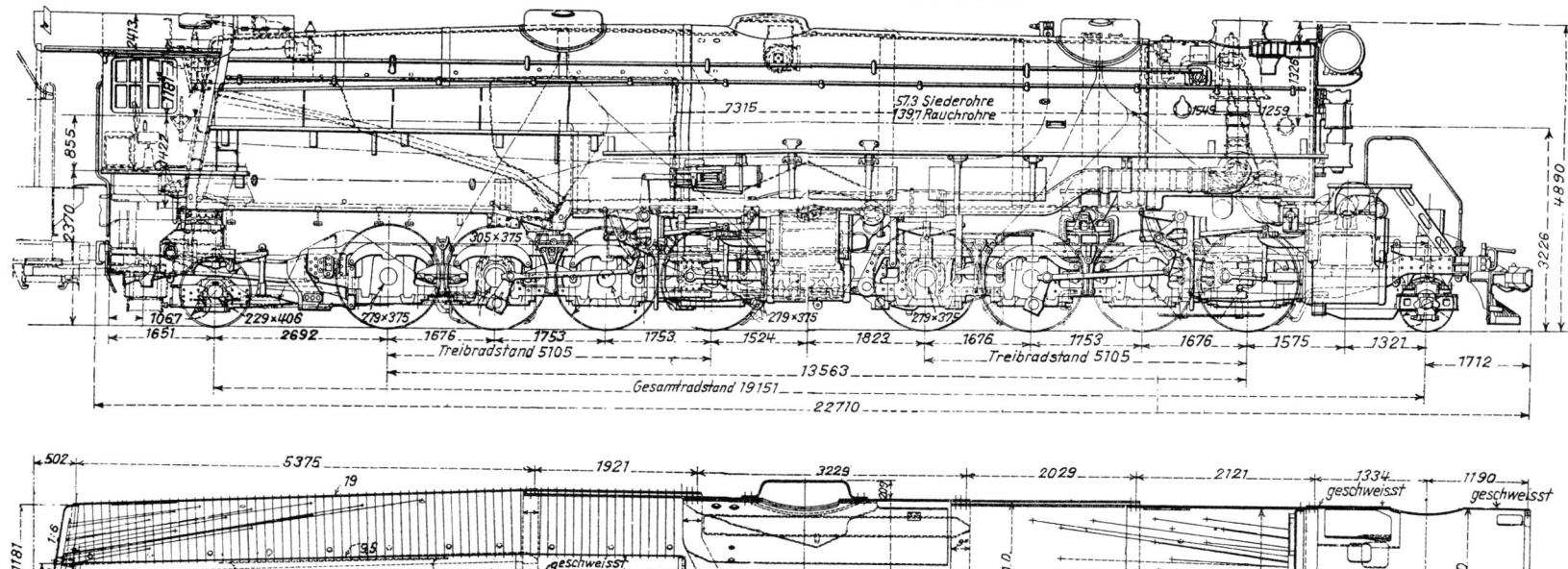

Die ‹Great Northern› beschaffte wie die ‹Rio Grande› starke 2–8–8–2-Mallet-Maschinen; 1925 bei Baldwin die Class R1S, Nrn. 2030–2033. Bald danach erhielt sie die Nrn. 2034–2059 aus dem eigenen Werk, die letzten 1930, welche mit Class R2 bezeichnet wurden. Ab Nr. 2044 wurde der Kesseldruck erhöht. Diese Maschinen sollen die stärksten Mallets mit Belpaire-Kessel gewesen sein. Die Daten dieser beiden Maschinentypen sind zum Vergleich in einer Tabelle aufgeführt. Diese Mallets gehörten zum grossen Ausbauprogramm der Jahre 1920–1930, ebenso wie der Bau des Cascade Tunnels (siehe Band 1, Seite 117) in den Jahren 1925–1929. Bei diesem Ausbau wurden 43 Meilen schlechtes Trassee durch 34 Meilen Schnellzugsstrecke ersetzt (siehe 1929, S. 64, ‹GN›). Die hier erwähnten Mallets fuhren damals die Strecke über den Marias Pass (kontinentale Wasserscheide) im Nordwesten von Montana. Sie waren ölgefeuert; Kesseltyp Conical; Tender Vanderbilt 2×3achsig. – Zum Vergleich mit andern Mallets 2–8–8–2 sei auf Kolonne 3 der Tabelle und 1927, S. 59, ‹Rio Grande› verwiesen.

		2–8–8–2 (‹GN›) Class R1/2030–2033, 2034–2043/ Abb. 100b	2–8–8–2 (‹GN›) Class R2/2044–2059 1929–1930	2–8–8–2 (‹WP›) Nrn. 250–256/1931 Nrn. 257–260/1938 Abb. 140
Kesseldruck	atü	14,76	16,87	16,52
Zylinder	mm	4(711,2×812,8)	4(711,2×812,8)	4(660×812,8)
Triebrad-∅	mm	1600,2	1600,2	1600,2
Rostfläche	m²	10,03	11,7	13,5
Heizfläche	m²	663,5	738,3	640
Überhitzer	m²	176,1	326,6 (?) (234,4)	200
Zugkraft	t	58	66	45,2+6,3 B
Maschinengewicht	t	269,5	288,8	267,6
Reibungsgewicht	t	241,8	256,5	249

Baldwin lieferte an die ‹Santa Fé› im Jahre 1927 zwei Serien 2–8–4-Güterzugsmaschinen (Berkshire). Nrn. 4101–4111 und 4112–4115. Einsatz: Kansas City-Madison. Sie waren als verstärkte Mikados gedacht, von denen die Gesellschaft viele Serien aus den Jahren 1913–1926 besass. Die Hauptdaten waren: Kesseldruck Nrn. 4101–4109: 15,47 atü, Nrn. 4110–4115: 19,33 atü (andere Quellen: 17,58 atü); Zylinder 2(685,8×812,8 mm); Walschaert-Steuerung; Triebrad-∅ 1600,2 mm; Rostfläche 9,2 m²; Heizfläche 424 m²; Überhitzer 113,9 m²; Zugkraft 30 t + 6 t (Booster); Maschinengewicht 180 t; Reibungsgewicht 122,5 t; Zugkraft Lok-Nrn. 4110–4115: 31 t; Tender 2×3achsig.

Baldwin lieferte in den Jahren 1927 und 1929 der ‹Chicago, Burlington & Quincy› 2–10–4-Loks (erste Se-

rie 1927 Nrn. 6310–6321, zweite Serie 1929 Nrn. 6322–6327), Class M4. Sie hatten die 2–10–2-Güterzugloks aus den Jahren 1914/15 zu ersetzen, die auf der Beardstown-Strecke (Southern Illinois) Kohlenzüge beförderten. Die neuen Maschinen waren damals die stärksten 2-Zylinderloks der Welt. Mit nur 1626,6 mm Triebrad-∅ besassen sie 812,8 mm Hub. Siehe Abb. 101. Die festigkeitsbedingte kräftige Dimensionierung des Kurbelantriebes führte zu Ausschlägen, die nur wenig kleiner waren, als der Radius des Triebrades. Bei dieser Maschine zeigten sich gewisse, zur Hauptsache zeitbedingte Grenzen, die vorerst noch eine Aufteilung der Antriebskräfte auf 4 Zylinder (Mallet-Loktyp) aufdrängten. Auch das Auswuchten durch Gegengewichte wurde vor allem beim Hauptantriebs-Radpaar (mittlere Achse) problematisch, weil das Gegengewicht schon beim nächsthinteren die ganze Radhälfte benötigte. – Der spätere Einbau eines Boosters war vorgesehen. Die Leistung der Maschine betrug auf der Strecke Centralia–Beardstown 8000 t (113 Güterwagen) in 11 h 37 min bei einem Kohlenverbrauch von 24,9 t. Die Hauptdaten der mit Verbrennungskammer versehenen Maschinen waren: Zylinder 2(787,4×812,8 mm); Kesseldruck 17,58 atü; Kesseltyp inverted wagon top; Triebrad-∅ 1625,6 mm; Baker-Steuerung; Rostfläche 9,9 m²; Zugkraft 39 t (max. Füllungsgrad 61,4%, beim Start 85%); Heizfläche 548,6 m²; Überhitzer 231,1 m²; Maschinengewicht 196 t; Reibungsgewicht 161 t. Ähnliche Maschinen erhielt ‹B&LE› (siehe 1929, S. 68, ‹B&LE› sowie Abb. 122).

Die ‹Baltimore & Ohio› nahm 1927 Pacific-Loks (Class P7) Nrn. 5300–5319 mit den Namen der ersten 20 USA-Präsidenten in Betrieb (Hersteller Baldwin). Die Hauptdaten dieser auf der Strecke Washington–New York eingesetzten Schnellzugsmaschinen waren: Kesseldruck 16,17 atü; Zylinder 2(685,8×711,2 mm); Triebrad-∅ 2032 mm; Kreuzkopf vanadiumlegiert; Zugkraft 21,8 t (andere Quellen 22,68 t); Walschaert-Steuerung; Rostfläche 6,53 m²; Heizfläche 351,91 m² (mit Verbrennungskammer und 2 'thermic syphons'); Überhitzer 88,26 m²; Maschinengewicht 147,87 t; Reibungsgewicht 91,2 t; Tender 2×2achsig mit 'water pickup'. Das Werkbild der Schnellzuglok 5300 zeigt Abb. 102. «President Monroe» wurde stromlinisiert (siehe Abb. 103); die Maschine zog den «Royal Blue», einen Leichtschnellzug zwischen Washington und Jersey City. Die Maschinen der 'President Class' sollen später mit Boostern ausgerüstet worden sein (Zugskraftvergrösserung beim Anfahren ca. 5 t). Der «Royal Blue» soll am 24.6.1935 einen Geschwindigkeitsrekord gefahren sein (6 Meilen in 3 min 40 sec, was eine Durchschnittsgeschwindigkeit von 95 mph ergab), wobei inklusive Start und Stop gemessen wurde. Im Jahre 1956 wurden die Loks neu numeriert (100–116). Modernisierungen führten zu Unterklassen (P7ae), so z.B. Class P7d (siehe 1946/47, S. 135, ‹B&O›). Ein Foto zeigt die «President Fillmore» mit dem «Fort Pitt Limited» bei Halethorpe (Md.), eine Stelle, die meist mit 60 mph durchfahren wurde.

Die ‹Western Maryland› (Hauptstrecke Baltimore – Connellsville–Chicago, Abzweiger Cumberland–Elkins, Hagerstown–Shippensburgh und Blue Ridge– York, resp. Hannover) begann 1914 nach Zeiten der Unselbständigkeit und rücksichtsloser Ausbeutung durch Leute wie Jay Gould mit der Reorganisation von Schiene und Fahrzeugpark. In stetigem Aufbau gelang es allmählich, wieder einen leistungsfähigen Triebfahrzeugpark zu schaffen, zu dem auch Mallet-Maschinen (siehe 1941, ‹WM›) gehörten. 1927 wurden starke Decapods, Serie Nrn. 1111–1130, von Baldwin angeschafft. Diese gehörten mit jenen der ‹Penn› zu den stärksten Amerikas. Sie dienten vor allem dem schweren Bergverkehr zwischen Cumberland und Connellsville (Allegheny 723 m). Die Hauptdaten dieser 2–10–0-Loks waren: Kesseldruck 15,82 atü; Zylinder 2(762×812,8 mm); Walschaert-Steuerung; Triebrad-⌀ 1549,4 mm; Rostfläche 9,7 m²; Feuerbüchse Woottentyp; Heizfläche 412 m²; Überhitzer 115 m²; Zugkraft 39 t; Maschinengewicht 190 t; Reibungsgewicht 175 t; Kesseltyp: Wagon top; Tender 2×3achsig (83 270 l Wasser + 30 t Kohle). Abb. 99 zeigt Lok Nr. 1112 der ‹WM› mit dem langen Tender und 2 Kreuzverbund-Bremsluftpumpen. Diese Maschinen sind jenen der ‹L&NE›, Abb. 98, sehr ähnlich (siehe 1927, S. 58, ‹L&NE›). – Die Nrn. 1101–1110 der ‹WM› waren ebenfalls 2–10–0-Maschinen. Sie wurden 1918 aus dem Restbestand der ursprünglich für Russland bestimmten Maschinen übernommen (siehe Band 1, Abb. 197). Sie eigneten sich jedoch nicht für den schweren Bergverkehr, da sie zu leicht waren. – Leichtere Decapods lieferte Baldwin 1923 an ‹GM&N›, 1925 an ‹KCM&O›; schwere erhielt ‹Pennsylvania› in den Jahren 1918– 1923 (siehe Band 1, Abb. 207).

Die ‹Erie› hatte wie zahlreiche andere Gesellschaften auch 0–8–0-Rangierloks in Betrieb. Die Baldwin-Maschinen aus den Jahren 1927 und 1929/30 waren insofern interessant, als sie 2×3achsige Grosstender erhielten. Offenbar besorgten sie auch den anspruchsvollen Überführdienst schwerster Güterzüge von Rangierbahnhof zu Rangierbahnhof. Obwohl in dieser Geschichte die Rangiermaschinen nur am Rande behandelt werden, seien hier für diese Maschinen, die sich durch den grossen Tender auszeichneten, die Hauptdaten angegeben: Kesseldruck 14,06 atü; Zylinder 2(635×711,2 mm); Baker-Steuerung; Triebrad-⌀ 1320,8 mm; Kesseltyp: Straight top; Rostfläche 4,48 m²; Heizfläche 247 m²; Überhitzer 59,2 m²; Maschinengewicht 104 t; Zugkraft 24,8 t; Tender 24 t Kohle + 6200 l Wasser. Ein Datenvergleich mit Consolidations (z.B. der ‹Maine Central›, siehe Band 1, Seite 163) zeigt, dass 0–8–0-Rangiermaschinen oft merklich kräftiger sein konnten als Vierkuppler mit vorderer Laufachse für den Streckendienst.

Die kleine der ‘Commonwealth Edison Comp.’ gehörende Bahngesellschaft ‹Chicago & Illinois Midland› (siehe SN 26, Havana, Ill.), welche besonders den Kohlentransport betreute, hat noch 1927 und 1928 für den Personenverkehr 4–4–0-Loks, Nrn. 500–502, von Baldwin angeschafft. Sie besassen folgende Daten: Kesseldruck 12,66 atü; Zylinder 2(457,2×609,6 mm); Triebrad-⌀ 1600,2 mm; Rostfläche 2,2 m²; Heizfläche 108,7 m²; Überhitzer 22,4 m²; Maschinengewicht 53,6 t; Reibungsgewicht 33,7 t; Walschaert-Steuerung; Tender 2×2achsig; Zugkraft 8,2 t. Der Personenverkehr war zwar nur Nebensache, doch besass die Gesellschaft eine Anzahl Ganzstahlwagen, die von den 4–4–0-Maschinen gezogen wurden. – Zur gleichen Zeit wurden für den Güterverkehr auch 2–10–2-Maschinen angeschafft, und zwar 1927 Nrn. 600–601, 1929 Nrn. 602–603, 1930 Nrn. 700–701, 1931 Nrn. 702–704. Die Nrn. 600–603 besassen Triebräder mit 1447,8 mm ⌀, die Nrn. 700–704 solche mit 1600,2 mm. Die 1930/31 angeschafften Maschinen besassen folgende Zylindermasse: 2(762×812,8 mm).

1928

Das Jahr 1928 brachte nur 603 Bestellungen von Dampfloks in den USA; abgeliefert wurden 636 Stück. Optimismus war im Lokgeschäft sicher nicht am Platz. – Insgesamt sollen Ende 1928 59 470 Loks in den USA im Dienst gestanden haben; die Zahl der Einheiten hatte also deutlich abgenommen (siehe 1926, S. 46 und 1927, S. 51).

Die ‹B&O› baute anschliessend an die Lieferung der ‘President Class’ (siehe 1927, S. 59, ‹B&O›) eine Sonderkonstruktion in der eigenen Werkstatt (Mt. Clare). Diese erhielt die Nr. 5320 und den Namen «President Cleveland»; es handelte sich um eine 4–6–2-Schnellzugsmaschine mit Wasserrohr-Feuerbüchse und Caprotti-Ventil-Steuerung. Ihre Hauptdaten waren: Kesseldruck 16,17 atü; Zylinder 2(685,8× 711,2 mm); Triebrad-⌀ 2032 mm; Rostfläche 6,5 m²; Heizfläche 426,8 m²; Überhitzer 110,4 m²; Maschinen-

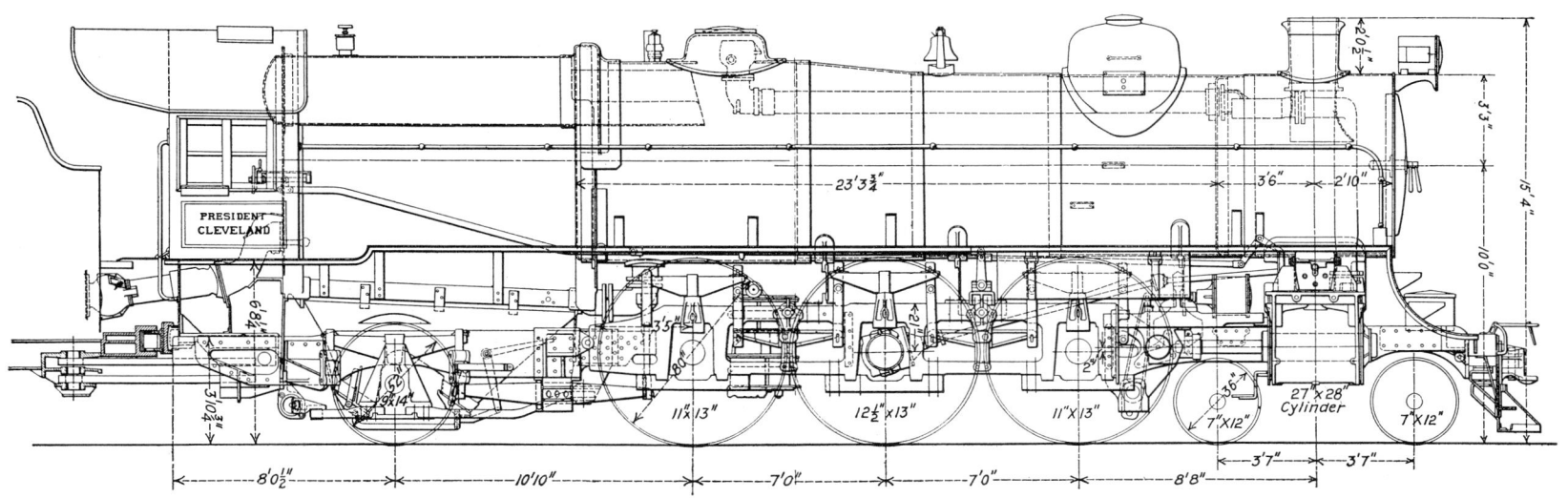

3 4–6–2-Schnellzugsmaschine der 'President Class'. Nr. 5320 mit Caprotti-Steuerung der ‹B&O›. Triebrad-∅ 2032 mm, Speichenräder; Wasserrohr-Feuerbüchse; Kesseltyp: Conical; Heizfläche 426,8 m². Ausgestellt an der ARA-Conventions, Atlantic City (N. J.), Juni 1928.

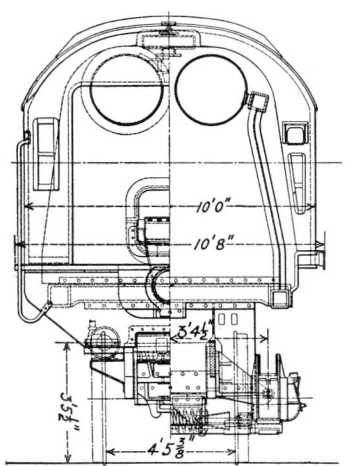

gewicht 149,3 t; Reibungsgewicht 92,2 t; Zugkraft 21,8 t; Tender 2×2achsig. Leistungsmessungen ergaben bei 60 mph und 25 % Füllung 2270,8 HP, bei 46,4 mph und 40 % Füllung 2330,4 HP. Als Zugsgewicht wird 750 t angegeben. Adhäsionsfaktor 4,07. – Auch eine 2–8–0-Güterzugslok Nr. 2722 wurde etwas früher mit Caprotti-Ventil-Steuerung versehen und getestet. – Abb. 3 zeigt Zeichnungen zu Lok Nr. 5320.

Die Verbindung der beiden Gesellschaften ‹Great Northern› und ‹Western Pacific› bei Bieber (Calif.) rückte in den Bereich der Möglichkeit, als es am 10.5.1928 der ‹GN› gelang, über die ‹SP&S› und die ‹Oregon Trunk›, sowie auf eigenen Streckenbauten in Klamath Falls (Oreg.) einzufahren. Es dauerte noch etwas mehr als 3 Jahre, bis die restlichen Meilen zwischen Klamath Falls und Bieber (‹GN›) sowie Keddie (Calif.)–Bieber (‹WP›) erstellt waren (siehe Band 1,

Seite 139). Der Betrieb wurde im August 1931 aufgenommen. Der höchste Punkt wird bei Chemult Junction auf 4754 ft (1449,1 m) erreicht. Die stärkste Steigung von 13‰ befindet sich bei Bend (Oreg.) Richtung Benham Falls. Zu den zwei Verbindungen der ‹SP› ist somit eine dritte Nord-Süd-Verbindung hinzugekommen (siehe SN 50 und SN 24). Detailkarten befinden sich in Rw. Age 20.2.1932, S. 315–319.

Am 27.2.1928 wurde der Moffat-Tunnel – benannt nach David H. Moffat – unter dem James Peak (kontinentale Wasserscheide) in Colorado (westlich von Denver, auf der Strecke Denver–Orestod, siehe SN 17) erstmals von einem Zug durchfahren. Mit 9,98 km Länge war dies der zweitlängste Tunnel der USA. Er gehört zum Netz der ‹D&RGW› und umgeht die Royal Gorge mit dem hochwasseranfälligen Arkansas, d.h. verkürzt die Strecke durch die Rockies von Denver nach Salt Lake City (ehemalige ‹Denver & Salt Lake RR›, siehe Band 1, Seite 98), um 173 Meilen (über Pueblo 745 Meilen, durch den Moffat-Tunnel 570 Meilen). – Allerdings musste auch noch die Verbindung zwischen Orestod und Dotsero bewerkstelligt werden. Die Fertigstellung dieser 38 Meilen ermöglichte am 16.6.1934 die Inbetriebnahme der Strecke Denver–Moffat-Tunnel–Orestod–Dotsero-Grand Junction–Salt Lake City–Ogden (siehe SN 17). Die Portale des Moffat-Tunnels liegen auf 2801,44 m (West), resp. 2768,8 m (Ost) und der Tunnelscheitel liegt auf 2816,1 m. – Die Strecke durch den Moffat-Tunnel wird meist zusammen mit dem Namen 'Dotsero-cut-off' erwähnt. Als Kuriosum sei erwähnt, dass Dotsero und Orestod nur Wortumkehrungen darstellen, jedoch die Namen zweier verschiedener Ortschaften sind. – Die Finanzierung dieses Abschnittes (Dotsero-cut-off) wurde von den Bürgern in Denver in einer Abstimmung genehmmigt. Eine Beschreibung mit Streckenskizzen siehe Rw. Age 10.3.1934, S. 399–344.

Die ‹B&A› fuhr ab 1928, wie die ‹NYC› (siehe 1927, S. 54/5, ‹NYC›), ebenfalls starke Hudson-Maschinen. Ihre Strecke ist jedoch kurvenreicher und hügeliger. Die Triebräder wiesen deshalb nicht 2006,6 mm ⌀ auf, wie bei den Hudson-Maschinen der ‹NYC›, sondern nur 1930,4 mm ⌀. Der Kesseldruck betrug ebenfalls 15,82 atü. – Vorläufer dieser Hudson-Maschinen waren Pacific-Schnellzugsloks aus dem Jahre 1920 (siehe 1920, ‹NYC›, Seite 175, Band 1). Weitere Hudsons wurden von der ‹B&A› 1931 angeschafft (siehe 1931, S. 76, ‹B&A›).

Die ‹Central Vermont› (siehe Band 1, Seite 34 und SN 7) nahm 1928 eine Serie von 2–10–4-Güterzugsloks (Texas) von Alco in Betrieb. Serie Nrn. 700–709, Class T 3a. Die Hauptdaten dieser stärksten Maschinen (siehe Abb. 104) der Gesellschaft waren: Kesseldruck 17,58 atü; Zylinder 2(685,8×812,8 mm); Baker-Steuerung; Triebrad-⌀ 1524 mm; Rostfläche 7,8 m²; Heizfläche mit Wassertaschen 437 m²; Überhitzer 204,5 m²; Zugkraft (bei 62,6 % Füllung) 33,5 t + 5,5 t Booster; Maschinengewicht 194,8 t; Reibungsgewicht 129 t; 2×3-achsiger Vanderbilt-Tender. Der Datenvergleich mit den Maschinen der ‹T&P› aus den Jahren 1925 und 1927 und der ‹KCS› aus dem Jahre 1937 zeigt, dass die ‹CV›-Loks nicht zu den schweren Texas-Maschinen gehörten. Sie lassen sich noch am ehesten mit den 2–10–4-Maschinen der ‹KCS› (siehe 1937, S. 101, ‹KCS›) vergleichen, die aber einen grösseren Triebrad-⌀ und vor allem einen höheren Kesseldruck besassen, was einer weit moderneren Konzeption entsprach. Die Maschinen der ‹CGW› kamen den Texas-Maschinen der ‹CV› näher, hatten jedoch eine andere Aufteilung zwischen Heiz- und Überhitzerfläche (siehe 1930, S. 74, ‹CGW›).

Die ‹Northern Pacific› nahm 1928 von Alco eine Mallet-Lok vom Yellowstone-Typ in Betrieb (Achsbild 2–8–8–4), Class Z 5, Nr. 5000. Sie war damals der Welt grösste Dampflok. Einsatzstrecke: 'Bad Lands' (quer durch North Dakota und Eastern Montana) mit einer max. Steigung von 11‰. Das Zugsgewicht betrug um 4000 t. Bisher standen auf dieser Strecke Mikados in Doppeltraktion im Dienst. Mit der neuen Mallet konnten die Doppeltraktion und der Schubdienst stark reduziert werden. Die Hauptdaten dieser starken 2–8–8–4-Maschine waren: Kesseldruck 17,58 atü; Zylinder 4(660,4×812,8 mm); Triebrad-⌀ 1600,2 mm; Rostfläche 16,9 m²; die breite Feuerbüchse besass seitliche Öffnungen zur Reinigung des grossen Rostes; Heizfläche 713 m²; Überhitzer 299 m²; Zugkraft 63,5 t (70 %

Füllung) + 6 t Booster; Maschinengewicht 310 t; Adhäsionsgewicht 251 t. Nach längerer Erprobung des Prototyps wurde 1930 die Serie Nrn. 5001–5011 von Baldwin geliefert, deren Daten gleich oder ähnlich waren. Der Feuerraum enthielt 5 Wassertaschen! – 1941 sollen die Maschinen modernisiert worden sein (neue Rahmen, Wälzlager etc.). 1941 nahm die ‹DM&IR› ebenfalls Yellowstone-Maschinen (Daten siehe 1941, S. 117, ‹DM&IR›) für den schweren Erztransport in Betrieb (siehe Abb. 203 und 21). Abb. 174 zeigt Lok Nr. 5002 der ‹NP›.

Die ‹Frisco› baute im Jahre 1928 2 alte 4–4–0-Maschinen zu modernen Schnellzugsmaschinen für die Strecke St. Louis–Springfield (3 schwere Stahlwagen) um (siehe SN 51). Die Hauptdaten der modernisierten Maschinen waren: Kesseldruck 14,06 atü; Zylinder 2(431,8×660,4 mm); Triebrad-⌀ 1752,6 mm; Rostfläche 2,45 m²; Heizfläche 129,8 m²; Überhitzer 38,2 m²; Maschinengewicht 69 t; Reibungsgewicht 45 t; Zugkraft 7,8 t; Walschaert-Steuerung; Tender 2×2achsig. – Vergleichsdaten siehe 1883, Band 1, Seite 110, ‹SF&NP› und 1888, Band 1, Seite 117, ‹NYNH&H›. Die englische ‹Southern› beschaffte noch 1930 4–4–0-Loks, die den Schnellzugsdienst auf der Hasting-Strecke mit schwachen Brücken zu besorgen hatten. Es war dies die bekannte 'School'-Klasse. Die Hauptdaten dieser von R.E. Maunsell konstruierten Loks von beachtlicher Leistungsfähigkeit waren: Kesseldruck 15,5 atü; Zylinder 3(419×660 mm); Triebrad-⌀ 2007 mm; Rostfläche 2,63 m²; Heizfläche 164,1 m²; Überhitzer 26,3 m²; Maschinengewicht 68,2 t; Reibungsgewicht 42,7 t.

Die ‹Cincinnati, New Orleans & Texas Pacific›, eine Untergesellschaft der ‹Southern› (siehe SN 49), beschaffte im Jahre 1928 von Baldwin 25 Mikados. Die Hauptdaten dieser letzten Güterzugs-Maschinen mit dem Achsbild 2–8–2 bei der ‹SR› waren: Kesseldruck 14,06 atü (gerechnet wurde mit 13,36 atü); Zylinder 2(685,8×812,8 mm); Triebrad-⌀ 1600,2 mm; Rostfläche 6,54 m²; Heizfläche 398 m²; Überhitzer 92,2 m²; Maschinengewicht 149,1 t; Reibungsgewicht 109,5 t; Zugkraft 26 t; Tender 2×2achsig. Abgeliefert wurden die Maschinen mit den Nrn. 16350–16374 (spätere Nrn. 6350–6374). – 1928 baute die ‹SR› leichte 2–10–2-Loks aus dem Jahre 1918 in Mikados um (Nrn. 4995–4997, 4999 und 4998, eine Ms 5). Sie erhielten damit auf 4 Achsen verteilt etwa die gleiche Zugkraft, wie die Santa Fé-Maschinen. – In den Jahren 1923 bis 1926 lieferte Alco der Baldwin-Serie sehr ähnliche Maschinen.

Im Jahre 1928 bezog die ‹Santa Fé› für den Dienst vor schweren Schnellzügen auf langen Strecken mit wenig Halten ihre ersten 4–8–4-Loks bei Baldwin; es waren die Nrn. 3751–3764; die Lieferungen sollen sich von Ende 1927 bis Oktober 1929 hingezogen haben. Die Serie wies recht unterschiedliche Konstruktionsmerkmale auf; Nr. 3752 besass ein Franklin-Dampfverteilsystem (Typ B), die Nrn. 3761–3763 Kolbenventile mit Walschaert-Steuerung, Nr. 3764 erhielt eine Caprotti-Steuerung (siehe Abb. 107). Die Hauptdaten waren: Kesseldruck 14,76 atü; Zylinder 2(762×762 mm), also quadratisch; Triebrad-⌀ 1854,2 mm; Rostfläche 10 m²; Heizfläche 526 m²; Überhitzer 225,7 m² (andere Quellen geben 208,9 m² an); Maschinengewicht 194,1 bis 196,4 t je nach Nr.; Reibungsgewicht 123,2 t; Zugkraft 28,7 t. – Es zeigen Abb. 105 Lok Nr. 3761 mit Walschaert-Steuerung; Abb. 106 Lok Nr. 3764 mit Caprotti-Steuerung; Abb. 107 Lok Nr. 3752 mit Franklin-Steuerung; Abb. 108 zeigt die Steuerwelle, Abb. 109 die Anordnung der Steuerung an der Antriebsanlage. – Weitere 4–8–4-Loks mit anderen Daten wurden von der ⟨Santa Fé⟩ erst wieder 1937, S. 110, angeschafft.

Die ⟨Boston & Albany⟩ beschaffte sich 1928 bei Alco für den Kurzstreckendienst bei Boston 5 Tenderloks (‹Double Ender›) vom 4–6–6-Typ, Nrn. 400–404 (siehe Abb. 110), die speziell im Vorortsverkehr (mit 10 Stahlwagen à 100 Personen, 500 t-Züge) zum Einsatz gelangten. Sie besassen einen hochgelagerten Kessel, kurzen Achsstand und folgende Daten: 1600,2 mm Triebrad-⌀; 5,6 m² Rostfläche; 15,112 atü Kesseldruck; 18,7 t Zugkraft; Zylinder 2(596,9×660,4 mm); Heizfläche 256,6 m²; Überhitzer 72,6 m². Ihr Gewicht betrug 109,5 t. Die ⟨CRR of NJ⟩ erhielt 1923 von Baldwin ähnliche Maschinen vom Typ 4–6–4 für den Vorortsverkehr. Tenderloks fanden sonst in den USA wegen ihrer geringen Reichweite nur wenig Verbreitung. Sie wurden jeweils nur dann angeschafft, wenn wirklich keine andere Lösung in Frage kam.

Die ⟨Atchison, Topeka & Santa Fé⟩, welche unter dem Einfluss der Harriman-Gruppe stand, konnte im Sommer 1928 über die ICC die ⟨Kansas City, Mexico & Orient RR Comp.⟩ erwerben (siehe 1859 und 1900, ⟨KCM&O⟩). Dies löste bei der ⟨Santa Fé⟩ eine grosse Expansion aus. Es wurden noch weitere Bahnlinien erworben. Grund dieser Ausdehnung nach Mexiko waren die ehrgeizigen Pläne Harrimans. Dieser versuchte, wie Stilwell, mehrere durchgehende Bahnverbindungen mit Mexiko und Südamerika zu bauen, wobei anfänglich eine Verlängerung der Bahn bis zum Westausgang des Panamakanals geplant war. Neben Harriman waren auch Finanzleute von Salt Lake City an diesem Projekt interessiert (siehe Band 1, Seite 98, ⟨D&RG⟩).

Der von der ⟨KCM&O⟩ übernommene Lokpark bestand aus 4–4–0, 2–6–0, 4–6–0 und 2–8–0-Maschinen; viele davon waren ausgediente Loks der ⟨NYC⟩. – Nach einer Notiz im Rw. Age vom 14.7.1923 bestand schon damals ein Projekt, um die Strecke Kansas City–Wichita–San Angelo (Tex.)–Falamir–Sanchez–Topolobampo (siehe SN1) auszubauen. Grund: Kürzeste Verbindung Chicago–Hawai (Konkurrenz zum Panama-Kanal)! Auch dieses Projekt war Mexikoorientiert.

Die ⟨Southern⟩ nahm im Juni 1928 von Baldwin eine weitere Serie 2–8–8–2-Mallet-Güterzugslok mit Einfachdehnung in Betrieb (Class Ls2, Serie Nrn. 4050–4058). Vorläuferserien des gleichen Typs mit Einfachdehnung wurden schon 1924 und 1926 von Baldwin geliefert. Strecke: ‹Appalachen-Division›. Eine Foto von W.H. Thrall zeigt Lok 4056 auf der Saluda-Rampe in North Carolina (45‰) mit Güterzug. Die Hauptdaten der letzten 2–8–8–2-Serie waren: Kesseldruck 14,76 atü; Kesseltyp Conical; Doppelkamin; Zylinder 4(584,2×762 mm); Triebrad-⌀ 1447,8 mm; Rostfläche 7,65 m²; Heizfläche inkl. 3 Wassertaschen 462,5 m²; Überhitzer 131,6 m²; Maschinengewicht 225 t; Reibungsgewicht 185,5 t; Zugkraft 41,6 t. Abb. 111 zeigt Lok Nr. 4052. Die Feuerbüchse befand sich über den beiden hinteren Triebachsen, und die Laufräder besassen einen kleinen ⌀. Schon 1926 baute sich die ⟨Southern⟩ eine 2–8–8–2-Maschine mit Einfachdehnung. Sie erbrachte im Vergleich zur Compound-Lok bessere Resultate am Berg. – Die ersten Mallet-Loks vom Typ 2–8–8–2 erhielt die ⟨Southern⟩ von Baldwin 1919 (Nr. 4009 war die 50000ste Baldwin-Lok). Sie waren vom konventionellen Typ und arbeiteten im Verbundbetrieb. Gemäss nicht unbedingt verlässlichen Angaben soll die ⟨SR⟩ 1909 und 1911 Mallet-Maschinen vom Typ 2–6–8–0 Nrn. 4001–4003 (?) von Baldwin erhalten haben.

Baldwin baute in den Jahren 1928–1944 (1928 10 Stück, 1929 16 Stück, 1930 25 Stück) für die ⟨Southern Pacific⟩ ölgefeuerte sog. Cab ahead-Mallet-Loks, Typ 4–8–8–2, mit Einfachdehnung (weitere Lieferungen siehe 1937, S. 103, ⟨SP⟩). Wie Abb. 171 und 172 zeigen, fuhr die Lok rückwärts. Die Führerkabine befand der Rauchplage wegen an der Spitze des Zuges, so dass die Abgase des Kamins die Lokmannschaft und die Feuerung nicht erreichen konnten. Dies war auf der Sierra Nevada-Strecke (Sacramento Division: Roseville, Calif.–Sparks, Nev.) mit vielen Tunnels und Schneedächern (1873 waren ca. 30 Meilen lange Galerien erstellt worden) für die Mannschaft und das Feuer von lebenswichtiger Bedeutung (siehe 1909, ⟨SP⟩,

Band 1, Seite 151). Die Hauptdaten der 1928 gelieferten Maschinen waren: Kesseldruck 16,52 atü; Zylinder 4(609,6×812,8 mm); Triebrad-$\varnothing$ 1612,9 mm; Rostfläche 12,75 m²; Heizfläche 602 m²; Überhitzer 277 m²; Maschinengewicht 278,5 t; Reibungsgewicht 215,5 t; Zugkraft 51 t (0,7); Tender 2×3achsig (Wasser 60 000 l, Öl 18 000 l). – Kurz vor dieser Anschaffung hatte die Gesellschaft eine alte 4–8–8–2-Verbundlok in eine Vierlingsmaschine mit Einfachdehnung umgebaut. Dabei stellte sie fest, dass eine solche Lok über die kalifornischen Steilrampen Kühlwagenzüge mit 85–100 Kühlwagen (bis zu 4000 t), sowie Reisezüge von 14–16 Wagen ziehen konnte und nur über die steilsten Rampen noch ein Vorspann nötig war.

Ein Beispiel für viele ähnliche Fälle der Konzentration zeigt die ‹Texas Midland›, deren Linie als Teil der ‹Texas Central› 1890 gebaut wurde. 1893 wurde daraus die ‹TM› und die Linie Ennis–Greenville und Paris (Tex.) wurde mit einbezogen. 1928 ging die Gesellschaft an die ‹Southern Pacific› über. Weitere Fälle der Konzentration der ‹SP› siehe 1924, S. 39, ‹SP›.

Loks mit dem Achsbild 2–6–0 (Mogul) waren um die Jahrhundertwende bei der ‹Southern Pacific› sehr beliebt. Allein auf den Linien westlich von El Paso (Tex.) standen damals 245 Moguls im Einsatz, wobei noch zahlreiche Maschinen bei übernommenen Untergesellschaften dazukamen. Noch nach 1925 wurden Moguls hergestellt. So baute die ‹SP› in den Jahren 1928–1930 in ihrem Werk in Houston aus alten 2–6–6–2-Maschinen einige Moguls. Es sollen die stärksten dieses Achsbildes gewesen sein. Sie bildeten Class M 21, hatten hinten einen grossen Überhang und besassen folgende Hauptdaten: Kesseldruck 17,58 atü; Ölfeuerung; Zylinder 2(558,8×711,2 mm); Triebrad-$\varnothing$ 1600,2 mm (weite Abstände); Rostfläche 5 m² (?); Maschinengewicht 97,5 t; Reibungsgewicht 84 t; Zugkraft 18,6 t. Zuerst dienten die Loks der Class M 21 bei der ‹SP›. Da sie jedoch für den Transport der ständig schwerer werdenden Züge zu wenig leistungsfähig waren, wurden sie bei der ‹SP de Mexico› eingesetzt. Sie mussten aber wegen ihres zu grossen Achsdruckes (28 t!) zurückgenommen werden und gelangten bei der Los Angeles-Division der ‹SP› zum Einsatz. Die Maschinen hatten ein modernes Aussehen mit breiter Feuerbüchse und hochgelagertem Kessel, elektrischer Beleuchtung, Servosteuerung, weite Dampfwege, Worthington-Speisewasservorwärmer sowie Vanderbilt-Tender. Sie besassen die Nrn. 520–529 (später 1837–1845). Sie sind im Lokverzeichnis von G. M. Best (März 1956) aufgeführt, leider ohne Angabe der Heizflächen und der Rostfläche. Auch L. H. Westcott zeigt Nrn. 522 und 1840 als

Foto und Nr. 520 als Zeichnung. – Die Probleme mit diesen Maschinen legen den Schluss nahe, dass es besser gewesen wäre, sie bei der Modernisierung zu Consolidations umzubauen.

Drei-Kraft-Elektro-Diesel wurden 1928 von der ‹NYC› für die ‹West Side› (Manhattan) im Raume New York angeschafft. Sie konnten über die dritte Schiene (Stromschiene), über Akkubatterie, über Diesel-Generator oder über Batterie + Diesel-Generator betrieben werden. Es waren als Güterzugs- und Rangiermaschinen konzipierte B_0B_0-Loks mit 6 Zylinder-Viertakt-Diesel (300 HP bei 550 U./min). Der ‹West Side Freight Yard› dient der Versorgung von New York und befindet sich entlang dem linksseitigen Ufer des Hudson River. Dampf-, Diesel- und Elektrobetrieb liessen sich auf dem Areal nicht verwirklichen. Darum wurde diese Kombination gewählt. Die Züge wurden im Schrittempo mit Vorreiter durch die verkehrsreichen Geschäftsstrassen gefahren. Es handelte sich also um eine einmalige «New Yorker Spezialität».

1929

Nach dem schlechten Jahr 1928 wurde 1929 wiederum die doppelte Zahl an Dampflokbestellungen, nämlich 1230 Stück, erreicht; abgeliefert wurden 926 Einheiten. Die Zahl der in den USA im Dienst stehenden Dampfloks ging auf 57571 zurück.

In Richmond (Va.) wurde 1929 eine dreifache Kreuzung von 3 Bahngesellschaften notwendig (siehe Abb. 112). Konstruktion: Stahlgerüst. Unten: ‹Southern›; Mitte: ‹Seaboard-Airline›; Oben: ‹Chesapeake & Ohio›.

Zur Reinigung der Loks und Lokantriebe waren viele Bahnen dazu übergegangen, die Loks nach einem 1929 von der ‹Delaware, Lackawanna und Western› entwickelten Verfahren mit einem Gemisch von Druckwasser, Öl und Druckluft abzuspritzen (sog. ‹steam gun›-Verfahren mit Oakite-Lösung). Der milchige Strahl entfernte alles Öl und jeden Schmutz gründlich von allen Teilen, so dass eventuell vorhandene Anrisse und sonstige Schäden an den gesäuberten Triebwerken rasch festgestellt werden konnten (siehe auch Bild 168 in Band 1).

Der 13,84 km (7,79 Meilen) lange Cascade-Tunnel (Wash.) durch die Cascade Range zwischen den Hauptorten Everett und Spokane (Wash.), genau: Scenic und Berne, wurde am 12.1.1929 eröffnet. Er ist der längste Tunnel Amerikas und gehört der ‹Great Northern›. Er wurde 1925 von beiden Enden aus begonnen; beim Zusammentreffen in der Mitte betrug die Abweichung nur den Bruchteil eines Fusses (siehe auch 1889, ‹GN› Band 1, Seite 117). Es wurden auch 34

Meilen neue Gleise für Schnellzüge verlegt und damit 43 Meilen alte, sehr kurvenreiche Streckenstücke ersetzt.

Die ‹Great Northern› begann 1929 mit dem Umbau von Mallet-Maschinen in 2–8–2-Schnellzugsmaschinen. Diese erhielten die Nummern 3375 bis 3396. Ihr wesentliches Merkmal war der grosse Triebrad-$\varnothing$ von 1752,6 mm. Sie sollen die einzigen Schnellzugsmaschinen Amerikas mit diesem Achsbild gewesen sein. – In Europa standen in Italien (1880 mm $\varnothing$) und Deutschland (1905 mm $\varnothing$) Schnellzugs-Mikados im Dienst. – Merkwürdig ist, dass Autoren wie A. W. Bruce diese ‹GN›-Umbauten verschweigen. Die Hauptdaten der ersten Schnellzugsserie waren: Kesseldruck 14,76 atü; Zylinder 2(787,4×812,8 mm); Maschinengewicht 158 t; Zugkraft 32,5 t. 1932 wurde die Serie Nrn. 3397–3399 mit kleinerem Zylinder gebaut. Ihre Hauptdaten waren: Kesseldruck 17,59 atü; Zylinder 2(736,6×812,8 mm); Maschinengewicht 166 t; Zugkraft 34 t. 1940 wurde noch einmal eine Modernisierung vorgenommen, wobei der Zylinder-$\varnothing$ auf 711,2 mm verkleinert wurde.

Die ‹Nickel Plate Road› nahm 1929 von Lima 4–6–4-Schnellzugsmaschinen (Serie Nrn. 174–177), Class L1b, in Betrieb. Die Hauptdaten waren: Zugkraft 18,2 t (andere Quellen 20,8 t); Kesseldruck 15,1 atü; Zylinder 2(635×660 mm); Triebrad-$\varnothing$ 1879,6 mm; Rostfläche 6,2 m²; Heizfläche 392 m²; Überhitzer 98 m²; Adhäsionsgewicht 79,2 t; Maschinengewicht 143,3 t. – Vorläufer dieser Serie wurden schon 1927 (Nrn. 170–173, Class L1A), mit gleichen Hauptdaten (Lieferwerk Alco) geliefert. – Abb. 113 zeigt Lok Nr. 173 (Werkaufnahme). Die Strecke Chicago–Buffalo war für Schnellzüge und Eilgüterzüge vorbildlich ausgebaut; die Berkshire-Maschinen fuhren dort mit 60 mph durch.

Der erste 'air-conditioned' Pullmanzug in Dampftraktion zwischen Chicago und Los Angeles wurde am 9.9.1929 eingeführt. Die ‹Santa Fé› pflegte diese Strecke ganz besonders (siehe 1892 Band 1, Seite 120). Noch 1937 beschaffte sich die Gesellschaft 6 Schnellzugsmaschinen vom Typ 4–6–4 (siehe 1937, S. 97, ‹Santa Fé›). – Ein Wendepunkt in der Traktion dieser Strecke bildete die Einführung des dieselelektrischen Betriebes mit Stromlinienzügen am 12.5.1936. 1937 wurde der Luxusverkehr von Leicht-Stromlinieneinheiten übernommen (Antrieb: 2 Stromlinien-Diesel-Loks mit total 3600 PS Leistung). Begründet wurde diese Abkehr vom jahrzehntelangen Dampfbetrieb mit den Schwierigkeiten der Wasserbeschaffung für die Mammutdampfloks in den Trockengebieten von Arizona und New Mexico. – Die ‹Union Pacific› beschaffte

sich noch bis 1944 besonders starke 4–8–4-Maschinen für den schweren Personenverkehr («Pacific Ltd.» auf der Strecke Omaha–Cheyenne, «Challenger», «Overland Ltd.», «Los Angeles Ltd.», «Portland Rose»). Maschinenbeschreibung siehe 1937, S. 102, ‹UP›. – Andere Gesellschaften haben noch früher als die ‹Santa Fé› Dieselloks im Luxusverkehr (siehe z. B. 1921–23, ‹B&O›) eingesetzt.

Die ‹Western Pacific› beschaffte sich 1929 als letzte Serie dieses Achsbildes bei Alco eine der schwersten Mikado-Serien (Nrn. 332–336) mit folgenden Hauptdaten: Kesseldruck 14,06 atü; Zylinder 2(711×762 mm); Triebrad-$\varnothing$ 1600,2 mm; Rostfläche 6,53 m²; Heizfläche 351,4 m² inkl. Wassertaschen in Feuerbüchse und Verbrennungskammer; Überhitzer 90,3 m²; Maschinengewicht 150,6 t; Reibungsgewicht 113 t; Zugkraft 27,35 t + 5 t Booster; Adhäsionsfaktor 4,1; Tender 2×3achsig (Öl 15 160 l + 56 825 l Wasser); Walschaert-Steuerung. Abb. 214 zeigt Lok Nr. 335. – 1931 folgten Mallet-Loks (siehe 1931, S. 77, ‹WP›) mit gleichem Triebrad-$\varnothing$.

Am 7.7.1929 begann auf der Strecke New York–Los Angeles der kombinierte Luxusverkehr mit Flugzeug und Bahn. Die Reisedauer konnte damit von ca. 100 h auf 80 h vermindert werden. Nachts wurde mit Schlafwagen der ‹Pennsylvania› und ‹Santa Fé› gefahren und tagsüber wurden die eiligen Reisenden mit dem Ford-Trimotor-Hochdecker, Typen 5 TB und 6 AT mit 3×300 oder 3×410 PS-Motoren geflogen. Der Flugdienst stand unter der Leitung von Charles A. Lindbergh. Das Unternehmen, das unter dem Namen 'Transcontinental Air Transport' lief, wurde getragen durch die ‹Santa Fé›, ‹Pennsylvania› und 'Curtiss Aeroplane Comp.' Geflogen wurde von Columbus (Ohio) über St. Louis, Kansas City nach Waynoka (Okla.), dann wieder von Clovis (N. Mex.) nach Los Angeles. Siehe 1934, S. 82/3, ‹UP› und ‹CB&Q›-Rekordfahrten.

Die ‹Erie› liess 1929 11 Loks vom Typ 4–6–2, Class K5A, modernisieren, um die Unterhaltskosten zu reduzieren. Sie erhielten einen 2×3achsigen Tender (Original 2×2) und wurden auf der 730 Meilen langen Strecke Marion (Ohio)–Jersey City (N. J.) vor Expresszügen eingesetzt. In der Ebene sollen sie mit bis zu 14 Wagen 90 mph durchgehalten haben. Die Maschinen erhielten Booster (System Franklin), Baker-Steuerung, Boxpok-Triebräder, einteilige Gussrahmen mit Zylindern und Halter für die Kreuzkopfführungen. Die Kompressoren wurden vor der Rauchkammer montiert. Die Hauptdaten waren: Zugkraft 20,9 t + 5,5 t (Booster); Kesseldruck 14,8 atü; Zylinder 2(686×711 mm); Triebrad-$\varnothing$ 2007 mm; Rostfläche 6,6 m²; Heizfläche 346,3 m²; Überhitzer 122,2 m²; Maschinengewicht 150,5 t; Reibungsgewicht 93,12 t. – 1940 wurden 4–6–2-Loks nochmals modernisiert. Siehe 1940, S. 115, ‹Erie›.

Die ‹Monon› (‹CI&L›) erhielt 1929 von Alco ihre letzten Mikado-Güterzugsmaschinen, Class J4, Serie 570–579. Die Hauptdaten waren: Kesseldruck 15,47 atü; Zylinder 2(685,8×812,8 mm); Triebrad-∅ 1600,2 mm; Rostfläche 7,4 m²; Heizfläche 401,3 m²; Überhitzer 108,4 m²; Maschinengewicht 152 t; Reibungsgewicht 114,3 t; Zugkraft (65 %) 28,3 t; Walschaert-Steuerung; Tender 2×2achsig. Von diesen Maschinen wurden 5 im Jahre 1947 an die ‹Pittsburg & Shawmut›, eine Kohlenbahn nordöstlich Pittsburg, verkauft und standen dort noch jahrelang im harten Güterzugsdienst. Sie erhielten Booster und besassen dann 35,1 t Zugkraft. – Die ‹P&S› besass 1950 insgesamt 18 Güterzugsdampfloks; die ‹Monon› dagegen nur noch diesel-elektrische Maschinen (37 Güterzugsloks, 10 Personenzugsloks). Der Lokliste der ‹Monon› ist zu entnehmen, dass die Mikado-Serie aus dem Jahre 1929 ihre letzte Dampflok-Anschaffung war. Die Gesellschaft fiel Ende 1933 wieder in Konkurs. Erst im Mai 1946 konnte die vierte Sanierung abgeschlossen werden.

In Band 1, Seite 174, wurde auf die Notwendigkeit der Gruppenbildung hingewiesen. 1921 erschien der Ripley-Plan und 1929 der ICC-Plan mit den 21 Bahnsystemen. Grundsatz dieses Plans war: Gruppierung von Einzelgesellschaften mit gemeinsamen oder sehr ähnlichen Interessen. Als Beispiel für eine solche Gruppe sei System 8: ‹Atlantic Coast Line› erwähnt. Folgende 8 Bahngesellschaften bildeten das Gerüst: ‹Atlantic Coast Line›, ‹Louisville & Nashville›, ‹Nashville, Chattanooga & St. Louis›, ‹Clinchfield›, ‹Atlanta, Birminghame & Coast›, ‹Gulf, Mobile & Northern›, ‹New Orleans Great Northern›, ‹Chicago, Indianapolis & Louisville›. 49 kleinere Gesellschaften wurden diesem Gerüst angehängt.

Die ‹New York Central› nahm 1929/30 eine weitere von Alco gebaute Hudson-Serie, Class J1d, in Betrieb. Serie Nrn. 5260–5284. Class J1e, Serie 5285–5344 wurden 1931 ausgeliefert. Nr. 5300 zeigt Abb. 115. Sie zogen meist die Luxuszüge auf der Strecke Harmon (New York – Harmon fuhr bereits elektrisch) – Chicago. Die Hauptdaten waren: Kesseldruck 15,82 atü; Zylinder 2(635×711,2 mm); Triebrad-∅ 2006,6 mm; Zugkraft 18,5 t + 4,9 t (Booster); Maschinengewicht 160,3 t; Tender 2×3achsig. – Weitere Angaben über Vorläufer und Nachfolgemaschinen siehe 1927, S. 56, ‹NYC›, 1930, ‹Timken› und 1937, S. 70, ‹NYC› sowie 1938, S. 108, ‹NYC›.

Die ‹Pennsylvania› nahm 1929 das Nachfolgemuster der K4s, als Class K5 bezeichnet in Versuchsbetrieb. Es war ebenfalls eine Pacific, Nr. 5699, von Baldwin. Das Werk Altoona baute zur gleichen Zeit auch eine K5 (Nr. 5698). Die Daten dieser neuen Pacifics im Vergleich zur K4s zeigt folgende Tabelle (siehe Abb. 116):

	K-4 (siehe 1927 ‹Penn›)	K-5 (1929)
Kesseldruck	14,43 atü	17,58 atü
Zylinder	2(685,8×711,2 mm)	2(685,8×762 mm)
Triebrad-∅	2032 mm	2032 mm
Rostfläche	6,5 m²	6,5 m²
Heizfläche + Überhitzer	462,5 m²	549,7 m²
Maschinengewicht	140 t	144 t
Zugkraft	19,2 t	23,7 t

Hub und Heizflächen wurden wesentlich vergrössert. Auch der Kesseldruck wurde erhöht, doch blieb er leicht unterhalb den damaligen Möglichkeiten. Die technische Leitung der Gesellschaft blieb nur allzu gerne auf der sicheren Seite. Dies mag mit ein Grund gewesen sein, weshalb die K4-Pacific so lange kein Nachfolgemodell erhielt. Als man endlich 1929 erste Versuche mit der K5 einleitete, war es wieder eine 4–6–2-Maschine und zudem nicht die zur 4–6–4 verstärkte K4 mit all ihren Qualitäten, sondern etwas Neues, das nicht ganz den Erwartungen entsprach. Man hatte einsehen müssen, dass die nächste Stufe des 4–x–2-Achsbildes anzugehen war, vor allem um von der Doppeltraktion wegzukommen. Schon 1930 kam dann die Mountain der M1a-Class (eine M1 aus dem Jahre 1923, die "innerlich" etwas geändert wurde), die nicht mehr den Triebrad-∅ der K4-Maschinen besass (siehe Seite 15 in Band 1: Legende zur Farbtafel gegenüber Seite 160). Die Gesellschaft hatte merkwürdigerweise auch nie versucht, wie z.B. die ‹UP›, einen Schnelläufertyp der Mallet-Bauweise zu entwickeln (siehe 1936, S. 92). Ebenso fragt man sich: Warum sich die ‹Penn› nie für den ebenfalls 3 Triebachsen besitzenden Schnelläufer vom Hudson-Typ interessierte? Statt dessen wurden später Duplex-Maschinen entwickelt (siehe 1939, S. 112, ‹Penn›), die eher als Misserfolg zu deuten waren.

Im Jahre 1929 erhielt die ‹Chicago & North Western› von Baldwin schwere 4–8–4-Loks für den gemischten Dienst. Sie wurden als Class H bezeichnet und besassen die Nrn. 3001–3035. Die Hauptdaten waren: Kesseldruck 19,33 atü; Zylinder 2(685,8×812,8 mm); Triebrad-∅ 1930,4 mm; Rostfläche 9,3 m²; Heizfläche 584,3 m²; Überhitzer 219 m²; Maschinengewicht 226 t;

Reibungsgewicht 130,5 t; Zugkraft 31,4 t + 5,6 t Booster; Tender 2×3achsig (18 t Kohle + 68 t Wasser); Walschaert-Steuerung; 3 Wassertaschen (2 in der Feuerbüchse und 1 in der Verbrennungskammer). 1946 wurden die Maschinen modernisiert und generalüberholt, weil sie auf Grund des schweren Streckendienstes während der 17 Jahre etwas reparaturanfällig wurden. Sie erhielten einen neuen Rahmen, Boxpok-Räder, 2 Wassertaschen in der Verbrennungskammer. Neue Bezeichnung Class H1. Die Zugkraft blieb gleich, doch wurden die Dampfleitungen und Ventile vergrössert, wodurch die Leistung bei höheren Geschwindigkeiten merklich anwuchs. Der Aussenrahmen des Leitdrehgestells und die Walschaert-Steuerung (5 Maschinen sollen Baker-Steuerung erhalten haben) wurden beibehalten. – Die ‹C&NW› hatte für die schnellsten Züge nach wie vor ihre Pacifics eingesetzt (siehe 1935, ‹C&NW›), die dann nochmals modernisiert wurden. 1938 schaffte sich die Gesellschaft Hudsons mit 2134 mm Triebrad-∅ an (siehe 1938, S. 107, ‹Milwaukee› und ‹C&NW›).

Die ‹Great Northern› nahm 1929 eine erste Serie von 4–8–4-Loks für den schweren Schnellzugsdienst durch den Rocky- und Cascade-Mountain-Distrikt in Betrieb. Class S1, Nrn. 2550–2555 (siehe Abb. 117). Sie ersetzten die 4–8–2-Maschinen (1923) (siehe 1926, S. 49, ‹NP›), um die Fahrzeiten zu verkürzen; vor allem jene des «Empire Builder», der über die Rocky und Cascade Mountain-Districts fuhr, normalerweise 18 Wagen besass und 18‰ Steigungen zu bewältigen hatte. Der Cascade-Tunnel selbst wird elektrisch befahren (siehe 1889, ‹GN›). Für den Dienst in der Prairie wurde 1930 eine stärkere, zweite Serie 4–8–4-Loks, Class S2, Nrn. 2575–2588 (siehe Abb. 118) mit 27 t Zugkraft angeschafft. Auch die Strecke zwischen Spokane und Wenatchee (am Columbia River) erhielt derartige Maschinen zugeteilt. Die ‹NP› nahm schon 1927 ähnliche Maschinen in Betrieb. Die Hauptdaten der ‹GN›-Schnellzugsmaschinen Class S1 und S2 waren:

	Class S1 (1929)	Class S2 (1930)
Kesseldruck	17,58 atü	15,82 atü
Zylinder	2(711,2×762 mm)	2(736,6×736,6 mm)
Triebrad-∅*	1854,2 mm	2032 mm
Rostfläche	9,5 m²	9,07 m²
Heizfläche	502 m²	445 m²
Überhitzer	227 m²	210,5 m²
Zugkraft	29 t	25,5 t
Maschinengewicht	214,1 t	191 t
Reibungsgewicht	124,3 t	117 t

* Man vgl. die Gegengewichte und deren Stellung gegenüber den Kurbelzapfen (Winkeldifferenzen).

Zum Vergleich mit europäischen 2D2-Maschinen seien einige Daten einer UdSSR-Lok, Typ 4–8–4, aus dem Jahre 1950 (Gattung P 36, Hersteller Kolomna) aufgeführt: Kesseldruck 15 atü; Zylinder 2(575×800 mm); Triebrad-∅ 1850 mm (Boxpok-Räder); Rostfläche 6,75 m²; Heizfläche 243,2 m²; Überhitzer 131,7 m²; Maschinengewicht 135 t; Reibungsgewicht 74 t. In den Jahren 1954 bis 1956 wurden in Russland ungefähr 240 derartige Maschinen für eine Spurweite von 1524 mm gebaut. – Auch die ‹RENFE› baute 1956 4–8–4-Maschinen; sie besassen folgende Hauptdaten: Kesseldruck 16 atü; Zylinder 2(640×710 mm); Triebrad-∅ 1900 mm; Rostfläche 5,3 m²; Heizfläche 293,7 m²; Überhitzer 104,6 m²; Maschinengewicht 145,5 t; Reibungsgewicht 78,6 m². Spurweite 1674 mm.

Das Jahr 1929 war für die ‹Rock Island› eine Zeit wichtiger Inbetriebnahmen von Mountains und Northern. Die Ablieferung der grossen Northern-Serie zog sich bis ins Jahr 1930 hinein. Die Zunahme des Schnellzugs- und Eilgüterverkehrs machte diese Anschaffungen notwendig. Die Hauptlinien der Gesellschaft waren (siehe SN 13):

Chicago, Kansas City Santa Rosa (N. Mex.)	1168 Meilen
Davenport (Iowa), Des Moines, Colorado Springs, resp. Denver	979 Meilen
Herington (Kans.), Fort Worth, Dallas, Houston, Galveston	775 Meilen
Burlington (Iowa), Cedar Rapids, Minneapolis	366 Meilen
Memphis (Tenn.), Little Rock, Oklahoma City, Tucumcari	874 Meilen
St. Louis (Mo.), Kansas City (Mo.)	295 Meilen

Die Gesellschaft besass 1950 ein Streckennetz von etwa 7620 Meilen, wovon 463 Meilen über ‘trackage rights’. Sie bediente damit 14 Staaten. – Die 1929 angeschafften Mountains (Serie 4057–4061, Alco) waren die letzten dieses Achsbildes, das seit 1913 bei der Gesellschaft in mehreren Serien vertreten war. Anderseits waren die 1929 angeschafften "Northern" die ersten Maschinen dieses Achsbildes (Prototyp 5000, Alco; 5001–5024), 1930 folgte dann die Serie 5025–5064; ebenfalls von Alco. 1944 und 1946 wurden weitere Northern (5100–5109; 5110–5119) von Alco bezogen (siehe 1946, S. 135, ‹Rock Island›). Die Hauptdaten sind in der Tabelle auf der folgenden Seite oben zu finden. Die ‹Rock Island› hat in den Jahren 1940–1942 ihre Dampfloks modernisiert und für lange Durchläufe mit grösseren Tendern versehen. Die Antriebe wurden in Leichtbauweise gebaut und wälzgelagert. Speisewasservorwärmer und

		4–8–2 Alco 1913 Nrn. 4000–4001 (früher Nrn. 998–999)	4–8–2 Alco 1920 Nrn. 4002–4011	4–8–2 Alco 1929 Nrn. 4057–4061 Ablieferungszu- stand	4–8–2 Alco 1929 Nrn. 4057–4061 modernisiert 1940	4–8–4 Alco 1929 Nrn. 5001–5024 Nrn. 5025–5064 (1930)	4–8–4 Alco 1946 Nrn. 5110–5119
Kesseldruck	atü	13,01	14,06	14,06	15,47	17,58	18,98
Zylinder	mm	2(711,2×711,2)	2(711,2×711,2)	2(711,2×711,2)	2(660,4×711,2)	2(660,4×812,8)	2(660,4×812,8)
Triebrad-∅	mm	1752,6	1879,6	1879,6	1879,6	1752,6	1879,6
Rostfläche	m²	5,7	5,8	5,8	5,8	8,2	8,9
Heizfläche	m²	382,7	435,6	414	423,9	505,5 (!)	424,9
Überhitzer	m²	87,7	115,8	123,3	124,3	208,3 (!)	133,6
Maschinengewicht	t	151	167,5	171,6	171,7	198	215,5
Reibungsgewicht	t	101,5	114,6	116	117,6	121	127
Zugkraft	t	21,8	22,2	22,2	21,7	28,8	30,4
Tender				Kohle 16 t / Wasser 3785 l	Öl 18 940 l / Wasser 75 766 l	Kohle 20 t / Wasser 5678 l	Kohle 22,35 t/ Wasser 81 450 l

Rauchmesser wurden eingebaut. Abb. 119 zeigt 4–8–4-Lok Nr. 5027 im Ablieferungszustand. – Die ebenfalls bei Alco in den Jahren 1944 (Nrn. 5100–5109) und 1946 (Nrn. 5110–5119) angeschafften Folgeserien besassen die gleichen Zylinderabmessungen, einen etwas höheren Kesseldruck (18,98 atü) und grössere Triebräder (1879,6 mm ∅). Siehe 1946, S. 134/5, ‹CRI&P›.

Die ‹Rutland›, eine kleine, 1849 gegründete Class I-Gesellschaft (siehe Band 1, Seite 52) mit Strecken in den Staaten Vermont (siehe SN 14) und New York (407 Meilen) nahm 1929 von Alco grosse Pacific-Maschinen, Serie Nrn. 83–85, Class K2, in Dienst. Die Hauptdaten waren: Kesseldruck 15,11 atü; Zylinder 2(635×711,2 mm); Triebrad-∅ 1854,2 mm; Zugkraft 18,6 t. Abb. 120 zeigt Nr. 83. – 1925 wurden bereits 3 Pacific-Maschinen, Class K1 (ebenfalls von Alco) von der ‹Rutland› angeschafft. Die Hauptdaten waren: Kesseldruck 14,06 atü; Zylinder 2(635×711,2 mm); Triebrad-∅ 1752,6 mm; Zugkraft 19,5 t; Maschinengewicht 126 t; Tender 2×2achsig. – Bis 1925 fuhr die Gesellschaft nur mit Consolidations, Ten Wheelers und Mikes (USRA). 1945/46 erhielt sie von Alco noch 4 leistungsfähige Mountains mit Boxpok-Triebrädern (siehe Abb. 121), Serie 90–93, mit folgenden Hauptdaten: Kesseldruck 16,17 atü; Zylinder 2(660,4× 762 mm); Triebrad-∅ 1854,2 mm; Rostfläche 6,2 m²; Heizfläche 363 m²; Überhitzer 107,3 m²; Maschinengewicht 158 t; Reibungsgewicht 105 t; Zugkraft 23,8 t. Diese Loks gehörten zu den leichtesten Mountains, die in den USA gebaut wurden (siehe 1944, S. 129, ‹L&HR›; 1940, S. 115, ‹NYC›; 1939, S. 113, ‹MP›). Sie wurden vor allem im Eilgüterzugsdienst eingesetzt.

Die ‹Bessemer & Lake Erie› (Geschichte der Erzbahn ‹B&LE› siehe 1865, Band 1, Seite 69, ‹B&LE›) begann 1929 mit der Anschaffung von 2–10–4-Güter-zugsloks Class H1A, und zwar Nr. 601 als Prototyp und 1930 Serie 602–610, 1936 Serie 611–620, 1937: 621–630, 1940: 631–635, 1941: 636–637, 1943: 638–642 und 643–647. Der Hersteller war Baldwin und einige kamen von Alco (Nrn. 621–630). Die Hauptdaten der Maschine Nr. 601 (Prototyp) waren: Kesseldruck 17,58 atü; Kesseltyp Straight top; Zylinder 2(787,4×812,8 mm); Walschaert-Steuerung; Triebrad-∅ 1625,6 mm; Zugkraft (68,75% Füllung) 39,2 t + 5,3 t Booster; Maschinengewicht 228 t. Die anschliessenden Serien waren etwas schwerer, doch mit gleichen Zylinderabmessungen, Triebrad-∅ und Kesseldruck. Abb. 122 zeigt Lok Nr. 620 (1936). Zwei Maschinen zogen 100 beladene 4achsige Güterwagen (Totalgewicht 12 000 t), eine an der Spitze und die andere am Ende des Zuges. Tender 2×3achsig (23,6 t Kohle + 87 130 l Wasser). Die Maschinen besassen Tenderscheinwerfer und Bremserhäuschen auf dem Tender, wurden also in beiden Fahrtrichtungen eingesetzt. Die Hauptdaten der letzten Serien und zugleich stärksten Maschinen der Gesellschaft waren: Zugkraft 43,86 t + 6 t Booster; Rostfläche 9,89 m²; Heizfläche (inkl. 3 Syphons) 547,8 m²; Überhitzer 231 m²; Maschinengewicht 235,87 t; Reibungsgewicht 167,4 t. Zum Vergleich sei auf 2–10–4-Loks der ‹CGW› (1930, S. 74) und der ‹Penn› (1942, S. 124) verwiesen. Die 2–10–4-Loks der ‹B&LE› wurden im schweren und langsamen Güterverkehr eingesetzt. Das Hauptgeschäft der Gesellschaft war der Erztransport vom Lake Erie-Hafen zu den Hochöfen Pittsburgh's (‹Union RR›) und der Kohlentransport von

Tafel 4
2–8–8–4-Eilgüterzugslok der Serie 3800–3811 der ‹SP› mit Güterzug auf der Strecke Tucumcari–El Paso. Bild aus Sammlung Henzi. Tucumcari (N. Mex.) 4085 ft., El Paso (Tex.) 3800 ft.

Virginia und West Pennsylvania zur Verschiffung im Lake Erie-Hafen. Die Gesellschaft besass nur 3 Personenwagen! – Vorläufer dieser 2–10–4-Serie waren 2–10–2-Serien, Baujahr 1916–1919 (Nrn. 501–525). – Die ⟨C&O⟩ erhielt 1929 von Lima ebenfalls eine Serie 2–10–4-Loks, die aber stärker und schneller waren als die Texasmaschinen der ⟨B&LE⟩. Sie besass folgende Hauptdaten: Kesseldruck 18,28 atü; Zylinder 2(736,6×863,6 mm); Triebrad-∅ 1752,6 mm; Rostfläche 11,26 m²; Heizfläche 616,4 m²; Überhitzer 282 m²; Maschinengewicht 256,73; Reibungsgewicht 169,2 t; Zugkraft (85% Füllung) 41,5 t + 6,8 t (Booster).

⟨Boston & Maine⟩ besass keine Mikado-Güterzugsloks, dafür aber Consolidations und Santa Fé-Maschinen (siehe Abb. 214 in Band 1) mit 1549,4 mm Triebrad-∅. In den Jahren 1927–1929 zeigte es sich aber, dass schnellere Güterzugsmaschinen notwendig wurden, weil die schwerer gewordenen Züge als Eilgüterzüge zu befördern waren. Lima baute dafür 1928 eine erste Serie 2–8–4-Loks (Class T1a, Serie 4000–4019) und 1929 eine zweite Serie 2–8–4-Loks (Class T1b, Serie 4020–4024). Sie besassen einen Triebrad-∅ von 1600,2 mm und einen Booster. Die erste Serie war mit einem 2×2-achsigen und die zweite Serie mit einem 2×3achsigen Tender ausgerüstet. Markantes Merkmal: sie besassen einen Coffin-Speisewasservorwärmer vor der Rauchkammer. Die Hauptdaten dieser Loks waren: Kesseldruck 16,87 atü; Zylinder 2(711,2×762 mm); Rostfläche 9,3 m²; Heizfläche 476,3 m²; Überhitzer 196,5 m²; Zugkraft 30,3 t + 5,1 t (Booster); Maschinengewicht 178,1 t, zweite Serie 183 t; Reibungsgewicht 113,3 t, zweite Serie 116 t. Baker-Steuerung. – In den Jahren 1935–1941 erhielt dann die Gesellschaft auch starke Mountains, die mit 1854,2 mm Triebrad-∅ auch im Eilgüterzugsdienst eingesetzt werden konnten (siehe Abb. 154 und 155).

Am 4.11.1929 wurde in Detroit ein Komitee aus Ingenieuren organisiert, um das Problem der 199 Kreuzungen zwischen Gleis und Strasse zu studieren. Durch die starke Zunahme des Verkehrs, besonders auf der Strasse, musste eine Lösung in all diesen Fällen gefunden werden, um endlich die Bahnlinien kreuzungsfrei zu machen. Nach Abklärung, ob Strasse oder Bahn an den jeweiligen Orten tiefer zu legen sind, wurde mit der Sanierung begonnen.

1930

Nach dem grossen Börsenkrach im Oktober 1929 war es nicht verwunderlich, wenn 1930 die Zahl der Lokbestellungen in den USA stark zurückging (siehe Abb. 9). Es wurden nur 382 (andere Quellen 440) Bestellungen

erteilt. 1931 ging die Zahl noch weiter zurück bis auf 235 Stück. Erst 1936 zeigte sich wieder eine kurze Erholung, indem 435 Maschinen bestellt wurden. Als Ablieferungszahlen wurden für 1930 972 Stück und für 1931 181 Stück ermittelt. Insgesamt sollen damals in den USA 56 582 Loks im Dienst gestanden haben. Der Rückgang seit 1928 betrug damit rund 3000 Stück. Die Leistung pro Einheit hat dagegen merklich zugenommen (Rationalisierungseffekt).

Die Wälzlagerfabrik Timken baute 1930 mit Alco eine Vorführlok (Abb. 123 und 124), Typ 4–8–4, mit Nr. 1111 (Beschreibung siehe Rw. Engineer, June 1931). Es soll die erste Dampflok mit Wälzlagerausrüstung an allen Trieb- und Laufachsen gewesen sein. Sie wurde nach einer Fahrt zur Propagierung der Wälzlagerausrüstung bei verschiedenen Gesellschaften (entsprechend günstig gewähltes Lichtraumprofil) im Januar 1933 von der ⟨Northern Pacific⟩ erworben und diente auf der Cascade-Bergstrecke (Washington) zur Beförderung des meist schweren «North Coast Limited» (siehe 1890, Band 1, Seite 119 ⟨NP⟩). Sie erhielt die Nr. 2626, Class A1. – Die ⟨NP⟩ besass bereits seit 1927 ein Dutzend 4–8–4-Loks von Alco, Nrn. 2600–2611. 1934–1942 wurden bei Baldwin weitere Serien dieses Typs angeschafft. Diese besassen Boxpok-Räder ('box section spokes'), die sich besser auswuchten liessen. Abb. 185 zeigt Nr. 2667, Class A3, von Baldwin 1937, ölgefeuert. – Die Hauptdaten der Timken-Maschine waren: Kesseldruck 17,58 atü; Zylinder 2(685,8× 762 mm); Triebrad-∅ 1854,2 mm; Maschinengewicht 189,5 t; Zugkraft 27,5 t; Tender 2×3achsig. – Am 15.3.1943 hatte die Maschine die erste Million km zurückgelegt, d.h. sie fuhr pro Monat durchschnittlich 12 987 Meilen. Im Oktober 1934 kam die Maschine ins South Tacoma-Werk zur Revision. In der Reklame der Firma Timken wurde vor allem gerühmt: vollständige Freiheit von Heissläufern (siehe 1940, S. 116, ⟨NYC⟩-Lagertest), Einsparung von Kohle und Wasser bis 12%, reduzierter Unterhalt und grössere Verfügbarkeit bei längeren Durchläufen. – Weitere Versuche mit Wälzlagerausrüstung siehe 1931, ⟨NYC⟩.

Die 'American Rw. Association, Mechanical Division' hat den 'E-Coupler' (Zentralpufferkupplung) als Ersatz für den 'D-Coupler' im September 1930 akzeptiert. Er wurde ab 1. März 1932 zum 'standard ARA type Coupler' erklärt.

Die ⟨Chicago, St. Paul, Minneapolis & Omaha⟩, deren Aktien sich zu über 90% im Besitz der ⟨Chicago & North Western⟩ befinden (siehe SN 12), bezog 1930 bei Alco eine letzte Serie von Pacifics, Nrn. 600–602. Sie wurden damals als weltschwerste Maschinen dieses

Achsbildes gefeiert. Ihre Vorgänger hatten denselben Triebrad-$\emptyset$, gleichen Zylinder-$\emptyset$ und Hub, die übrigen Datenwerte waren jedoch etwas grösser. Die Hauptdaten der Serie 600 lauteten wie folgt: Kesseldruck 18,28 atü; Triebrad-$\emptyset$ 1955,8 mm; Zylinder 2(635×711,2 mm); Rostfläche 6,53 m²; Heizfläche 399 m²; Überhitzer 187,5 m²; Maschinengewicht 157,3 t; Reibungsgewicht 95 t; Zugkraft 22,3 t + 5,7 t Booster; Tender 2×3achsig. Baker-Steuerung. – Ein Vergleich mit den Hudson-Maschinen der ‹Lackawanna› aus dem Jahre 1937 zeigt bei der Pacific in den wichtigsten Daten respektable Werte. Selbst die Rostfläche der Pacifics war nur 1 m² kleiner als bei der 4–6–4 der ‹Lackawanna›.

Die ‹Missouri Pacific› verwirklichte um 1930 auf ihren Hauptlinien ein Modernisierungsprogramm; 1507 Meilen wurden mit automatischem Streckenblock versehen und zahlreiche Strecken auf Doppelspur ausgebaut. Die Gesellschaft erhielt 1930 eine Serie starker Güterzugsloks von Lima (Nrn. 1901–1925), die auf den Hauptstrecken des Güterverkehrs die Mikados ablösten. Diese 2–8–4-Loks beförderten schwere Güterzüge ohne Maschinenwechsel zwischen 191 Meilen (McGehee, Ark.–Alexandria, La.) und 485 Meilen (St. Louis–Wichita, Kan.). Sie besassen folgende Hauptdaten: Kesseldruck 16,87 atü; Triebrad-$\emptyset$ 1600,2 mm; Zylinder 2(711,2×762 mm); Rostfläche 8,2 m²; Heizfläche 502,4 m²; Überhitzer 216,9 m²; Zugkraft 30,3 t (bei 60% Füllung); Maschinengewicht 187 t. Die Maschinen wurden 1939 von der Gesellschaft zu 4–8–4-Loks umgebaut (siehe 1939, S. 113, ‹MP›). – Schon 1928 wurde eine 2–8–4-Serie von ‹IGN›, die der ‹MP› eingegliedert wurde, bezogen.

Die ‹Burlington› (‹CB&Q›) nahm 1930 von Baldwin 12 schwere und leistungsfähige 4–6–4-Schnellzugsmaschinen (Class S4, Serie 3000–3011) für ihre Hauptstrecken (siehe SN 9) in Betrieb. Abb. 126 zeigt Lok Nr. 3000. Die Hauptdaten waren: Kesseldruck 17,58 atü; Zylinder 2(635×711,2 mm); Heizfläche 394 m²; Überhitzer 169,6 m²; Maschinengewicht 177,5 t; Reibungsgewicht 94 t; Triebrad-$\emptyset$ 1981,2 mm; Rostfläche 8,1 m²; Zugkraft 21 t + 5,2 t (Booster); Tender 2×3achsig (24 t Kohle / 56 700 l Wasser). – 1935 baute das eigene Werk noch Lok Nr. 3012 mit gleichen Daten. Der Kessel hiezu wurde von Baldwin geliefert. Die Gesellschaft besass seit 1922 auch Mountains. Die 4–6–4-Maschinen waren aber mit gleich schweren Zügen schneller als die 4–8–2-Loks (Class B1, 1922 und B1A, 1925), die kleinere Rost- und Überhitzerflächen, sowie kleineren Kesseldruck und Triebrad-$\emptyset$ besassen. – Die ebenfalls 1930 angeschafften 4–8–4 (Northern)

waren für den schweren Eilgüterzugsdienst vorgesehen (Class O5, Nrn. 5600–5607). Abb. 188 zeigt Lok Nr. 5601. Die von Baldwin gelieferten Northern (kohlengefeuert) besassen folgende Hauptdaten: Kesseltyp Conical; Kesseldruck 17,58 atü; Zylinder 2(711,2× 762 mm); Triebrad-$\emptyset$ 1879,6 mm; Baker-Steuerung; Rostfläche 9,9 m²; Heizfläche 495,4 m²; Überhitzer 223,3 m²; Maschinengewicht 206 t; Reibungsgewicht 123 t; Zugkraft 29,4 t; 2 Kreuzverbund-Druckluftpumpen (8½″); Tender 2×3achsig. Für Datenvergleiche siehe Tabelle 1932, S. 80, ‹Lackawanna›, 1935, S. 90, ‹C&O› und 1938, S.110, ‹Rio Grande›. – 1937/38 wurden im eigenen Werk 18 weitere Northern gebaut.

Bei der Entwicklung des Traktionsdieselmotors hat auch die amerikanische Tochtergesellschaft 'Busch-Sulzer Bros.-Diesel Engine Company' des Winterthurer Unternehmens Gebr. Sulzer aktiv mitgemacht. So wurde berichtet, dass im Jahre 1930 über eine Viertelmillion Dollar für die Entwicklung von Traktionsdieselmotoren (8 Zylinder, V-Zweitaktmotor) ausgegeben wurde. Es war beabsichtigt, sowohl 2- als auch 4-Takter für den Lokbau bereitzustellen. Man glaubte damals, dass man nie >3500 HP-Motoren im Lokbau benötigen werde, und zwar bei 85% aller Diesel-Loks. Hauptanliegen war damals, das Gewicht und die Abmessungen der Motoren bei gleichzeitiger Leistungssteigerung zu reduzieren. – Die 'Westinghouse Electric & Manufacturing Comp.' offerierte damals bereits Dieseleinheiten mit 2×800 HP (12 Zylinder, Viertaktmotoren). – 1934 beschrieb Busch-Sulzer einen V-8-Dieselmotor mit 1600 HP bei 550 U./min, der sich ins Wagenprofil mit beidseitigem schmalen Zirkulationsgang unterbringen liess. Man wollte daraus einen V-16-Diesel mit 3500 HP entwickeln (600 U./min).

Die ‹New York Central› übernahm 1930 auf 99 Jahre die Benützungsrechte der beiden Gesellschaften ‹Michigan Central› (siehe Band 1, Seite 45) und ‹Cleveland, Cincinnati & St. Louis› (‹Big Four›). Mehrheitsaktienbesitz besass die ‹NYC› auch bei der ‹Pittsburgh & Lake Erie› (siehe 1916, ‹P&LE›) und der ‹Chicago River & Indiana›. Letztere besass wiederum Rechte bei der ‹Chicago Junction Rw.›.

Bei der ‹Wabash› (siehe 1838, ‹WSt.L&P›), wurde 1930 eine interessante Vergrösserung der Traktionsleistung durchgeführt. Anfangs 1930 erhielt die Gesellschaft von Baldwin 25 Eilgüterloks (Class M1, Nrn. 2800–2824) vom Typ 4–8–2 (Mountain). Im Oktober des gleichen Jahres erhielt die Gesellschaft ebenfalls von Baldwin 25 Loks (Class O1) für ähnlichen Dienst, aber mit dem Achsbild 4–8–4, Abb. 4 und 127, Nrn. 2900–2924 (letzte Exemplare 1931 abgeliefert).

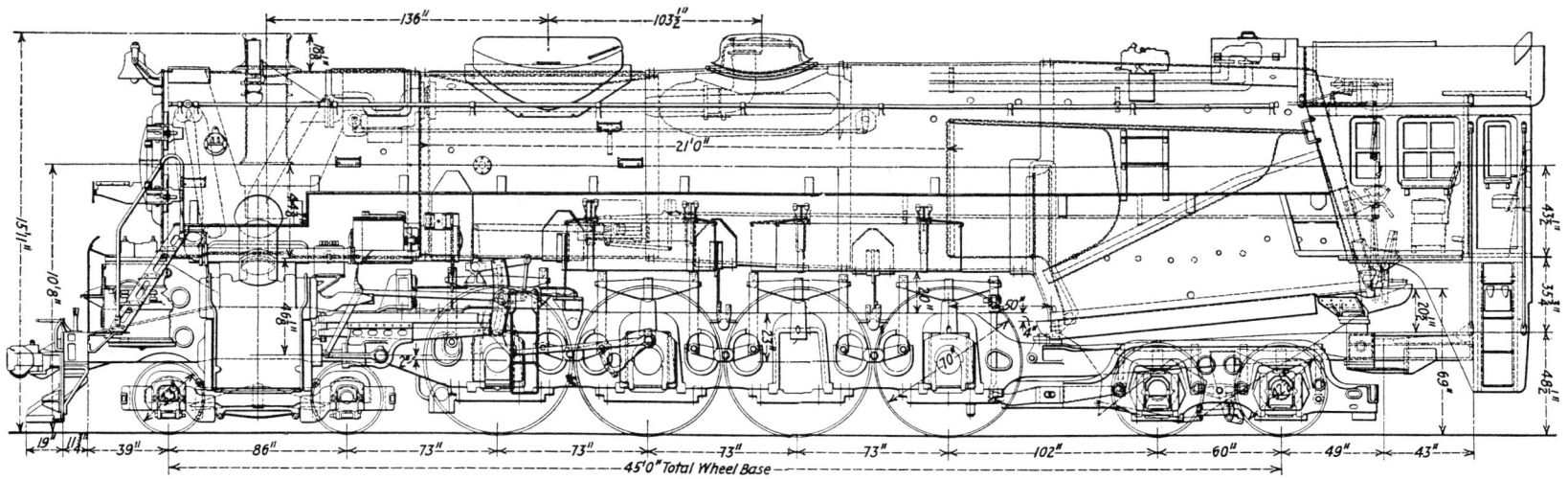

4 4–8–4-Eilgüterzugslok, Serie 2900–2924 der ‹Wabash›.
Triebrad-∅ 1778 mm. Baldwin Oktober 1930. Mit
Verbrennungskammer und 2 Wassertaschen in der Feuerbüchse.
Rostfläche 8,94 m². Aussengelagerte Laufachsen im vorderen
Drehgestell. Siehe Abb. 127.

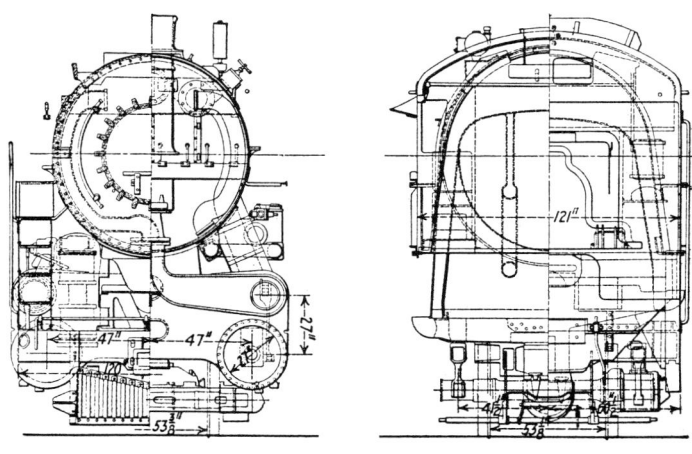

Die zusätzliche Laufachse unter der Feuerbüchse erlaubte folgende Vergrösserungen bei sonst gleichen
Verhältnissen:
1½% grösseres Adhäsionsgewicht
12 % grösseres Gewicht (Lok)
 6 % grössere Zugkraft
14 % grössere Rostfläche (Achsdruck der hinteren
        Achse[n] 4–8–2: 28 t, 4–8–4: 22 t)
12 % grössere Verdampfungsfläche
18 % grössere Überhitzer
Die 4–8–4-Maschinen waren in gewissem Sinne Universalmaschinen, konnten jedoch nicht für die schnellsten Expresszüge eingesetzt werden, da sie einen zu
kleinen Triebrad-∅ hatten. Ein interessantes Merkmal
dieser Maschinen war das Leitdrehgestell mit Aussen-

rahmen (Laufrad-∅ 838,2 mm). Die Hauptdaten der
Loks waren:

	4–8–2 (M 1)	4–8–4 (O 1)
Kesseldruck	17,22 atü	17,58 atü
Zylinder	2(685,8×812,8 mm)	dto.
Triebrad-∅	1778 mm	dto.
Rostfläche	7,8 m²	8,94 m²
Heizfläche	430 m²	482 m² (475,9 m² ?)
Überhitzer	188 m²	219,2 m²
Zugkraft	29 t	30,7 t (32,1 t ?)
Maschinengewicht	184,1 t	206 t
Reibungsgewicht	128,8 t	124,3 t

Die ‹Southern Pacific› erhielt 1930 von Baldwin 10
Einheiten von 4–8–4-Schnellzugsloks, Serie Nrn. 4400–
4409. Später wurden sie auf den Strecken der ‹Texas &
New Orleans› (‹Atlantic System›) eingesetzt [neue Nrn.
700–703 und 704–707], Class GS1, mit Ölfeuerung
(Vanderbilt-Tender) und Booster. Die Hauptdaten waren: Kesseldruck 17,58 atü (am Weihnachtstag 1931 explodierte der Kessel von Lok Nr. 4402); Zylinder
2(685,8×762 mm); Triebrad-∅ 1866,9 mm (zu klein
für den Expressdienst); Rostfläche 8,4 m²; Heizfläche
451 m²; Überhitzer 238 m²; Reibungsgewicht 118 t;
Maschinengewicht 200 t; Zugkraft 27,5 t; Tender 2×3-
achsig. Es handelte sich um die Vorläufer der späteren
Serien Class GS2 von Lima (siehe 1936, S. 93, ‹SP›);
die ab 1936 mit Stromlinienverkleidung versehen wurden (siehe Abb. 215); ab 1937 mit 2032 mm Triebrad-
∅. – Trotz Rezession wurden 1930 Bestellungen für
4–8–4-Maschinen erteilt, was in der USA-Lokliteratur
gelegentlich bestritten wird.
Die ‹Maine Central› nahm im Juni 1930 ihre letzten

Dreikuppler mit Booster von Baldwin in Betrieb. Es waren 4–6–4-Schnellzugsmaschinen für grosse Hauptstrecken (z. B. Portland–Vanceboro, 249 Meilen), Serie Nrn. 701–702. Sie waren nicht mit Stromlinienverkleidung versehen, hatten aber eine bombierte Rauchkammertür. Die Hauptdaten waren: Kesseltyp Wagon top; Kesseldruck 16,87 atü; 2 Wassertaschen; Zylinder 2(584,2×711,2 mm); Triebrad-∅ 1854,2 mm; Baker-Steuerung; Rostfläche 5,6 m²; Heizfläche 355 m²; Überhitzer 164,5 m²; Maschinengewicht 141,5 t; Reibungsgewicht 78 t; Zugkraft 18 t + 5,5 t Booster; kleiner Tender 2×2achsig (Kohle 14 t + Wasser 37 850 l).

Die ‹B&O› nahm 1930/31 4 kohlenbeheizte Testloks in Betrieb. Zwei waren vom Typ 4–8–2 (Nrn. 5550 und 5551) für den schweren Schnellzugsdienst (z. B. vor dem «Capitol Ltd.») und die beiden andern vom Typ 2–6–6–2 (Nrn. 7400 und 7401) für den schnellen Güterzugsdienst (Triebrad-∅ 1778 mm). Jeweils eine der Maschinen besass eine konventionelle Feuerbüchse (Stehbolzenbauart), resp. eine Wasserrohr-Feuerbüchse nach Emerson. Eine weitere Anwendung der Emerson-Feuerbüchse hat ‹B&O› im Jahre 1937 vorgenommen (siehe 1937, S. 100, Emerson-Maschine). Die Mountain von Baldwin (Nr. 5550) besass folgende Daten: Kesseldruck 17,58 atü; Zylinder 2(698,5× 762 mm); Triebrad-∅ 1879,6 mm; Rostfläche 8,6 m²; Speisewasser-Dampfstrahlpumpe; Heizfläche 511,5 m²; Überhitzer 227,7 m²; Maschinengewicht 174,6 t; Reibungsgewicht 118 t; Zugkraft 28,4 t; Walschaert-Steuerung; Verbrennungskammer; 2 Wassertaschen; Kesseltyp Straight top; Tender 2×2achsig, Typ Vanderbilt, 20 t Kohle + 68 135 l Wasser. Abb. 129 zeigt Lok Nr. 5550; es hätte aus der Maschine bereits eine 4–8–4-Lok gemacht werden können. Der Achsdruck auf den Triebachsen betrug 29,9 t und auf der Schleppachse 27,5 t. – Die Lok Nr. 5510 (gemäss Foto, nicht Nr. 5551 wie vor dem Bau angegeben) besass den Emerson-Feuerraum; sie wurde im eigenen Werk gebaut. Bei den Hauptdaten änderten bei der Emerson-Maschine nur die Heizflächen: Lok Nr. 5510 besass 501,9 m² Heizfläche und 124,7 m² Überhitzerfläche. Beide Mountains hatten um Gewicht zu sparen einen Kessel aus mit Nickel legierten dünneren Blechen, hohl gebohrte Kurbelzapfen und Achsen. Baldwin lieferte auch die 2 Versuchs-Mallet-Maschinen Nrn. 7400 und 7450, Class KK1, Typ 2–6–6–2 mit 1778 mm Triebrad-∅ für den schweren Eilgüterzugsdienst. Die Emerson-Maschinen besassen ein besonderes Aussehen wegen des Straight top-Kessels mit der langen Wasserrohrfeuerbüchse (siehe Abb. 130). Es sollen dies die ersten grossrädrigen Mallet-Maschinen in den USA seit den Versuchsmaschinen der ‹Santa Fé› aus dem Jahre 1909 gewesen sein (siehe Abb. 143 in Band 1 und Abb. 130 in Band 2). – Eine weitere grossrädrige Mallet-Maschine zeigt Abb. 199, der Challenger-Typ der ‹D&H›. – Die Hauptdaten der ‹B&O›-Mallet-Maschinen waren: Zylinder 4(584,2×762 mm); Kesseldruck bei allen 4 Maschinen 17,58 atü; Rostfläche bei allen 4 Maschinen 8,6 m²; Heizfläche 601,2 m², resp. 618 m² (Emerson); Überhitzer 154,7 m², resp. 269,4 m² (normal); Zugkraft 39 t; Maschinengewicht 211 t; Reibungsgewicht 168 t; Tender 2×2achsig, Typ leichter Vanderbilt. Die Testfahrten ergaben zwar hohe Geschwindigkeiten (60 mph) mit schweren Zügen, doch soll nach A. W. Bruce (S. 318) die Fahrstabilität des vorderen Antriebsgestells ungenügend gewesen sein. Der normale Achsdruck (∼ 28 t) erlaubte den Einsatz auf allen Strecken. – 1934 wurde die Nr. 7400 in eine 4–4–6–2 für den Schnellzugsverkehr umgebaut. Offenbar wurden aber auch so die Erwartungen nicht ganz erfüllt, denn die Maschine wurde wieder zur 2–6–6–2 zurückgebaut. – Ältere Loks vom 2–6–6–2-Typ standen bei der ‹W&LE› im Dienst (1917 und 1919). Es waren noch Compound-Maschinen (weitere Angaben siehe Seite 169 und Abb. 194 in Band 1). Eine der grössten Anwender des 2–6–6–2-Achsbildes war die ‹Milwaukee›. Sie begann schon 1908 mit der Beschaffung dieser Gebirgsgüterzugsmaschinen für die Cascade Mountains-Strecke, noch bevor der Snoqualmie-Tunnel gebaut war. Das Lokverzeichnis vom Oktober 1932 führt noch 23 Compound-Maschinen und 15 mit Einfachdehnung auf. Es sei in diesem Zusammenhang auch an die USRA–2–6–6–2-Mallet-Maschinen erinnert, die 1919 zur Verteilung an einige Gesellschaften gelangten (siehe Band 1, Seite 172 und Abb. 204). Einen historisch markanten Auftrag auf 2–6–6–2-Mallet-Maschinen erteilte die ‹Chesapeake & Ohio› (siehe 1949, S. 140, ‹C&O›).

Die Erfahrungen der ‹Santa Fé› in der Behandlung von Bauholz für den Bockbrückenbau (Holzstege) gehen bis auf das Jahr 1875 zurück. Das Holz blieb bei den Bahnen nach wie vor sehr gefragt, was z.B. das 1930 gebaute Werk für Holzkonservierung in Wellington (Kan.) beweist. In Somerville, Albuquerque und National City arbeiteten weitere 3 Werke auf diesem Sektor für die ‹Santa Fé›. Zur Behandlung wurden Kreosot und Asphaltöle verwendet. Was in Europa mit leichteren Zügen und kleineren Achsdrücken nicht mehr zulässig war, wurde in den USA immer noch praktiziert. Die auf Holzpfählen errichteten Fahrbahnen dienten nicht nur auf Nebenstrecken. – Beim Einrammen der Pfähle wurde eine Stahlkappe auf das

Rundholz gestülpt, damit sich die Randpartie des Stammes nicht von der Herzpartie abscheren konnte.

Die ‹Chicago Great Western› (siehe Band 1, Seite 59/60) schaffte sich in den Jahren 1930/31 als Ersatz für ihre alten 2–8–2- und 2–10–2-Maschinen 3 Serien kohlegefeuerte 2–10–4-Güterzugsloks an (andere Quellen verlegen die Ablieferung der ersten Serie bereits ins Jahr 1929). Die Hauptdaten der drei Serien T1, -2 und -3 (Nrn. 850–864, 865–879, 880–885) waren: Kesseldruck 17,93 atü; Kesseltyp: Conical; Zylinder 2(736,6×812,8 mm); Baker-Steuerung; Triebrad-∅ 1600,2 mm; Rostfläche 9,3 m²; Heizfläche 441,6 m²; Verbrennungskammer und 2 Wassertaschen; Überhitzer 122,5 m²; Zugkraft 35,7 t + 6 t (Booster); Maschinengewicht ~ 210 t; Reibungsgewicht 138 t; 2 Sanddome; Tender 2×3achsig meist mit Bremserhäuschen. Lieferant der ersten und dritten Serie war Lima, die zweite Serie kam von Baldwin. – Abb. 131a zeigt Lok Nr. 854 der ersten Serie. Abb. 131b zeigt die Zweiseitenansicht der Lok Nr. 876 aus der zweiten Serie. Zum Vergleich sei auf die Maschinen der ‹T&P› aus dem Jahre 1927 S. 53, verwiesen, die grössere Heiz- und Überhitzerflächen besassen.

Die ‹Atchison, Topeka & Santa Fé› erhielt von Baldwin 1930 den Prototyp Nr. 5000 zur späteren Serie der 2–10–4-Loks (Texas). Die Hauptdaten dieser leistungsfähigen und schnellen (55 mph) Güterzugslok waren: Kesseldruck 21,09 atü (!); Zylinder 2(762×863,6 mm); Triebrad-∅ 1752,6 mm (!); Rostfläche 11,2 m²; Heizfläche 567,2 m²; Überhitzer 245,5 m²; Maschinengewicht 227,5 t; Zugkraft 39,5 t. Diese Maschine war wesentlich stärker als die 2–10–2-Typen der Jahre 1919 bis 1927 (siehe Band 1, Seite 173, ‹Santa Fé›). Bei Testfahrten auf einer Strecke von 240 Meilen benötigte ein Güterzug von 4878 t 4 h und 59 min. – Eigentlich besass die Gesellschaft bereits eine 2–10–4-Maschine durch den Umbau einer 2–10–2-Lok, Nr. 3829 (Baujahr 1919). – Die Serie Nr. 5001–5010 wurde erst 1937/38 von Bald-

win geliefert. Abb. 132 zeigt Lok Nr. 5010; die Loks dieser Serie, welche zu den stärksten 2–10–4-Loks gehörten, besassen folgende Hauptdaten: Kesseldruck 21,8 atü (!); Zylinder 2(762×863,6 mm); Triebrad-∅ 1879,6 mm (grösster Rad-∅, der je bei 2–10–4-Loks angewendet wurde; man beachte auch die Anordnung der Gegengewichte bei den Triebrädern); Rostfläche 11,2 m² (3 Wassertaschen); Heizfläche 564 m²; Überhitzer 248 m²; Maschinengewicht 247,3 t; Reibungsgewicht 168,6 t; Zugkraft 40,5 t (andere Quellen; 42,2 t); Tender 2×3achsig für 27 t Kohle + 75 700 l Wasser. Die ersten 5 Loks waren kohlegefeuert, die Nrn. 5006–5010 waren ölgeheizt. Einsatzstrecken: New Mexico und 'Pecos Division' ('Western Lines'), 'Arizona Division' ('Coast Lines') und 'Southern Division' ('Gulf Lines'). SN2 zeigt die erwähnten Streckenabschnitte. – 1944 wurden nochmals 25 ölgefeuerte 2–10–4-Loks, Serie Nr. 5011–5035, von Baldwin geliefert. Sie besassen Walschaert-Steuerung und einen 2×4achsigen Tender; Länge der Lok + Tender = 36963,6 mm. Die Tender konnten mit ihren 8 Achsen bei normalem Achsdruck grosse Mengen Wasser und Brennstoff mitführen. Die 4achsigen Drehgestelle wurden von 'Buckeye Steel Castings Comp.' hergestellt. Die Texas-Maschinen hatten bei der ‹Santa Fé› ähnliche Einsätze wie die Mallets bei andern Gesellschaften. Die ‹AT&SF› besass ausser einer alten Serie (3300–3323) 2–6–6–2-Mallets aus dem Jahre 1911 keine Mallet-Maschinen für den Güterverkehr. Die 2–10–4-Loks hatten einen konstruktiv interessanten, 39,5 t schweren Stahlgussrahmen mit angegossenen Zylindern. Die Länge des Gussstückes betrug 18,514 m. Es war eine giessereitechnische Spitzenleistung. – Texas-Maschinen der ‹Penn› siehe 1942, S. 123, ‹Penn›. Interessant im Vergleich sind auch die 2–10–4-Loks der ‹B&LE› (siehe 1929, S. 68, ‹B&LE›). – Die folgende Tabelle zeigt die Entwicklung der 10-Kuppler bei der ‹Santa Fé› von 1902–1930 (siehe Band 1, Abb. 125 und 205):

Baujahr	Achsbild	Zylinder mm	Triebrad-∅ mm	Kesseldruck atü	Rostfläche m²	Heizfläche m²	Überhitzer m²	Reibungsgewicht t	Maschinengewicht t	Zugkraft t
1902	2–10–0	482,6×812,8 812,8×812,8	1447,8	14,08	5,4	500,7	–	107,8	121,5	24,4
1903	2–10–2	482,6×812,8 812,8×812,8	1447,8	15,82	5,4	447,5	–	106,1	130	25,5
1912	2–10–2	711,2×812,8	1447,8	11,95	5,4	407,9	84,5	112,9	134,3	27,7
1919	2–10–2	762×812,8	1600,2	13,71	8,2	496,4	120,6	140,3	180,1	33
1923	2–10–2	762×812,8	1600,2	14,76	8,2	494,8	120,6	142,8	184	35,5
1926	2–10–2	762×812,8	1600,2	15,47	8,2	472,5	130,6	143,5	182,4	37,1
1930	2–10–4	762×863,6	1752,6	21,09	11,2	567,5	254,5	158,1	227,5	39,5
1938	2–10–4	762×863,6	1879,6	21,8	11,2	564	248	168,6	247,3	40,5

Die Lima lieferte Ende 1930 an die ‹Chesapeake & Ohio› 2–10–4-Loks (Nrn. 3000–3039) für den schweren Güterverkehr zwischen Russell (Ky.) und Toledo (Ohio), 237 Meilen. Abb. 133 zeigt Lok Nr. 3004. Es war dies eine Weiterentwicklung der ersten 2–10–4-Loks (siehe 1925, S. 43, ‹T&P›). Die Daten dieser besonders schweren 2–10–4-Maschinen waren: Kesseltyp: Conical; Feuerbüchse mit Verbrennungskammer und 3 Wassertaschen; Kesseldruck 18,3 atü; Zylinder 2(737×863,5 mm); Baker-Steuerung; Triebrad-∅ 1753 mm; Zugkraft 33,8 t, mit Booster 47,6 t; Maschinengewicht 256,8 t; Reibungsgewicht 169,1 t; Rostfläche 11,26 m² (!); Heizfläche 616,4 m²; Überhitzer 281 m²; Tender 2×3achsig. Diese Einrahmenmaschinen, welche 12 250 t schwere Züge nach Toledo fuhren, besassen beinahe das gleiche Maschinengewicht wie die Challenger der ‹UP› (siehe 1936, S. 92, ‹UP›), ein Beweis, dass auch in Einrahmenmaschinen grosse Gewichte untergebracht werden konnten. Noch schwerere 2–10–4-Loks erhielt die ‹Penn› 1942 (siehe S. 123), die jedoch etwas kleinere Heiz- und Überhitzerflächen aufwiesen. Da die ‹C&O› über grosse Serien von Mallets verfügte, kann man nicht behaupten, die Texas-Maschinen hätten einen Mallet-Ersatz dargestellt. ‹C&O›-Maschinen wurden 1956 von der ‹Penn› geleast (siehe 1942, S. 124, ‹Penn›).

Die ‹Durham & Southern›, eine kleine Gesellschaft in North Carolina mit 59 Meilen Streckenlänge zwischen Durham und Duna, besass mehrere Schienenverbindungen mit grossen Gesellschaften (‹SAL›, ‹Southern›, ‹N&W›, ‹NS› und ‹ACL›); sie besorgte darum den Übernahmeverkehr (siehe SN 41 und SN 47). 1930 erhielt die Gesellschaft von Baldwin 2 besonders leichte Decapods (2–10–0) mit den Nrn. 200–201. Eine dritte Lok (Nr. 202) wurde erst 1933 geliefert. Die Hauptdaten dieser schlanken Maschinen mit hochgelagertem Kessel sind in Kolonne 1 der beigefügten Tabelle aufgeführt. Diese 3 Maschinen gehören mit

den ebenfalls leichten 2–10–0 der ‹SAL› (siehe Kolonne 2) zu den letzten Decapods, die in den USA für den Inlandbedarf gebaut wurden. Ihre Leistung war wesentlich kleiner als die der als leichteste Maschinen dieses Achsbildes nach 1920 bezeichneten Decapods der ‹Kansas City, Mexico & Orient› aus dem Jahre 1925 (siehe Kolonne 4). Von diesen ebenfalls von Baldwin gebauten ‹KCM&O›-Loks mit den Nrn. 801–805 (später Nrn. 2565–2569) zeigt Abb. 134 Lok Nr. 804. – Weitere leichte Decapods besassen die ‹Osage Rw.› und die ‹GM&N› (siehe 1925, S. 45, ‹Osage Rw.› und 1921–1923, ‹GM&N›). Deren Daten sind in Kolonne 3 und 5 der Tabelle aufgeführt. Zum Vergleich zu den leichten Decapods sind in Kolonne 6 die Daten der deutschen 1 E, Baureihe 52, mit rahmenlosem Tender aus dem Jahre 1942 (siehe Abb. 135) angeführt. Die Daten der Baureihe 44 waren teilweise grösser (Drillingsmaschinen). Die aus Baureihe 52 und 44 kombinierte "schwere Kriegslok" Deutschlands, erstes Baujahr 1943, besass folgende für europäische Verhältnisse grosse Dimensionen: Kesseldruck 16 atü; Zylinder 2(630×660 mm); Triebrad-∅ 1400 mm; Rostfläche 4,7 m²; Heizfläche 199,5 m²; Überhitzer 75,7 m²; Zugkraft 24 t. – Weitere Vergleiche siehe Band 1, Seite 170, 'USRA-Maschinen' und Seite 172, ‹Pennsylvania›; sowie 1927, S. 58, ‹L&NE› sowie S. 60, ‹WM› (beide mit schweren Decapods).

1930 nahm die ‹Frisco› ihre stärksten und letzten Mikados von Baldwin in Betrieb; Serie Nrn. 4200–4219. Die Hauptdaten waren: Kesseldruck 16,17 atü; Zylinder 2(685,8×812,8 mm); Triebrad-∅ 1600,2 mm; Rostfläche 7,4 m²; Heizfläche 416,3 m²; Überhitzer 178,7 m²; Zugkraft 29 t; Maschinengewicht 172 t; Reibungsgewicht 124,5 t; Feuerbüchse mit 2 Wassertaschen; Booster mit ca. 5,3 Zugkraft. – Die ‹Frisco› bezog schon seit 1922 Mikados bei Baldwin (Serien Nrn. 4100–4164), nachdem sie vorher bereits solche bei der ‹Penn› gekauft hatte. – Zum Vergleich mit ähnlichen

		2–10–0 D&S Nrn. 200–201	2–10–0 SAL Nrn. 529–536	2–10–0 Osage Rw. Nr. 10	2–10–0 KCM&O Nrn. 801–805	2–10–0 GM&N Nrn. 250–254	1E DRB Baureihe 52
Kesseldruck	atü	13,36	13,36	13,36	15,1	15,1	16
Zylinder	mm	2(609,6×711,2)	2(609,6×711,2)	2(609,6×711,2)	2(635×762)	2(635×762)	2(600×660)
Triebrad-∅	mm	1422,4	1422,4	1422,4	1447,8	1447,8	1400
Rostfläche	m²	4,6	5,3	5	5,95	5,9	3,9
Heizfläche	m²	217,7	217,7	217,7	284,8	285	177,6
Überhitzer	m²	51,8	51,8	49,5	66,9	64,2	63,7
Maschinengewicht	t	94	96	98,2	115	114	84,1
Reibungsgewicht	t	86	86	87,5	103	102	75,1
Zugkraft	t	20,3	20,3	20,2	26.2	26	

Mikados sei auf diejenigen der ‹C&O›, Serie 2300–2349, verwiesen (siehe Abb. 75 und 76). Die ‹Frisco›-Maschinen sind in der Literatur oft als weltstärkste Mikados dargestellt worden. – In Europa standen die Mikados bei einigen Bahngesellschaften hoch im Kurs, so z.B. bei der ‹PLM› (später ‹SNCF›). Die Serie 1000 aus dem Jahre 1913 (Hersteller SLM) besass 16 atü Kesseldruck; Zylinder 2(510×650 mm) + 2(720×700 mm); Triebrad-∅ 1650 mm; Rostfläche 4,25 m²; Heizfläche 219 m²; Überhitzer 70,6 m²; Maschinengewicht 93,3 t. – Weitere USA-Mikados siehe Band 1, Seite 168, ‹Santa Fé› und Seite 166, ‹NYNH&H›.

Am 1.11.1930 wurde die Martinez-Benicia-Brücke über die Suisun Bay eröffnet. – Die ‹Southern Pacific› transportierte seit dem 28.12.1879 ihre Züge mit einer grossen Eisenbahnfähre über die Carquinez Strait zwischen Benicia und Port Costa. Dieses viergleisige Schiff, genannt ‹Solano›, wurde von Arthur Brown, Superintendent des 'Bridge and Building Department' der ‹Central Pacific› entworfen. Es besass eine Verdrängung von 5450 t, war 128 m lang und 35,4 m breit; angetrieben wurde es von 2 Dampfmaschinen von je 1500 PS. Die Antriebsräder hatten einen Durchmesser von 9144 mm. – Die doppelspurige Brücke ist 1708 m lang und besteht aus 7 Obergurt-Stahlbögen, 2 Untergurt-Stahlgitterträgern und einem Hebewerk. Die Pfeiler sind auf Fels gesetzt, der mit durchschnittlich 30 m Sedimentablagerung überdeckt ist. Der offizielle Eröffnungszug wurde von einer 4-8-4-Schnellzugsmaschine (Nr. 4408) aus dem Jahre 1930 gezogen. Vor dem Zug fuhr die alte «C.P. Huntington» aus dem Jahre 1863 (siehe Band 1, Abb. 79). Die Einweihung stand unter dem Slogan: 'A Symbol of Southern Pacific's Confidence in California's Tomorrow' (Ein Symbol der ‹SP› für ihr Vertrauen in Kaliforniens Zukunft).

1931

Die 2spurige Muncy-Brücke (Stahlkonstruktion) über den Westarm des Susquehanna Flusses wurde 1931 der ‹Reading› für den Verkehr übergeben. Sie hatte eine Länge von 396 m und die grösste Spannweite betrug 27,8 m mit einer Höhe von 11,3 m über dem Wasserspiegel.

Die ‹Chicago, Milwaukee, St. Paul & Pacific› nahm 1931 8 Einheiten von 4-6-4-Schnellzugsmaschinen (Nrn. 6414–6421) mit einem Triebrad-∅ von 2006,6 mm (spätere Quellen 2032 mm) in Betrieb, Class F6a. Hersteller: Baldwin. Eine Vorausserie, Class F6, mit gleichen Hauptdaten wurde 1929/30 angeschafft (Nrn. 6400–6413). Sie hatte Pacifics aus dem Jahre 1910 zu ersetzen. Abb. 136a zeigt Lok Nr. 6414.

Abb. 136b zeigt die Frontpartie von Lok Nr. 6415. Weitere Daten dieser Serie waren: Zylinder 2(660,4×711,2 mm); Dampfdruck 15,85 atü; Rostfläche 7,4 m²; Heizfläche 391 m²; Überhitzer 169 m²; Zugkraft 20 t; Maschinengewicht 171 t; Reibungsgewicht 86 t. Die Belastung des vorderen Drehgestells, das einen beachtenswerten Aussenrahmen besass, betrug 36,5 t. Die ersten 27 Monate fuhren die Maschinen der zweiten Serie durchschnittlich 294 854 Meilen, also 10 920 Meilen pro Monat und Maschine. Sie standen im Einsatz auf den Strecken Minneapolis–Chicago–Omaha, Minneapolis–Harlowton (Mont.) 1490 km, sowie Minneapolis–Aberdeen (S. Dak.). Die Züge bestanden regelmässig aus 9–10 Wagen, gelegentlich bis zu 15 Wagen. Es fand kein Lokwechsel, sondern nur ein Mannschaftswechsel statt. Die Kilometerleistung dieser Maschinen war beachtlich; in 4 Jahren wurden 466 646 Meilen zurückgelegt, also 9680 Meilen pro Monat und Maschine. Sie wurden nach 350 000 bis 450 000 Meilen generalüberholt. Siehe auch die markante erste Rekordfahrt der Nr. 6402 (1933, S. 81, ‹CMSt.P&P›) und die zweite Rekordfahrt (1934, S. 84, ‹CMSt.P&P›).

Die ‹Boston & Albany› nahm 1931 von Lima 4-6-4-Schnellzugsmaschinen, Serie Nrn. 610–619, Class J2c, in Betrieb (siehe Abb. 138). Die Hauptdaten dieser für Bergstrecken gebauten Schnellzugsmaschinen waren: Zylinder 2(635×711,2 mm); Kesseldruck 16,87 atü; Triebrad-∅ 1905 mm (später 1930,4 mm); Rostfläche 7,6 m²; Heizfläche 415 m²; Überhitzer 178 m²; Zugkraft 19,6 t + 4,6 t (Booster); Maschinengewicht 162 t; Reibungsgewicht 85,5 t; kleiner 2×2achsiger Tender. Als Vorläufer dieser Serie wurden 1928 und 1930 die Nrn. 600–609 geliefert. Es waren ‹NYC›-Maschinen, Class J2a und J2b, jedoch mit kleinerem Triebrad-∅. Siehe 1928, ‹B&A›, S. 62.

Die ‹New York Central› nahm im September 1931 von Alco eine für den schweren Eilgüterverkehr bestimmte 'Three Cylinder Multipressure'-Lok Nr. 800, Typ 4-8-4, mit Booster in Betrieb. Abb. 139 zeigt Lok-Nr. 800. Konstruktion: SHG + Superheater Co., New York (Schmidt-Henschel). Diese Versuchsmaschine war die erste Lok der ‹NYC› mit dem Achsbild 4-8-4. Die Hauptdaten waren: Dampfdruck: 59,8 atü und 17,6 atü; Zylinder: HD-Zylinder 1(336,5×762 mm)/ND-Zylinder (aussen) 2(584,2×762 mm); Triebrad-∅ 1752,6 mm; Maschinengewicht 197 t; Reibungsgewicht 114 t; Anfahrzugkraft 30 t + 6 t Booster; Rostfläche 6,04 m²; ND-Heizfläche 306,0 m²; ND-Überhitzer 95,0 m²; HD-Heizfläche 61,4 m² (Primärkreis 40 m²); HD-Überhitzer 74,3 m². Die Lok stand nur kurze Zeit im Probebetrieb. Sie

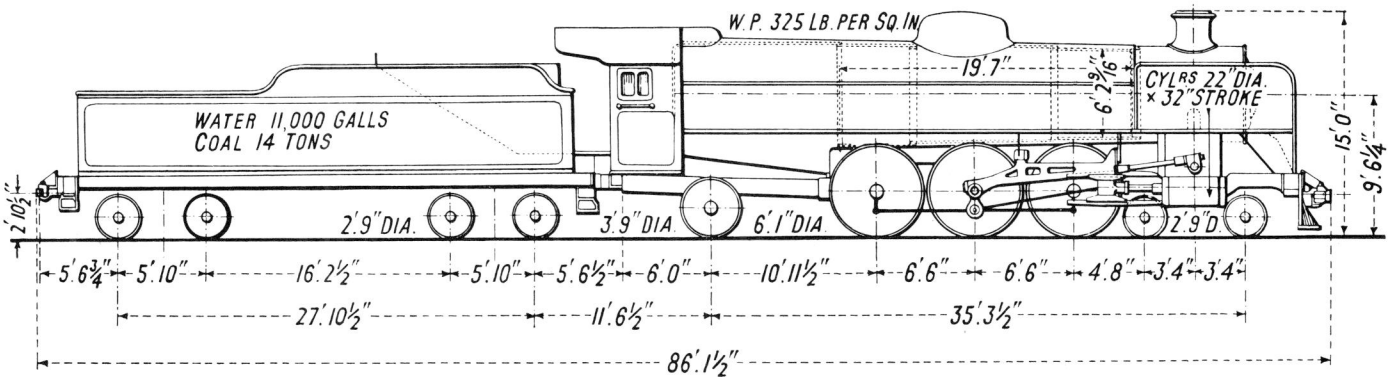

5 4–6–2-Schnellzugslok Nr. 653 der ‹D&H›. Modernisierte Maschine mit englischem Design. Triebrad-⌀ 1854,4 mm. Diese Lok wurde 1934 an der ‘Century of Progress Exposition, Chicago’ ausgestellt. Caprotti-Steuerung. Windleitbleche. Diese Maschine hätte bereits eine Hudson sein können.

besass die gleichen Fehler wie das deutsche Vorbild (siehe 1925, S. 43). Nach Ausserbetriebsetzung dieser Loktypen in Deutschland und England erlosch daher auch das Interesse bei der ‹NYC›. In amerikanischen Ingenieurkreisen (ASME) wurde 1932 über diese Maschine ausführlich referiert. Mechanische Besonderheit war die Tatsache, dass die 3. Triebachse von den Aussenzylindern angetrieben wurde, was sonst bei 4–8–4-Loks kaum der Fall war (lange Kolben- und Schubstange!).

Die ‹Western Pacific› (siehe 1903, ‹WP›, Band 1, Seite 139) nahm 1931 von Baldwin die erste Serie von 2–8–8–2-Mallet-Loks mit Einfachdehnung und Ölfeuerung in Betrieb (Nrn. 250–256). Die Hauptdaten der Maschinen waren: Kesseldruck anfänglich 18,58 atü, später 16,52 atü; Zylinder 4(660,4×812,8 mm); Triebrad-⌀ 1600,2 mm; Rostfläche 13,5 m²; Heizfläche 640 m² (inkl. 5 Wassertaschen); Überhitzer 200 m²; Zugkraft 45,2 t + 6,3 t Booster; Maschinengewicht 267,6 t. 1938 folgte die zweite Serie (Nrn. 257–260) mit

gleichen Daten (Heizfläche und Lokgewicht waren ein wenig kleiner). Abb. 140 zeigt Nr. 259 der zweiten Serie als Werkaufnahme. Zum Vergleich sei auf 1927, S. 59, ‹GN› verwiesen. Die 2–8–8–2-Mallets wurden als Ersatz für die 5 2–6–6–2-Mallets aus dem Jahre 1917 angeschafft, die in gewissen Steigungen bei gleich schweren Zügen noch eine schwere Mikado (siehe 1929, S. 65, ‹WP›) als Zusatzmaschine benötigten. Vor allem im Spätsommer wurden schwere Kühlzüge (65–75 Wagen) mit Früchten und Gemüse über die Sierra Nevada (Strecke San Francisco–Salt Lake City, 928 Meilen) befördert, wobei eine 117 Meilen lange Rampe mit 10‰ Steigung (siehe SN 56) zwischen Oroville und Portola (Feather River Canyon) zu überwinden war (ehemalige Goldminengegend). Die neuen 2–8–8–2-Mallets meisterten 3400–3500 t-Züge, während die alten 2–6–6–2-Maschinen nur solche bis max. 3100 t zogen und 3 bis 4 Wasserhalte für 2 Loks einschalten mussten. – Erwähnt sei hier, dass die ‹WP› 1938 7 Eilgüterzugsloks vom Typ 4–6–6–4 mit 1778 mm grossen Triebrädern angeschafft hat (Nrn. 401–407), deren Daten jenen der Challenger der ‹UP› (siehe 1936, S. 92, ‹UP›) sehr ähnlich waren.

Die ‹Delaware & Hudson› baute 1931 in ihrem Werk Colonia eine zweite Serie Pacifics im englischen Stil und mit Wootten-Feuerbüchse, Nrn. 651–653, Class P 1. Gleichzeitig wurden von der ersten Serie aus dem Jahre 1914 (siehe Band 1, Seite 161) einige Maschinen modernisiert, z.B. Nr. 605, welche eine Antriebsanlage mit SKF-Wälzlagern erhielt. Nr. 653 war besonders wegen des hohen Kesseldrucks (siehe Tabelle) und der Caprotti-Steuerung interessant. Sie war die damals weltstärkste Pacific (siehe Abb. 5). – Die Pacific-Loks der ‹RF&P› Nrn. 401–406 (siehe Band 1, Seite 164, ‹RF&P›) waren, genau genommen, eine Kleinigkeit stärker. – Die Hauptdaten dieser interessanten ‹D&H›-Maschinen sind in nebenstehender Tabelle festgehalten.

Die ‹Lehigh Valley RR› beschaffte 1931/32 für den

		D&H Nr. 652 1932　4–6–2	D&H Nr. 653 1931　4–6–2	D&H Nr. 651 1930　4–6–2
Kesseldruck	atü	18,2	22,85	19,33
Zylinder	mm	2(563×711,2)[10]	2(563×711,2)[11]	2(558,8×711,2)
Triebrad-⌀	mm	1854,2	1854,2	1854,2
Rostfläche	m²	8,1	8,1	
Heizfläche	m²	298	302	
Überhitzer	m²	139	139	
Maschinengewicht	t	128,4	134,8	136
Reibungsgewicht	t	84	87	
Zugkraft	t	17,6	27,5	19,2
Tender 2×2achsig andere Daten (Lokliste Nov., 1936)		[10] 2(558,8×711,2)	[11] 2(558,8×812,8)	

Eilgüterzugsdienst zwischen Buffalo und Jersey City zwei Serien 5100–10 (Baldwin) und 5200–5210 (Alco) von Northern-Maschinen (4–8–4) und führte 1931 zum Vergleich mit je 2 Loks (Nrn. 5100–5101 von Baldwin und Nrn. 5200–5201 von Alco) Testfahrten auf der Strecke zwischen Buffalo (N.Y.) und Newark (N.J.) unter normalen Betriebsbedingungen durch (Mai–Juni–Juli 1931). Die Streckenkarte der ⟨LV⟩ zeigt SN 28. Die technischen Daten der Class T1- und T2-Maschinen zeigt Tabelle 1. Abb. 137 zeigt Lok-Nr. 5206. Eine Auswertung der Messergebnisse der Maschinen 5100 und 5200 vermittelt Tabelle Seite 79.

Lok-Nr.		Baldwin		Alco	
		Nr. 5100	Nr. 5101	Nr. 5200	Nr. 5201
		Class T 1		Class T 2	
Zylinder		2(658,8×762)		2(660,4×812,8)	
Steuerung		Walschaert	Baker	Baker	Baker
Ventil-∅		304,8		304,8	
Triebrad-∅		1778		1778	
Vord. Laufräder		838,2		838,2	
Hint. Laufräder vord. Achse		1066,8		914,4	
Hint. Laufräder hint. Achse		1066,8		1143	
Kesseldruck	atü	17,5		17,93	
Heizfläche	m²	504,1		505,4	
Überhitzer	m²	209,3		208,1	
Rostfläche	m²	8,2		8,2	
Reibungsgewicht	t	120,5	120,5	119,5	120,0
Maschinengewicht	t	182,1	184,4	188,41	189,15
Tendergewicht	t	163,5	177,9	160,0	173,3
Zugkraft	t	28		28,9	
Booster	t	7		7	
Wasser	US galls	18 000	20 000	18 000	20 000
Kohle	lb	56 000	60 000	56 000	60 000

Lok-Daten der 4–8–4 der ⟨Lehigh Valley⟩ von Baldwin und Alco. Class T 1 und T 2 besassen Tender-Booster (laut Loklist April 1935).

Die Maschinen waren besonders interessant, weil die meisten einen Tenderbooster (Tender 2×3achsig, hinteres Drehgestell mit Booster, der durch Kuppelstangen auf alle 3 Achsen wirkte) besassen. Eine Beschreibung dieser 'Bethlehem High Speed Auxiliary Locomotive' siehe Rw. Age 30.6.1934, S. 978–980. – 1934 erhielt Baldwin eine weitere Bestellung auf 4 Einheiten (Serie Nrn. 5125–5129) und 1943 Alco eine solche auf 10 Einheiten (Serie Nrn. 5211–5220). Sie wurden als Class T3 und T4 bezeichnet. Sie erhielten einige Verbesserungen, was sich auch teilweise auf die Hauptdaten auswirkte (siehe 1934, S. 87, Vergleichstabelle 4–8–4-Loks der ⟨LV⟩, ⟨DL&W⟩, ⟨NP⟩).

Nach dem erfolgreichen Einsatz der Timken 1111-

Maschine bei der ⟨NP⟩ (siehe 1930, S. 70, ⟨NP⟩) war es folgerichtig, dass sich der Chefingenieur der ⟨NYC⟩, Paul W. Kiefer, ebenfalls zu einem Versuch mit Wälzlagerausrüstung entschloss. Ende 1931 nahm deshalb die ⟨New York Central⟩ 2 Hudson-Maschinen von Alco (Nrn. 5343 und 5344) in Betrieb, deren eine mit SKF-Wälzlager, die andere mit Timken-Wälzlagern ausgerüstet war. Sie gehörten zu der Serie 5316–5344, Class J1e, des gleichen Jahres mit Triebrad-∅ 2006,6 mm und 160 t Maschinengewicht. Beide fuhren auf den Strecken Harmon (N.Y.)–Buffalo (N.Y.), Harmon–Windsor (Ont.) und Harmon–Collinwood (Ohio) schwerste Schnellzüge (Limiteds); noch nach 283 754 resp. 266 404 Meilen waren alle Lager in bestem Zustand. Es konnte kein Verschleiss festgestellt werden. Nr. 5344 wurde erstmals 1934, ein zweites Mal 1935 modernisiert und mit einer geschlossenen «Stromschale» versehen. Sie erhielt den Namen «Commodore Vanderbilt». In stromlinisierter Form absolvierte sie am 14. 12. 1934 eine Versuchsfahrt. Am 19. 2. 1935 wurde sie dem «Twentieth Century Limited»-Dienst zugeteilt. Dies war die erste ⟨NYC⟩-Schnellzugslok, die stromlinienförmig verkleidet wurde. Sie soll später mit einem Kessel für 17,58 atü ausgerüstet worden sein. 1939 erhielt sie eine neue Stromlinienverkleidung entworfen von dem Stylist Dreyfuss. – Die ersten Dampfloks mit Wälzlagerausrüstung an den Triebwerken soll die ⟨D&H⟩ (Pacific Class P, Nr. 609) gefahren haben (siehe 1934, S. 82, ⟨D&H⟩).

Am 2.2.1931 nahm die ⟨Seaboard Air Line⟩ eine ca. 760 m lange Stahlbrücke über den Appomattox River (siehe Band 1, Seite 59) in Betrieb. Sie ersetzte eine alte Brücke aus Holz und Stahl, welche die Bahn in einer Kurve über das Tal führte. Mit der neuen Brücke wurde die Strecke begradigt.

Am Abend des 9. 12. 1931 ereignete sich bei Gallitzin (Pa.) auf der 4spurigen Strecke der ⟨Penn⟩ ein Eisenbahnunglück mit einem talwärts fahrenden Güterzug (88 Wagen, total 7200 t). Es entgleisten 75 Wagen. Der in der Mitte des Zuges plazierte Bremser wurde erdrückt; zwei weitere fielen in den hohen Schnee und wurden nur leicht verletzt. Der Zug hatte im Moment des Unglücks 50–70 mph. Gefunden wurden 4 Winkelhähne an den vorderen Wagen, die geschlossen waren. Das Instrument im Caboose zeigte einen Druckluftverlust an. All dies und zu spätes Erkennen der Situation führte zum Unglück.

1932–1933

1932 wurden in den USA nur 12 Dampfloks (gemäss einer anderen Aufstellung sogar nur 6) bestellt und 102

Divisions.	Buffalo to Manchester.		Manchester to Sayre.				Sayre to Coxton.		Coxton to Mahoming.		Mahoming to Oak Island.	
			Complete Trip.		M.P. 342 to 300.							
Run number	136A	148A	136B	148B	136B	148B	136C	148C	136D	148D	136E	148E
Engine No.	5200	5100	5200	5100	5200	5100	5200	5100	5200	5100	5200	5100
Schedule time .. mins.	180	180	165	165	—	—	165	165	190	195	180	240
Number of stops	3	4	1	0	1	0	0	1	2	3	1	2
Net running time .. mins.	179·3	171·7	150·75	142·9	80·3	79·1	112·7	129·2	166·3	174·4	185·45	167·25
Working time .. mins.	168·5	156·3	134·8	135·5	78·7	79·6	111·0	114·6	118·4	135·3	137·6	120·2
Working distance .. miles	88·48	81·93	78·14	80·52	41·31	42·0	82·54	74·91	35·81	38·88	78·56	76·0
Average working speed m.p.h.	31·5	31·5	34·7	35·6	31·5	31·6	44·6	39·2	18·15	17·13	33·0	37·8
Weight of train .. tons	3,118	3,219	2,878	3,093	2,878	3,093	2,878	3,018	3,213	3,018	3,069	3,138
Total number of cars	77	71	73	75	73	75	73	72	83	72	78	75
Car miles	7,084	6,361	6,351	6,525	3,066	3,150	6,059	5,931	4,992	4,331	8,213	7,897
Rail conditions	Dry	Wet	Dry	Wet	Dry	Wet	Dry	Wet	Dry	Wet	Dry	Wet
Temp.—Crane water °F.	65	62	68	82	68	82	58	73	70	80	64	78
Temp.—Steam branch pipe °F.	638	595	661·2	649	665	663·5	609	630	622	630	635	654
Superheat branch pipe °F.	237	195·4	260	251	265	251	207·2	—	222	230·4	233	255·5
Boiler pressure, engine	247	239	245	239·3	245	241·8	247·1	241·4	246	239	243	240
Boiler pressure, dynamo car	247	242	248	242·4	250	242·9	249·5	—	248·6	245	254·2	245·7
Steam chest press., dynamo car ..	234	231	234·5	227·6	236·5	227·2	238	—	232·5	231	238·5	228
Total coal fired .. lbs.	20,520	18,445	19,575	21,070	11,775	13,885	11,245	14,215	14,250	16,675	16,875	17,645
Coal fired per hour ..	7,231	7,094	8,700	9,323	8,985	10,440	6,078	7,442	7,234	7,411	7,369	8,822·5
Coal fired per hour, sq. ft. of grate per hour .. lbs.	81·5	80·33	98·5	105·58	101·8	118·23	68·8	84·3	81·9	83·9	83·5	100·0
Water from tender inc. condensate	154,560	132,770	139,720	132,496	78,120	83,664	80,192	98,000	97,216	106,288	125,216	128,688
Water to boiler .. lbs.	154,500	132,700	139,700	132,450	78,100	83,650	80,150	97,950	97,150	106,250	125,160	128,600
Steam to cylinders .. lbs. per hour	52,647	48,264	60,535	57,373	58,116	61,345	42,590	49,277	47,051	45,529	53,268	62,552
Superheated steam per lb. coal	7·28	6·8	6·96	6·15	6·47	5·88	7·01	6·64	6·5	6·14	7·23	7·09
Total water per lb. coal ..	7·52	7·19	7·14	6·32	6·64	6·25	7·27	6·83	6·82	6·37	7·46	7·28
Drawbar H.P. average ..	2,406	2,097·3	2,839	2,593·7	2,994	2,964·2	2,259	2,240	1,508	1,467	2,163	2,595
Drawbar pull average ..	28,538	25,006·7	30,608	27,275	35,643	35,112	18,983	21,420	31,153	31,914	23,673	25,654
Coal per D.B.H.P. hour ..	3·0	3·38	3·06	3·59	3·00	3·52	2·69	3·32	4·80	5·05	3·41	3·4
Superheated steam per D.B.H.P. hour	21·88	23·01	21·32	22·12	19·41	20·7	18·85	22·0	31·20	31·03	24·63	24·10
Water reg'd by loco. per D.B.H.P. hour	22·5	23·72	21·84	22·56	19·91	21·96	19·51	22·62	32·19	32·06	25·33	25·33

Daten zu den Teilfahrten der Lok Nrn. 5200 und 5100 auf der Strecke Buffalo–Newark (Oak Island) mit Güterzügen zwischen 2878 und 3219 t. Auf den Fahrten fuhren auch Messbeamte der Herstellerwerke mit. Parallel zu diesen Testfahrten liefen Vergleichsstudien mit den älteren Mikados (1923) und Pacifics (1917), die auch im Eilgüterzugsdienst eingesetzt waren, aber längst nicht so leistungsfähig und gewinnbringend, wie die Northern arbeiteten.

Stück abgeliefert. Dies ist das magerste je festgestellte Ergebnis. Ende 1933 standen insgesamt 50903 Dampfloks in den USA in Betrieb. Der Rückgang betrug über 5600 Einheiten. Abb. 9 zeigt die Entwicklung der Lokbestellungen von 1901 bis 1937 in graphischer Form.

Die 10 Jahre von Anfang 1923 bis Ende 1932 werden in der US-Fachliteratur (z.B. Rw. Age 10.6.1933, Seite 821) als die Zeit bezeichnet, in der die Bahn ihr Transportmonopol verlor. Zur Illustration dienen die folgenden Zahlen:

	1923	1932
ton-miles (Fracht)	412 727 000 000	234 320 000 000
passengers-miles (Personenbeförderung)	37 957 000 000	16 975 000 000
Einnahmen Fracht $	4 622 000 000	2 451 000 000
Einnahmen Personenbeförderung $	1 148 000 000	377 000 000

Am 31.12.1932 nahm die ‹Louisville & Nashville› bei Henderson (Ky.) eine neue Eisenbahnbrücke über den Ohio in Betrieb. Es war dies die neunte Eisenbahnbrücke, die innert 15½ Jahren über den Ohio gebaut wurde. Die meisten davon ersetzten bereits vorhandene veraltete Bahnübergänge. Vollständig neu waren nur die Brücken bei Metropolis (Ill.) für die ‹Burlington› (Bogen-Spannweite 219,5 m) und bei Sciotoville (Ohio) für die ‹Chesapeake & Ohio›. Die Brücke bei Henderson ersetzte die im Jahre 1885 errichtete Brücke. In der folgenden Tabelle sind 9 Bahnübergänge über den Ohio angeführt, die zwischen 1914 und 1932 gebaut worden sind:

Ohio Connecting Rw. (‹Penn›)	Pittsburgh (Pa.)	1915
Chicago, Burlington & Quincy	Metropolis (Ill.)	1916
Chesapeake & Ohio	Sciotoville (Ohio)	1917
Pennsylvania	Louisville (Ky.)	1918
Southern	Cincinnati (Ohio)	1922
Pennsylvania	Steubenville (Ohio)	1927
Chesapeake & Ohio	Cincinnati (Ohio)	1929
Cleveland, Cincinnati, Chicago & St. Louis	Louisville (Ky.)	1929
Louisville & Nashville	Henderson (Ky.)	1932

Für weitere Ohio-Brücken sei auf 1933, ‹Penn› und 1945, Beispiel ‹Milwaukee›, verwiesen.

Die ‹B&M› beendete im März 1932 den Bau ihres grossen Bahnhofs in Boston. Die ausgedehnten Anlagen liegen auf den beiden Ufern des Charles River. Sie sind mit 4 Hebebrücken verbunden.

Am 1. Februar 1932 wurde bei Boonville (Mo.) neben der alten Brücke aus dem Jahre 1872 eine neue 5-Bogenbrücke über den Missouri eingeweiht. Einer der Bogen war als Hebebrücke ('Lift Span') mit einer Spannweite von 124,46 m konstruiert. Diese einspurige Eisenbahnbrücke wird von der ‹MKT› befahren (Strecke St. Louis–Parsons, siehe SN 35).

Die ‹Chesapeake & Ohio› nahm am 24.4.1932 den dampflokgezogenen Schlafwagen-Pullman-Luxuszug (Doppelzug Ost + West) «George Washington» zum 200. Geburtstag des ersten US-Präsidenten in Betrieb. Strecke: Washington–Cincinnati, resp. Louisville (960 km). Anschlüsse wurden mit anderen Bahngesellschaften abgestimmt. – George Washington lebte von 1732 bis 1799. Er liess den Trail über den 'Blue Ridge' und die 'Allegheny' bauen, dem die ‹C&O›-Strecke ungefähr entspricht. Der Luxuszug wurde als erster mit Klimaanlage ausgerüsteter Zug der Welt angezeigt (siehe aber 1929, S. 65, ‹Santa Fé›). Jeder Wagen war mit einer eigenen Stromversorgung für Licht und Klimaanlage ausgerüstet. – Schon am 20.4.1932 nahm die ‹B&O› auf der Strecke New York–St. Louis via Philadelphia, Baltimore, Washington, Cincinnati und Louisville den Schlafwagen-Luxuszug «National Limited» mit Klimaanlage in Betrieb. Die beiden Gesellschaften ‹C&O› und ‹B&O› waren demnach auf dieser Strecke harte Konkurrenten.

Die ‹Boston & Maine› führte am 26.6.1932 sog. «Boat Trains» (Schiffszüge) ein. Mit ihnen konnte man von Städten im Landesinnern (siehe SN 5) an die Küste fahren, dort eine 8stündige Seefahrt (Eastern Steamship Comp.) auf dem Atlantik unternehmen, und

abends wieder zu Hause sein (Sonntagsausflug). Mit diesen attraktiven Ausflügen wollte man die Automobilisten für die Bahn zurückgewinnen.

Ein Bericht des 'Committee on Locomotive Construction' aus dem Jahre 1932 behandelte das Thema "höhere Temperaturen und Drücke". Die Vorteile dieser Erhöhung sind: höhere Leistung bei kleinerem Wasser- und Kohlenverbrauch, kleinere Zylinder, kleineres Gewicht, geringere Wärmeverluste (Abstrahlung). An Nachteilen wurden aufgeführt: Schwierigkeiten mit der Schmierung von Zylindern und Ventilen (Ausweg über das 'poppet valve', das ohne Schmierung auskam), teurere Armaturen, grössere Wartung.

Die ‹Delaware, Lackawanna & Western› bezog 1932 von Alco eine weitere Serie (Nrn. 1621–1630) von 10 Stück 4–8–4-Eilgüterzugsmaschinen (Achsbild Pocono) für die Nachtfrachtzüge von Jersey City nach Buffalo (396 Meilen). Die erste Serie (Nrn. 1601–1620) wurde 1929 geliefert mit teilweise ähnlichen Daten (Vorserie 1927). Die Benennung 'Pocono-Typ' kommt daher, dass auf einer Strecke mit einer 22 Meilen langen Rampe (16 000 ft) die bewaldeten Hügel der Pocono Mountains im Nordosten Pennsylvaniens von der ‹Lackawanna› überquert werden müssen. Die Züge bestanden aus 70–80 Güterwagen (total ~ 3000 t) und die Reisedauer für die Hauptstrecke betrug 12 h bei 3 Halten. Zwei Maschinen dieser Serie (Nrn. 1629 und 1630) waren mit Wälzlagerung (Timken) ausgerüstet, die sich im Gegensatz zu den Gleitlagern in den andern Maschinen bestens bewährten und eine unterbruchslose Dienstleistung ermöglichten. Die Hauptdaten (im Vergleich mit den anderen Serien): siehe Tabelle links unten.

Eine Vorserie mit Nrn. 1501–1505 wurde im Jahre 1927 ebenfalls von Alco geliefert. Sie war als eigentliche Schnellzuggattung konzipiert, da sie von allen 4–8–4-Maschinen der Gesellschaft die grössten Triebräder besass. Die Hauptdaten dieser 5 Loks waren: Kesseldruck 17,58 atü; Zylinder 2(685,8×812,8 mm); Triebrad-∅ 1955,8 mm; Rostfläche 8,2 m²; Heizfläche 482,4 m²; Überhitzer 123,1 m²; Maschinengewicht 191,1 t; Reibungsgewicht 122 t; Zugkraft 28 t. – Die letzte Serie aus dem Jahre 1934 wurde für die Gesellschaft zur eigentlichen «Universallok». – Abb. 141 zeigt Lok Nr. 1631.

Die staatliche Eisenbahnpolitik begann sich 1933 mit dem 'Emergency Transportation Act' von Präsident Roosevelt (4.5.1933) durchzusetzen. 1940 folgte nochmals ein 'Transportation Act' (siehe auch 1938, S. 106, 300 Mio-Unterstützung). Die ICC erhielt damit Kontrollbefugnisse auch über andere Transportmittel. Es

	Serie Nrn. 1601–1620	Serie Nrn. 1621–1630	Serie Nrn. 1631–1650
Kesseldruck	16,52 atü	16,52 atü	17,58 atü
Zylinder	2(711,2×812,8 mm)	2(711,2×812,8 mm)	2(711,2×812,8 mm)
Triebrad-∅	1778 mm	1778 mm	1879,6 mm
Rostfläche	8,2 m²	8,2 m²	8,2 m²
Heizfläche	477 m²	505,8 m²	509,8 m²
Überhitzer	123,1 m²	208,3 m²	202,6 m²
Maschinengewicht	189,5 t	194,2 t	202,7 t
Reibungsgewicht	119 t	123,2 t	124,2 t
Zugkraft	31,1 t	31,1 t	31,6 t
Baujahr	1929	1932	1934

war aller höchste Zeit für derartige dem Kapitalanleger und den Gesellschaften dienende Massnahmen, da sonst die Wertverluste bei den Verkehrsgesellschaften noch grösser geworden wären. Die Einsetzung eines 'Federal Coordinator of Transportation' stiess nicht überall auf Zustimmung. Ernannt wurde der Bahnfachmann Joseph Bartlett Eastman (1882–1944), welcher anfänglich für die Verstaatlichung war, sich dann aber für die Weiterführung auf privater Basis einsetzte. Er betätigte sich besonders auf dem Gebiet des Bahnbetriebs und Verkehrs. Finanzfragen überliess er der ICC. Eastman blieb bis 1936 in diesem Amt. 1941 wurde er Chef des 'Office of Defence Transportation'.

Die zweispurige Fachwerk-Eisenbahnbrücke über den Ohio bei Pittsburgh (Pa.) wurde 1933 der ‹Penn› für den Verkehr übergeben. Sie hatte eine Länge von 1388 m mit einer max. Spannweite von 157 m und einer Höhe von 29 m über dem Flussbett.

Die Lok Nr. 6402 (Hudson, Class F6 mit 2006,6 mm Triebrad-∅, aus der Serie Nrn. 6400–6413) der ‹Milwaukee Road› machte am 6.6.1933 eine Rekordfahrt mit einem 5-Wagenzug. Die Strecke Chicago–Milwaukee (69 Meilen) wurde in 46 min zurückgelegt; Durchschnittsgeschwindigkeit 90 mph (144,84 km/h); Spitze 103,5 mph. – Im November 1933 fuhr Lok Nr. 6415 (Hudson Class F6a) ein Total von 18390 Meilen (Strecke Minneapolis–Harlowton und zurück: 1839 Meilen), ohne eine besondere Wartung. Diese Maschine entstammte einer Serie von Hudson-Schnellzugsmaschinen von Baldwin aus den Jahren 1930/31 (Nrn. 6400–6413 = Class F6. Anschlussserie Nrn. 6414–6421 = Class F6a). Daten siehe 1931, S. 76, ‹CMSt.P&P›.

Am 15.7.1933 vereinigten sich die ‹Atlantic City› (‹Reading›-Gesellschaft) mit den ‹South Jersey Lines› (‹Pennsylvania›-Gesellschaft), ‹West Jersey & Seashore RR Co.› und kleineren Gesellschaften. Die ‹Penn› übernahm ⅔ des Aktienkapitals und die ‹Reading› ⅓. Die neue Gesellschaft nannte sich ‹Pennsylvania–Reading Seashore Lines›, was auch auf den Tendern aufgemalt war. Die Gesellschaft fuhr täglich 36 Güterzüge und 176 Personenzüge. Die Schnellzüge erhielten Namen wie: «The Boardwalk Flyer», «The Barnacle Bill Special», «The Boardwalk Arrow», «The Skipper», «The Cruiser» usw. Als Schnellzugsmaschinen dienten die E6s der ‹Penn› (siehe Band 1, Abb. 164 und 165) alle aus dem Jahre 1914. Als Güterzugsmaschinen dienten 2–8–0-Loks (meist von Baldwin). Das Streckennetz umfasst folgende Hauptlinien: Winslow Junction–Woodbine Junction–Cape May, Camden–Glassboro–Woodbine, Newfield–Atlantic City, Camden–Atlantic City, Woodbury–Salem resp. Quinton, Glass-

boro–Bridgeton (siehe SN 43, 44 und 45). Die totale Länge dieser South Jersey-Bahnen betrug 952,2 Meilen. Die Bahnen, Bahnhöfe und Signale wurden einheitlich ausgebaut.

Bei der ‹New York Central› liefen 1933 Versuche mit neuen Doppelscheibentriebrädern, System Boxpok, montiert an Lok Nr. 2726, 4–8–2-Güterzugstyp (siehe Band 1, Seite 166, ‹NYC›). Einerseits sollte damit neben den Herstellungskosten das Gewicht vermindert werden, anderseits wollte man die Auswuchtmöglichkeiten verbessern. Die Öffnungen in den Scheiben, welche die Inspektion der hinter dem Triebwerk liegenden Teile ermöglichte, waren kreisrund. Es konnte mit dieser Konstruktion tatsächlich einiges an Gewicht (mehr als 10 t für die 8 Räder) eingespart werden. Siehe auch 1937, S. 101, ‹NYC› (Scullin disc drivers). Von den verschiedenen Lösungen seien in Abb. 6 zwei Varianten mit Hauptantriebs-Scheibenrädern, Sy-

6 Boxpok-Triebräder. Radscheiben für Hauptantriebsräder von Schnellzugsmaschinen. Mit Zusatz-Gewichtsausgleich für die um 90° verstellte Gegenseite. Oben für 1854,2 mm ∅; unten 1828,8 mm ∅. Vgl. auch Abb. 182a und b.

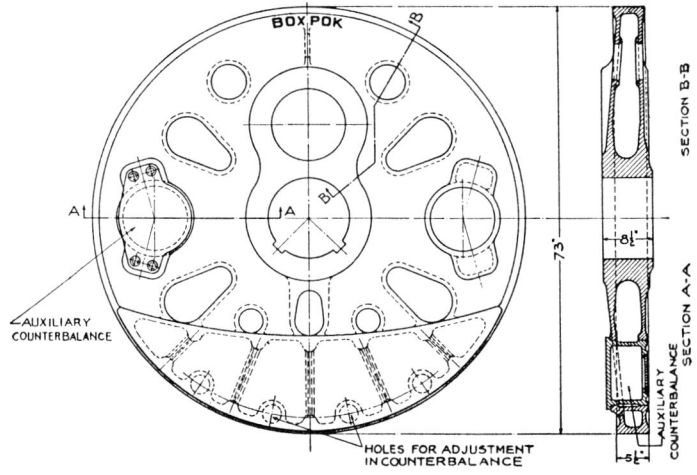

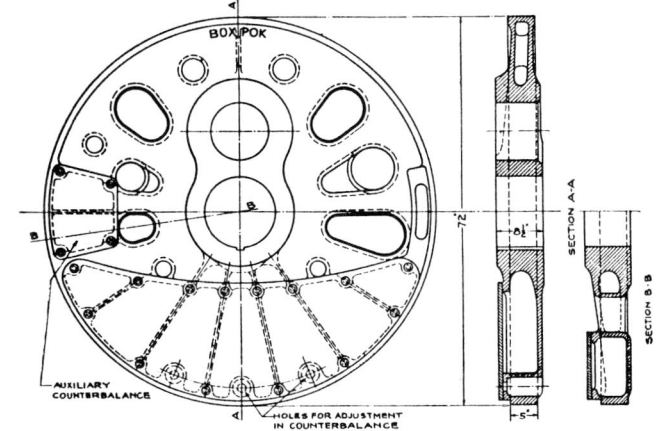

stem Boxpok, gezeigt. Die Scheibenräder sind auch «runder» gelaufen als die Speichenräder, die offenbar bei Achsdrücken über 26 t zwischen den Speichen elastisch «nachgaben».

1934

In den USA wurden 1934 insgesamt 91 Dampfloks abgeliefert und 183 bestellt. Insgesamt standen noch 48304 Einheiten im Dienst. Das Jahr 1934 brachte auch die Stillegung von 13212 km des amerikanischen Eisenbahnnetzes; davon wurden sogar 1951 km abgebrochen.

Im Oktober 1934 wurde die 'Association of American RR' (AAR) organisiert. Es war dies ein Zusammenlegen der 'Association of Rw. Executives', 'Rw. Accounting Officers Association', 'Rw. Treasury Officers Association' und des 'Bureau of Rw. Economics'. 1939 schlossen sich 9 weitere Gesellschaften an. – Siehe auch 1872 ('Time-Table Convention') und 1867 ('Master Car Builder's Assoc.'), sowie Dezember 1854 (Eisenbahnmanager). 1938 führte die 'AAR' Testfahrten durch. Die 'AAR' umfasste am 1.11.1950 158 Bahngesellschaften, 25 Rangier-Gesellschaften, 3 elektrische Bahnen etc., total 198 Bahnbetriebe.

Am 28.11.1934 wurde die neue Eisenbahnbrücke über den Mississippi oberhalb New Orleans in Betrieb genommen. Die 'Cantilever'-Brücke wird von der ‹SP› und der ‹Texas & New Orleans› benützt. Sie ist 2spurig, geht auf 40 m Höhe über dem Wasser und besitzt lange Auffahrtsrampen. Die grösste Spannweite für die Schiffahrt beträgt 240 m; Auf- und Abfahrt besitzen 12,5‰ Steigung.

Im Januar 1934 wurden Testfahrten mit Luftvorwärmern bei Feuerbüchsen an 2–10–4-Loks durchgeführt. Es zeigte sich, dass im Gegensatz zu Loks, die mit seitwärts-unten offener Feuerbüchse gefahren wurden, für die gleiche Leistung 7 bis 8% weniger Kohle nötig waren. Es ergaben sich aber auch andere Vorteile, z.B. gingen die Kesselschäden zurück. Die Vorwärmer bestanden aus Heizschlangen, in denen Abdampf zirkulierte und die die durchströmende Luft vorheizten. Die Versuche wurden von Lima durchgeführt. Man konnte später über weitere Anwendung der Vorwärmer nichts mehr vernehmen. Mag sein, dass die Reinigungsarbeiten der Heizschlangen erschwert wurden oder die Umschaltventile «Stand/Fahrt» zusätzliche Überwachung benötigten. Es ist bekannt, dass das amerikanische Lokpersonal zusätzliche Arbeiten nie schätzte, da die Gefahr der Ablenkung zu gross war.

Auf der 1934 (Mai-November 1933 *und* 1934) durchgeführten 'Chicago's Century of Progress Exposi-

tion' war der 'Streamliner' als neue Zugsgattung die Attraktion der Bahnen. Ausgestellt war u.a. der Leichtmetall-Stromlinienzug der ‹Burlington Route› mit Namen «Pioneer Zephyr». Ralph Budd, der leitende Mann der ‹CB&Q›, wollte mit Geschwindigkeit und Eleganz Passagiere für die Bahn zurückgewinnen. Der «Zephyr» wurde in Gemeinschaftsarbeit von Edward G. Budd, Manufacturing Comp., General Motors Corp. und dem MIT sowie zwei Architekturfirmen entworfen und gebaut. Derartige Einheiten wurden noch 1934 auf mehreren Strecken eingesetzt (siehe 1934, S. 83, ‹UP› und S. 83, ‹CB&Q›). Offenbar war schon damals ein beachtlicher Teil der Bevölkerung für die Einführung der neuen Luxus versprechenden Dieseltraktion. – Als attraktive Dampflok wurde von der ‹D&H› an der gleichen Ausstellung eine 4–6–2-Schnellzugsmaschine gezeigt (siehe 1931, S. 77, ‹D&H›, Nr. 653). Diese im Versuchsbetrieb eingesetzte Maschine hatte ein englisches Aussehen mit Windleitblechen; sie sollte mithelfen, die abbröckelnde Anhängerschaft der schön gestalteten Dampflok zu erhalten. – Nr. 609 der gleichen Lok-Class erhielt im Januar 1934 SKF-Rollenlager für die Hauptkurbel- und Triebzapfen. Die kleine ‹Delaware & Hudson› war demnach nicht nur auf dem Gebiet der HD-Lok Pionier zur Verbesserung der Dampftraktion (siehe 1924, S. 41, ‹D&H›).

Die ‹Union Pacific› führte am 12.2.1934 gemeinsam mit der ‹Chicago, Burlington & Quincy› Leichtbaustromlinienzüge mit Wagenkasten aus Al-Legierung ein (Lieferfirma: Pullman Car & Mfg. Corp.). Anfänglich ging die Einheit auf 'Exhibition Tour' (Besichtigungsfahrt) und am 31.1.1935 wurde sie auf der 560 Meilen langen Strecke Salina (Kans.)–Kansas City (Mo.), Kansas City–Topeka (Kans.)–Kansas City–Salina eingesetzt (siehe auch 1936, S. 93, ‹UP› und S. 82, ‹CB&Q›). Namen: «City of Salina» (M 10000) resp. «Pioneer Zephyr» (9900). Die 2 Wagen waren airconditioned mit gefilterter Luft. Als Triebeinheit diente keine Express-Dampflok, welche stromlinienförmig hätte verkleidet werden können (siehe z.B. 1936, S. 94, ‹NYC›), sondern ein dieselelektrischer Triebwagen + 2 Einheiten Coach mit 2achsigen Drehgestellen. Damit war bei der ‹UP› und ‹CB&Q› die Kolbendampflok für derartige Aufgaben definitiv abgemeldet. Siehe auch 1946/47, S. 134, ‹UP› und ‹C&NW›. Der Traktionsdienst der ‹UP› hat zwar 1937/38 nochmals einen Anlauf zum supermodernen Dampftriebfahrzeug mit 2 Dampfturbinenloks unternommen (siehe 1937, S. 103, ‹UP›), der sogar recht erfolgreich verlief, aber keine Fortsetzung fand. Für den allerschwersten

Schnellzugsdienst blieb die ⟨UP⟩ jedoch bei der konventionellen Dampflok (siehe 1937, S. 102, ⟨UP⟩); noch 1944 wurden 10 Einheiten 4–8–4-Loks bestellt (siehe 1944, S. 132, ⟨UP⟩ 4–8–4). – In den Jahren 1934/35 wurden noch folgende Leichttriebzüge eingeführt: «City of Portland» (⟨UP⟩), «Flying Yankee» (⟨B&M⟩), «Twin Zephyr» (⟨Burlington⟩), «Comet» (⟨NYNH&H⟩), «The Rebels» (⟨Gulf, Mobile & Northern⟩), «Mark Twain Zephyr» (⟨Burlington⟩). Diese zahlreichen Inbetriebnahmen von Dieselelektrozügen zeigen, dass damals die Dampflok im Expressverkehr unmissverständlich ausgespielt hatte. Die dampflokbetriebenen Schnellverbindungen wurden von Jahr zu Jahr stets mehr durch die Dieselelektrik ersetzt. – Die dampftreuen Gesellschaften gaben aber nicht sofort auf, doch wurde es immer schwerer, sich gegen die «Rekordfahrten» der dieselelektrischen Triebwagenzüge und Lokzüge durchzusetzen. Das folgende Beispiel sei für viele angeführt. Am 26.5.1934 fand mit dem am 18.4.1934 angeschafften «Burlington Zephyr» eine Rekordfahrt der ⟨Chicago, Burlington & Quincy⟩ statt. Es wurde die Strecke Denver–Chicago (1634 km) ohne Zwischenhalt in 13 h 5 min 44 sec durchfahren, was eine Durchschnittsgeschwindigkeit von 124,89 km/h ergab. Brennstoffverbrauch 418 US gals. Bald fuhr die Bahn mit 12 «Zephyr Streamliner» z.B. von Chicago nach Denver (7.11.1936) und Minneapolis nach Houston. Es waren dreiteilige Dieseltriebzüge von 'General Motors' mit 600-PS-Motoren. Diese Fahrzeitverkürzung (siehe auch anschliessende Tabelle) war eine Herausforderung an die ⟨C&NW⟩ und die ⟨Milwaukee Road⟩ (siehe ⟨CMSt.P&P⟩, 1934, S. 84), die nun ihrerseits Rekordfahrten mit Dampf (!) ansetzten. Die nicht abbrechende Reihe von Rekordfahrten führte zu eigentlichen Sensationen. Schon am 10.5.1934 erreichte der «Pioneer Zephyr» der ⟨CB&Q⟩ auf einem 141 Meilen langen Abschnitt der ⟨Penn⟩-Strecke Fort Wayne (Ind.)–Englewood (Ill.) eine Durchschnittsgeschwindigkeit von 80,2 mph. Am 30. Juli 1934 fuhr der «Pioneer Zephyr» die 431 Meilen lange Strecke von Chicago nach St. Paul in 6 h und 4 min, inklusive 6 Halte. Die reguläre Fahrzeit wurde dann auf 6½ h festgesetzt. Am 22.10.1934 fuhr die ⟨UP⟩ mit dem «City of Portland», dem ersten Stromlinien-Schlafwagenzug, die Strecke Los Angeles–Chicago–New York (3258 Meilen) in 56 h 55 min, also mit einer Durchschnittsgeschwindigkeit von 57,2 mph; die Fahrt Los Angeles–Chicago (2298 Meilen) in 38 h 47 min, also 59,2 mph, brach ebenfalls alle früheren Rekorde. Der «City of Portland» wurde vom 6.6.1935 bis 26.7.1935 als 7-Wagenzug gefahren. Nach Wieder-

aufnahme des Betriebes am 6.2.1936 bis zum 27.3.1939 fuhr er ebenfalls als 7-Wagenzug, dann als 11-Wagenzug mit einer dieselelektrischen Doppellok als Antrieb. Ebenfalls im Oktober 1934 erzielte die ⟨UP⟩ mit dem M 10001 auf der Strecke Cheyenne–Omaha (506,7 Meilen) einen Rekord; der Dieselelektrotriebzug benötigte nur 6 h, was einer mittleren Geschwindigkeit von 84,45 mph entsprach. Auch in Europa wurde die Idee der Schnelltriebwagen- und -Züge (z.B. Schienenzeppelin 1931, «Fliegender Hamburger», «Fliegender Silberling» 1938, etc.) realisiert. Die 2–C–2-Stromlinienloks, Reihe 05 der ⟨DRB⟩, die bei einer Rekordfahrt 200 km/h mit 200 t Zugmasse erreichten, erregten in den USA einiges Aufsehen.

Geschwindigkeitsverbesserung der Züge von Chicago aus 1930/31–1935/36

	1930	1935
Chicago–Twin Cities 415 Miles	10 h 20 min	6 h 30 min
Chicago–Detroit 290 Miles	5 h 45 min	5 h
Chicago–Boston 1019 Miles	22 h 15 min	19 h
Chicago–New York 930 Miles	20 h	16 h
Chicago–Cleveland 340 Miles	7 h	6 h
Chicago–Washington 836 Miles	18 h 35 min	17 h
Washington–New York 226.5 Miles	4 h 25 min	3 h 35 min
Chicago–Cincinnati 300 Miles	7 h	6 h
Chicago–Miami 1480 Miles	40 h 35 min	32 h 20 min
Chicago–New Orleans 921 Miles	21 h	20 h
Chicago–St. Louis 280 Miles (1930–1936)	6 h 30 min	5 h 30 min
Chicago–Fort Worth 1055 Miles	36 h 30 min	26 h 30 min
Chicago–Kansas City 451 Miles	11 h	10 h 5 min
Chicago–Los Angeles 2228 Miles	58 h	53 h 45 min
Chicago–San Francisco 2260 Miles (1931–1936)	60 h 55 min	40 h
Chicago–Portland 2272 Miles (1930–1936)	60 h 45 min	39 h 45 min

Am 26.2.1934 ereignete sich bei der ⟨Penn⟩ in der Nähe von Pittsburgh (Pa.) eine folgenschwere Entgleisung eines Personenzuges, wobei neben 9 Personen der Lokführer und der Heizer getötet wurden; 42 Personen wurden verletzt. Der Zug kam von Akron (Ohio) und hatte etwas Verspätung, die die Mannschaft durch höhere Geschwindigkeit aufholen wollte. Als Sicherheiten dieser Strecke wurden genannt: 'controlled manual block system and automatic signals for spacing following trains'. Wegen zahlreichen Kurven bestand Geschwindigkeitsbeschränkung (40 mph, stellenweise 25 mph). Der Trainmaster bemerkte die zu hohe Geschwindigkeit und wollte die Mannschaft gerade alarmieren, als die Entgleisung stattfand. Ihm war aufge-

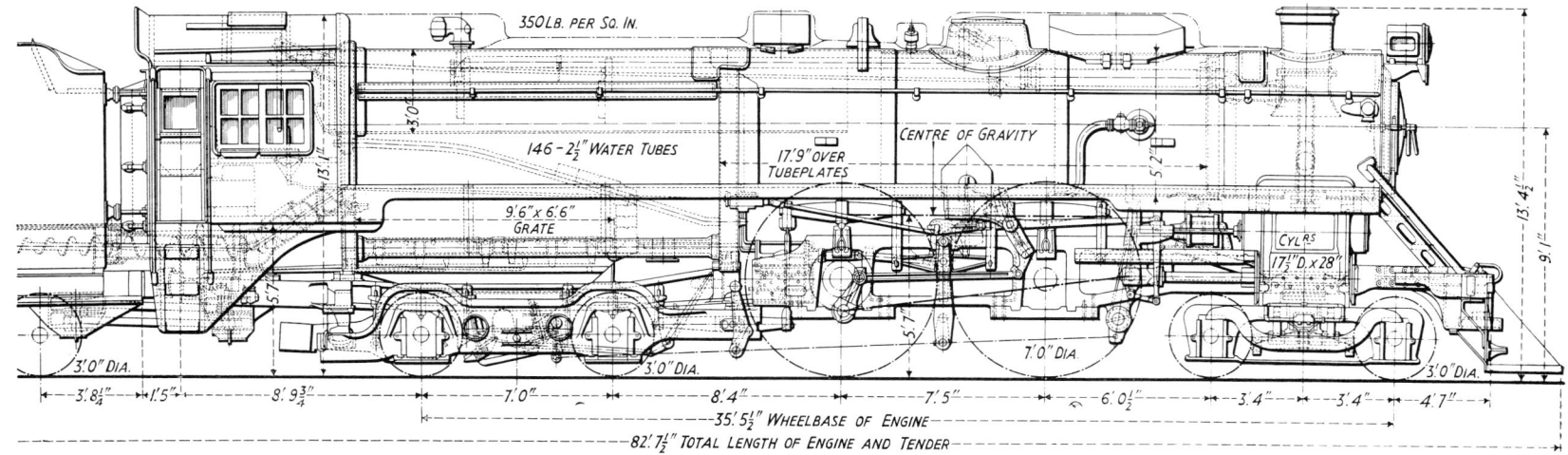

Caption and labels on the drawing:

350 LB. PER SQ. IN.

146 - 2½" WATER TUBES

17.9" OVER TUBEPLATES

CENTRE OF GRAVITY

9.6" x 6.6" GRATE

CYL.RS 17½" D. x 28"

3.0" DIA.   3.0" DIA.   7.0" DIA.   3.0" DIA.

3.8¼"   1.5"   8.9¾"   7.0"   8.4"   7.5"   6.0½"   3.4"   3.4"   4.7"

35.5½" WHEELBASE OF ENGINE

82.7½" TOTAL LENGTH OF ENGINE AND TENDER

7 «Lady Baltimore» der ‹B&O›, 1934 gebaut im eigenen Werk, eine Leichtbau-4–4–4-Schnellzugsmaschine mit Wasserrohrfeuerbüchse und 24,6 atü Kesseldruck! Triebrad-Ø 2134 mm. Stoker. Booster. Die Maschine war blau gestrichen, um die gleiche Farbe wie der «Abraham Lincoln» zu besitzen. Testfahrten ergaben eine Maximalgeschwindigkeit von 95 mph (152,9 km/h). Siehe auch Abb. 142.

fallen, dass der Zug nicht, wie hier üblich, gebremst wurde. Der Lokführer war als hochqualifizierter Angestellter bekannt und hatte beim letzten Gespräch in Akron mit dem Zugführer kein abnormales Verhalten gezeigt. Lok und Signale waren in Ordnung. Das Inspektionsergebnis stellte als Geschwindigkeit 60 mph in der Entgleisungskurve fest.

Die ‹B&O› führte im September 1934 eine im eigenen Werk erbaute 4–4–4-Hochleistungs-Schnellzugsdampflok mit Booster ein. Name «Lady Baltimore». Schon 1915 versuchte die ‹Reading› ähnliche Maschinen mit dem gleichen Achsbild zu bauen, jedoch ohne Erfolg. Die Hauptdaten der ‹B&O›-Maschinen waren: Kesseldruck 24,6 atü (!); Zylinder 2(445×711 mm); Triebrad-Ø 2134 mm; Rostfläche 5,57 m²; Heizfläche 164,5 m²; Überhitzer 32,5 m²; Zugkraft 12,6 t + 3,2 t Booster; Maschinengewicht 99,4 t; Reibungsgewicht 50 t; Max. Geschwindigkeit 152 km/h; Leistung 1570 PS (siehe Abb. 142 und 7). – Siehe auch «Lord Baltimore» 1935, S.87, eine 4–6–4-Hochleistungsschnellzugsmaschine der gleichen Gesellschaft. – Bevor die ‹B&O› auf höhere Dampfdrücke ging, hat sie eine 4–6–2 (Class P1C) in eine 4–6–4-Lok mit 24,61 atü Kesseldruck umgebaut (Class V1, Nr. 5047). Zylinder vor Umbau 2(660,4×711,2 mm), nach Umbau 2(546,1×711,2 mm); Maschinengewicht 161 t; Zugkraft 22,7 t. Als Feuerbüchse diente eine solche der Emerson-Bauart. Der Umbau war erfolgreich, denn die 4–6–4 wurde später noch mit einem Wälzlagertriebwerk ausgerüstet; Abb. 143 zeigt Lok Nr. 5047.

Die ‹Chicago, Milwaukee, St. Paul & Pacific› fuhr am 20.7.1934 mit einem 370 t schweren Vormittagsschnellzug Nr. 29, bestehend aus 5 Wagen (inkl. dem Salonwagen «Wisconsin», in dem neben Bahnfunktionären auch Presseleute sassen) auf der Strecke Chicago–Milwaukee einen Geschwindigkeitsrekord. Als Lok diente eine 295 t (inkl. Tender) schwere 4–6–4 (Class F6), Nr. 6402 (Baldwin 1929/30); sie fuhr mit Indianakohle (2800 kcal). Die Hauptdaten der Maschine waren: Zylinder 2(660,4×711,2 mm); Triebrad-Ø 2032 mm; Dampfdruck 15,75 atü; Heizfläche 390 m²; Überhitzer 169 m²; Rostfläche 7,2 m²; Dienstgewicht 170,8 t; Adhäsionsgewicht 86 t. Die reguläre Fahrzeit hätte für die 138,4 km (andere Quellen 137,9 km) lange Strecke 90 min betragen; die Rekordfahrt benötigte 67 min 35 sec (Durchschnittsgeschwindigkeit 122,5 km/h), wobei auf einer 12 km langen Strecke eine Geschwindigkeit von 157 km/h erzielt wurde. Auf der 111 km langen Strecke Mayfair Tower–Lake Tower wurde eine Dauergeschwindigkeit von 144,6 km/h erreicht. Abb. 136 zeigt Lok Nr. 6414 der Anschlussserie, die 1931 beschafft wurde und die dieselben Daten besass (siehe 1931, S.76, ‹CMSt.P&P›). Diese Rekordfahrt bewies, dass die konventionelle Dampflok imstande war, schneller zu fahren als bisher, und dass sie die Diesel-Lok nicht zu fürchten brauchte. Die Direktion fühlte sich daher in ihrer Absicht bestärkt, auch im Schnellzugsverkehr nicht von der Dampftraktion abzurücken. Noch 1938 nahm die Gesellschaft Stromlinien-Hudson-Maschinen mit 2134 mm grossem Triebrad-Ø in Betrieb, also mit dem Achsbild 4–6–4, das sich für solche Aufgaben besonders eignete (siehe 1938, S.107, ‹Milwaukee Road›).

Höhere Geschwindigkeiten und längere Züge erforderten nicht nur stärkere und schnellere Loks, sondern auch leichtere Personenwagen mit mindestens dem gleichen Komfort wie bisher. Die ‹Milwaukee› zeigte mit einer Bestellung von 52 vierachsigen Personenwagen für ihre Stromlinienzüge, wie man diese Aufgabe anpacken kann. Sie entschieden sich für vollständig geschweisste Stahlwagen und konnten so rund 35% Gewicht einsparen.

Nach zehnjähriger Beschaffungspause führte die ‹Boston & Maine› 5 Schnellzugsloks, die auch im Eilgüterverkehr eingesetzt wurden, für Expresszüge ein, z.B. den «Ambassador» (siehe Band 1, Seite 34). Serie Nrn. 3710–3714 (eine spätere Serie mit Nrn. 3715–3719 wurde 1937, ebenfalls von Lima geliefert). Typ 4–6–2, Class P4a (resp. P4b). Die Kesseloberseite der ersten Serie war bei Ablieferung stromlinienförmig verkleidet. Die Hauptdaten waren: Kesseldruck 18,28 atü; Triebrad-$\varnothing$ 2032 mm; Zugkraft 18,55 t mit Booster 23,95 t; Zylinder 2(584,2×711,2 mm); Rostfläche 6,2 m²; Heizfläche 357,7 m²; Überhitzer 89,7 m²; Maschinengewicht 153,9 t; Reibungsgewicht 95 t; Adhäsionsfaktor 5,12; Tender 2×2achsig (18 t Weichkohle + 45 400 l Wasser). Die anfänglich angebrachten seitlichen Windleitbleche wurden bald wieder demontiert. – Abb. 144a zeigt Lok Nr. 3710, Abb. 144b die Nr. 3715, beide aus Serien von Lima. – Schon ein Jahr später beschaffte sich die Gesellschaft 4–8–2-Mehrzweckloks mit kleinerem Triebrad-$\varnothing$ (siehe 1935, S. 91, ‹B&M›) für den gemischten Dienst. – Zum Vergleich mit einer europäischen Expressmaschine vom Pacific-Typ sei auf die Coronation-Lok Nr. 6220 – eine vollstromlinisierte Pacific – der ‹London, Midland & Scottish› aus dem Jahre 1937 verwiesen. Es waren genauer gesagt 5 Vierlingsmaschinen der Duchess-Klasse für den «Coronation Scot», also, europäisch gesehen, schwere Züge zwischen 470–530 t. Am 29.6.1937 erreichte Lok Nr. 6220 mit einem Zug eine V_{max} 183 km/h (Pressefahrt). Die Hauptdaten dieser englischen Maschinen waren: Kesseldruck 17,6 atü; Zylinder 4(419×711,2 mm); Triebrad-$\varnothing$ 2058 mm; Rostfläche 4,65 m²; Heizfläche 260,8 m²; Überhitzer 79,5 m²; Maschinengewicht 109,8 t; Reibungsgewicht 68 t. Konstrukteur William A. Stanier. – Die ‹B&M› führte mit den 4–6–2-Loks der Class P4a zahlreiche Versuche durch, sowohl im Einsatz als Schnellzugsmaschine (z.B. vor dem «Ambassador» zwischen Boston und Montreal, 327 Meilen) wie auch im Eilgüterverkehr. Vor dem 6Wagenzug (386 t) ergab die Messung am Zughaken 976 HP, vor dem 12Wagenzug 1405 HP. Vor dem Güterzug (2757, resp. 2769 t) entwickelte die Maschine 2840 HP. Den besten Wirkungsgrad dürfte die Maschine vor einem 15Wagenzug geleistet haben, wie eine rechnerische Überprüfung der Messresultate ergeben hat. – Zum Vergleich

mit einer «grossen europäischen Pacific-Maschine» sei auf die belgische Schnellzugsmaschine der Reihe 1 (Nrn. 1001-) verwiesen, deren Hauptdaten waren: Kesseldruck 18 atü; Zylinder 4(420×720 mm); Triebrad-$\varnothing$ 1980 mm; Rostfläche 5 m²; Heizfläche 232 m²; Überhitzer 117,5 m²; Maschinengewicht 126 t; Reibungsgewicht 72 t; Tender 2×2achsig (10,5 t Kohle + 38 m³ Wasser). Abb. 146 zeigt Lok Nr. 1001 der ‹SNCB›. – Eine weitere Vergleichsmaschine, diesmal nicht aus Europa, sondern von der ‹Southern Pacific›, sei hier noch angeführt. Es handelte sich um Pacifics aus dem Jahre 1913 (Alco), die für moderne Schnellzüge 1938 umgebaut und stromlinisiert wurden. Sie taten vor dem «Sunbeam» als Hochleistungsloks Dienst und besassen folgende Hauptdaten: Kesseldruck 14,8 atü; Zylinder 2(635×711 mm); Triebrad-$\varnothing$ 1968 mm; Walschaert-Steuerung; Heizfläche 367,2 m²; Überhitzer 107,4 m²; Maschinengewicht 139,48 t; Reibungsgewicht 84,1 t; Zugkraft 18,4 t; Tender 2×3achsig (Öl); totale Länge mit Tender 27984 mm.

Auf dem Chicago-Treffen der 'American Rw. Engineering Association' im März 1934 einigte man sich auf ein 'USA Standard Loading Gauge', d.h. ein Lichtraum-Profil für das Rollmaterial. Die max. Breite betrug 3276,6 mm und die max. Höhe 4724,4 mm.

Es war zu erwarten, dass auch in den USA einmal ein Angriff auf die Mallet-Lok gestartet würde. Beyer-Garratt war es doch in Süd-Afrika gelungen die Mallet hinauszudrücken, so dass ein ähnlicher Vorgang auch in den USA denkbar erschien. Die meist aktive Geschäftsleitung der Alco begann mit diesem Akt und übernahm die Exklusiv-Lizenz für den Bau von Loks nach Beyer-Garratt-Bauart für die USA, Kanada und Mexiko. Der vorangegangene Bau einer Schnellzugsmaschine 4–6–2+2–6–4 der ‹Paris-Lyon & Mediterrané› für Algerien brachte 1932 offenbar den Stein ins Rollen. Alco-Inserate in amerikanischen Eisenbahnzeitschriften sprachen von der schnellsten Gliederlok der Welt; auf Versuchsfahrten sollen 82 mph damit gefahren worden sein. Dieses Argument hätte eigentlich in der Lage sein sollen den Durchbruch zu erzwingen; besonders deshalb, weil man in den USA gerade in diesen Jahren den Schnellverkehr auf der Schiene wegen der stärker werdenden Konkurrenz ernst zu nehmen begann. Doch Alco brachte nicht einmal den Auftrag einer Versuchsmaschine herein. Die Amerikaner erkannten die Nachteile der Beyer-Garratt-Maschinen gleich von Anfang an und blieben bei den Mallets. Die Brückenkonstruktion mit dem Kessel zwischen den beiden Tendern und die beiden Tender – eine Mallet besass nur einen Tender! – verlängerten eine solche

Maschine beachtlich. Auch konnte das Anfahren schwerer Züge bei halbleeren Tendern bereits zum Problem werden. So kam es, dass die USA lieber die Mallet-Bauweise nochmals verbesserte, damit diese «braven» Maschinen auch schneller als bis anhin fahren konnten. Die Alco selbst schuf nach dem Misserfolg mit dem Beyer-Garratt-Experiment 1936 den Challenger mit dem Achsbild 4–6–6–4 für die ‹UP› und ‹NP›. Diese tatsächlich schnelleren Mallets fuhren bei höheren Geschwindigkeiten so gut, dass in den USA die Mallet-Bauweise nach wie vor gefestigt dastand. Im Jahre 1941 kam dann noch als besondere Glanzleistung die 4–8–8–4-Mallet dazu. Auch diese war im Gleis so gut geführt und sehr elastisch in den Kurven, so dass niemand mehr in den USA an die Beyer-Garratt-Bauweise dachte. Hier noch die Hauptdaten des Prototyps der algerischen Beyer-Garratt: Kesseldruck Prototyp 16, Serie 20 atü; Belpaire-Stehkessel; Zylinder 4(490× 660 mm); Triebrad-⌀ 1800 mm; Rostfläche 5,07 m²; Heizfläche 287 m²; Überhitzer 69 m²; Maschinengewicht 192 t; Reibungsgewicht 102 t; Zugkraft 21 t (0,75). Abb. 145 zeigt die ‹PLM›-Maschine für Algerien, die in den USA den Durchbruch hätte erzwingen sollen. In den USA baute aber Baldwin für die ‹Seaboard Airline› als Antwort grossrädrige Mallets (siehe 1935, S. 90, ‹SAL›).

Baldwin lieferte 1934 die ersten 3 Einheiten 2–6–6–4-Mallet-Maschinen mit Belpaire-Feuerbüchsen an die ‹Pittsburgh & West Virginia›; 1936 und 1937 folgten jeweils noch 2 Maschinen sehr ähnlicher Art; Serien-Nrn. 1100–03, 1104–05, 1106–07. Sie dienten dem Kohlen- und Erztransport auf der Strecke Monessen–Connellsville in Pennsylvania; daneben beförderten sie auch schwere Personenzüge. Sie traten an die Stelle von 2–8–0- und 2–8–2-Maschinen aus den Jahren 1909, 1918 und 1921 (siehe 1922, ‹P&WV›), die in Doppeltraktion eingesetzt waren. Die Länge des Schienennetzes betrug 138 Meilen, wobei das Netz in zwei Teile zerfiel, die in Pittsburgh zusammenliefen. Die Hauptdaten der 1934 bis 1937 gelieferten 2–6–6–4-Maschinen (zum Vergleich sind die Daten der modernsten 2–6–6–4-Loks aus dem Jahre 1950 beigegeben): siehe Tabelle linke Spalte unten. Das hintere 3achsige Drehgestell des Tenders besass entweder einen Booster-Antrieb mit Kuppelstangen oder war dafür vorgesehen. Abb. 147 zeigt eine Werkaufnahme von Lok Nr. 1104. Diese Loks besassen einen mässigen Achsdruck und guten Kurvenlauf.

Baldwin lieferte 1934 an die ‹Weyerhaeuser Timber Co.› (Tacoma, Wash.) eine leichte Mallet-Compound-2–6–6–2-Maschine mit 1295,4 mm Triebrad-⌀, 711,2 mm Laufrad-⌀ und Walschaert-Steuerung. Abb. 148 zeigt Lok Nr. 4. Weitere Daten dieser knapp 135 t schweren, ölgefeuerten Mallet-Maschine waren: Kesseldruck 15,82 atü (Kesseltyp Straight-top); Zylinder 2(508×711,2 mm) + 2(787,4×711,2 mm); Maschinengewicht 134,2 t; Reibungsgewicht 117,2 t; Heizfläche 289,2 m²; Überhitzer 83,1 m²; Rostfläche 5,3 m²; Zugkraft 26 t; Tender 2×2achsig (26,5 m³ Wasser + 9,4 m³ Öl). Es war die leichteste Mallet-Lok, die je in den USA gebaut worden ist. Sie stand im oben genannten Holzfällerbetrieb im Dienst, der bereits zahlreiche Mallet-Maschinen (u.a. auch Tenderloks) besass (z.B. eine 2–8–8–2 aus dem Jahre 1929 mit 162 t Maschinengewicht). Es wurden mit diesen Maschinen auf oft nur behelfsmässig verlegten Geleisen Steigungen bis 37‰ bewältigt (im Gebiet der Sägerei Longview). – Siehe auch die 2–6–6–2-Mallet-Lok der ‹Clinchfield› in Band 1, Seite 154.

Das Achsbild 4–8–4 erfreute sich in den USA bei vielen Gesellschaften grosser Beliebtheit. Bereits 1934 waren zahlreiche 4–8–4-Maschinen auf schwierigen Streckenabschnitten im Einsatz. Nachstehend eine vergleichende Liste der wichtigsten technischen Daten einiger 4–8–4-Loks, alle aus dem Jahre 1934. Siehe Tabelle auf der nächsten Seite oben links.

Die ‹NP›-Maschinen (in gewissen Zeitungsnotizen auch als Baldwin-Maschinen erwähnt) zogen den «North Coast Ltd.»; Einsatzstrecke pro Lok 906 Meilen. Der Tender war 6achsig, also für lange Durchläufe konzipiert. Die Daten der ‹LV›-Maschinen beruhten auf der Auswertung der Messergebnisse der vorhergehenden Serie (siehe 1931, S. 77, ‹LV›).

		‹P&WV› Nrn. 1100–06 1934–37 (Belpaire Feuerbüchse)	‹N&W› Nrn. 1235–42 1950 (Wootten Feuerbüchse)	‹SAL› Nrn. 2500– 2504 1935
Kesseldruck	atü	15,82	21,09	16,1
Zylinder	mm	4(584,2×812,8)	4(610×762)	4(556×762)
Triebrad-⌀	mm	1600,2	1778	1752
Rostfläche	m²	9,6	11,33	8,1
Heizfläche	m²	545	616,7	510
Überhitzer	m²	174	251,1	229
Zugkraft (81,5% Füllung)	t	42,5 + 7 (Booster)	51,7	38
Maschinen- gewicht	t	236	259,9	218,2
Reibungs- gewicht	t	177,5	196,1	150

	‹LV›-Serie 5125–5129	‹DL&W›-Serie 1631–1650	‹NP›-Serie 2650–2659
Kesseldruck	19,33 atü	16,2 atü (später 17,58)	18,28 atü
Zylinder	2(685,8×762 mm)	2(711,2×812,8 mm)	2(711,2×787,4 mm)
Triebrad-∅	1955,8 mm	1880 mm	1955,8 mm
Rostfläche	9 m²	8,22 m²	10,7 m²
Heizfläche	505,2 m²	509,85 m²	460 m²
Überhitzer	190,9 m²	202,5 m²	202,5 m²
Zugkraft	29 t	30,06 t	30,5 t (70%)
Maschinengewicht	197,1 t	202,76 t	222 t
Reibungsgewicht	123,2 t	124,28 t	133 t
Hersteller und Baujahr	Baldwin 1934	Alco 1934	Alco 1934

1935

1935 begann in den USA erneut (erstmals 1911, danach 1915) der Kampf gegen die Rauchbelästigung in den Städten durch Dampfloks. Dabei wurde die Rauchverhinderung bei Dampfloks meist über die Nachverbrennung erreicht. Es fuhren zu dieser Zeit zur Demonstration nur Loks mit sog. «sauberen» Feuerungsmethoden in den Städten ein und aus. Der Erfolg soll «in die Augen springend» gewesen sein, denn selbst schwere Schnellzugsmaschinen vom Typ 4–8–4 sollen praktisch nur noch eine schwache Dampffahne und keine Rauchschwaden mehr gezeigt haben. Die Industrie hatte die gleichzeitig stattfindende Ausstellung 'A Century of Progress Exposition in Chicago' und die damit verbundene Aktion stark unterstützt. Die Heizer wurden auf «umweltfreundliche» Verbrennung geschult. Offenbar hatte die herrschende Flaute im Dampflokgeschäft plötzlich wieder Verständnis für die Umweltbelange erzeugt.

Die Huey Long-Brücke über den Mississippi oberhalb New Orleans (Eigentum des Staates Louisiana) wurde am 17. Dezember 1935 als Stahlkonstruktion für Bahn und Auto in Betrieb genommen. Totale Länge 7010 m, max. Spannweite 240,8 m; Höhe über dem Wasser 43,3 m. Die bis dahin verwendeten Fähren wurden stillgelegt. Die ‹Southern Pacific›, ‹Missouri Pacific› und ‹Texas & Pacific› wurden Benützer dieser Brücke. – Zwischen Lake Pontchartrain und Mississippi wurde sodann ein Flutweg für den immer wieder hochwasserführenden Mississippi gebaut, um die plötzlich anfallenden Wassermassen zu umgehen. Die Strecken der ‹Illinois Central›, ‹Louisiana & Arkansas› und der ‹Yazoo & Mississippi Valley› wurden auf Holzstegen darüber geleitet. Dieser 'Bonnet Carre Floodway' bildet ein wichtiges Element für die 'Mississippi Flood Control'. Er ist etwa 2,4 km breit und sein Bo-

den, der normalerweise trocken ist, liegt nur wenig höher als der Meeresspiegel. Der ‹IC›-Steg ist doppelspurig und verläuft dem Pontchartrain-See entlang. – Im gleichen Jahr wurde in Massachusetts eine Hebebrücke über den Cape Code Canal mit 166 m Länge in Betrieb genommen.

Die ‹B&O› führte im Januar 1935 eine im eigenen Werk gebaute 4–6–4-Hochleistungsschnellzugsmaschine mit Nr. 5340 und Booster (siehe Abb. 149) ein. Sie soll den Namen «Lord Baltimore» erhalten haben. Lord Baltimore war der Gründer der britischen Kolonie Maryland. – Diesen Namen soll bereits eine 4–8–4-Eilgüterzugslok mit Nr. 5510 aus dem Jahre 1925 getragen haben. Die Hauptdaten der 4–6–4-Lok waren: Kesseldruck 24,5 atü; Zylinder 2(483×711 mm); Triebrad-∅ 2134 mm (!); Heizfläche 311 m²; Überhitzer 67 m²; Rostfläche 5,72 m²; Zugkraft 15,2 + 3,4 t; Maschinengewicht 133,5 t; Reibungsgewicht 70,9 t; errechnete Leistung 2200 HP. Als Nachfolgemuster entstanden noch die Nrn. 5350 und 5360. – Siehe auch «Lady Baltimore» 1934 S. 84. – Bereits 1934 nahm die Gesellschaft, die sich nur am Rande für den Hudson-Typ interessierte, eine solche Lok in Betrieb. Diese war durch den Umbau einer Pacific entstanden und erhielt die Nr. 5047; sie kann als Vorläufer der «Lord Baltimore» betrachtet werden, besass sie doch ebenfalls einen Kesseldruck von 24,5 atü. Weitere Daten siehe 1934, S. 84, ‹B&O›.

Am 1.7.1935 nahm die ‹B&O› auf der Alton-Strecke (‹Alton RR Comp.›) den Luxuszug «Abraham Lincoln/Ann Rutledge» zwischen Chicago und St. Louis (siehe SN 4) in Betrieb. Die 568 Meilen, hin und zurück wurden mit einer Durchschnittsgeschwindigkeit von 57,8 mph befahren. Es waren 8 Wagen, gezogen von 4–6–4-Schnellzugsmaschinen der Lord Baltimore-Class (siehe 1935, S. 87, ‹B&O›). – Der Inbetriebnahme ging am 10.5.1935 eine Versuchsfahrt voraus. Es wurden 124 Meilen mit einer Geschwindigkeit von mindestens 80 mph zurückgelegt. Die ‹B&O› bewies damit, dass die Dampftraktion mit der Dieseltraktion gleichziehen konnte. Dank der ausgeklügelten Leichtbaukonstruktion waren die Wagen 40 % leichter als jene konventioneller Bauart.

Auf der ‹NYNH&H› wurde versuchsweise eine

Tafel 5 >
4–6–2-Schnellzugslok Nr. 3715 (Serie 3715–3719, Lima 1937) der ‹Boston & Maine› vor dem «The Iron Horse Gallop Special» auf der Boston North Station. Diese mit kleinen Windleitblechen versehenen Pacifics genügten für den Schnellzugsdienst im Flachland. Sie besassen einen Triebrad-∅ von 2032 mm. Sammlung Lassueur.

Kurzwellen-Telefonie zwischen Lokführer und 'Caboose-Men' eingeführt, weil bei langen Güterzügen kaum eine Verbindung möglich war. Man verwendete eine Zweipolantenne mit voller Zugsbreite auf Dachhöhe. – Schon 1924 soll ein derartiger Versuch bei der ‹N&W› durchgeführt worden sein.

Am 2. Januar 1935 nahm die ‹Chicago & North Western› den «highspeed train 400» zwischen Chicago und St. Paul in Betrieb (siehe SN 12). Als Zugmaschinen wurden die letzten ölgefeuerten Pacifics der Gesellschaft aus dem Jahre 1923 (Alco) mit 1905 mm Triebrad-$\varnothing$ und 14,76 atü Kesseldruck eingesetzt (meist 6Wagenzug mit 268 Sitzplätzen). – Auf Grund des Erfolges mit diesem konventionellen aber schnellen Zuge führte die ‹C&NW› den «Flambeau» zwischen Chicago und der 'North Wood section' von Wisconsin (siehe SN 12) ein. Der Zug musste während der Saison bald doppelt geführt werden. – 1938 hat die Gesellschaft 4–6–4-Stromlinienloks angeschafft (siehe 1938, S. 107, ‹Milwaukee› / ‹C&NW›), die aber auf der Strecke Chicago–Omaha eingesetzt wurden. Für den «high-speed train 400» wurden die alten Pacifics modernisiert: höherer Kesseldruck, grössere Triebräder, weitere Dampfwege und Ventile, 2×3achsiger Tender.

Die ‹Bangor & Aroostook›, mit einem kleinen Bahnnetz von ungefähr 600 Meilen Länge im Staate Maine, beschaffte sich 1935 ihre letzten beiden Mountain-Loks. Diese hatten einen Triebrad-$\varnothing$ von nur 1600,2 mm. Die 3. Triebachse war angetrieben (lange Kolbenstange mit hängendem Kreuzkopf). Die weiteren Daten waren: Kesseldruck 16,87 atü; Zylinder 2(571,5×762 mm); Rostfläche 6,1 m²; Heizfläche 333 m²; Überhitzer 86,6 m²; Zugkraft 21,5 t + 4,9 t Booster; Maschinengewicht 144,1 t; Reibungsgewicht 97 t; Baker-Steuerung; Tender 2×2achsig. Diese mit Nrn. 107–108 versehenen Loks für den gemischten Dienst hatten Vorläufer mit ähnlichen Daten aus den Jahren 1929/30, Nrn. 100–106. Ausserdem besass die Gesellschaft noch 5 Pacifics mit etwas grösseren Triebrädern (1752,6 mm) aus dem Jahre 1927, ebenfalls von Alco. Abb. 150 zeigt Mountain-Lok Nr. 108 mit einem aussengelagerten Leitdrehgestell.

Die ‹Chicago, Milwaukee, St. Paul & Pacific RR Comp.› führte noch in den Jahren 1935–1938 (Einsatzbeginn: 29.5.1935) auf der Strecke Chicago-St. Paul/Minneapolis über Milwaukee, New Lisbon und Red Wing (420) die Dampfexpresszüge «Hiawatha» mit schnellen 4–4–2-Stromlinien-Maschinen mit hohem Achsdruck ein; die Fahrzeit betrug 7 h. Interessant ist, dass die 1. Triebachse angetrieben wurde. Die Hauptdaten waren: Kesseldruck 21,1 atü; Zylinder 2(483×

711 mm), Walschaert-Steuerung; Triebrad-$\varnothing$ 2134 mm (Boxpok); Heizfläche 301,5 m²; Überhitzer 95,6 m²; Maschinengewicht 129,73 t; Reibungsgewicht 64,4 kg; Zugkraft 13,98 t; Tender 3+2achsig. Erlaubte Höchstgeschwindigkeit 192 km/h. Abb. 151 a und 151 b zeigen Lok Nr. 1. – 1938 wurden 4–6–4-Stromlinienloks eingesetzt (siehe 1938, S. 107, ‹Milwaukee Road›), die lange Zeit Rekordmaschinen blieben und den Kampf gegen Dieseltriebzüge erfolgreich bestanden.

Baldwin lieferte 1935 5 grossrädrige Mallet-Loks vom Typ 2–6–6–4 (Serie 2500) mit Einfachdehnung an die ‹Seaboard-Airline›. Diese liefen auf der 405 km langen Strecke zwischen Richmond (Va.) und Hamlet (N.C.) – siehe SN 47 – und ersetzten die 4–8–2-Loks der Jahre 1924–1926. Die Hauptdaten der Mallets waren: Zylinder 4(556×762 mm); Triebrad-$\varnothing$ 1752 mm; Dampfdruck 16,1 atü; Rostfläche 8,1 m²; Heizfläche 510 m² mit 2 Wassertaschen und Verbrennungskammer; Überhitzer 229 m²; Maschinengewicht 218,2 t; Reibungsgewicht 150 t; Zugkraft 38 t. – Abb. 152 zeigt eine Werkansicht der Nr. 2501 von Baldwin. – 1937 wurden noch die Nrn. 2505–2509 geliefert. Sie besassen 3 Wassertaschen, was die rasche Dampferzeugung kurz vor Steigungen ermöglichte. Diese 2–6–6–4-Loks waren eine deutliche Antwort der ‹SAL› an Alco. Für ihre weiten Überlandstrecken benötigte die Gesellschaft leistungsfähige, schnelle Maschinen, die Alco wollte jedoch damals als Lizenznehmer bei Beyer-Garratt für derartige Aufgaben Beyer-Garratt-Maschinen liefern (siehe 1934, S. 85, ‹PLM›). 1950 hat ‹N&W› Maschinen (Nrn. 1235–1242) mit gleichem Achsbild, jedoch mit noch grösserem Triebrad-$\varnothing$ angeschafft. Die ‹B&O› hat schon 1930 einen Triebrad-$\varnothing$ von 1778 mm bei den von Baldwin gebauten 2–6–6–2-Mallets angewendet (siehe 1930, S. 73, ‹B&O›), doch sollen sie nicht restlos befriedigt haben. Erst die Challenger (siehe 1936, S. 92, ‹UP›) besassen die gewünschten Laufeigenschaften.

Lima lieferte an die ‹Chesapeake & Ohio› in den Jahren 1935 und 1942 schwere, kohlengefeuerte 4–8–4-Schnellzugsloks (Typenbezeichnung durch die ‹C&O›: Greenbrier) für den Dienst auf der kurvenreichen Gebirgsstrecke der Allegheny und der Blue Ridge Mountains zwischen Hinton (W.Va.) und Charlottesville (Va.) = 175 Meilen (Steigungen 13,3–15,2‰). Sie übernahmen als Class J3 die Aufgaben der Class J2 (4–8–2), u. a. den Dienst vor den Zügen «George Washington» (siehe 1932, S. 80, ‹C&O›) und «Sportsman». Die Hauptdaten der Ende 1935 gelieferten Serie Nrn. 600–604 (siehe Abb. 153) waren: Zugkraft 30,14 t +

6,53 t (Booster); Rostfläche 9,3 m²; Zylinder 2(699×762 mm); Leistung gut 5000 Zylinder HP; Kesseldruck 17,9 atü; Triebrad-∅ 1828,8 mm (nach anderen Quellen sollen spätere Nrn. versuchsweise 1879,6 mm ∅ erhalten haben, doch erst nach Ablieferung); Heizfläche 516,6 m² (inkl. 2 Wassertaschen); Überhitzer 217,5 m²; Maschinengewicht 216,4 t. – Die Namen der ersten 5 Maschinen (Nrn. 600–604) lauteten: *«Th. Jefferson»*, *«Patrick Henry»*, *«Benjamin Harrison»*, *«James Madison»*, *«Ed. Randolph»*. – 1942 wurde die Serie 605–606 und 1948 die Serie 610–614 von Lima abgeliefert (siehe 1948, S. 137, ‹C&O›). – Zum Vergleich sei auf die 4–8–4-Maschinen der ‹GN› (siehe S. 67, 1929) verwiesen.

Baldwin lieferte der ‹Boston & Maine› im Jahre 1935 eine kleine Serie von 4–8–2-Mehrzweckloks, Nrn. 4100–4104. Die Hauptdaten waren: Kesseldruck 16,9 atü; Zylinder 2(711×787,4 mm); Walschaert-Steuerung; Triebrad-∅ 1854 mm; Rostfläche 7,3 m²; Heizfläche 419 m²; Überhitzer 178,8 m²; Zugkraft 30,8 t; Maschinengewicht 188,33 t; Reibungsgewicht 122,1 t; Tender 2×3achsig, später 7achsig. Weitere Serien: 1937 Nrn. 4105–4109, 1939 Nrn. 4110–4112, 1941 Nrn. 4113–4117. – Im März 1935 begannen die Maschinen ihren Dienst auf der Fitchburg-Route zwischen Boston und Mechanicville (188 Meilen) sowie auf der Portland-Route zwischen Boston und Portland (115 Meilen). – Abb. 154 a zeigt die beiden Seitenansichten von Nr. 4102; Abb. 154 b zeigt das Triebwerk von Nr. 4117 (Wälzlager); man beachte die Anordnung der Gegengewichte (Winkelverschiebung). Noch 1943 hat die ‹NYC› Mountains bezogen (siehe 1940, S. 115, ‹NYC›).

Am 10. 2. 1935 wurde der elektrische Betrieb mit dem «Congressional» auf der ‹Penn›-Strecke New York–Washington aufgenommen (363,7 km). Die Elektrifizierung wurde 1927 begonnen und im Sommer 1938 abgeschlossen (inklusiv der Strecken Paoli–Harrisburg und Enola). Sie umfasste neben der Hauptstrecke New York–Philadelphia–Baltimore–Washington auch die Strecken Perryville–Harrisburg und Morrisville–Harrisburg (siehe SN 44). Als Stromart wurde Einphasenwechselstrom 25 Hz, 11000 V gewählt. Nach eingehenden Versuchen einigte man sich auf den 2'Co+Co2'-Eloktyp, Class GG1 ('Dschidschi-Wuan'), wobei die Nrn. 4830–4857 im Schnellzugsdienst und die Nrn. 4801–4829 im Güterzugsdienst eingesetzt wurden. Abb. 155 zeigt Lok Nr. 4824. Mit diesen Maschinen wurden die in Doppeltraktion fahrenden K4-Dampfloks ersetzt und die Fahrzeiten konnten gekürzt werden. Die Hauptdaten der GG1-Loks sind: Nennleistung 4680 PS bei 160 km/h Geschwindigkeit; Reibungsgewicht 136 t; Maschinengewicht 217 t; Länge über alles 24,23 m; kurzzeitige Spitzenleistung 8630 PS; V_{max} 160 km/h (Schnellzugsloks), 145 km/h (Personenzugslok und Güterzugslok); Antrieb: jede Achse besitzt 2 hochgelagerte Zwillingsmotoren. Betriebsleistung mit 12-Wagenzug (940/975 t) auf der 224,7 Meilen langen Strecke Washington–New York 200,5 min. Im Oktober 1939 waren bereits 109 Maschinen vom GG1-Typ angeschafft; 1942 waren es 129 Maschinen. Mit diesen Loks konnte der 'a mile-a-minute'-Betrieb mühelos durchgeführt werden.

Am 24. 3. 1935 nahm die ‹Penn› die 3spurige Hebebrücke über den Passaic River bei Newark (N. J.) in Betrieb, die eine sich etwas nördlich davon befindliche Drehbrücke ersetzte. Damit leistete die Gesellschaft einen Beitrag zu dem grossangelegten Sanierungsplan der Region New Yark, in dessen Rahmen u. a. ein neuer Bahnhof gebaut und eine Entflechtung der Schienenverkehrslinien vorgenommen wurde. Beim Bau der Brücke mussten die Masse des unter ihr hindurchführenden Schiffahrtsweges (61 m Breite und 47,24 m Höhe) berücksichtigt werden.

Als Beispiel, auch für andere Bahngesellschaften, sei die Lösung der ‹KCS› erwähnt, welche 1935 den Lastwagendienst entlang ihrer Strecke (siehe SN 27) eröffnete. Sie beschleunigte damit den Güterzugsdienst, da die Züge nicht mehr überall halten mussten. Bedingung der ICC war, dass die mit dem Lastwagen beförderte Ware mindestens einmal mit der Bahn transportiert worden war.

In den Monaten März und April 1935 wüteten in der Prärie von Texas und Oklahoma (im Osten von New Mexico und Colorado) sog. 'Black Blizzards', die den Eisenbahnverkehr beinahe zum Erliegen brachten. Wie noch nie zuvor fegten schwarze Wolken von Sand und Staub über das Land. Tag und Nacht standen die Bahnarbeiter im Einsatz, und es mussten alle Posten durchgehend besetzt bleiben, um den Betrieb einigermassen aufrecht zu erhalten.

Am 2. 9. 1935 wütete ein tropischer Hurricane von noch nie gemessener Stärke im Gebiet der Key West-Strecke der ‹Florida East Coast›. Windstärke 125 mph. Es wurden 40 Meilen Eisenbahnstrecke zerstört. Schienen mit samt den Schwellen wurden umgekehrt und schwere Wagen wurden ins Meer geworfen. Die Kosten der Instandsetzung wurden auf 1,8 Mia Dollar, resp. 2,9 Mia Dollar bei Verwendung von Stahl und Quadersteinen geschätzt. Siehe Band 1, Seite 111 und SN 22.

Ende Dezember 1935 erhielt die ‹Detroit, Toledo & Ironton› (siehe Band 1, Seite 36) von Lima 4 Einheiten 2–8–4-Güterzugsloks, welche die Maschinen dieses

Typs mit dem kleinsten Reibungsgewicht gewesen sein sollen. Die Hauptdaten lauteten: Kesseldruck 17,58 atü; Zylinder 2(635×762 mm); Walschaert-Steuerung; Triebrad-∅ 1600,2 mm; Rostfläche 8,15 m²; Heizfläche 417,5 m²; Überhitzer 166,7 m² (Typ E); Maschinengewicht 186,66 t; Reibungsgewicht 112,76 t; Zugkraft 28,7 t; Tender 2×3achsig; geschlossene Führerkabine. Der Rahmen der Maschinen war nicht aus Stahlguss, sondern aus hochwertigen Walzblechen zusammengesetzt (verschweisst mit den Zylindern). 1939 erhielt die Gesellschaft nochmals 2 Maschinen, siehe 1939, S.114, ‹DT&I› und Abb. 197. Ab 1940 kaufte die Gesellschaft nur noch Mikados (siehe 1944, S.132, ‹DT&I›).

1936

Zwischen dem 1.1. und 15.3.1936 wurden von den 1. Class-Bahngesellschaften insgesamt 59 Dampfloks bestellt; 32 Stück waren 4-Zylinder-Mallet-Maschinen mit Einfachexpansion (15 für ‹UP›, Typ 4–6–6–4; 12 für ‹NP›, Typ 4–6–6–4; 5 für ‹N&W›, Typ 2–6–6–4). Werden die Auslandsaufträge hinzugerechnet, so erhielt die amerikanische Lokindustrie 434 Bestellungen.

Am 17. und 18. März richtete Hochwasser im Umkreis von 100 Meilen um Pittsburgh (Pa.) gewaltigen Schaden an den Bahnanlagen an. Die Flüsse Monongahela, Allegheny, Ohio und Conemaugh überschritten den üblichen Hochwasserstand um 10–25 feet (3–7,5 m). Geschäftsviertel und Bahnhöfe standen nicht nur in Pittsburg, sondern auch in Johnstown, Cumberland und Wheeling bis zu 5 feet unter Wasser. Zahlreiche Gleise wurden unterspült, so dass z.B. bei Conemaugh (Pa.) stehende Loks absanken und bei dieser Gelegenheit zum Uferschutz wurden. Sie bewirkten, dass ein Maschinenhaus von den Fluten verschont wurde.

Der Typ 4–6–6–4, der sog. Challenger-Typ, wurde im August 1936 erstmals bei der ‹Union Pacific› für schwere Eilgüterzüge an Stelle der 4–12–2 eingeführt. Diese von Otto Jabelmann konzipierte und von Alco für höhere Geschwindigkeiten gebauten Maschinen mit Nrn. 3900–3914 besassen folgende Hauptdaten: Kesseldruck 17,93 atü; Zylinder 4(558,8×812,8 mm); Triebrad-∅ 1752,6 mm (Scheibenräder); Rostfläche 10,05 m²; Heizfläche 499 m²; Überhitzer 151,5 m²; Zugkraft (85%) 44,16 t; Maschinengewicht 256,5 t; Reibungsgewicht 175 t; Tender 2×3achsig. – Weitere Lieferungen schwererer Ausführung siehe 1942 S.124, ‹UP› und Abb. 217. Aber schon 1937 wurden nochmals 25 Stück abgeliefert (Nrn. 3915–3939). Viele Challengers sind auf Ölfeuerung umgebaut worden (noch

1952), oft auch wieder zurück. Es ist zu beachten, dass die Nummerierung 1944 gewechselt wurde, so dass in der Literatur oft unterschiedliche Angaben anzutreffen sind. Folgende Aufstellung kann hier weiterhelfen: 3800–3814 → 3900–3914 (1936); 3815–3839 → 3915–3939 (1937); 3930–3949 (1944); 3950–3969 (1942); 3980–3999 (1943); 3700–3707 → 3930–3944 (1944); 3708–3712 → 3975–3979 (1943). Dem 'Roster of ‹UP› 1867–1964' ist zu entnehmen, dass Nrn. 3800–3839 als ‹UP›-Number und die Nrn. 3900–3939 als ‹N&W›-Number bezeichnet wurden. – Challenger-Maschinen erhielten auch die Gesellschaften ‹D&H› (1940), ‹Clinchfield› und ‹Western Pacific›. – Offenbar aus taktischen Gründen erschien in Rw. Age 23.5.1936 nochmals ein Inserat der Alco für Beyer-Garratt-Schnelläufer (siehe 1934, S. 85, ‹PLM›).

In den Jahren 1936–1943 erhielt die ‹Northern Pacific› von Alco ähnliche Challengers (Class Z7) mit Einfachdehnung (Nrn. 5100–5126 und 5130–5149). Die Konzeption stammte ebenfalls von Otto Jabelmann (‹UP›). Sie erlaubten die hohe Maximalgeschwindigkeit von 112 km/h mit schweren Zügen. Sie waren mit den Drehgestellen vorne und hinten sehr gut geführt und die Aufteilung der Antriebskraft auf 4 Zylinder, also die doppelte Zahl der konventionellen Einrahmenmaschine, hielt das Wanken der Maschine innerhalb vernünftiger Grenzen. Die Einfachdehnung ergab ausserdem dauernd grössere Zugkräfte als das Original-Compound-System von Mallet. Die Hauptdaten der Maschinen, Serie 5121–5126 (1941), waren: Kesseldruck 17,58 atü; Zylinder 4(584,2×812,8 mm); Triebrad-∅ 1752,6 mm; Rostfläche 14,2 m² (grösser als bei ‹UP›-Maschinen, Grund: 'Rosebud coal'); Heizfläche 541 m²; Überhitzer 196 m²; Zugkraft 45,5 t; Maschinengewicht 283 t; Tender 2+5achsig. – Die letzte und stärkste Serie wurde 1944 angeschafft (siehe 1944, S. 128, ‹NP›).

‹Norfolk & Western› erhielt 1936 aus dem eigenen Werk Mallet-Loks vom Typ 2–6–6–4, Serie 1200–1209, ebenfalls mit Einfachdehnung. Die ersten 2 Loks wurden im Mai, resp. Juni 1936 (Nrn. 1200–1201) abgeliefert. Dies waren die längsten Loks, die ‹N&W› baute (37 116 mm); sie waren für den Eilgüterdienst (ausnahmsweise auch schwere Personenzüge) bestimmt. Bei Probefahrten wurden folgende Leistungen ermittelt: Vor Eilgüterzug von 4300 t auf 5‰ Steigung ca. 40 km/h; Eilgüterzug von 6750 t in der Ebene mit 100km/h Geschwindigkeit! Die Hauptdaten dieser grossrädrigen Mallets waren: Kesseldruck 19,25 atü; Wootten-Feuerbüchse; Feuerbüchse elektrisch geschweisst; Zylinder 4(610×762 mm); Triebräder 1778 mm; Achsla-

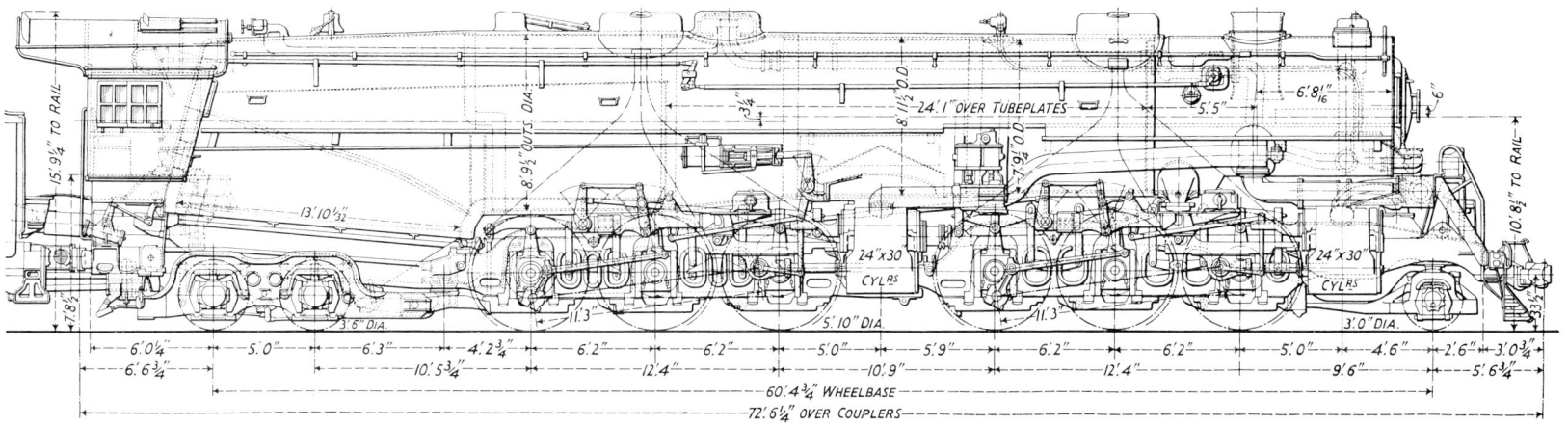

8 2–6–6–4-Mallet-Güterzugslok, Class A, Serie 1200–1209 der ‹N&W›. Wootten-Feuerbüchse. Triebrad-∅ 1778 mm! Einfachdehnung. 2 grosse Sanddome. Baker-Steuerung. Einsatz schwerer Eilgüterzüge und Personenzüge. 1936 im eigenen Werk gebaut. Siehe auch Abb. 156.

gertyp: Wälzlager; Rostfläche 11,35 m²; Heizfläche 617 m²; Überhitzer 251 m²; Dienstgewicht 260 t; Zugkraft bei 75 % Füllung 47 t; Tender 2×3achsig. Serie 1202–1209 wurde 1937 in Betrieb genommen (siehe Bild 156 und 8); Serie 1210–1234 kam 1943/44 in Betrieb; Serie 1235–1242 im Jahre 1950. Kesseldruck der neueren Maschinen betrug 21,09 atü (!); Zugkraft 51,7 t. – Zum Datenvergleich sei auf die 2–6–6–4-Loks der ‹Seaboard Airline› verwiesen (1935, S. 90, ‹SAL›).

Die ‹Santa Fé› hat am 12.5.1936 den «Super Chief» zwischen Chicago und Los Angeles (siehe SN1) in Betrieb genommen. Der Zug, der aus Standard-Pullman-Wagen bestand, fuhr die Strecke mit einer 3600 HP Diesel-Elektro-Lok in 39¾ h. Später (15.6.1937) konnte der Zug mit 11 Leichtstahlwagen geführt werden. – Nach wie vor fuhr der «Chief» (siehe auch 1937, S. 97, ‹Santa Fé›) die gleiche Strecke, jedoch langsamer aber jetzt auch etwas schneller, nämlich in 51½ h. Der «Chief» wurde bekanntlich von der ‹Santa Fé› am 14.11.1926 eingeführt. – Die Gesellschaft musste diese Fahrplanverbesserungen einführen, weil Konkurrenz-Gesellschaften, wie der folgende Abschnitt zeigt, ebenfalls mit Verbesserungen aufwarteten.

Zwischen Chicago und Los Angeles wurde am 15.5.1936 mit dieselelektrischen Leichtzügen zu 11 Wagen der regelmässige 39¾h-Personenverkehr (Schlafwagenzug) eingeführt. Damit konnte die Fahrtdauer auf unter 40 h gesenkt werden (siehe 1934, S.83, ‹UP› und S.82, ‹CB&Q›). Name des 11Wagenzuges mit 2 Triebeinheiten: «City of Los Angeles». Er fuhr 5mal pro Monat. Der Betrieb erfolgte durch die ‹UP› und die ‹C&NW›, ab 27.12.1937 sogar als 17Wa-

genzug. Als Einzelleistung wurde die Strecke bereits 1905 in ~45 h zurückgelegt (siehe Band 1, Seite 143, ‹Santa Fé›).

Über den Missouri bei St. Charles (Mo.) – einst Hauptstadt von Missouri – wurde 1936 eine einspurige, 2400 m lange Stahlbrücke von der ‹Wabash› in Betrieb genommen. Die Hauptbrücke besitzt (ohne Auffahrten) eine Länge von 500 m mit einer max. Spannweite von 183 m. Die Höhe über dem Wasserspiegel beträgt 16,7 m. – Die Stadt liegt etwa 30 km nordwestlich St. Louis und wird auch noch von der ‹MKT› angefahren. – Siehe SN 35 und SN 55.

Die ‹Canadian Pacific› führte aus Anlass ihres 50jährigen Bestehens in den Jahren 1936–1938 Expresszüge mit Leichtstahlwagen und 4–4–4-Stromliniendampfloks ein. Die Hauptdaten dieser als Jubilee-Typ (Class F2A) bezeichneten Maschinen (Nrn. 3000–3004) waren: Kesseldruck 21,1 kg/cm³; Walschaert-Steuerung: Zylinder 2(425,5×711 mm); Triebrad-∅ 2032 mm; Rostfläche 4,2 m²; Heizfläche 263,2 m²; Überhitzer 102,2 m²; Maschinengewicht 119,3 t; Reibungsgewicht 54,88 t; Zugkraft (0,85) 12,07 t. Einsatzstrecken: Toronto–Detroit, Montreal–Quebec, Calgary–Edmonton. Zum Vergleich sei auf die 4–4–4-Lok der ‹B&O›, 1934, S.84, verwiesen.

Die ‹Southern Pacific› nahm in den Jahren 1936/37 Stromlinien-Dampfloks, Class GS2, 4–8–4 (Northern Typ) mit 1866,9 mm Triebrad-∅ in Betrieb (Serie Nrn. 4410–4415). Stückzahl anfänglich 6, später 50 (GS3 und 4), von denen 49 Stück noch 1954 in Betrieb standen (Folge-Typen: Class GS4, 5, 6 und 7, siehe 1941, S.119, ‹SP›). Konstrukteure: George McCormick und Frank E. Russell. Hersteller: Lima. Einige Hauptdaten: Kesseldruck 17,58 atü; Zylinder 2(685,8×762 mm); Rostfläche 8,4 m²; Zugkraft 27 t + Booster. Mit diesen ölgefeuerten Maschinen fuhren die Coast Line-Schnellzüge der ‹SP› von San Francisco nach Los Angeles (470 Meilen) anfänglich in 12 h, zuletzt mit Maschinen der Class GS3, 4, 5 und GS6 in 9¾ h («Daylight Limiteds»). – Die Vorläufer dieser Typen, Class GS1, baute Baldwin schon 1930. Von diesen 10 Stück gingen 1941 4 an die ‹Texas & New Orleans› (siehe 1926, S. 47, ‹SP›); Beschreibung siehe 1930, S. 72, ‹SP›. – Die ‹Western Pacific› erhielt 1942/43 von Lima gleichaussehende Typen wie die Class GS3-Maschinen (siehe Abb. 215) mit praktisch denselben Daten. Auch die ‹CofG› erhielt 1942/43 Maschinen mit sehr ähnlichen Daten, aber ohne Stromlinienverkleidung (siehe 1942, S. 124, ‹CofG›). – Die GS3-Class besass bereits 2032 mm Triebrad-∅, 19,69 atü Kesseldruck und 2 Zylinder mit 660,4 mm ∅, 812,8 mm Hub. Sie wurde 1937 als Serie Nrn. 4416–4429 von der ‹SP› angeschafft.

Die ‹Louisiana & Arkansas› (siehe Band 1, Seite 119) beschaffte im Jahre 1936 ihre letzten Mikados bei Lima. Die Nrn. 561 und 562 besassen einen Tenderbooster, die Nrn. 563–565 einen normalen 2×2achsigen Tender, waren aber sonst gleich. Die Hauptdaten dieser 2–8–2-Loks waren: Kesseldruck 16,87 atü; Zylinder 2(584,2×812,8 mm); Triebrad-∅ 1600,2 mm; Rostfläche 5,6 m²; Heizfläche 340,4 m²; Überhitzer 94,4 m²; Maschinengewicht 136,2 t; Reibungsgewicht 94,4 t; Zugkraft 23,9 t + 7,5 t (Booster). Im Oktober 1939 wurden die Maschinen von der ‹KCS› übernommen, welche die ‹L&A› gekauft hatte, um nach New Orleans fahren zu können (siehe SN27). Auf diese Weise musste sie nicht um die Durchfahrtsrechte bei der ‹MP› nachsuchen. – Die ‹L&A› besass auch noch Mikados aus den Jahren 1923, 1924, 1927 und 1928. Diese älteren Maschinen waren schwächer und langsamer; sie hatten nur einen Triebrad-∅ von 1447,8 mm. Abb. 157 zeigt Lok Nr. 561 mit Tenderbooster.

Die ‹Union RR›, eine Rangier- und Überführbahn im Raume Pittsburgh, deren Verbindungsstrecke etwa 45 Meilen lang ist und starke Steigungen aufweist, hat nach anfänglicher Verwendung von Rangiermaschinen üblicher Bauart, also ohne Laufachsen den sog. Union-Loktyp mit Achsbild 0–10–2 + Tender-Booster eingesetzt. 1936 wurde die Serie 301–305 und 1937 die Serie 306–309 beschafft; Hersteller Baldwin. Die Hauptdaten dieser «massgeschneiderten» Loks waren: Kesseldruck 18,28 atü; Zylinder 2(685,8×812,8 mm); Triebrad-∅ 1549,4 mm; Rostfläche 7,9 m²; Heizfläche 446,8 m²; Überhitzer 129 m²; Maschinengewicht 183 t; Reibungsgewicht 156 t; Zugkraft der Lok 39,5 t (bei 35 mph, d.h. 56,33 km/h beträgt die Zugkraft 17,5 t ohne Booster); Tender-Booster Zugkraft 7,5 t; 3 Wassertaschen in der Feuerbüchse; Dampfentwicklung pro h 27,7 t; max. Geschwindigkeit mit leichten Zügen 40 mph (64,4 km/h); max. Radstand Lok + Tender etwas weniger als 70 ft (Drehscheiben-∅), d.h. 21,34 m. Abb. 158 zeigt Lok Nr. 303.

Am 2.1.1936 fuhr der «Florida Sunbeam», ein Luxuszug der ‹Southern› (siehe SN49) erstmals nach Florida. Er wurde von einer dunkelgrün gestrichenen Pacific – ähnlich jener des «Crescent Limited» – mit auf den Zylindern und auf dem Führerhaus aufgemalten goldenen Palmzweigen, gezogen (siehe Farbtafel in Band 1 gegenüber Seite 248). Die Gesellschaft hoffte, mit dem «Florida Sunbeam» (nicht zu verwechseln mit dem «Sunbeams» der ‹SP›, siehe 1937, S. 85, ‹SP›) am «Florida Boom» teilzuhaben und gegen das Abwandern der Passagiere auf das Flugzeug ankämpfen zu können. Das nationale Flugnetz verband bereits seit April 1933 Washington und Chicago mit Miami.

Am 15.7.1936 wurde erstmals der Stromlinienluxuszug «Mercury» von der ‹NYC› zwischen Chicago und Cleveland und Cleveland und Detroit über Toledo gefahren. Den zweiten Zug nannte man auch «Detroit Mercury». Es war ein grau gestrichener 7 Wagenzug, der 163,3 Meilen in 2 h 50 min zurücklegte. Als Zugmaschinen dienten die beiden Pacifics Nrn. 6515 (4915) und 6517 (4917) von Alco, die zu diesem Zweck eine Stromlinienverkleidung in der West Albany-Werkstätte der Gesellschaft erhielten. Die Hauptdaten dieser modernisierten Pacifics waren: Kesseldruck 14,06 atü; Zylinder 2(635×711,2 mm); Triebrad-∅ 2006,8 mm (gleiche Konstruktion wie die Triebräder der Stromlinienlok der ‹NYNH&H›); Heizfläche 367 m²; Überhitzer 106,6 m²; Rostfläche 6,32 m²; Zugkraft 16,5 t; Gesamtlänge Lok + Tender 23 114 mm. Die Stahlwagen waren beträchtlich leichter als die Standardausführung der amerikanischen Luxus-Personenwagen. Später wurden als Zugmaschinen stromlinisierte Hudsons eingesetzt.

Die ‹New York Central› nahm am 24.9.1936 in Syracuse (N.Y.) eine 35 Meilen lange Strecke mit 25 Brücken in Betrieb, wodurch 62 Bahn-/Strassenkreuzungen aufgehoben wurden. Gleichzeitig wurde ein neuer Bahnhof eröffnet, der 10 Bahnsteige aufwies. Prinzip: Die Strasse blieb auf ihrem alten Trasse, die Bahn wurde höher gelegt. Bis dahin fuhren die Züge langsam durch die verkehrsreichen Strassen, z.B. durch die East Washington Street. Syracuse ist auf SN16.

Das Problem der Gewinnmargen-Reduktion durch höhere Geschwindigkeit und mehr Luxus (Klimaanlagen etc.) bei der Personenbeförderung wurde von P. A. McGee in einem Aufsatz in Rw. Age 13. 6. 1936, S. 945, systematisch untersucht. Er wertete Betriebsdaten von Zügen der Dampf-, Diesel- und Elektrotraktion aus. Titel der Arbeit: 'Passenger-Train Length, Speed and Horsepower'.

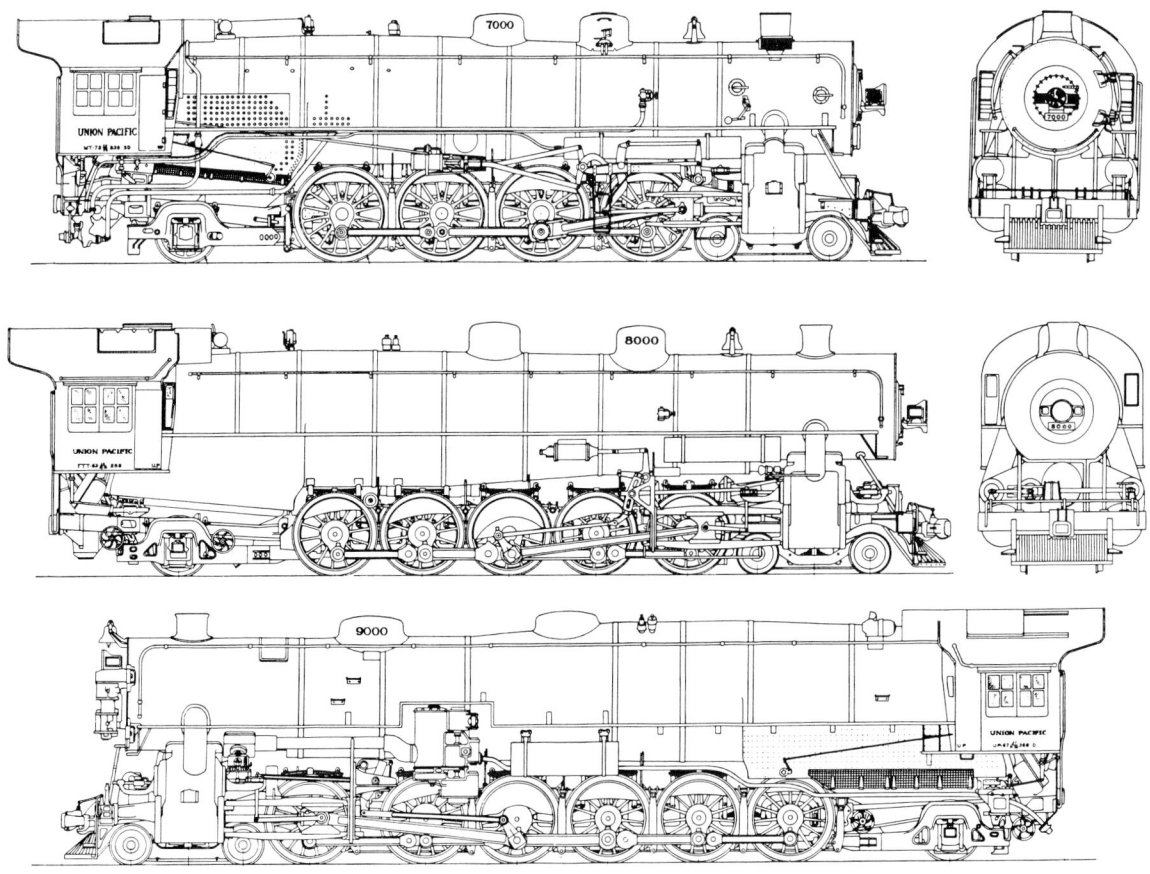

1937–1950:

Letzte Anstrengungen der Dampfkraft auf den Schienen Amerikas durch Vergrösserung der Zugkraft und Geschwindigkeit sowie durch Duplex-Bauart und Turbinenantrieb. Letzte Mallet-Maschinenvergrösserung im Challenger- und Big Boy-Achsbild zur Erhöhung der Fahrgeschwindigkeit.

Der Zeitabschnitt 1937–1950 wurde mit dem Bau von neuen Hochleistungsmaschinen der Duplex-Bauart eingeleitet. Es darf dies als Zeichen dafür gedeutet werden, dass die konventionelle Einrahmenmaschine vom Hochleistungstyp mit Dampfdrücken um 20 atü für den vergrösserten Leistungsbedarf nicht voll befriedigte. Die riesigen Kolbendrücke der Zwillingsmaschinen mit den schweren Triebwerksanlagen hatten trotz Einsatz hochwertiger Legierungen teilweise unangenehme Auswirkungen auf die Laufeigenschaften und den Oberbau. Durch Aufteilen der Kräfte auf 4 Zylinder im gleichen Rahmen hofften die Konstrukteure, die dampfgetriebene Einrahmenmaschine noch einmal einen Schritt weiterentwickeln zu können. Die ‹B&O› machte damit den Anfang. Sie ging bei dieser Gelegenheit mit dem Dampfdruck auf 24,6 atü und baute einen leistungsfähigen Stehkessel vom Typ Emerson ein. Es blieb vorerst bei diesem Versuch, doch eine andere Gesellschaft, die ‹Penn›, begann 1938 mit dem Bau derartiger Maschinen, was dann zu Serien führte.

Doch auch die konventionelle Zwillingsmaschine wurde weiterentwickelt, und zwar wurden die 4–8–4-Maschinen in den USA in grossen Stückzahlen hergestellt; insbesondere die Jahre 1937/38 waren durch viele Lieferungen starker Maschinen mit über 500 m² Heizfläche gekennzeichnet. Markante Schnelläufer waren die 4–8–4-Loks der ‹UP› aus dem Jahre 1944 und der ‹NYC› aus dem Jahre 1945. Daneben fand aber auch noch die eigentliche Expressmaschine, die 4–6–4, guten Absatz (1935–1938), wobei die ‹Santa Fé› 1937 derartige Maschinen mit gegen 450 m² Heizfläche in Betrieb nahm. Auffallend gross waren die Triebräder. Auch bei der ‹NYC› erlebte dieses Achsbild eine grosse Blütezeit, stellten sie doch jahrelang die leistungsfähigen Schnelläufer vor den bekannten Express-Luxuszügen New York–Chicago (trotz Mountains und Niagaras). Interessant war sodann die Renaissance der Mountain bei der gleichen Gesellschaft.

Die Mallet-Bauweise machte nach dem Vorstoss der Alco, die Beyer-Garratt-Bauweise in den USA einzuführen, ebenfalls nochmals eine erfolgreiche Entwicklung durch, besonders in Richtung der gut im Gleis geführten Grossmaschinen 4–6–6–4 und 4–8–8–4, die schwerste Eilgüterzüge mit relativ hohen Geschwindigkeiten beförderten. Während man früher unter Mallet-Loks nur Langsamläufer verstand (Ausnahme ‹Santa Fé›-Maschinen aus dem Jahre 1909), wurden die Bahnen mehr und mehr gezwungen, ihre im Achsbild liegenden Vorteile zu nützen. Die Mallet-Maschinen entwickelten sich dabei zu leistungsstarken Schnellfahrmaschinen zwischen Ost- und Westküste, besonders im Eilgüterverkehr. Ein Typ der Endzeit war auch der Allegheny-Typ, der eine reichliche Dampfkapazität besass, die auf einer Heizfläche von 672,6 m² und einer Überhitzerfläche von 296 m² beruhte. Das 3achsige hintere Laufdrehgestell erlaubte Rostflächen von über 12 m² (Mallet-Typ 2–6–6–6).

Vorteilhaftere Zugmaschinen hoffte man auch durch den Übergang auf Turbinenantrieb zu erhalten. Solche Maschinen entwickelten in erster Linie Gesellschaften von der Grösse einer ‹Penn›. Doch auch finanzstarke Gesellschaften mittlerer Grösse wie die ‹C&O› haben sich ebenfalls an derartige Schienenriesen herangewagt. Die Dampftraktion hat also nicht widerstandslos das Feld geräumt. Eine ausführliche Behandlung derartiger Projekte findet sich bei W. Stoffels: ‹Lokomotivbau und Dampftechnik›, 1976, Seiten 145–222.

In diesem Zeitabschnitt ging der Verkehrsleistungs-Anteil der Eisenbahnen in den USA langsam aber deutlich zurück. Noch 1936 betrug dieser 71,5% an der Gesamtleistung aller Verkehrsmittel. 1956 war er bereits bis auf 58,7% und 1961 auf 54,3% gefallen. Besonders bei den Gütertransporten zeigte sich immer mehr ein Absinken. 1953 beförderten die Eisenbahnen noch 66% der Gesamttransporte, 1956 nur noch 52,7% und 1961 fiel ihr Anteil mit 47,5% deutlich unter 50%.

1937

Im Jahre 1937 wurden total nur 176 Dampfloks von amerikanischen Bahngesellschaften bestellt, das bedeutete gegenüber 434 Stück im Jahr 1936 einen star-

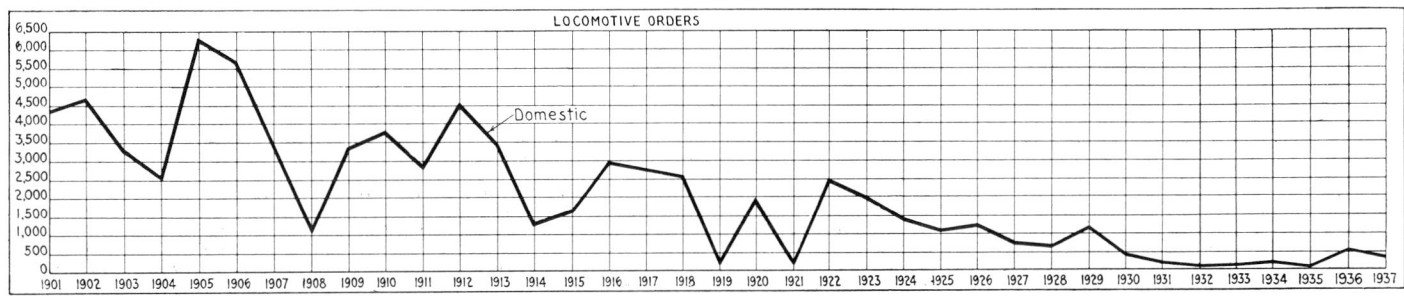

LOCOMOTIVE ORDERS

9 Lokbestellungen 1901–1937 in den USA (zusammengestellt von W. H. Schmidt, Rw. Age 104/1). Spitze 1905 mit 6265 USA-Bestellungen; Spitze 1912 mit 4515 USA-Bestellungen.

ken Ausfall. Die Entwicklung der Bestellungseingänge während der Jahre 1901–1937 zeigt Abb. 9.

Die ‹UP› nahm im Juli 1937 den Pullman-Luxus-zug «Forty Niner» in Betrieb, um eine Attraktion für die 'Golden Gate Exposition 1939' in San Francisco zu besitzen. Zugmaschinen waren Stromlinienloks vom 4–6–2- und 4–8–2-Typ. Die Pacific beförderte den Zug von Ohama bis Cheyenne, die Mountain von Cheyenne bis Ogden (siehe SN 54). Es wurden nicht neue Loks bestellt, sondern alte Maschinen modernisiert, ein Zeichen für die Qualität des amerikanischen Dampflokbaus. – Der Name «Forty Niner» erinnert an den Goldsucher-Roman 'The Forty-Niners' von Edward White. – Der Zug bestand aus 8 Standard-Pullman-Wagen, deren Dach stärker gewölbt war; unten war eine nach innen gewölbte Schürze angebracht. Die letzten beiden Wagen waren ein 'articulated lightweight, streamlined Pullman and observation car'. Als Farbe wurde grau gewählt; über und unter den Fenstern waren Goldstreifen angebracht. Auch die Schrift war in Gold gehalten. Die Loks waren braun und gelb bemalt. Die 4–6–2-Maschine war Nr. 2906 aus der Serie 2900–2909 von Baldwin 1920. Die 4–8–2 trug Nr. 7002 (Serie 7000–7039, Alco 1922). Daten der Maschinen siehe Band 1, Seite 175 und 1922, S. 32, ‹UP›. Der «Forty-Niner» fuhr nur jeden 5. Tag. 1941 wurde er eingestellt. Die Loks übernahmen andere Aufgaben.

Die ‹New York, New Haven & Hartford› nahm 1937 10 Stromlinien-Dampfloks, vom Shore Line type (Hudson), Class I5 in Betrieb. Hersteller: Baldwin. Die Hauptdaten dieser 4–6–4-Expressmaschinen waren: Zugkraft 20 t; Kesseldruck 20 atü; Zylinder $2(558,8 \times 762$ mm); Triebrad-$\varnothing$ 2032 m (Spezialscheibenräder mit Leichtbautriebwerk); die ersten 5 Maschinen besassen Timken-, die letzten 5 SKF-Wälzlager; Maschinengewicht 165,7 t; Reibungsgewicht 88 t; Heizfläche 354,4 m²; Überhitzer 96,8 m²; 2×3achsiger Tender (14,5 t Kohle + 68 190 l Wasser). Abb. 159 zeigt

Nr. 1400. Eine Einsatzstrecke war Boston–New York ('Shore Line Route') vor 15-Wagen-Limited-Zügen, z. B. den «Colonial Limited», wobei Fahrzeiten von 4 h 20 min erreicht wurden. Die Maschinen mussten aber auch wirtschaftlich auf der Strecke New Haven–Springfield eingesetzt werden können (siehe SN 39). Sie mussten fähig sein, von 40 auf 80 mph (Langsamfahrstellen) rasch zu beschleunigen und auf 7‰-Rampen 60 mph mit 12-Wagenzügen (830 t) durchzuhalten. Vorläufer siehe Band 1, Seite 165, 4–6–2-Loks, ‹NYNH&H› und 4–4–2-Loks Seite 149, ‹NYNH&H›. – Am 30.6.1948 betrieb die Gesellschaft noch 306 Dampfloks neben 117 Elektroloks und 250 Dieselelektroloks.

Die ‹Santa Fé› nahm im November 1937 6 Schnellzugsmaschinen (Baldwin) vom Typ 4–6–4 (Nrn. 3460–3465) in Betrieb; eine davon war stromlinienverkleidet. Abb. 160 zeigt Nr. 3465; Abb. 161 Nr. 3460; Abb. 10 eine Zeichnung der 4–6–4, Class 3460. Einsatz: Vor dem «Chief» (Parallelzug zum «Super Chief», siehe 1936, ‹Santa Fé›), der die Strecke Chicago–Los Angeles als Stromlinienzug bediente. Eine andere Quelle sagt, dass die 4–6–4-Maschinen den «Chief» nur zwischen Chicago und La Junta (Colo.) bedient haben. Im Gegensatz zu anderen mit Namen versehenen Stromlinienzügen wie «El Capitan», «City of Los Angeles» etc., die bereits diesel-elektrisch betrieben wurden, blieb der «Chief» der Dampftraktion überlassen (noch am 15.4.1938 in der Railway Gazette bekanntgegeben). Die 4–6–4-Maschine Nr. 3461 machte im Dezember 1937 mit stromlinienverkleideten Messapparaturen und mit 10–12 konventionellen Stahlwagen sowie einem Messwagen folgende Rekordfahrt: 2227,3 Meilen von Los Angeles nach Chicago (siehe SN1) mit Postzug Nr. 8 in 53 h 40 min (total mit 5 Brennstoffhalten und 18 Wasserhalten); Durchschnittsgeschwindigkeit 73,065 km/h; Spitzengeschwindigkeit 144,841 km/h; Zugsgewicht von 757 bis 939 t. Alle Achsen liefen in Wälzlagern. – Die Maschinen besassen einen Kesseldruck von 21,09 atü und Triebräder mit 2133,6 mm $\varnothing$; 19,64 t Zugkraft; 2 Zylinder

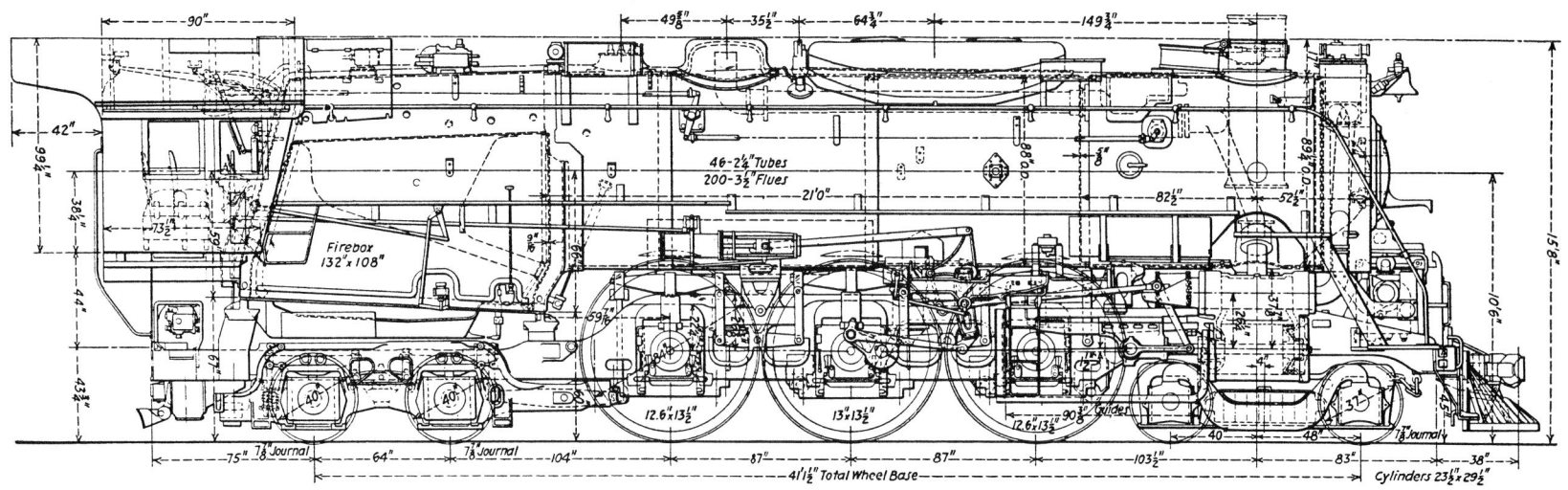

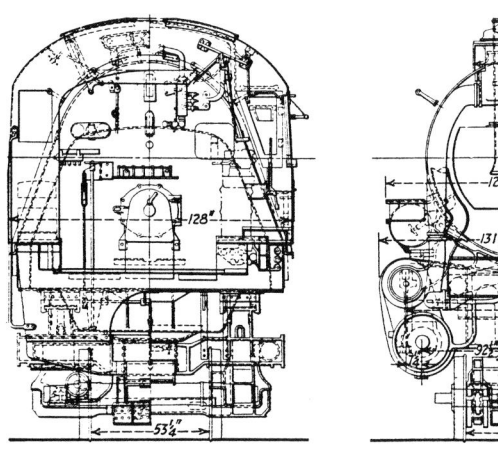

10 4–6–4-Schnellzugsmaschine, Class 3460 der ‹Santa Fé›. Kesseldruck 21,09 atü; Triebrad-⌀ 2133,6 mm! Baldwin 1937. Wassertaschen in der Feuerbüchse; keine Verbrennungskammer. Wootten-Feuerbüchse (Rostfläche 9,15 m²). Man beachte die Konstruktion der hinteren Kesselauflage. Siehe auch Abb. 160 und 161.

(596,9×749 mm); Maschinengewicht 187,05 t; Reibungsgewicht 95,9 t; Rostfläche 9,15 m²; Heizfläche 443,1 m²; Überhitzer 193,2 m². Siehe auch 1927, Vorläuferserie der ‹Santa Fé›. – Diesen amerikanischen Schnellzugsmaschinen kann in Europa nichts Ähnliches entgegengestellt werden, obwohl auch hier kräftige Schnellzugsmaschinen dieses Achsbildes gebaut wurden. Interessant ist der Vergleich mit der deutschen 2C2-Stromlinienlok Nr. 05001 aus dem Jahre 1935 mit 2300 mm grossen Triebrädern. Sie war bestimmt, D-Züge mit 5–6 D-Zugswagen (200–250 t) mit über 150 km/h Geschwindigkeit zu fahren. Am 11.5.1936 fuhr sie mit 297 t Zuglast während 3 km 200 km/h. Die dabei erzielte Höchstleistung betrug 3400 PSi (Maschine Nr. 05002 war die Schwestermaschine zur 05001). Die

Hauptdaten der Rekordmaschine waren: Kesseldruck 20 atü; Zylinder 3(450×660 mm); Rostfläche 4,7 m²; Heizfläche 256 m²; Überhitzer 90 m²; Maschinengewicht 127 t; Reibungsgewicht 57 t.

Im Jahre 1937 führte die ‹Santa Fé› auf ihren Strecken zwischen Chicago-Los Angeles und Chicago-Texas siehe SN1 eine generelle «Begradigungsaktion» durch, wobei viele das Durchhalten des Tempos hindernde Kurven eliminiert wurden, damit auch die schweren Schnellzüge mit 90 mph auf weiten Strecken durchfahren konnten. Ziel: Man wollte in 39³/₄ h die Strecke Los Angeles-Chicago bewältigen (siehe auch 1936, S.93, ‹Santa Fé›).

Die ‹Illinois Central› mit ihren staatenverbindenden Durchgangslinien (siehe SN26) führte 1937 einen interessanten Umbau in ihrem Werk in Paducah durch. Aus der Berkshire-Serie 7000–7049 des Jahres 1926 nahm sie die Nr. 7038 heraus und machte daraus eine Eilgüterlok vom Hudson-Typ, die die Nr. 2499 erhielt. Es wurde nur eine Maschine umgebaut, offenbar hat sich dieser Typ eben doch nicht bewährt. Man erwartete von diesem Achsbild einen ruhigeren Lauf bei Geschwindigkeiten über 80 km/h. – Die Berkshire der ‹IC› waren jenen der ‹B&A› von 1925 sehr ähnlich (siehe 1925, S.43, ‹B&A›). – Einige Daten der umgebauten 4–6–4-Lok Nr. 2499: Kesseldruck 18,63 atü; Zylinder 2 (622,3×762 mm); Triebrad-⌀ 1866,9 mm; Zugkraft 25,3 t; Reibungsgewicht 95 t (dies soll beim Start nicht genügt haben, um das Durchdrehen zu verhindern). Der Umbau zeigte, dass der Hudson-Typ eher empfindlich auf das Verhältnis Zugkraft/Reibungsgewicht reagierte (siehe z.B. die 4–6–4-Loks 1927, S.52, ‹Santa Fé› oder 1931, S.76, ‹B&A›). – Die Gesellschaft hat noch andere Umbauten vorgenommen, z.B. 2–10–2 in 4–8–2 (Nrn. 2600–2619), siehe 1921, S.30, ‹IC›.

Die Alco baute 1937 für die ‹Wheeling & Lake Erie› (siehe auch SN 38, Wheeling nordwärts) 10 Berkshire-Loks 2–8–4, Nrn. 6401–6410, Class K1. Die Hauptdaten waren: Kesseldruck 17,22, resp. 17,58 atü; Zylinder 2 (635×863,6 mm); Triebrad-∅ 1752,6 mm; Rostfläche 8,4 m²; Heizfläche 438,4 m²; Überhitzer 178,8 m²; Maschinengewicht 184,8 t; Zugkraft 28, resp. 28,5 t. Weitere 5 Stück wurden 1938, 7 Stück 1940, 10 Stück 1941 geliefert. Abb. 162 zeigt Nr. 6405; Abb. 163 Nr. 6408. – Ähnliche Maschinen erhielt die ‹Richmond, Fredericksburg & Potomac› (siehe SN 46) im Jahre 1942 von Lima. Es waren die Nrn. 571–580, die auch für den Eilgüterverkehr gebaut wurden, aber trotzdem die Tenderaufschrift ‘Capital Cities Route’ führten. Die Hauptdaten waren: Kesseldruck 17,2 atü; Zylinder 2(635×863,6 mm); Triebrad-∅ 1752,6 mm; Rostfläche 8,39 m²; Heizfläche 443,3 m²; Überhitzer 179,5 m²; Maschinengewicht 196,5 t; Reibungsgewicht 122,9 t; Zugkraft 29,1 t; Adhäsionsfaktor 4,2; Achsstand 5563 mm (Triebräder). Abb. 164 zeigt Lok Nr. 574. – Offenbar war die Datenwahl des ‹Wheeling & Lake Erie› Typ glücklich, denn auch die von der ‹Louisville & Nashville› 1942 und 1945 angeschafften Maschinen wiesen ähnliche Werte auf; der Kesseldruck betrug jedoch 18,63 atü; auch waren Booster eingebaut. Hersteller Baldwin. Daten und nähere Angaben siehe 1943, S. 126, ‹L&N›.

Die kleine Eisenbahngesellschaft ‹Great Western Rw. Co. of Denver›, auch ‹Great Western Rw. of Colorado› genannt, beschaffte sich noch 1937 von Alco eine Consolidation kleiner Leistung für den schwachen Güterverkehr. Die Hauptdaten dieser zierlichen Maschine waren: Kesseldruck 14,06 atü; Zylinder 2 (482,6×

660,4 mm); Triebrad-∅ 1295,4 mm; Rostfläche 2,8 m²; Zugkraft 13,6 t; Heizfläche 155,5 m²; Überhitzer 38,6 m²; Maschinengewicht 73 t; Reibungsgewicht 64 t; Walschaert-Steuerung; Kesseltyp Conical; Tender 2×2achsig mit Scheinwerfer; Lok Nr. 60. – Im Juli-Heft 1927 der ‘Balwin Locomotives’ wird erwähnt, dass die ‹Nashville, Chattanooga & St. Louis› aus alten 2–8–0-Loks moderne Consolidations kleiner Leistung erhielt. Offenbar war die Leistung dann doch zu klein, da sie bald nur noch im Rangierdienst eingesetzt wurden. Ihre Hauptdaten waren (Nr. 365 nach dem Umbau): Kesseldruck 12,66 atü; Zylinder 2(533,4×660,4 mm); Triebrad-∅ 1422,4 mm; Rostfläche 2,85 m²; Heizfläche 136 m²; Überhitzer 28,15 m²; Maschinengewicht 71 t; Reibungsgewicht 63 t; Baujahr 1900; Walschaert-Steuerung. – Siehe auch die Daten der 2–8–0-Loks der ‹M&P› (1922, S. 32, ‹P&WV›).

Zur Verringerung der Triebwerksmassen und zur Beherrschung der enormen Kolbendrücke amerikani-

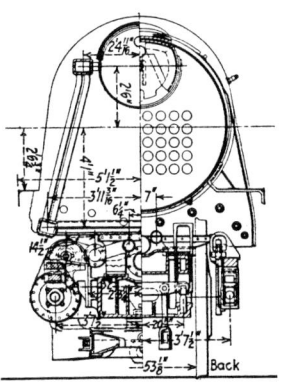

11 4-4-4-4-Schnellzugsmaschine «George H. Emerson» der ‹B&O›. Bauart Duplex (4 Zylinder, Einfachdehnung). Doppelkamin. Grosse Emerson-Feuerbüchse. Triebrad-∅ 1930,4 mm. Gewicht auf hinterem Drehgestell 39 t. Hängende Kreuzköpfe. Mount Clare 1937. Siehe auch Abb. 165.

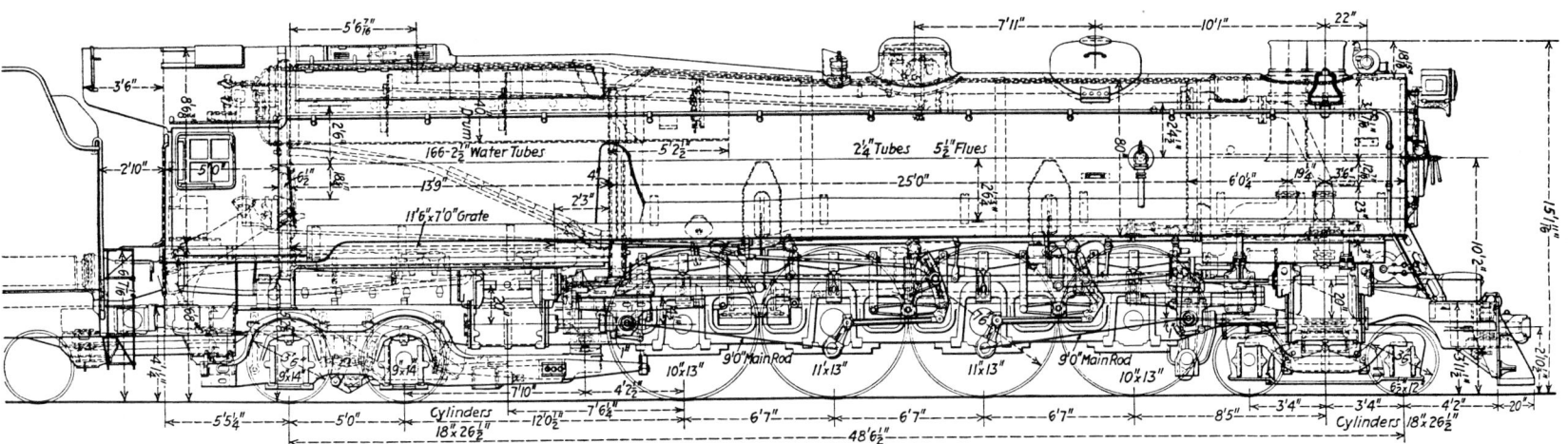

scher Hochleistungsdampfloks in Einrahmenbauweise wurde die sog. Duplex-Bauart eingeführt (siehe Abb. 11, 165, 195 und 213). Die ‹Baltimore & Ohio› baute erstmals 1937 in ihren Werkstätten (Mount Clare) eine solche Maschine (Nr. 5600) mit ~25,4 t Zugkraft. Konstrukteur: W. B. Whitsitt. Der Antrieb wurde von 2 vorderen Zylindern auf die beiden ersten Triebachsen und von 2 hinten liegenden Zylindern auf die beiden hinteren Triebachsen durch Kurbelstangen bewerkstelligt. Die hinteren Zylinder mussten also bei Vorwärtsfahrt mit Rückwärtssteuerung arbeiten. Die Lok trug den Namen «George H. Emerson»; sie war vom Typ 4–4–4–4, mit 4 Zylindern (Einfachdehnung) und starrem Rahmen, Doppelkamin und 2×3achsigem Grosstender. Die ‹B&O› wollte etwas Besseres als eine 4–8–4-Zwillingsmaschine, wie später auch die ‹Penn›-Ingenieure, schaffen und damit richtungsweisend im Bau von Superloks die Nachteile der Zweizylinder-Bauweise beseitigen und in Führung gehen. Die wichtigsten Hauptdaten der Emerson-Maschine waren: Kesseldruck 24,61 atü; Zylinder 4(457,2×661,9 mm); Triebrad-⌀ 1930,4 mm; Rostfläche 7,45 m²; Heizfläche 270,8 m²; Überhitzer 120 m²; Maschinengewicht 196,5 t. Interessant war die ungewöhnliche Gewichtsverteilung (siehe Abb. 11) dieser sog. Mitteldruck-Maschine durch die lange Feuerbüchse, die in Wasserrohr-Bauweise erstellt wurde, sog. Emerson-Feuerbüchse (ähnlich der Jacobs-Shupert-Feuerbüchse, siehe Bd. 1, Seite 155). Die Maschine erbrachte zwar die erwartete Leistung, doch hat sie im Betrieb nicht überzeugt; Nachbestellungen blieben aus und es gelang also nicht die 4–8–4-Lok zu überrunden.

Die ‹New York Central› nahm in den Jahren 1937/38 für ihre Hauptstrecke New York-Chicago 40 Dampfloks vom Typ 4–6–4 (Hudson), Class J3a (Serie

5405–5444) in Dienst (siehe Abb. 166a und b, 167 und 12). Hersteller: Alco (Schenectady). Die Hauptdaten waren: Maschinengewicht 163,3 t; Reibungsgewicht 88,9 t; Zugkraft (0,85) 19,68 t, mit Booster 25,2 t; Kesseldruck 18,63 atü (ausnahmsweise 21 atü); Triebrad-⌀ 2007 mm; Rostfläche 7,62 m²; Heizfläche 389,35 m²; Überhitzer 162,3 m²; Zylinder 2(571×737 mm); Bakersteuerung. Tenderkapazität 25,4 t Kohle. 51,5 m³ Wasser. – Mitte Juni 1938 wurde zwischen New York und Chicago («20th Century Ltd.») der regelmässige 18 h-Schnellzugsbetrieb mit anfänglich 13 später 16 Luxuswagen aus rostfreiem Stahl (E. G. Budd) eingeführt; 1935 betrug die Fahrzeit mit leichteren Zügen noch 16,5 h. Als Loktyp wurde die Stromlinienlok 4–6–4, Se-

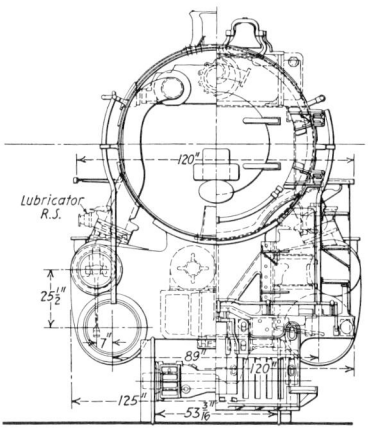

12 4–6–4-Schnellzugslok, Class J3A der ‹NYC›. Serie 5405–5444. Triebrad-⌀ 2006,6 mm. Alco 1937. Booster auf hintere Achse mit grossen Rädern, 1295,4 mm ⌀, wirkend. Kesseltyp: Conical connection. Elesco-Speisewasservorwärmer. Baker-Steuerung. Diese Maschinen waren ausserordentlich leistungsfähig, doch im Vergleich mit den «Hiawathas» der ‹Milwaukee› schwächer, trotz ähnlich grossen Heiz- und Überhitzerflächen. Siehe Abb. 166.

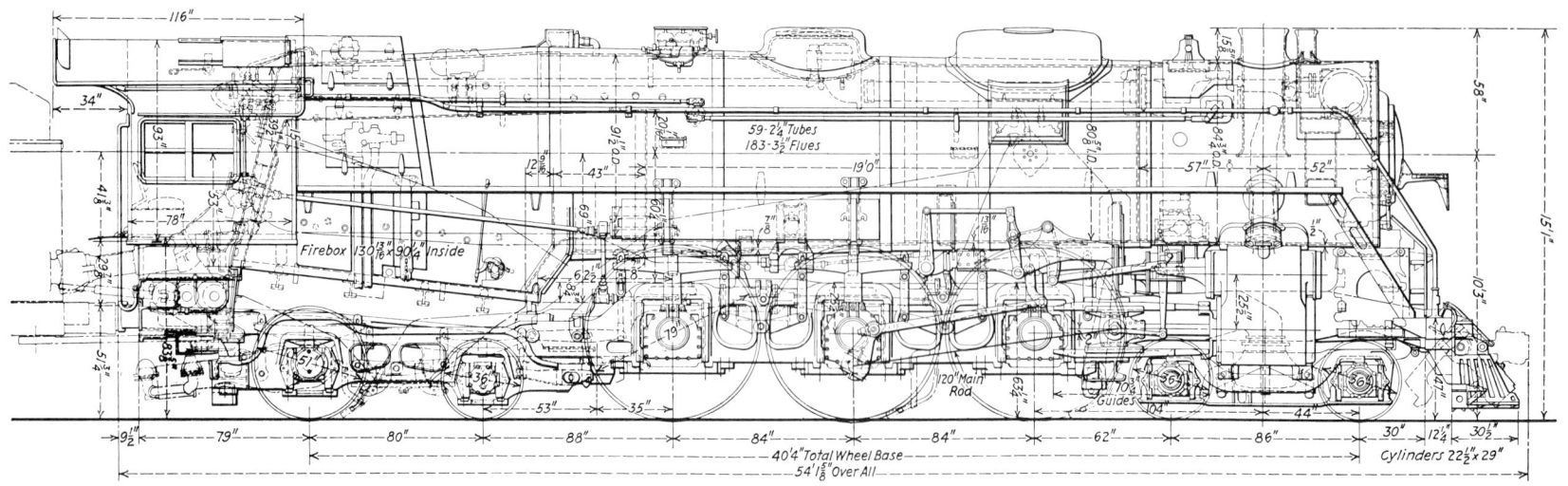

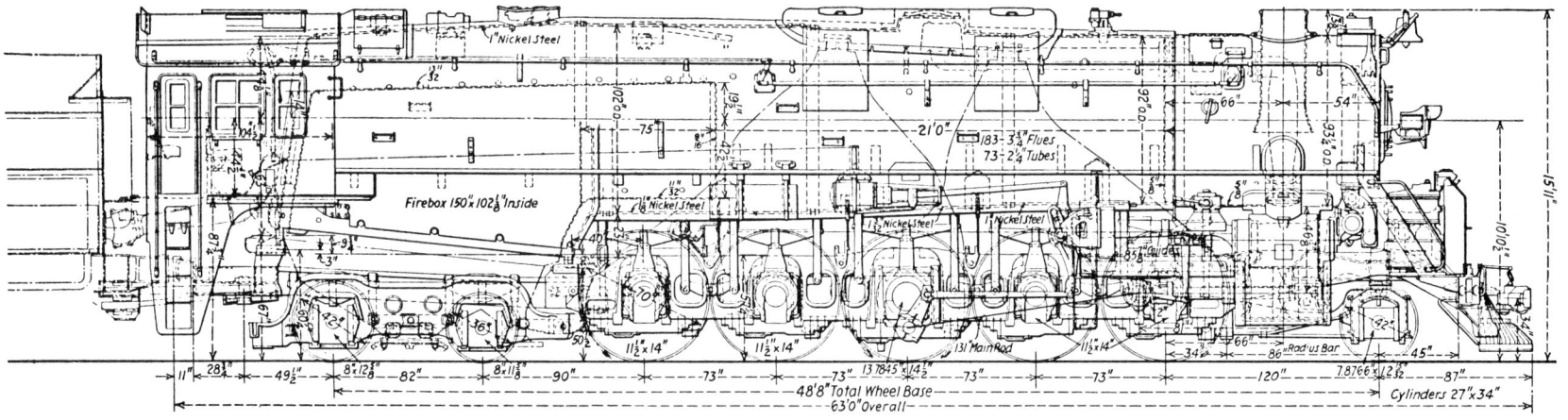

13 2–10–4-Güterzugslok. Serie 900–904 (Öl), 905–909 (Kohle), der ‹KCS›, Class J. Kesseldruck 21,8 atü; Triebrad-∅ 1778 mm. Lima Sommer 1937. Lange Verbrennungskammer. Geschlossenes Führerhaus. Worthington-Speisewasservorwärmer (in der Rauchkammer), Speisepumpe vor dem Kesselsattel unter der Rauchkammer. Vorläufer waren alte Consolidations (siehe Abb. 161, Band 1). Siehe auch Abb. 168.

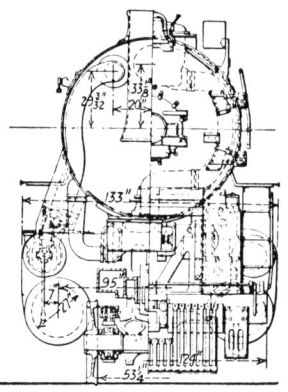

rie 5445–5454, der Alco eingesetzt (siehe 1938, S. 108, ‹NYC›). Nrn. 5426 und 5429 wurden 1941–1950 nachträglich mit Stromlinienverkleidung für den «Empire State Express» ausgerüstet. Maschinen der gleichen Serie ebenfalls mit Antriebsanlagen in Leichtbau und sog. 'Scullin disc drivers' (Scheibenräder) zeigt Abb. 167; auch 4–8–2-Loks (L 46) sollen solche Triebräder erhalten haben. – Die ‹NYC› soll auch den geschweissten Lokkessel um diese Zeit versuchsweise eingeführt haben. – Hudson-Maschinen mit Wälzlagerausrüstung siehe 1930, S. 70, ‹Timken›, S. 78, ‹NP› usw.

Auf der Strecke Chicago-Seattle der ‹Chicago, Milwaukee, St. Paul & Pacific› verursachte starkes Hochwasser am 19.7.1937 ein schweres Eisenbahnunglück. Der «Olympian Hiawatha» mit 11 Wagen, darunter vom Pullman Typ, fuhr in dem Moment auf eine Stahlbrücke (Custer Creek) in der Nähe von Saugus (Mont.),

als die Flutwelle eines Wolkenbruchs die Brücke erreichte (siehe SN 11). Die Brücke und einige Wagen wurden weggespült und es gab 40 Tote. – 1938 fand am gleichen Ort nochmals ein Eisenbahnunglück statt (siehe S. 112). Solche Unfälle zeigten die Notwendigkeit, die Flüsse zweckmässig zu korrigieren, damit die Hochwasser in Auffangbecken besser zurückgehalten werden konnten.

Die ‹Kansas City Southern› erhielt 1937 von Lima 10 Güterzugloks vom Typ 2–10–4 (Texas). Die Nrn. 900–904 waren ölgefeuert, die Nrn. 905–909 heizten mit Kohle. Diese Maschinen, die Eilgüterzüge auf der Strecke Kansas City-De Queen, Ark. (siehe SN 27) zu befördern hatten, bildeten die Class J. Sie ersetzten die in Doppeltraktion fahrenden Consolidations aus dem Jahre 1913. Sie fielen bei ihrem Erscheinen besonders durch den hohen Kesseldruck von 21,8 atü auf, der erstmals bei einem Lokkessel der normalen Stehbolzenbauart angewendet wurde. Die Kesselblechstärken schwankten zwischen 25,4 und 28,6 mm. Der Überhitzer war als Kleinrohrüberhitzer in Rauchrohren von 95 mm ∅ eingebaut. Der Speisewasservorwärmer war oben in der Rauchkammer montiert; die Speisepumpe befand sich unter der Rauchkammer und war an den Rahmen angebaut. Die Hauptdaten waren: Zylinder 2(686×864 mm); Triebrad-∅ 1778 mm (2. grösster bei 2–10–4-Maschinen verwendeter Triebrad-∅); Walschaert-Steuerung; Rostfläche 9,94 m²; Heizfläche 478,8 m²; Überhitzer 192,8 m²; Maschinengewicht 230,88 t; Reibungsgewicht 158,76 t; Tender 2×3achsig mit 78 m³ Wasser + 23 t Kohle, resp. 79,5 m³ Wasser + 17 m³ Öl; Leistung: Zugkraft 42,3 t, sie fuhren einen 1800 t-Zug mit 96,5 km/h bei Maximalsteigung 18‰. V_{max} 124 km/h. Die Triebräder waren in Boxpok-Bauart ausgeführt; die Triebachsen liefen in SKF-Lagern. Abb. 168 und 13 zeigt Lok-Nr. 900. – Weitere Angaben über die ‹KCS› und und deren Lokpark siehe 1890 (Band 1, Seite 118).

Die ‹Richmond, Fredericksburg & Potomac› (siehe SN 46) beschaffte sich 1937 ihre ersten 4–8–4-Maschinen für den Eilgüter- und schweren Personenverkehr; Nrn. 551–555, die sog. «General Class». Aufgabe: Durchfahrt Richmond-Washington (siehe SN 46) ohne Halt, auch ohne Wasserhalt. Die Hauptdaten dieser durch eine besondere Bemalung ausgezeichneten Maschinen waren: Kesseldruck 19,33 atü; Zylinder 2(685,8×762 mm); Triebrad-∅ 1955,8 mm (Baldwin-Scheibenräder); Rostfläche 9 m²; Heizfläche 498 m²; Überhitzer 194,5 m²; Zugkraft 29 t; eine Maschine war mit Booster ausgerüstet (+ 6,8 t); Maschinengewicht 211,5 t; Reibungsgewicht 125,5 t. Der Kessel besass 2 Wassertaschen in der Feuerbüchse und 1 in der Verbrennungskammer. Der Nickelstahlkessel wurde mit 23,2 atü Dampfdruck getestet. Abb. 169 zeigt die «General T. J. Jackson»-Maschine (Nr. 552). Nr. 551 war «General Robert E. Lee», Nr. 553 «General J. E. B. Stuart», Nr. 554 «General A. P. Hill», Nr. 555 «General J. E. Johnston» – 1938 folgte die «Governor-Class», 1945 jene der Staatsmänner.

Die ‹Union Pacific› erwarb 1937 bei der Alco 20 kohlegefeuerte Loks für den schweren Güterverkehr und Schnellzugsdienst (20–22 Personenwagen schwerster Ausführung) vom Typ 4–8–4, 800–819. Sie wurden mit einem 16-Wagen-Zug (1000 t) bei Geschwindigkeiten von 145 km/h getestet. Strecken: Omaha (Nebr.)-Cheyenne (Wyo.), Denver-Ogden-Salt Lake, Green River (Wyo.)-Huntington (Ore.); siehe SN 54. Die Hauptdaten waren: Kesseldruck 21,09 atü (!); Zylinder 2(622,3×812,8 mm); max. Füllungsgrad 80%; Triebrad-∅ 1955,8 mm; Rostfläche 9,3 m². Diese Maschinen sollen den kleinsten Zylinder-∅ aller 4–8–4-Loks be-

sessen haben. – Zu dieser Gruppe (mit den gleichen Zylindermassen jedoch etwas niedrigem Kesseldruck) gehören auch die 4–8–4-Loks der ‹D&H› aus dem Jahre 1943 (siehe 1943, S. 127). Die Nrn. 300–314 hatten einen Kesseldruck von 20 atü, 1905 mm Triebrad-∅ und Zylindermasse 2(622,3×812,8 mm). – Weitere Serien wurden von der ‹UP› 1939 (Serie 820–834 mit 2032 mm Triebrad-∅) und 1944 (Serie 835–844, siehe 1944, S. 132, ‹UP›) beschafft. – Tender 2+5achsig mit führendem Drehgestell. Die letzten Serien erhielten einen Zylinder-∅ von 635 mm und 2032 mm Triebrad-∅. Sie boten damit die gleichen Leistungen wie die Dieseltraktion mit 3 gekuppelten Einheiten. Als Höchstgeschwindigkeit wurden 90 mph (145 km/h) gefahren: das Triebwerk war für 100 mph (161 km/h) berechnet. Es handelte sich um eine Spezialkonstruktion ‹UP› + Alco in Leichtbauweise mit Boxpok-Triebrä-

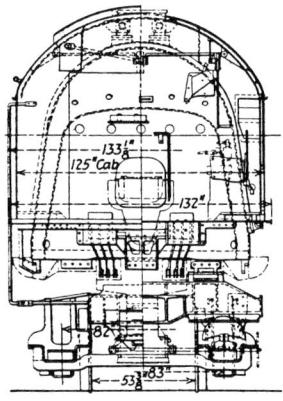

14 4–8–4-Schnellzugsmaschine, Serie 820–834 der ‹UP›. Siehe Abb. 170. Triebrad-∅ 2032 mm. Alco 1939. Lange Verbrennungskammer. Besonders leistungsfähige Schnellzugsmaschinen für Gebirgsstrecken mit besseren Laufeigenschaften als Vorserie (800–819, 1937). Die Maschinen mussten später mit Windleitblechen (smoke lifters) versehen werden, da die Rauchgase bei niedrigen Geschwindigkeiten der Mannschaft gefährlich wurden.

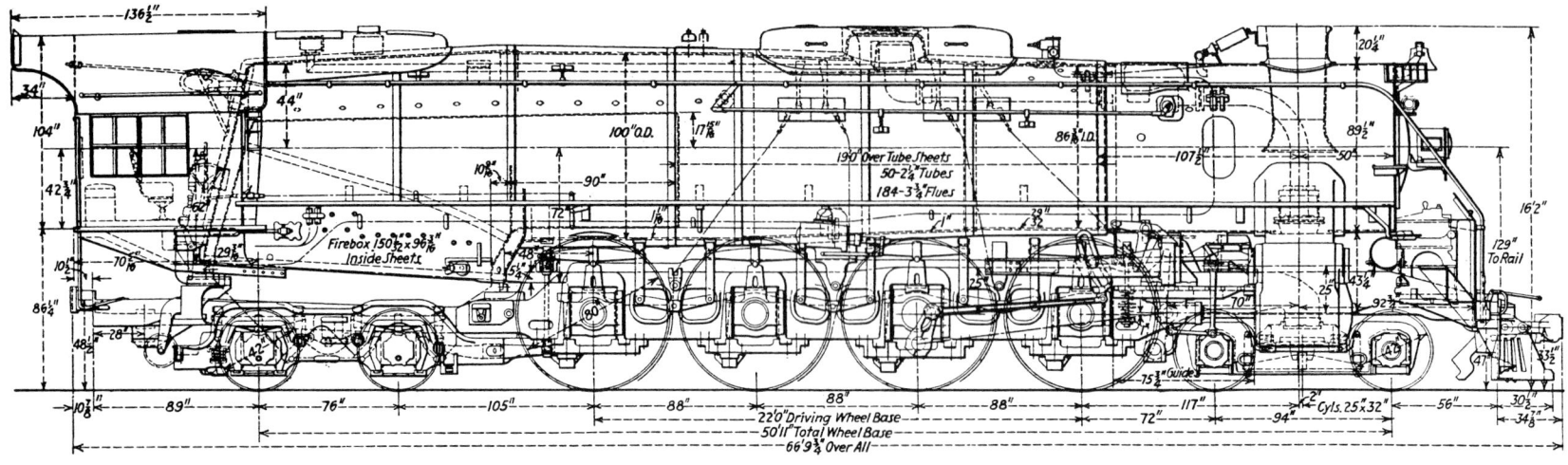

dern. – Abb. 170 zeigt Lok. Nr. 806 (1955,8 mm Triebrad-∅: Maschinengewicht 211 t; Reibungsgewicht 122,4 t; Zugkraft 27,9 t; Heizfläche 427 m²; Überhitzer 137 m²; Adhäsionsfaktor 4,24). Abb. 14 zeigt den Aufriss einer Lok der Serie Nrn. 820–834; Zugkraft 27,7 t. Tender 2+5achsig.

Die ⟨Southern Pacific⟩ nahm 1937 von Baldwin weitere 25 cabahead-Mallet-Loks Typ 4–8–8–2, Serie Nrn. 4151–4176, Class AC 7 in Betrieb. Über den Einsatz solcher «verkehrt» fahrenden Gliederloks siehe 1928, S. 63, ⟨SP⟩. Die Hauptdaten der Serie von 1937 waren: Kesseldruck 17,58 atü; Zylinder 4(609,6× 787,4 mm); Triebrad-∅ 1600,2 mm; Scheibenräder. Abb. 171 zeigt Lok Nr. 4162, Abb. 172 Lok Nr. 4102; Abb. 173a zeigt einen gemischten Güterzug auf dem Sacramento-River-Viadukt mit cabahead-Maschine. Abb. 173b zeigt eine cabahead-Maschine (Nr. 4173) vor einem Güterzug. – Insgesamt soll die ⟨SP⟩ 195 derartige Maschinen (Class AC4–AC12) besessen haben, die auf der Strecke über die Sierra Nevada (siehe SN 50) den schweren Güterzugsdienst und den schweren Schnellzugsdienst besorgten. L.H. Westcott sagt zwar in seiner 'Cyclopedia' Vol. 1, dass die ⟨SP⟩ diese Maschinen auf dem ganzen Netz überall dort einsetzten, wo schwere Traktionsarbeit zu leisten war. Auf der Roseville-Sparks-Strecke über die Sierra waren Rampen mit 26‰ Steigung zu bewältigen. Roseville (Calif.) 18 Meilen nordöstlich von Sacramento (50 m ü. Meer); Sparks (Nev.) neben Reno (1345 m ü. Meer) = RR division point mit Reparaturwerkstätte. Siehe auch Band 1, Seite 147. Die Maschinen haben in den Daten nicht stark variiert. Daten der Class AC11 (1943): Kesseldruck 17,58 atü; Zylinder 4(609,6×812,8 mm); Triebrad-∅ 1600,2 mm; Heizfläche 604,3 m²; Überhitzer 277,9 m²; Maschinengewicht 298,42 t; Reibungsgewicht 241,17 t; Zugkraft 56,38 t; Rad-∅ Leitdrehgestell 838 mm; Rad-∅ Schleppachse und Tenderräder 914 mm; Gesamtlänge Maschine + Tender 38 277 mm; Maschinenlänge 24 192 mm; Max. Höhe Kabine 4928 mm; Max. Höhe Kamin 5017 mm. Kesseltyp Conical; Verbrennungskammer; 2×3achsiger Tender (82 963 l Wasser + 24 175 l Öl).

Die ⟨Delaware, Lackawanna & Western⟩ nahm 1937 5 Hudson-Schnellzugloks, Serie 1151–1155, Class M1, in Betrieb, um gegen ähnliche Loks der ⟨NYC⟩ aufzukommen. Sie wurden im Expressdienst auf der Strecke Scranton-Buffalo, resp. Hoboken-Buffalo (siehe SN16), eingesetzt, wo bislang 4–8–4-Maschinen im Einsatz waren (siehe 1927, S. 52, ⟨Lackawanna⟩). Die Hauptdaten waren: Kesseldruck 17,22 atü; Zylinder 2(660×762 mm); Triebrad-∅ 2032 mm; Rostfläche

7,58 m²; Reibungsgewicht 80,8 t; Heizfläche 358 m²; Überhitzer 104 m²; Maschinengewicht 170,2 t; Zugkraft 22,3 t (sie gehörten zu den stärksten Hudson-Maschinen, die je gebaut worden sind). Abb. 175 zeigt die Werkaufnahme von Lok-Nr. 1154. Tender 2×3achsig. – Zum Datenvergleich mit den Hudsons der Konkurrenzlinien sei auf 1938, S. 108, ⟨NYC⟩ verwiesen.

In den Jahren 1937–1939 entwarf und bauten die ⟨Union Pacific⟩ 2 Dampfturbinen-Loks zusammen mit General Electric (Inbetriebnahme April 1939). Sie zogen schwere Pullman-Züge ohne Lokwechsel und Wasseraufnahme mit 12 und mehr Wagen zwischen Chicago und dem Pazifik. Besonderheiten dieser Strecke: Steigungen bis 22‰; Gipfelhöhe 2400 m; Lufttemperatur −25° bis +40°C; Doppeltraktion mit Fernsteuerung der zweiten Maschine. Achsbild 4–6–6–4. Leistungsübertragung elektrisch (Gleichstrom). Stromlinienform mit Führerstand vorne. Einige Hauptdaten waren: V_{max} 176 km/h; Kesseldruck 105,5 atü! Es war ein Zwangsdurchlaufkessel von Babcock & Wilcox mit 20,4 t/h Leistung; Dampftemperatur 495 °C; Dienstgewicht 249 t; Reibungsgewicht 160 t; Triebrad-∅ 1116 mm; Turbinenleistung 1850 kW; Turbinendrehzahl 12 500 U./min; Übersetzung 10:1. Luftgekühlte Kondensationsanlage. Hauptturbine als 2Wellenaggregat ausgebildet mit 5stufigem Turbinenläufer. Die Lok war aus dem kalten Zustand in 16 min betriebsbereit. Auch die ⟨NP⟩ und die ⟨NYC⟩ haben die erfolgreichen Maschinen auf ihrem Netz ausprobiert. 1942 wurden die Maschinen im Herstellerwerk zerlegt und geprüft. Neubauten wurden nicht vergeben, obwohl der jahrelange Versuchsbetrieb erfolgreich verlief. Die Dieseltraktion war offenbar schon beschlossene Sache. Mehr Einzelheiten siehe bei W. Stoffels, Seiten 185–188.

Am 13.12.1937 wurde der von einer stromlinienverkleideten Dampflok gezogene Luxuszug «Crusader» (meist 5-Wagenzug) der ⟨Reading⟩ in Betrieb genommen. Er befuhr die Strecke Philadelphia–Jersey City (New York), täglich 2 Runden mit einer Durchschnittsgeschwindigkeit von 60 mph. Im Norden mussten Fahrrechte erworben werden (siehe SN45). Als Lok diente eine Pacific aus dem Jahre 1918 (Serie 105–129, Class G1sas). Die Hauptdaten waren: Kesseldruck

Tafel 6 >
4–8–4-Schnellzugslok Nr. 4408 (Serie 4400–4409, Baldwin 1930) mit 1854,2 mm Triebrad-∅ der ⟨SP⟩ vor 9-Wagen-Zug Nr. 19 «Cascade Limited» (Portland–San Francisco) in der Nähe von Süd Portland (Ore.). Sammlung Henzi.

15,47 atü; Zylinder 2 (635×711 mm); Triebrad-∅ 2032 mm; Rostfläche 8,8 m²; Heizfläche 277,2 m²; Überhitzer 58,2 m²; Maschinengewicht 140 t; Reibungsgewicht 90 t; Walschaert-Steuerung; 2×2achsiger Tender (12,2 t Kohle + 34000 l Wasser). – Eine Propagandafoto zeigt den «Crusader» auf einer der ältesten Brücken über den Schuylkill River bei West Falls in Fairmount Park, Philadelphia. Die 210 m lange Steinbogenbrücke wurde 1877 gebaut.

Schon im Januar 1930 liess die ⟨Milwaukee Road⟩ eine erste 4–8–4-Maschine (Class S1, Nr. 9700) bei Baldwin bauen. Sie sollte die schwersten Schnellzüge auf den Rampen östlich Marmath (N. Dak.) auch im Winter ohne Vorspann befördern. 1937 bestellte die Gesellschaft bei Baldwin 30 leistungsfähigere 4–8–4-Eilgüterzugsloks (Class S2), die auch im schweren Personenverkehr eingesetzt werden konnten, z.B. zwischen Minneapolis und Harlowton (914 Meilen); auf dieser Strecke waren im Sommer bis zu 18 schwere Pullmanwagen zu ziehen (siehe SN11). Da seit der An-

	Nr. 9700, Class S1 (Abb. 176)	Nrn. 200–229, Class S2	Nrn. 260–269, Class S3
Kesseldruck	16,17 atü	20,4 atü	17,58 atü
Zylinder	2(711,2×762 mm)	2(660,4×812,8 mm)	2(660,4×812,8 mm)
Triebrad-∅	1879,6 mm	1879,6 mm	1879,6 mm
Rostfläche	9,5 m²	9,84 m²	8,93 m²
Heizfläche	501,6 m²	511,7 m² (!)	416 m²
Überhitzer	223,3 m²	217 m²	133,6 m²
Maschinengewicht	208 t	224 t	208,1 t
Reibungsgewicht	117,1 t	124 t	117,5 t
Zugkraft	27 t	30,6 t	27 t
Tender 2×3achsig			vgl. Daten mit ⟨ACL⟩-Lok 1938

schaffung der Class S1-Maschine die Nrn. geändert wurden, erhielt Class S2 (siehe Abb. 177) die Nrn. 200–229. Die obige Tabelle ermöglicht den Vergleich der Hauptdaten der 4–8–4-Loks aus den Jahren 1930, 1937 und der 1943 angeschafften Nrn. 260–269, Class S3. Auch hier zeigt sich, dass die Unterschiede zwischen Prototyp und Serien vor allem auf der Dampfseite lagen. Wegen der Verbrennungsgefahr der Ventile wurde z.B. die Überhitzerfläche verkleinert. Die S2- und S3-Serien erhielten ein geschlossenes Führerhaus, Walschaert-Steuerung und Baldwin-Scheibenräder, resp. Alco-Scheibenräder. Abb. 177 zeigt die Werkaufnahme der Lok Nr. 206 (1937), im Gegensatz zum Prototyp besass das vordere Lenkdrehgestell einen Innenrahmen. Abb. 224 zeigt Lok Nr. 262 (1943).

Die ⟨Alton & Southern⟩, auch unter dem Namen ⟨East St. Louis Outer Belt Line⟩ bekannt und im Besitz der 'Aluminium Co. of America', bezog 1937 ihre letzte Mikado bei Alco. Es war dies die Nr. 16 (siehe Abb. 178). Sie besass folgende Hauptdaten: Kesseldruck 13,36 atü; Zylinder 2(635×762 mm); Triebrad-∅ 1397 mm; Rostfläche 6,2 m²; Heizfläche 326,7 m²; Überhitzer 83,2 m²; Maschinengewicht 176,2 t; Reibungsgewicht 99 t; Zugkraft 24 t; Walschaert-Steuerung; Tender 2×2achsig. – Ein Jahr zuvor lieferte Baldwin ebenfalls eine Mikado, welche jedoch schwerer und stärker war. Mit diesen langsamen Güterzugsmaschinen wurden Verbindungsdienste in und um St. Louis, East St. Louis, Dupo, Valley Junction, Granite City, Madison und Mitchell geleistet.

1938

Der 'Anti-telescoping tightlok'-coupler (Mittelpuffer-Kupplung) für Personenwagen wurde am 1.3.1938 eingeführt. 1946 wurde er zur Norm erklärt. Siehe 1930, S. 70, E-Coupler.

Die 'Interstate Commerce Commission' (ICC) ordnete an, dass ab 1.7.1938 alle kohlengefeuerten Personenzugloks mit einem Stoker (siehe Abb. 179) ausgerüstet werden müssen, wenn sie 160000 lb und mehr Gewicht besitzen. Auch Güterzugloks bei mehr als 175000 lb mussten einen Stoker besitzen. Über die Einführung des Stokers bei der ⟨Pennsylvania⟩ siehe Band 1, Seite 135.

Der amerikanische Staatspräsident wandte sich am 11.4.1938 mit der Empfehlung an den Kongress, den Bahngesellschaften 300 Mio Dollar für die Beschaffung neuer Loks und Wagen zur Verfügung zu stellen; es begann sich immer mehr eine Politik der Unterstützung durchzusetzen. Siehe auch 'Emergency Transportation Act' 1933; mehr Einzelheiten bietet der Beitrag 'The Emergency RR Transportation Act of 1933' von R.W. Harbeson in Journal of Political Economy Vol. XLII (1934), S. 106 u. ff.

Die im Oktober 1934 gegründete 'Assoc. of American RR (AAR)' führte 1938 zahlreiche Testfahrten mit Dampfloks durch, um die Zugkraft zu bestimmen, die notwendig ist, einen 1000-t-Zug mit 100 mph auf ebener Strecke zu befördern. Die Ergebnisse wurden am 4.8.1939 in Rw. Gazette publiziert. Besonders wichtige Erkenntnisse waren: 1. höherer Kesseldruck; 2. minimalster Druckverlust zwischen Kessel und Dampfkasten (gute Strömungsbedingungen); 3. grosses Dampfkastenvolumen; 4. maximale Ventilöffnungen; 5. minimalster Gegendruck im Dampfauslass-System. Am nächsten an die Erfüllung der Testbedingungen

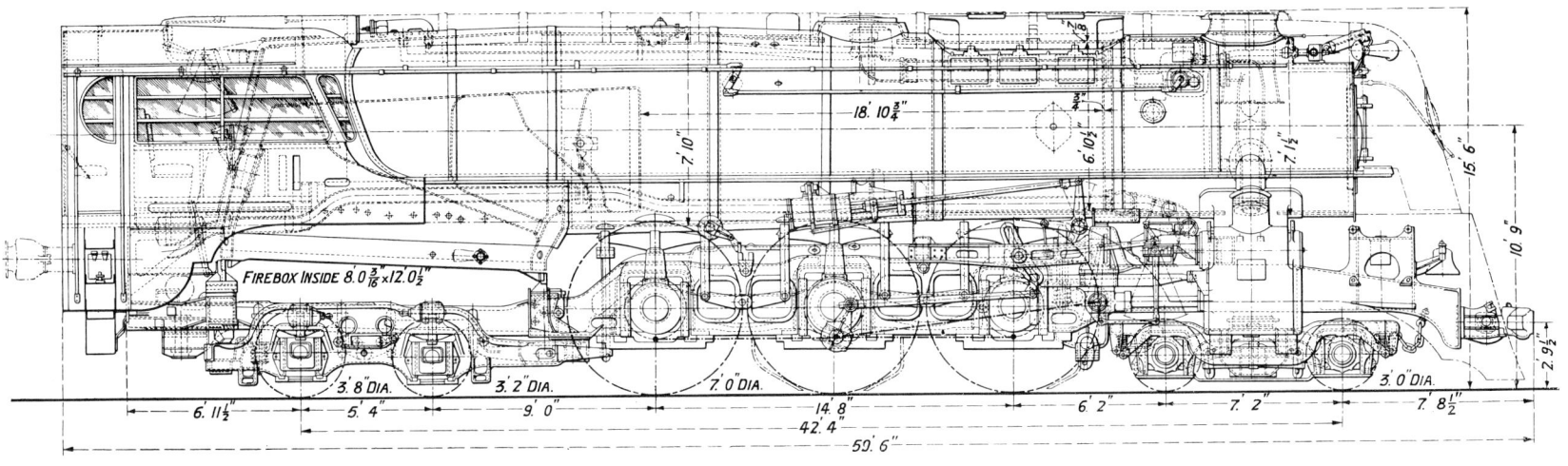

FIREBOX INSIDE 8.0 3/16 x 12.0 1/2

18. 10 3/4"   7.10"   7.10 1/2"   6.9 1/2"   7.1 1/2"   15.6"   10.9"

2.9 1/2"   3.0" DIA.   3.8" DIA.   3.2" DIA.   7.0" DIA.

6.11 1/2"   5.4"   9.0"   14.8"   6.2"   7.2"   7.8 1/2"
42.4"
59.6"

15 4–6–4-Schnellzugsmaschine, stromlinisiert, Class F 7, Serie
100–105 der ‹Milwaukee›. Triebrad-⌀ 2133,6 mm! Alco 1938. Mit
Wassertaschen in Feuerbüchse und Verbrennungskammer!
Geschlossenes Führerhaus. Glocke und Signalhorn. Diese
Hudson-Maschinen zogen die schweren Schlafwagenzüge
«Olympian» und «Pioneer Limited» zwischen Chicago und
Minneapolis, aber auch zwischen Minneapolis und Harlowton
(Mont.), wobei oft Spitzengeschwindigkeiten von 100 mph
gefahren wurden. Siehe Abb. 180.

kam die ‹UP› 4–8–4, Nr. 815 (siehe 1937, ‹UP›) mit
einem 1005 t-Zug (16 Wagen). Mit 1,5‰ Steigung 89
mph (143,23 km/h); mit 2‰ Gefälle 102,4 mph
(164,8 km/h). Ebenfalls gut schnitt die ‹N&W›
4–8–4-Lok ab (siehe 1941, S. 118, ‹N&W›).

Starke Regenfälle vom 27.2.–2.3.1938 in der Gegend von Los Angeles hatten Überschwemmungen und
teilweise Zerstörung von Gleisen und Brücken zur
Folge, so dass die ‹UP› und die ‹Santa Fé› nicht mehr
in Los Angeles einfahren konnten. Die Flüsse Santa
Clara, Los Angeles, San Gabriel und Santa Ana traten
über die Ufer, und zwischen Cajon und Los Angeles
waren alle Brücken unbrauchbar. Der Verkehr wurde
notdürftig mit Bussen aufrecht erhalten. Es sollen die
stärksten Regenfälle seit 61 Jahren gewesen sein.

Die ‹Milwaukee Road› führte anfang 1938 für den
superschnellen «Hiawatha-Express» (siehe 1935,
S. 90, ‹CMSt.P&P›) neue Stromlinienloks Typ 4–6–4
(Class F 7; Nrn. 100–105) von Alco ein. Dieser Typ
(siehe Abb. 180 und 15) wurde auch bei den 700–1000 t
schweren Schlafwagenzügen «Olympian» (914-Mei-
len-Strecke Minneapolis–Harlowton) und «Pioneer
Limited» eingesetzt. Für noch schwerere Züge dienten
die 4–8–4-Maschinen, siehe 1937, ‹Milwaukee Road›
und Abb. 177. Ein Maschinenwechsel wurde nicht
mehr durchgeführt, nur noch Mannschaftswechsel. Die
Hauptdaten waren: Kesseldruck 21,1 atü; Zylinder
2(597×762 mm); Walschaert-Steuerung; Zugkraft

22,87 t (0,85); Triebrad-⌀ 2134 mm; Maschinenge-
wicht 188,24 t; Reibungsgewicht 98,1 t; Rostfläche
8,97 m²; Heizfläche 387,2 m²; Überhitzer 157,5 m²;
Achsstand Triebachsen 4470 mm; Achsstand Lok
12901 mm; Tender 2×3achsig mit 22,5 t Kohle +
75,7 m³ Wasser. Die Loks sind regelmässig mit ihren
Zügen 120 mph (193 km/h) und beim Aufholen von
Verspätungen 125 mph (200 km/h) gefahren. Sie ge-
hörten zusammen mit den 4–6–4-Maschinen der
‹Santa Fé› (Class 3460), ‹NYC› (Class J 3a) und der
‹C&NW› (Class E 4) zu den schnellsten Loks der Welt.
Der Erfolg des «Hiawatha-Express» führte zur Einführung von neuen Zügen, so zuerst einmal der «Morning
Hiawatha» zusätzlich zum «Afternoon Hiawatha» (seit
1935), dann ab Mai 1937 der «Chippewa Hiawatha»
zwischen Chicago und Iron Mountain (Wis.) und ab
März 1938 bis nach Ontonagan am Lake Superior. –
Ähnliche Alco-Maschinen wurden zur gleichen Zeit
von der ‹Chicago & North Western› (Class E4; Nrn.
4001–4009) angeschafft (siehe Abb. 181 und 16). Sie
hatten den Schnellzugsdienst auf der Strecke Chicago–Omaha (80 mph mit 15 Wagen) zu besorgen.
Höchstgeschwindigkeit 128 mph. Die Hauptdaten dieser von Alco gelieferten Stromlinienloks waren: Kesseldruck 21,1 atü; Zylinder 2(635×737 mm); Trieb-
rad-⌀ 2134 mm; Baker-Steuerung; Rostfläche
8,43 m²; Heizfläche 369,7 m²; Überhitzer 175,1 m².
Zugkraft 24,9 (0,85) t; Maschinengewicht 186,8 t; Adhäsionsgewicht 97,97 t; Tender 2×3achsig mit 22,5 t
Kohle (ab 1948 auf Ölfeuerung umgebaut 22,7 m³ Öl)
+ 75,7 m³ Wasser. Diese grossen Vorräte machten 3
Brennstoff- resp. Wasserhalte unnötig. Die Maschinen-
kessel hatten 2 Wassertaschen in der Feuerbüchse eingebaut und besassen eine Verbrennungskammer;
Schweisskonstruktion.

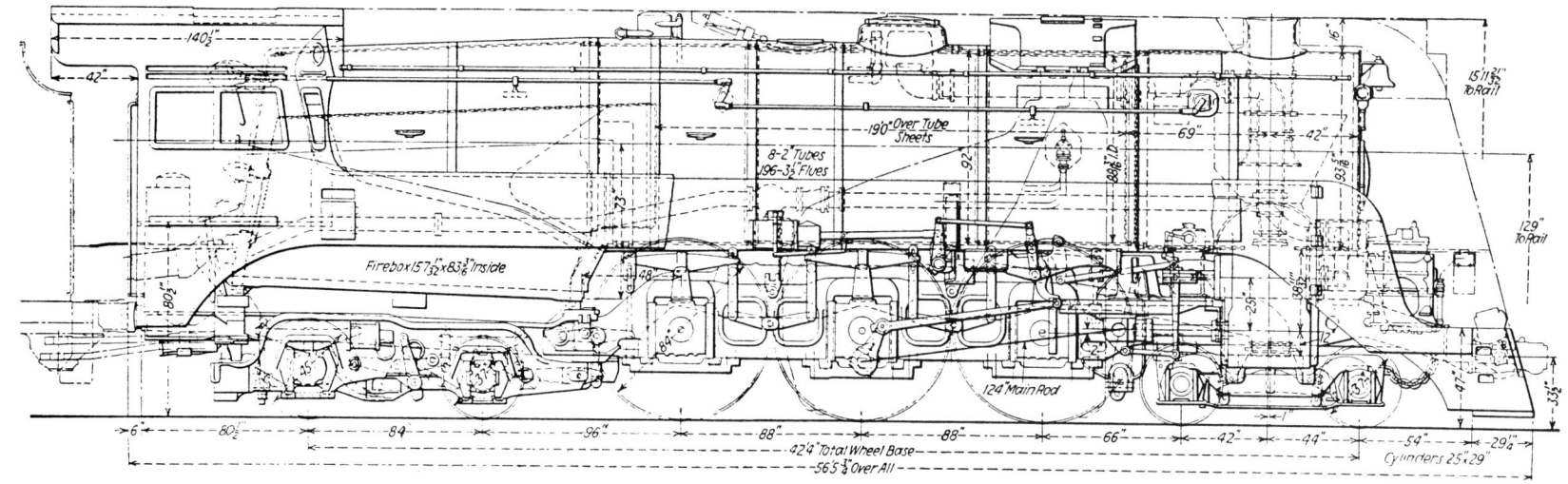

16 4–6–4-Schnellzugsmaschinen, Class E 4 der ‹C&NW›; Nrn. 4001–4009, stromlinienförmig verkleidet. Triebrad-∅ 2133,6 mm! Wassertaschen nur in der Feuerbüchse; kleine Verbrennungskammer. Baker-Steuerung. Hängende Kreuzköpfe. Alco 1938. Beim Vergleich der Daten mit der ‹Milwaukee›-Maschine zeigt sich ein grosser Unterschied, der vielleicht darin begründet war, dass die ‹Milwaukee› ihre Maschinen als extrem schnelle Traktionsmittel konzipierte, was in bestimmten Situationen grosse Dampfmengen benötigte. – Die Zeichnung der ‹C&NW›-Maschine besitzt im hintern Teil einen Reproduktionsfehler. Siehe auch Abb. 182.

Die ‹New York Central› erhielt von Alco 1938 10 Stromlinienmaschinen vom Typ 4–6–4 (Class J3a), Serie 5445–5454, für den 16-h-Dienst des «20th. Century Ltd.» zwischen New York und Chicago (siehe Abb. 182a und b). Vorläuferserie 5405–5444 siehe 1937, ‹NYC›. Die Hauptdaten waren: Adhäsionsgewicht 91,6 t. Maschinengewicht 165,8 t. Tender mit ‹water pick up›: 25,4 t Kohle + 51500 l Wasser. Die Hauptdaten differierten etwas gegenüber einer normalen Lok der Klasse J3a. Sie besassen Boxpok-Räder und Baker-Steuerung (siehe Band 1, Abb. 142). Testfahrten ergaben eine max. Leistung von 4700 PS bei 80 mph (800 t in 16 h über 1640 Streckenkilometer). – Die Loks der J1-Class wiesen dagegen nur 3950 PS bei 65 mph aus. Es lag also eine stetige Entwicklung zu diesen Hochleistungsmaschinen der ‹New York Central› vor. Übrige Daten: Kesseldruck 18,6 atü; Zylinder 2(571×737 mm); Triebrad-∅ 2007 mm; Rostfläche 7,62 m²; Heizfläche 389,3 m²; Überhitzer 162,3 m². Durch Verkleinerung der Rauchkammer und Kesseldruckerhöhung konnte die Kesselkapazität der J3a-Class um ca. 10% angehoben werden. – Als eigentliche Rennstrecke der ‹NYC› galt Toledo (Ohio) – Elkhart (Ind.); dort durften 120 mph (193 km/h) gefahren werden (siehe SN 37). Auf anderen Strecken durften «nur» 100 mph gefahren werden. Es wird von Kennern be-

richtet, dass auf den eigentlichen Schnellfahrstrecken kaum oder nie Unfälle auftraten. Die Signaltechnik war gut ausgebaut und am Ende von Rennstrecken waren die Geschwindigkeitsbeschränkungen sehr gut markiert. Die Lokführer fuhren sehr schnell, jedoch ausserordentlich diszipliniert. – Zwecks Datenvergleich siehe 1937, S. 103, ‹Lackawanna› und 1937, S. 97, ‹NYNH&H›, sowie 1930, S. 71, ‹Burlington›. Zu Vergleichszwecken sei auf die französischen Schnellzugsloks der Reihe 232 R und 232 S mit dem Achsbild 4–6–4 aufmerksam gemacht. Durch die Gründung der ‹SNCF› liessen sich Einheitsmaschinen in grossen Stückzahlen für den schweren Schnellzugsverkehr mit einem leistungsfähigeren Kessel entwerfen. Damit wurde die bevorzugte Pacific-Maschine in Frankreich bereits das zweite Mal durch die Baltic ersetzt (siehe 1927 und Abb. 95b). Die Loks des zweiten Anlaufs waren stromlinienförmig verkleidet, das Triebwerk jedoch war unverkleidet gelassen. Die Hauptdaten der Vierzylinder-Verbundausführung (232 S), die wie in den USA mit Stoker ausgerüstet war, lauteten: Kesseldruck 20,4 atü; Zylinder 2(455×700 mm) + 2(680× 700 mm); Triebrad-∅ 2000 mm; Dabeg-Steuerung; Rostfläche 5,17 m²; Heizfläche 195 m²; Überhitzer 64 m²; Maschinengewicht 127 t; Reibungsgewicht 60 t; Zugkraft 19,2 t (amerikanisch berechnet). Die Rostfläche war beachtlich, doch die Heizflächen erscheinen sehr klein. V_{max} 130 km/h. – Die Franzosen haben aber auch die Einfachdehnung und den 3-Zylindertyp in der Parallelreihe 232 R ausprobiert. Der Zylinder-∅ betrug 540 mm. Die Zylinder lagen in einer Ebene und trieben die mittlere Achse an. Bei den Verbundmaschinen trieben die äusseren ND-Zylinder ebenfalls die mittlere Triebachse an, dagegen arbeiteten die HD-Zylinder auf die 1. Triebachse. – Die stromlinien-verkleidete Maschine soll bei der ‹NYC›-Maschinen 1945 wieder zur konventionellen Lok umgebaut worden sein. Sie wurde ja von den Dieselmaschinen nach und nach verdrängt und kam auf Nebenstrecken, wo sie stets weniger Schnellzugsaufgaben zu übernehmen hatte.

Die ‹Frisco Lines› (siehe SN 51) bauten 1938 3 Pacific-Loks (Nrn. 1018-) um und gaben ihnen Stromlinienverkleidung. Sie wurden auf den Strecken des Tulsa-Distrikts (Okla.) eingesetzt (siehe SN 51). Schon 1937 wurden Pacifics in Hudsons umgebaut (Serie 1060–1069), wobei die Feuerbüchse stark vergrössert wurde. Einsatz: Kansas City–Birmingham (Ala.). Auch diese Maschinen erhielten eine Verkleidung ('semi-streamlined').

Die ‹Atlantic Coast Line› erhielt 1938 von Baldwin 12 Schnellzugsmaschinen 4–8–4 mit 8achsigem Tender, Nrn. 1800–1811, Class R 1 S, zur Beförderung von Expresszügen (z. B. «Havana Special») mit 20–21 Pullman-Wagen (∼ 1500 t) auf der Strecke Richmond (Va.) –Jacksonville (Fla.), 1063 km mit Rampen von max. 6‰ Steigung. Vorgesehen waren: 10 Halte, Fahrzeit 14 h, Durchschnittsgeschwindigkeit 64 mph. Siehe SN 3. Die Daten dieser mittelschweren Maschinen (Class R1) waren: Kesseltyp: Conical; Kesseldruck 19,3 atü; Zylinder 2(685,8×762 mm); Walschaert-Steuerung; Heizfläche 441 m² (mit 4 Wassertaschen); Überhitzer 139 m²; Rostfläche 9,1 m²; Triebrad-∅ 2032 mm (mit 'Baldwin Disc centers'); Zugkraft 29 t; Dienstgewicht der Lok 209 t; Reibungsgewicht 119,5 t; Tender (mit 2 neu entwickelten 4achsigen 'Commonwealth swing-bolster' Drehgestellen) für 93 m² Wasser + 24,5 t Kohle. Die Strecke wurde ohne Maschinenwechsel zurückgelegt. Abb. 183 und 17 zeigt Lok Nr. 1805. Vom Achsbild 4–8–4 hat die Gesellschaft nur diese Maschinen angeschafft. Im Winter hatten sie einen besonders harten Dienst zu leisten, weil sie auch

den ganzen Zug heizen mussten. Es konnten zwar ohne Geschwindigkeitseinbusse an kalten Tagen nur noch 20 Wagen (5 Pullmans, 1 Speisewagen, 1 business car, 4 coaches und 9 Post- und Expresswagen) genügend warm gehalten werden. Offenbar waren die Heizflächen zu knapp dimensioniert. Diese Annahme könnten Vergleiche z. B. mit ‹Santa Fé›-Northern-Maschinen, welche 502 m² Heizfläche aufwiesen, beweisen. Angaben über die Beschleunigung aus dem Stand zeigen folgende Verhältnisse: berechnet 1300 sec von 0 auf 70 mph, gemessen 750 sec.

Der «Broadway Limited» der ‹Pennsylvania› (siehe Band 1, Seite 137 und Bild gegenüber Seite 160) fuhr ab 15.6.1938 mit 2 neuen Stromlinienzügen (8 Wagen, gezogen von einer stromlinienförmig verkleideten K 4 s-Maschine, u.a. Nr. 3768 mit dem 2×3achsigen Grosstender – noch nicht den 'Coast to Coast'-Tender, den nur 10 K 4 s erhielten), die Strecke New York–Chicago (907 Meilen). Die Stromlinienverkleidung der

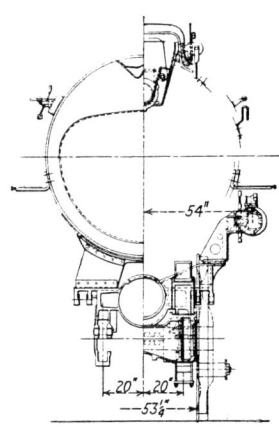

17 4–8–4-Schnellzugslok für grösstenteils Flachlandstrecken, Class R 1 der ‹ACL›; Serie 1800–1811. Baldwin 1938. Wassertaschen in Verbrennungskammer und Feuerbüchse. Triebrad-∅ 2032 mm. Hängende Kreuzköpfe. Siehe Abb. 183.

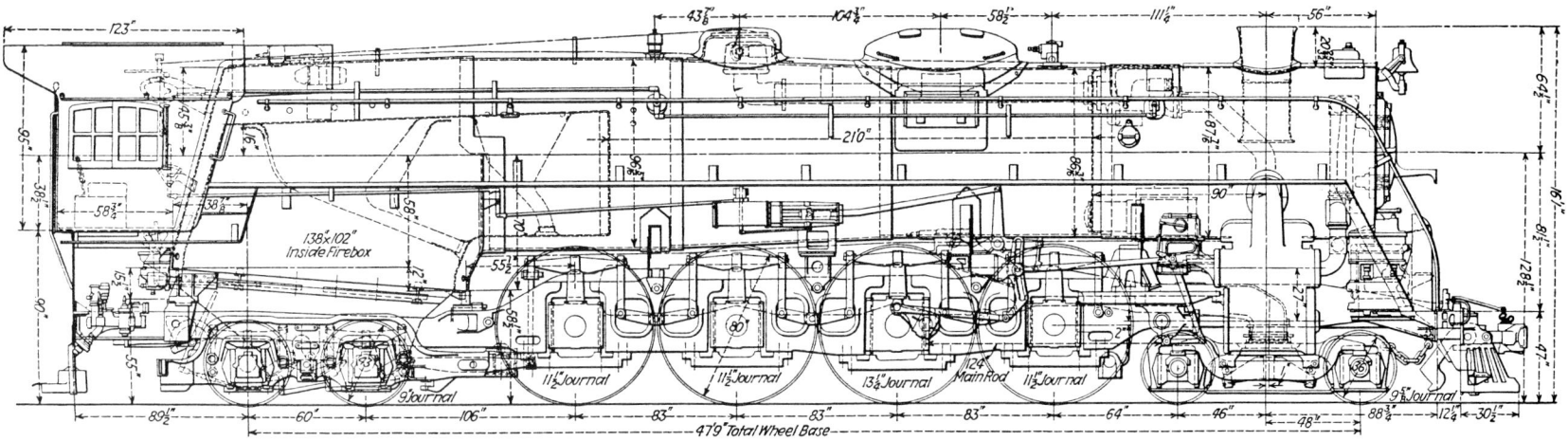

Maschine musste später wegen örtlicher Überhitzung geändert werden! Durchschnittliche Geschwindigkeit 56,7 mph. – 1940 wurden noch 4 weitere K4s stromlinisiert (Nrn. 1120, 2665, 3678 und 5338); die Antriebsanlage war wieder voll windzugänglich (Kühleffekt) und auch die Zylinder blieben unverdeckt. Der Tender war nur 2×2achsig und kurz. Man sah die Maschinen auch vor dem «South Wind» (Chicago–Cincinnati über Fort Wayne).

Die ‹Santa Fé› hat sich relativ früh für den 4–8–4-Loktyp interessiert, denn schon 1928 wurde die erste Serie (Nrn. 3751–3764) bei Baldwin beschafft (siehe 1928, S. 62, ‹Santa Fé›). Sie besassen quadratische Zylindermasse 2(762×762 mm), was in den USA sehr selten im Lokbau angewandt wurde. Auch die ‹Santa Fé› ging wieder davon ab. Erst 1938 wurde eine weitere Serie 4–8–4-Maschinen beschafft, nämlich die Nrn. 3765–3775, welche die schweren Personenzüge (z.B. den «Chief») auf den grossen Strecken (La Junta–Los Angeles) beförderten. Besonders der Raton Pass (siehe SN 1) mit seinen 35‰ Steigung erforderte diese starken Maschinen und zusätzliche in Doppeltraktion. Lok Nr. 3771 wird in den Abb. 184a und b gezeigt. Die Hauptdaten der Serie 3765–3775 waren: Kesseldruck 21,09 atü (Kessel mit 3 Wassertaschen in der Feuerbüchse und der Verbrennungskammer); Kesseltyp Conical; Zylinder 2(711,2×812,8 mm); Triebrad-∅ 2032 mm (!) ('Baldwin Disc Center'); Rostfläche 10 m²; Heizfläche 502 m²; Überhitzer 219,8 m²; Maschinengewicht 227 t; Reibungsgewicht 130 t; Zugkraft 28,5 t. 1939 erhielten auch die Nrn. 3751–3764 Triebräder mit 2032 mm ∅. Kurz nach Kriegsbeginn wurde die Serie Nrn. 3776–3785 bestellt. Sie erhielten recht ähnliche Daten wie die Hauptserie aus dem Jahre 1938. Während des Zweiten Weltkrieges beschaffte sich die ‹Santa Fé› nochmals eine Serie von 30 Northern. Sie erhielten die Nrn. 2900–2929. Siehe Daten: 1941, S. 119, ‹Santa Fé› und Abb. 207 und 208.

Ebenfalls von Baldwin erhielten 1938 die beiden Gesellschaften ‹Northern Pacific› und ‹Spokane, Portland & Seattle› (siehe SN 24) ölgefeuerte 4–8–4-Schnellzugsmaschinen; die ‹NP› Serie Nrn. 2660–2667, Class A3 (Vorläufer siehe 1930, S. 70, Timken); die ‹SP&S› Serie Nr. 700–702, Class E1. Die Hauptdaten der Class A3, resp. E1 waren: Kesseldruck 18,28 atü; Zylinder 2(711×787,4 mm); Triebrad-∅ 1955,8 mm; Rostfläche 10,7 m²; Zugkraft 31,6 t; Maschinengewicht 220 t; Reibungsgewicht 134,3 t. – Abb. 185 zeigt Nr. 2667 der ‹NP› und Abb. 186 Nr. 702 der ‹SP&S›. – Folgeserien siehe 1942, S. 124, ‹NP›. Die 4–8–4-Maschinen der ‹NP› sah man vor den 18-Wa-

genzügen des «North Coast Limited». Die Strecke St. Paul–Livingston (Mont.) war die längste Strecke der kohlengefeuerten Northern ohne Maschinenwechsel.

Eine Serie von 6 kohlengefeuerten Schnellzugsmaschinen vom Achsbild 4–8–4 für die "Capital Cities Route" erhielt 1938 die ‹Richmond, Fredericksburg & Potomac› von Baldwin. Es war die «Governor-Class» Nrn. 601–606. Die Hauptdaten waren: Kesseldruck 18,28 atü; Zylinder 2(685,8×762 mm); Triebrad-∅ 1955,8 mm; Rostfläche 8,1 m². Weitere Serien (‹Staatsmänner Class›) siehe 1945, ‹RF&P›. Die Maschinen bewältigten den schweren Schnellzugsverkehr mit 18 Limited-Wagen zu und von der Hauptstadt des Landes (siehe SN 46). Die Loks waren 184,4 t schwer (118 t Reibungsgewicht), besassen 398,6 m² Heizfläche und 123,3 m² Überhitzer. Vorläufer war die ‹General Class› siehe 1937. – Abb. 187 zeigt Lok Nr. 606. – Ähnliche Maschinen hat die ‹ACL› im gleichen Jahr angeschafft (siehe 1938, S. 109, ‹ACL›).

Baldwin lieferte im Januar 1938 an die ‹Denver & Rio Grande Western› 5 Eilgüterzugs- resp. Schnellzugsloks (Nrn. 1800–1804), Type 4–8–4, Class M68 mit folgenden Daten: Kesseltyp Conical; Kesseldruck 20,04 atü (!); Zylinder 2(660×762 mm); Triebrad-∅ 1854 mm (Baldwin-Scheibenräder mit Wälzlagerung); Walschaert-Steuerung; Rostfläche 9,85 m²; Heizfläche mit Verbrennungskammer und 3 Wassertaschen 511,5 m² (!); Überhitzer 217 m²; Zugkraft 30,5 t; Maschinengewicht 217,4 t; Reibungsgewicht 126,4 t; geschlossene Führerkabine. Anfänglicher Einsatz vor dem «Scenic Limited», der auf seinem 745 Meilen langen Parcour die Royal Gorge (siehe Band 1, Abb. 96) und den Tennessee Pass (siehe SN 17) passierte, wobei 177 Meilen im Nonstop zwischen Helper (Utah) und Grand Junction (Colo.) zurückzulegen waren. – Abb. 188 zeigt Lok Nr. 5601 der ‹CB&Q› als Vergleichsmaschine zur ‹Rio Grande›-Lok Abb. 189. Altersunterschied 8 Jahre! Beschreibung der Lok 5601 siehe 1930, S. 71, ‹Burlington›; entsprechend dem kleineren Kesseldruck der Burlington-Maschine waren deren Zylinder-∅ etwas grösser. Der Triebrad-∅ betrug 1879,6 mm.

Die ‹SOO Line› erhielt 1938 von der Lima 4 Eilgüterloks (ausnahmsweise auch als Schnellzugsloks im Einsatz) vom Typ 4–8–4 (Nrn. 5000–5003), Class O20 mit Booster für den Dienst auf den Strecken der ‹Wisconsin Central› (siehe SN 57 und 1888, ‹SOO›). Die Hauptdaten dieser leichten Maschinen waren: Kesseldruck 18,98 atü; Zylinder 2(660,4×812,8 mm); Triebrad-∅ 1905 mm (Boxpock-Räder); Walschaert-Steuerung; Rostfläche 8,2 m²; Heizfläche 477,7 m²; Überhit-

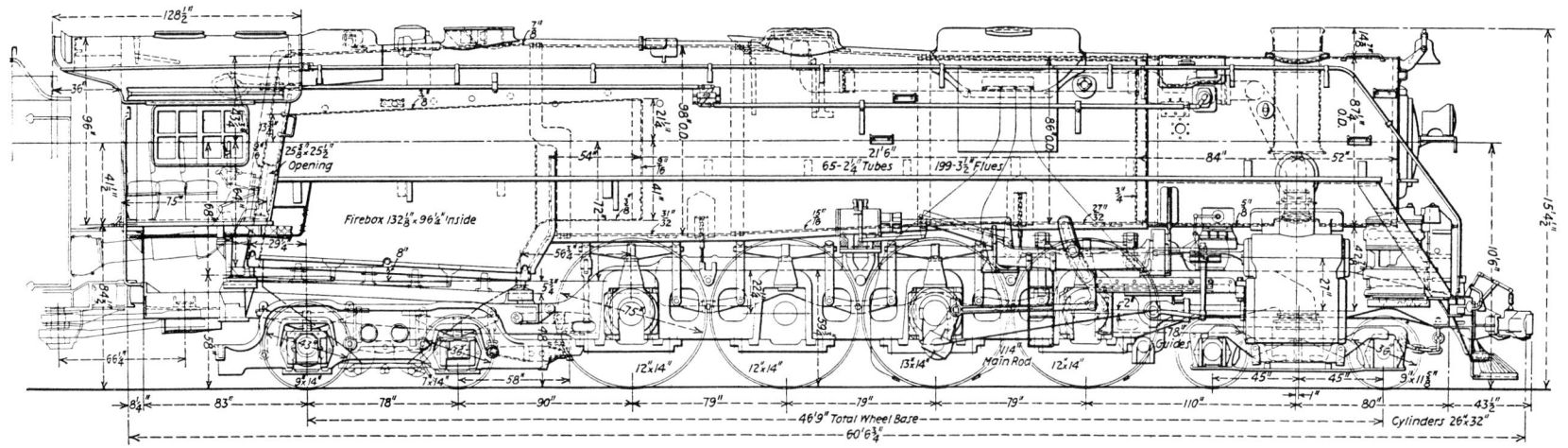

18 4–8–4-Schnellzugs- und Eilgüterzugslok, Class 020 der ‹SOO›; Serie 5000–5003. Triebrad-∅ 1905 mm; hängende Kreuzköpfe; Walschaert-Steuerung; Verbrennungskammer. Lima 1938. Siehe auch Abb. 190.

zer 196,9 m²; Zugkraft 29,94 t + 6,08 t Booster; Maschinengewicht 205,7 t; Adhäsionsgewicht 119,3 t; Tender 2×3achsig (24,4 t Kohle + 66,5 m³ Wasser). – Siehe auch 4–8–4-Lok der ‹MP›, 1943, S.126, oder 1942, S.124, ‹NP›. Abb. 18 zeigt den Aufriss der ‹SOO›-Loks, Abb. 190 Lok Nr. 5000. – Die ‹SOO› besass noch 1950 259 Dampfloks und erst 33 Dieselmaschinen. Gute Dienste leisteten nach wie vor die Pacifics aus den Jahren 1914 und 1920 (siehe 1914, ‹SOO›). Der «Winnipegger» und der «Mountaineer» wurden teilweise noch mit Dampfloks betrieben. Letzterer fuhr von Chicago-St. Paul nach Vancouver (3540 km).

Die ‹Delaware & Hudson› nahm 1938 aus der Serie 1201–1220, Class E6a, Achsbild 2–8–0, Nr. 1219 (Alco 1918) heraus und versah sie mit einem vollständig geschweissten Kessel, der mit 15,82 atü Druck arbeitete. Der Kessel wurde vor dem Einbau in die Lok während Wochen getestet. Er besass eine Wootten-Feuerbüchse. Die Hauptdaten der Originallok aus dem Jahre 1918 siehe Band 1, Seite 171, ‹D&H›. Der von Alco gefertigte vollständig geschweisste Kessel war ein Versuch, um die grösstmögliche Sicherheit durch zweckmässige Konstruktion, d.h. schweissgerechte Bauweise, zu finden und zu erproben. Nachteiliges über diesen Kesseltyp ist in der Literatur nicht festgehalten worden.

Die ‹Denver & Rio Grande› nahm 1938 10 grossrädrige Challenger Mallet-Maschinen 4–6–6–4 (Serie 3700–3709) mit Einfachdehnung und Kohlenfeuerung von Baldwin in Betrieb (siehe Abb. 191 und 192). Die Hauptdaten waren: Kesseltyp Straight top; Kesseldruck 17,93 atü; Zylinder 4(584,2×812,8 mm); Triebrad-∅ 1778 mm (!); Heizfläche 588,75 m²; Überhitzer

243 m²; wälzgelagerte Räder; 3 Wassertaschen; Maschinengewicht 291,2 t; Reibungsgewicht 198,5 t; Rostfläche 12,7 m²; Zugkraft 45,5 t; Walschaert-Steuerung; Elesco-Speisewasservorwärmer; Tender 2×3achsig, wälzgelagert. Weitere 4–6–6–4-Maschinen erhielt die Gesellschaft 1941 (Nrn. 3710–3714) und 1943 (Nrn. 3800–3805). Die Hauptdaten der Serie aus dem Jahre 1943 waren: Kesseldruck 19,69 atü; Zylinder 2(533,4×812,8 mm); Triebrad-∅ 1752,6 mm; Rostfläche 12,3 m²; Heizfläche 443,5 m²; Überhitzer 200,8 m²; Maschinengewicht 285,5 t; Reibungsgewicht 184 t; Zugkraft 42,3 t; Walschaert-Steuerung; Tender 4–10–0 (28 t Kohle + 94633 l Wasser). Lok Nr. 3700–3709 bildeten Class L105; dazu gehörte auch die Serie 3710–3714. Lok 3800–3805 bildeten Class L97. Es handelte sich um 6 Maschinen aus einer Alco-Serie für die ‹UP›, die vom 'War Production Board' an die ‹Rio Grande› abgezweigt wurden. Am Schluss des Krieges verkaufte die Gesellschaft diese Alco-Maschinen an die ‹Clinchfield›. Die ‹Rio Grande› besass am 1.1.1949 noch 290 Dampfloks, davon 83 Mallets. Zur Geschichte dieser Bahn finden sich in Band 1 Angaben auf Seite 98/99 (ausführliche Angaben siehe A.B. Harbus 'Locs of the ‹D&RG›, ‹R&LHS›', July 1949). – Auch die ‹Western Pacific›, ‹Northern Pacific› und die ‹Union Pacific› beschafften sich ungefähr zur gleichen Zeit 4–6–6–4-Maschinen für den schweren Eilgüterverkehr (siehe 1936, S.92, ‹UP› und S.92, ‹NP›).

1938 tätigte Baldwin einen interessanten Exportauftrag nach Columbien. Er lieferte mehrere 4–8–2-Personenzuglosk an die ‹Ferrocarriles Nacionales Norte Seccion 2A› für die Meterspur (3′3³⁄₈″)-Strecke. Die Hauptdaten der Mountains waren: Kesseldruck 15,47 atü; Zylinder 2(482,6×558,8 mm); Triebrad-∅ 1168,4 mm; max. Geschwindigkeit 70,8 km/h; Rostfläche 4,85 m²; Heizfläche 243,5 m²; Überhitzer 67,8 m²;

Maschinengewicht 81,5 t; Reibungsgewicht 55 t; Zugkraft (80%) 13,6 t. – Die Loks mussten Kurven mit 80 m Radius befahren können. Die Maschinen waren wohl das Maximum des Möglichen auf Schmalspur und in Einrahmenbauweise. Henschel baute für Brasilien ähnliche Maschinen.

Am 19. 6. 1938 fiel die Brücke bei Saugus (Mont.) beim Befahren durch einen Personenzug während eines Hochwassers in die Tiefe; es gab 47 Tote. Siehe auch 1937, S. 101, ‹CMSt.P&P›. Die Korrektur des Flusslaufes wurde unumgänglich.

1939

1939 wurden noch 119 Dampfloks, bereits 249 Dieselloks und 32 Elektroloks bestellt. Insgesamt standen Ende 1939 in den USA 42 511 Loks im Dienst.

Die ‹Chicago, Rock Island & Pacific› nahm Ende 1939 einen 8-Meilen-cut-off und als dessen Hauptbauwerk eine Stahlbrücke über den Cimarron River bei Liberal (im SW von Kans.) in Betrieb, deren Fachwerk auf 4 Betonpfeilern und Endlager ruht (siehe Abb. 193). Das Streckennetz der ‹Rock Island› zeigt SN 13. Der 'cut-off' befindet sich zwischen Liberal und Dalhart. Die einspurige Stahlkonstruktion ist 402,3 m lang.

Die ‹Minneapolis & St. Louis RR› baute 1939 ihre 1921 von Alco erworbenen Mikados (Nrn. 620–634) zu leistungsfähigeren Güterzugsmaschinen um. Der Kesseldruck wurde von 13,01 auf 14,08 atü erhöht. Auch wurden 2 Wassertaschen in die Feuerbüchse eingebaut. Ein Booster vergrösserte die Anfahrzugkraft um ca. 5 t. Die Gesamtzugkraft betrug damit 27,7 t. Der Triebrad-⌀ war aber immer noch 1498,6 mm; Die Zylindermasse 2(609,6×762 mm). Der Einsatz der modernisierten Mikados zusammen mit Streckenverbesserungen beschleunigte den Güterzugsdienst auf der Strecke Peoria–Minneapolis (502 Meilen) von 32½ h auf 28 h. Nach Einführung des Dieselbetriebes (ab 1945) sank die Fahrzeit auf 18 h. Weitere Angaben siehe 1871, Band 1, Seite 100 ‹M&St.L›; Streckennetz siehe SN 33.

An der New Yorker Weltausstellung 1939 'New York World's Fair-1939' wurde in der 'Transportation Section' die 4-Zylinderschnellzugsmaschine der ‹Pennsylvania›, Typ 6–4+4–6, Class S1, ausgestellt (siehe Abb. 194, 195 und 19). Sie wurde als Stromlinienlok gebaut um schwerste Expresszüge mit 100 mph auf grossen Distanzen durchzuziehen; sie fuhr u. a. den «Manhatten Ltd.» und den «General» (siehe auch 1938, S. 109, ‹Penn›). Entwurf und Konstruktion: Pennsylvania Altoona (Pa.). Diese superstarke 4-Zylinder-Einrahmenlok (Serie 6100) für den Einsatz vor allerschwersten Expresszügen für Personen und Fracht arbeitete in Einfachdehnung und war im Gleis mit den 3achsigen Drehgestellen gut geführt. Sie besass folgende Daten: Kesseldruck 21 atü; Zugkraft (85%) 35 t; Walschaert-Steuerung (die bevorzugte Steuerung der ‹Penn›); Reibungsgewicht 128 t; Dienstgewicht 275 t; Fahrleistung 162,5 km/h max. Geschwindigkeit mit 1250 t Anhängelast. Zur Strecke Crestline (Ohio)–Chicago (Ill.), die ab Dezember 1940 gefahren wurde, noch einige weitere Angaben: Durchschnittsgeschwindigkeit 63–66 mph; Streckenlänge 279,6 Meilen; Kohlenverbrauch 214 lb/Meile. Es stellte sich bald heraus, dass diese Maschine in mancher Beziehung zu kräftig konzipiert war; sie wurde darum nicht nachgebaut. Die Gesellschaft entschied sich für leichtere Einrahmenloks, System Duplex, vom Achsbild 4–4+4–4 (siehe ‹Penn›,

19 6–4–4–6-Schnellzugsmaschine Nr. 6100 der ‹Penn›. Duplex-Bauart mit 4 Zylinder (558,8×660,4 mm), Einrahmenmaschine. Triebrad-⌀ 2134 mm; Doppelkamin. Diese stromlinisierte Superlok hiess «Big Engine»; sie wurde 1939 zur Weltausstellung (Baldwin) gebaut; 1949 verschrottet. Es wurde nur dieser Prototyp erstellt. Die Stromlinienverkleidung über den Trieb- und Laufachsen wurde bald stark gekürzt zwecks besserer Wartung und Kühlung. Mit schweren Zügen schleuderte sie gerne beim Start, dann – einmal hochgefahren – fuhr sie mit jeder Anhängelast mit 100 mph durch, selbst auf kleineren Steigungen; sie war in den Kurven sehr gut geführt. Achsdruck 32 t. Die Stromlinienverkleidung wurde von Raymond Loewy entworfen. Weitere Bilder Abb. 194 und 195.

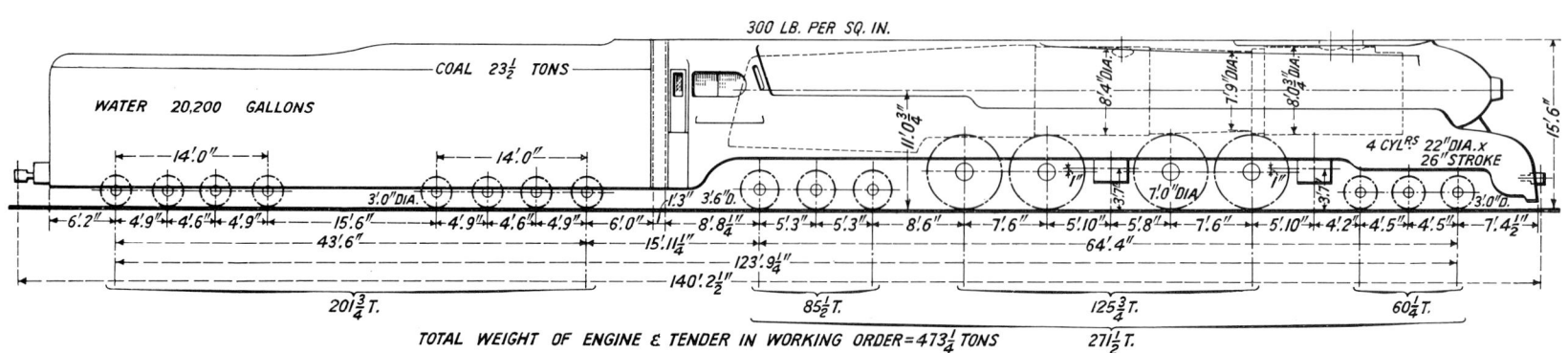

S. 122). – Eine weitere markante Dampflok an der Ausstellung war die 260 t schwere 2–6–6–4-Mallet-Maschine mit Einfachdehnung der ⟨Norfolk & Western⟩ (siehe 1936, S. 92, ⟨N&W⟩). 'New York World's Fair' zeigte auch eine Modellanlage 'Railroads at Work' mit 50 Loks (Dampf und Diesel), 450 Wagen und 2000 Meilen Gleise (Wirklichkeits-Meilen). Ein halbstündiges Programm zeigte einen Tagesablauf. – Das meiste Aufsehen erregte aber das Musical 'Railroads on Parade' mit 4000 Mitwirkenden, 50 Pferden, 4 Ochsen, 4 Maulesel und 20 Loks. Es wurde 4mal pro Tag gezeigt und dauerte eine Stunde. Der Verfasser war Edward Hungerford, die Musik komponierte Kurt Weill.

Am 26.4.1939 begannen in Omaha die grossen Festivitäten zur Erinnerung an den Golden Spike-Anlass am 10.5.1869 in Promontory. In der Stadt war ein Indianer-Zeltlager aufgebaut und zahlreiche Loks waren in den Strassen aufgestellt worden. Alte und moderne Züge trafen ein. Die ⟨Union Pacific⟩ wollte damit den alten Pioniergeist reaktivieren. Grosse Paraden fanden statt. Siehe Band 1, Seite 74/75.

Der Zweite Weltkrieg zwischen den Achsenmächten (Deutschland–Italien–Japan) und den Alliierten (England, Frankreich) mit dem späteren Eintritt der USA (auf Seiten der Alliierten) endete mit dem Sieg der Alliierten. Die Bahn, zur 'Lifeline of Defense' erklärt, spielte während des Krieges wiederum eine grosse Rolle. Vom Dezember 1941 bis August 1945 wurden 113 891 Truppenzüge mit über 3000 Meilen-Fahrten durchgeführt. Während des 2. Weltkrieges haben 42 000 Dampfloks zweimal so viel geleistet wie 64 000 Loks während des 1. Weltkrieges. Staatspolitisch haben die USA sehr kluge Massnahmen ergriffen, damit keine eigentliche Fremdverwaltung (siehe Band 1, Seite 168) angeordnet werden musste. Die Verkehrskoordinierung übernahm diesmal das 'Office of Defense Transportation'. Bei einem Streik hätte der Transportchef des kommandierenden Generals den gesamten Bahnbetrieb übernommen. – Gegen Ende des Krieges und besonders nach dem Krieg wurden robuste USA-Dampfloks vom Typ 2–8–0, 2–8–2, 2–10–0 aber auch dieselelektrische 060–060 in die verwüsteten Länder geliefert, um die Versorgung mit Lebensmitteln und den Wiederaufbau der Wirtschaft zu ermöglichen.

Die ⟨Missouri Pacific⟩ begann im Sommer 1939 mit dem Umbau von älteren 4–8–2-Maschinen (USRA-Maschinen von Alco, leichter Typ, aus dem Jahre 1919), Nrn. 5301–5307 bisher, neue Nrn. 5321–5327. Das Modernisierungsprogramm lief bis ins Jahr 1942.

Die Loks erhielten neue Rahmen, grössere Kessel, grössere Triebräder, Wälzlager, Ölfeuerung. Die Baker-Steuerung wurde durch eine Walschaert-Steuerung ersetzt! Die Daten der umgebauten Maschinen waren: Kesseldruck 15,8 atü; Zylinder 2(670×762 mm); Triebrad-⌀ 1905 mm; Maschinengewicht 167,83 t; Reibungsgewicht 110,68 t; Zugkraft 24,4 t; Einsatz im Schnellzugsdienst besonders auf der Strecke St. Louis–Kansas City. – Während der gleichen Zeit wurden 10 Lima-Loks 2–8–4 aus dem Jahre 1930 in moderne 4–8–4-Maschinen umgebaut. Bisherige Nrn. 1901–1910, neue Nrn. 2101–2110. Weitere 15 dieser Klasse sollen ebenfalls anschliessend umgebaut worden sein. Sie erhielten neuen Kessel, neuen Rahmen, grössere Triebräder. Sie blieben weiterhin kohlebeheizt. Die Hauptdaten dieser Maschinen waren: Kesseldruck 17,58 (alt 16,87) atü; Zylinder, alt und neu 2(711,2×762 mm); Triebrad-⌀ 1905 mm (alt 1600,2); Heizfläche 450 m² (502,6); Überhitzer 181 (216,9) m². Sie waren neuwertig und taten noch lange Dienst. Weitere Northern siehe 1943, S. 126, ⟨MP⟩.

Am 4.6.1939 hat die ⟨Lehigh Valley⟩ den Luxuszug «John Wilkes» zwischen New York und Wilkes–Barre (Pa.) eingeführt. Als Lok diente die modernisierte, stromlinienverkleidete Pacific von Baldwin, Nr. 2102, Class K5, aus dem Jahre 1916. Sie gehörte zur Serie 2100–2122, ohne Wootten-Feuerbüchse (siehe Band 1, Seite 167). Der Zug bestand aus 9 airconditioned Luxuswagen. Die Lok besass Boxpok-Scheibenräder. – Wilkes–Barre ist eine Stadt mit etwas mehr als 60 000 Einwohnern am Ostufer des Susquehanna River. Sie erhielt ihren Namen zu Ehren von John Wilkes und Isaac Barré, beides markante Politiker im Britischen Parlament, die eine vernünftige Einstellung zu New England an den Tag legten.

Lima baute 1939 für die ⟨Southern Pacific⟩ 12 AC 9-Mallet-Maschinen, Typ 2–8–8–4, Nrn. 3800–3811, für gemischten Dienst in sog. 'skyline casing' – Halbstromlinienform, d.h. nur der obere Teil des Kessels war verkleidet (Abb. 196a zeigt Lok Nr. 3800). Es waren keine 'cab ahead'-Maschinen, sondern sie fuhren konventionell mit dem Führerhaus (Typ: Vestibule) hinten. Einsatzstrecke: El Paso (Tex.)– Tucumcari (N. Mex.) 332 Meilen mit langen Rampen und einer maximalen Höhe von 2050 m. Die Abb. 196b, c und d zeigen die Malletmaschine im Einsatz. Die ⟨SP⟩ übernahm in Tucumcari die Züge der ⟨CRI&P⟩, die von Chicago, resp. Kansas City kamen (siehe SN 50). Die Maschinen waren für eine maximale Geschwindigkeit von 120 km/h gebaut, gehörten also eindeutig zu den schnellen Mallets. Die Hauptdaten der 6000 PS-

Loks waren: Kesseldruck 17,58 atü; Zylinder 4(609,6× 812,8 mm); Triebrad-⌀ 1612,9 mm; Walschaert-Steuerung; Rostfläche 13 m²; Heizfläche 643 m²; Überhitzer 263 m²; Zugkraft 56 t; bei 65 km/h Geschwindigkeit entwickelten die Loks 6000 PS Leistung; Maschinengewicht 311 t; Reibungsgewicht 241 t; Maschinenlänge 24,092 m; Tender 2×3achsig; Brennmaterial Kohle aus Dawsonfield (N. Mex.). – 1950 wurden die Maschinen auf Ölfeuerung umgebaut und auf die Strecken in North California und Nevada versetzt, weil die Rio Grande-Strecken auf Dieseltraktion umgestellt wurden. – Zu Vergleichszwecken sei auf die «Big Boy»-Maschinen der ‹UP› verwiesen (S. 117).

Die ‹Detroit, Toledo & Ironton› (siehe Band 1, Seite 36) beschaffte sich 1939 ihre letzten Berkshires bei Lima; 1935 wurden sehr ähnliche Maschinen, auch von Lima, in Betrieb genommen, Nrn. 700–703. Die Hauptdaten dieser 2–8–4-Loks mit den Nrn. 704–705, waren: Kesselruck 18,28 atü (Vorserie 17,58 atü); Zylinder 2(635×762 mm); Triebrad-⌀ 1600,2 mm; Rostfläche 8,2 m²; Heizfläche 419,9 m²; Überhitzer 166,8 m²; Maschinengewicht 188,5 t; Reibungsgewicht 112,5 t; Tender 2×3achsig; geschlossenes Führerhaus (vestibule Typ); Zugkraft 29,8 t; Walschaert-Steuerung (siehe Abb. 197). Es überrascht etwas, dass ausser der Erhöhung des Kesseldrucks gegenüber den Maschinen aus dem Jahre 1935 keine Neuerungen festzustellen sind; offenbar waren die damals gewählten Daten ideal. – In der Endzeit der Dampflokomotiven (1948) wurden von Alco 2–8–4-Maschinen mit fast gleicher Zugkraft, mit ähnlicher Leistung, gleichem Triebrad-⌀, kleinerer Heizfläche, grösserer Überhitzerfläche und kleinerem Kesseldruck für die ‹P&LE› gebaut. – Die ‹DT&I› bestellte in den Jahren 1940–1944 nur noch Güterzugsmaschinen vom Mikado-Typ (siehe 1944, S. 132, ‹DT&I›).

Die Union Passenger Terminal-Station in Los Angeles wurde 1939 eingeweiht. Bei dieser Gelegenheit fuhr die «C. P. Huntington» (siehe Band 1, Abb. 79), eine 4–2–4-Tenderlok der ‹SP› mit Nr. 1 (als ‹CP›-Maschine soll sie Nr. 3 getragen haben), mit eigener Kraft von Sacramento nach Los Angeles. Dies wurde auch bei andern Gelegenheiten (z. B. Brückeneinweihung) so gehalten. Diese kleine, 1863/64 von D. Cooke gebaute Tendermaschine als vorderste Maschine einer 'Lokprozession' von modernen Dampfgiganten über eine neue Eisenbahnbrücke fahren zu sehen muss einen erhebenden Eindruck vermittelt haben! – Während heute die *Huntington* ihren Standort im Bahnhofareal von Sacramento hat, befindet sich eine andere, ebenso alte Veteranin, die 4–4–0 von Norris, die eigentliche ‹Central Pacific›-Nr. 1 mit Namen «Gov. Stanford», im Museum der Stanford University.

1940

Die ‹B&M› erhielt 1940 bei Portsmouth an der Mündung des Piscataqua River im Staate New Hampshire eine Doppeldeck-Brücke über die dortige Meeresbucht. In der Mitte dieser Brücke befindet sich ein Hebewerk mit 61 m breiter Öffnung, das in der oberen Stellung 41 m hoch über dem Wasser liegt. Gesamtlänge 850 m. Das untere Deck ist für die Bahn mit einer Spur ausgerüstet. – Drei weitere Cantilever-Brücken (Stahlfachwerk) wurden 1940 in den USA ebenfalls dem Betrieb übergeben. Jene bei Baton Rouge, der Hauptstadt von Louisiana am linken Ufer des Mississippi, war eine Mehrzweckbrücke (Highway und Eisenbahn) mit 848 ft. (258,5 m) Spannweite. Die anderen waren reine Highway-Brücken.

Die ‹Missouri-Pacific› führte 1940 insgesamt 6 Stromlinienzüge, sog. «Eagle» ein; der 1. Eagle wurde zwischen St. Louis, Kansas City und Omaha im März 1940 eingesetzt (siehe SN 36). Der «Colorado Eagle» erhielt einen 'Planetarium-dome-car'. Die anfänglich für Dampftraktion vorgesehenen Züge wurden jedoch gleich zu Beginn mit Diesel-Loks geführt, damit war das Dampfzeitalter bei dieser Gesellschaft im schnellen Personenverkehr vorüber.

Die beiden alten Nord-Süd-Eisenbahngesellschaften ‹Gulf, Mobile & Northern› und ‹Mobile & Ohio› (gegründet 1848) schlossen sich im September 1940 zur ‹Gulf, Mobile & Ohio RR Comp.› zusammen. 1947 übernahm die ‹GM&O› die ‹Chicago & Alton RR› (siehe Band 1, Seite 48 ‹C&A›), wodurch eine einheitliche Bahnlinie zwischen Chicago, St. Louis, Kansas City und dem Golf von Mexico (New Orleans, Bayou, Mobile) entstand, die 7 Staaten bediente. Später wurde auch versucht, entweder mit der ‹L&N› oder mit der ‹IC› (siehe SN 26) zusammenzuarbeiten, um die finanzielle Lage zu verbessern. ‹IC› übernahm nach 1960 die ‹GM&O› wobei sich zahlreiche Doppelspurigkeiten (z. B. Anlaufen gleicher Verkehrszentren) sanieren liessen. Die Gesellschaft hiess neu ‹Illinois Central Gulf›; sie besitzt nun mehrere Nord-Süd-Linien zwischen Chicago und dem Golf von Mexiko. Ein Vorteil war auch der Anschluss an die Transkontinentallinien über die Strecke Springfield–Kansas City. Die ‹GM&O› stellte am 30. 9. 1949 vollständig auf Dieseltraktion um. – Die Gesellschaft fuhr den «Abraham Lincoln», «Ann Rutledge» und den «Rebel», alles 'Streamliners'.

Die ‹Union Pacific› baute 1940 42 Einheiten (insgesamt besass sie 64) ihrer von Alco bezogenen 3600-

Class-Compound-2–8–8–0-Maschinen (Übernahme «Bull Moose») aus den Jahren 1918–1924 in solche mit Einfachdehnung um (neu Class 3500, Serie 3500–3564, 1940–1946). 13 Maschinen behielten Kohlenfeuerung, der Rest erhielt Ölbrenner und -tender. Bis 1946 sollen auch die letzten kohlengefeuerten Maschinen umgebaut worden sein (kriegsbedingte Notwendigkeit für Sherman Hill-Strecke). Die neuen Daten waren: Zylinder 4(584,2×762 mm); 1498,6 mm Triebrad-∅; Kesseldruck 15,32 atü; Maschinengewicht 228,28 t; Zugkraft 45,2 t. Die alten Daten waren: Zylinder 2(660,4×812,8 mm) + 2(1041,4×812,8 mm); Triebrad-∅ 1447,8 mm; Kesseldruck 14,76 atü; Zugkraft 46 t (9 Maschinen erhielten Booster, Zugkraft 55,2 t); Rostfläche 8,15 m²; Heizfläche 529,2 m²; Überhitzer 129,9 m²; Maschinengewicht 224 t. Abb. 198 zeigt Lok Nr. 3617 im Ablieferungszustand 1920. Das hier geschilderte Beispiel zeigt besonders instruktiv das 'Doppelleben' der amerikanischen Mallet. Zuerst als Compound-Lok 1920–1940, dann modernisiert neben den schnellen 4–12–2 (9000) zwischen Cheyenne und Ogden, beide Male die Sherman Hill-Strecke mit 2438 m als höchstem Punkt meisternd (siehe Band 1, Abb. 37).

Die ‹Seaboard Air Line› verkleidete 1940 (1939?) 2 Schnellzugsmaschinen vom Typ 4–6–2, Nrn. 865 und 868, Class P, aus dem Jahre 1911–1913 zu modernen Stromlinienloks. Ihre Einsatzstrecke war Wildwood–St. Petersburg (Fla.). Sie fuhren den «Silver Meteor» (New York–St. Petersburg). Die Hauptdaten waren: Zylinder 2(584,2×711,2 mm); Kesseldruck 13,71 atü; Rostfläche 4,92 m²; Triebrad-∅ 1828,8 mm; Zugkraft 15,5 t; Maschinengewicht 101 t (ohne Stromlinienverkleidung); Heizfläche 261,8 m²; Überhitzer 53,4 m² (Verhältnis 4,9:1!). – Das Modernisierungsdatum 1940 muss trotz guter Quelle angezweifelt werden, da der «Silver Meteor» bereits mit Dieselelektroloks am 2.2.1939 den Betrieb zwischen New York und Miami aufnahm. Vermutlich standen die Dampfloks als Reserve zur Verfügung für den Fall, dass eine Dieselmaschine aussetzte oder im Saisonverkehr zusätzliche Züge eingeschaltet werden mussten.

Die ‹Delaware & Hudson› (siehe SN 14) erhielt 1940 von Alco 20 Mallet-Maschinen für den schweren Eilgüterdienst. Typ 4–6–6–4 (Challenger), Nrn. 1500–1519, Class J 95, mit 1752,6 mm Triebrad-∅ (Boxpok); 20,04 atü Kesseldruck: Kesseltyp: Straight top; 10 m² Rostfläche; 500,6 m² Heizfläche; 156,2 m² Überhitzer; Zylinder 4(521×812,8 mm); Zugkraft (85%) 40,8 t; Reibungsgewicht 184,4 t; Dienstgewicht der Maschine 270,8 t; Tender 2×3achsig. Sie hatten Consolidations (Doppeltraktion) zu ersetzen und wurden für Kohlen-

züge zwischen Wilkes Barre (Pa.), Binghamton (N.Y.) und Mechanicsville (N.Y.) = 356 km mit mehreren Steigungen von 11–14,9‰ eingesetzt. – Abb. 199 zeigt Lok Nr. 1505. – Weitere Serien wurden 1954 (Nrn. 1520–1534) und 1946 (1535–1539) beschafft.

Die ‹Erie› modernisierte in den Jahren 1940/41 ihre 4–6–2-Personenzugloks, Serie Nrn. 2915–2944, die 1923 von Lima, Baldwin und Alco geliefert wurden. Diese leistungsfähigeren Pacific-Maschinen erhielten grössere Tender für 24 t Kohle und 60 000 l Wasser (Langstreckenloks) und verbilligtere Wartung. Abb. 202 in Band 1 zeigt Lok Nr. 2925 (US-Typ). Abb. 200 zeigt Lok Nr. 2915. Sie wurden auf der 730 Meilen langen Strecke von Marion (Ohio) nach Jersey City (N.J.) und umgekehrt eingesetzt (siehe SN 21). Die Maschinen erhielten auch Booster, Boxpok-Triebräder (mit Timken-Wälzlager) und Baker-Steuerung (mit Nadellager). Der Lokrahmen erhielt angegossene Zylinder und die Bremsluftzylinder wurden integriert. Die Kreuzkopfführung war nicht mit dem hinteren Zylinderkopfdeckel verbunden. Die Hauptdaten der modernisierten Loks waren: Kesseldruck 14,76 atü; Zylinder 2(685,8×711,2 mm); Triebrad-∅ 2006,6 mm; Rostfläche 6,58 m²; Heizfläche 345,2 m² (inkl. 2 Wassertaschen); Überhitzer 122,4 m²; Maschinengewicht 150,5 t; Reibungsgewicht 93,2 t; Zugkraft (85%) 20 t + 5,7 t Booster; Tender 2×3achsig. – Siehe auch 1929, S. 65, ‹Erie›, erste Modernisierung.

Die ‹New York Central› hatte seit 1916 (siehe Band 1, Seite 166) 4–8–2-Loks (Class L1 und L2) im Dienst. Bis 1930 wurden Loks dieses Achsbildes beschafft (siehe 1925, ‹NYC›). Während des Zweiten Weltkrieges erlebte die 4–8–2-Lok nochmals eine Renaissance. 1940 übernahm die ‹NYC› folgende Grossserien derartiger Maschinen als Class L 3a und b; Nrn. 3000–3024 (Class L 3a) ohne Booster von Alco, Nrn. 3025–3034 (Class L 3b) mit Booster von Alco, Nrn. 3035–3049 (Class L 3b) mit Booster von Lima. Die Daten der Mohawk-Maschinen von Lima (Nrn. 3035–3049) waren: Kesseldruck 17,58 atü; Zylinder 2(647,7×762 mm); Baker-Steuerung; Triebrad-∅ 1752,6 mm (Boxpok); Rostfläche 7 m²; Heizfläche 435 m²; Überhitzer 195,5 m²; Zugkraft (85%) 26,2 t + 6 t Booster; Lokgewicht 178,5 t; Reibungsgewicht 120 t. – Abb. 201 zeigt Lok Nr. 3037 (mit Booster), Abb. 20 eine Lokzeichnung der Class L 3a (ohne Booster). Tender 2×3achsig für grosse Durchläufe. – Einzelheiten über die früheren 4–8–2-Loks siehe 1911, ‹C&O›, ‹SP› und ‹NYC›. – 1943 wurde nochmals eine Serie von 4–8–2-Loks (Class L4b), Nrn. 3125–3149, bei Lima bezogen (siehe Lok Nr. 3135 in Abb. 202). Sie waren weit-

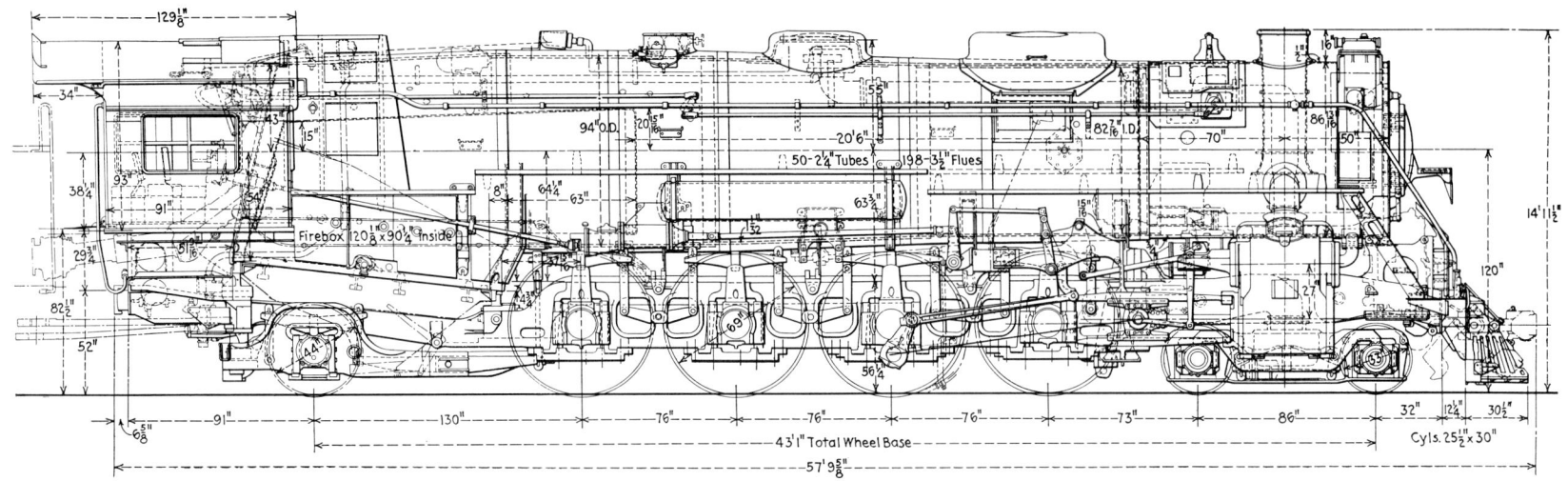

20 4–8–2-Lok für den Dienst vor Schnell- und Eilgüterzügen, Class L3a der ‹NYC›. Class L3b war für den Güterzugsdienst (Booster) konzipiert. L3a von Alco gebaut; L3b von Alco (10 Stück) und Lima (15 Stück) gebaut. Baujahre 1940–1942. Siehe auch Abb. 201.

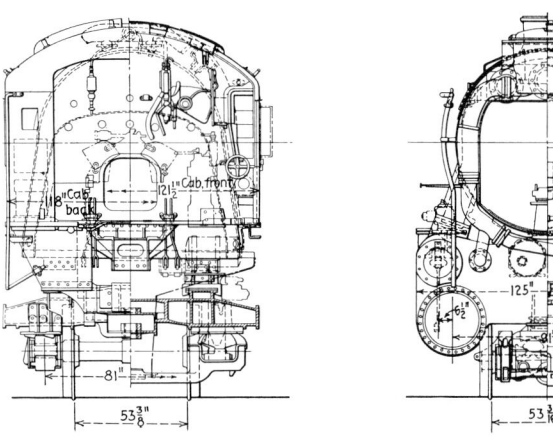

gehend mit Class L3b identisch, besassen jedoch einen grösseren Triebrad-∅ von 1828,8 mm, einen Zylinder-∅ von 660,4 mm und eine Zugkraft von 27,2 t; Booster waren nicht eingebaut. Die übrigen Hauptdaten waren: Kesseldruck 17,58 atü; Zylinder 2(660,4×762 mm); Rostfläche 7 m²; Heizfläche 434,4 m²; Überhitzer 195,5 m²; Maschinengewicht 182 t; Reibungsgewicht 120,9 t; Tender 2×3achsig (38,1 t Kohle + 57584 l Wasser). Nr. 3138 besass ‹Scullin disc drivers›. Sie wurde auch im Schnellzugsdienst eingesetzt. – Erfahrungsberichten ist zu entnehmen, dass die 4–8–2-Maschinen trotz Verstärkungen (L2 → L3) die 4–6–4-Maschinen der Class J3 nicht verdrängen konnten. Sie fanden daher im Luxusexpressverkehr keine Einsatzmöglichkeit, und wurden nur im besonders schweren Schnellzugsverkehr in Zeiten hohen Verkehrsanfalles verwendet. Die L4b mit grösseren Triebrad-∅ (1828,8

mm) erreichten ähnliche Leistungen wie die Hudson-Maschinen mit 2007 mm Triebrad-∅ (siehe 1937, S. 100, ‹NYC›).

In einem Bericht der ‹New York Central› für das Jahr 1940 finden sich folgende Informationen: die Gesellschaft untersuchte die Ausfälle wegen Lagerschäden und verglich an sich gleiche Loks, die aber verschiedene Lagerarten eingebaut hatten. Dabei wiesen die Maschinen mit Rollenlagern über eine Totalstrecke von rund 10,5 Mio km keine Heissläufer auf, während jene mit Gleitlagern in 47 Fällen aus dem Verkehr gezogen werden mussten, d.h. nach durchschnittlich 480 000 km einen Lagerschaden aufwiesen. – Siehe auch 1930, S. 70, Timken-Lok Nr. 1111.

Die ‹Norfolk Southern› wünschte schon lange stärkere Güterzugsmaschinen als Ersatz für die Consolidations (die jüngsten stammten aus den Jahren 1922–1927). Doch erst 1940 konnte sie 5 Berkshire von Baldwin übernehmen. Diese 2–8–4-Maschinen konnten dann auf der Strecke zwischen Norfolk (Va.)–Charlotte (N.C.) 50–75% mehr Fracht befördern, als die 2–8–0. Die Streckenlänge betrug 380 Meilen mit teilweise über 20‰ Steigungen. Die gelieferten Berkshire waren vom leichten Typ (siehe 1937, S. 99, ‹W&LE›). Die Hauptdaten dieser mit Nrn. 600–604 versehenen Maschinen waren: Kesseldruck 17,58 atü; Zylinder 2(596,9×762 mm); Triebrad-∅ 1600,2 mm (Baldwin Scheibenräder); Rostfläche 7,4 m²; Heizfläche 317,3 m²; Überhitzer 125,5 m²; Zugkraft (75%) 21,5 + 4,6 t Booster; Maschinengewicht 152 t; Reibungsgewicht 92 t; Tender 2×3achsig 16 t Kohle und 530 000 l Wasser. – Die Hauptdaten der jüngsten Consolidations aus dem Jahre 1927 hier als Vergleich (Mikados hat die Gesellschaft nie besessen): Kesseldruck 14,06 atü; Zylinder 2(558,8×711,2 mm); Triebrad-∅ 1447,8 mm; Rostflä-

116

che 4,3 m²; Heizfläche 212,6 m²; Überhitzer 48,9 m² (Verhältnis 4,35:1); Maschinengewicht 86,3 t; Reibungsgewicht 76,6 t; Zugkraft 17,6 t; Tender 2×2achsig.

Auf der vierspurigen Strecke hatte die ‹NYC› am 19.4.1940 mit dem «Lake Shore Limited» bei Little Falls (N.Y.) in einer Kurve (Gulf curve 73,5 Meilen westlich von Albany) einen Entgleisungsunfall. Der 15-Wagen-Zug wurde von der Hudson Nr. 5315 (siehe auch 1927, ‹NYC›) gezogen. Die Kurve durfte nur mit 45 mph durchfahren werden, aber der Geschwindigkeitsanzeiger der Maschine hatte 59 mph vermerkt. Durch den Unfall explodierte die Lok, und der Zug wurde wie ein Faltenbalg auf sie aufgeschoben. Zu beklagen waren 30 Tote, davon 5 von der Mannschaft; ca. 40 Personen wurden schwer verletzt.

1941

Im Jahre 1941 wurden in den USA, zur Hauptsache kriegsbedingt, 1047 Dampfloks abgeliefert und nur 293 bestellt. Darunter waren, verteilt auf die Jahre 1941 und 1944, zahlreiche Mallet-Maschinen, d.h. insgesamt 25 Stück 4–8–8–4 für die ‹UP›, 40 Stück 4–8–8–2 vom Cabahead-Typ für die ‹SP› (siehe Abb. 171 und 172) und 16 Stück 2–8–8–2 für die ‹N&W›. Die Dieseltraktion in den USA wurde 1941 bereits um 937 Einheiten verstärkt. Insgesamt standen in den USA 41771 Loks in Betrieb.

Stewart H. Holbrook meldet in seinem Buch 'The Story of American RR', 1947, Seite 445, dass die ‹Santa Fé› 1941 erstmals dieselelektrische Loks für den Güterzugsdienst bezogen habe. Im gleichen Jahr sollen auch die ‹GN›, ‹Southern› und ‹Milwaukee› derartige leistungsfähige Loks angeschafft haben. Hauptaufgabe war die Beschleunigung des Eilgüterverkehrs.

Baldwin baute 1941 die Class M3, Serie 220–227 und 1942 die Class M4, Serie 228–237, Mallet-Maschinen vom Yellowstone-Typ, Achsbild 2–8–8–4 mit Einfachdehnung für die ‹Duluth, Missabe & Iron Range›

(siehe SN18 und SN19). Diese Maschinen führten 6000-t-Erzzüge von den Minen aus den Mesabi- und Vermillion-Bergen zu den Docks bei Duluth am Lake Superior, wobei kurzzeitig 6,7‰ Steigungen zu überwinden waren. Im Winter, wenn die grossen Seen zugefroren waren, taten die Loks bei der ‹D&RGW› Dienst. Abb. 203 zeigt Lok Nr. 222 der Serie M3. Abb. 21 zeigt Schnitte des Kessels. – Die Gesellschaft besass seit 1910 Mallet-Maschinen, allerdings vom Typ 2–8–8–2, wobei die ersten 4 Stück noch Compound-Loks waren. – Die Hauptdaten der Class M3 waren: Kesseldruck 16,87 atü; Zylinder 4(660×812,8 mm); Triebrad-∅ 1600 mm (Boxpok); Baker-Steuerung; Rostfläche 11,6 m²; Heizfläche 629,9 m²; Überhitzer 257,3 m²; Zugkraft 63,5 t (85% Füllung), also grösser als die des «Big Boy» mit allerdings 1727 mm Triebrad-∅; Maschinengewicht 315,3 t; Reibungsgewicht 254,13 t; Tender 7achsig. Der Kessel (siehe Abb. 21) war besonders leistungsfähig; die Feuerbüchse und der Verbrennungsraum besassen 4 Wasserkammern (thermic syphons).

Die Alco baute in den Jahren 1941 und 1944 für die ‹Union Pacific› 25 «Big Boy», Typ 4–8–8–4, Nrn. 4000–4024, mit 61,4 t Zugkraft. Weitere Daten waren: Kesseldruck 21,09 atü, Kesseltyp Straight top; Triebrad-∅ 1727 mm (Boxpok); Zylinder 4(603,25×812,8

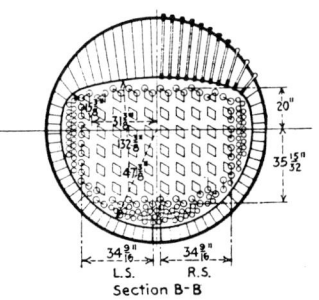

21 2–8–8–4-Mallet, Class M3, Serie 220–227 der ‹DM&IR›. Diese Kesselzeichnung zeigt 4 Wassertaschen in Feuerbüchse und Verbrennungskammer. Heizfläche 629,9 m²; Überhitzer 257,3 m². Siehe auch Abb. 203. Gebaut von Baldwin 1941.

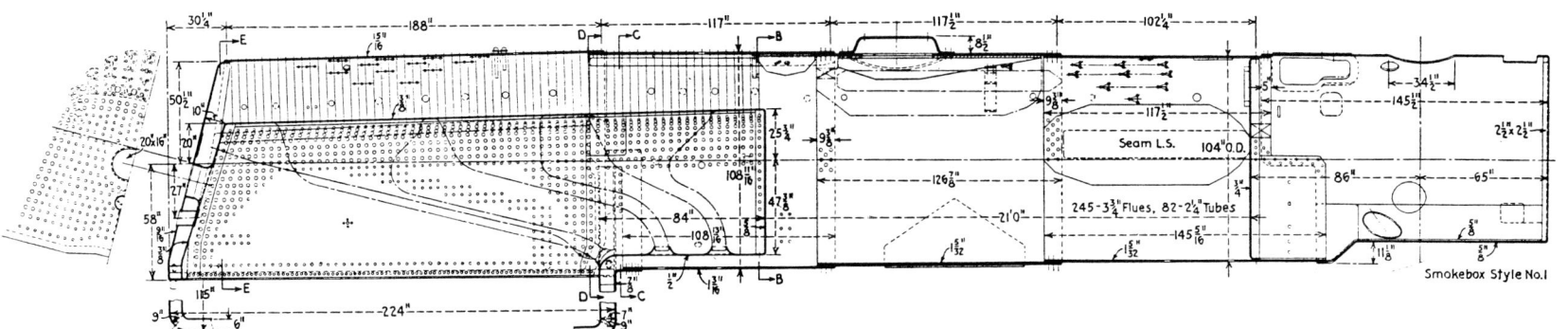

mm); die ersten Maschinen hatten einen Zylinder-∅ von 596,9 mm; Walschaert-Steuerung; Rostfläche 13,96 m² (die Feuerbüchse reichte bis über die 2. hinterste Triebachse); Heizfläche 534,6 m²; Überhitzer 190 m² Maschinengewicht 345,5 t (später 350,17 t). Einsatz: Wasatch Mountains-Strecke – daher der Übername «Titans of the Wahsatch» – zwischen Ogden (Utah) und Green River (Wyoming); SN 54 und Abb. 37, Band 1, zeigt das Streckennetz der ‹UP›. Sie konnten wohl maximal 129 km/h (inoffiziell 87 Meilen) fahren; besonders wirtschaftlich sollen sie jedoch bei 48 km/h gewesen sein. Ihre max. Zugkraft entwickelten sie bei 110 km/h und wurden darum gelegentlich auch vor schweren Personenzügen gesehen. Als max. Leistung werden 7500 HP angegeben. Während des Zweiten Weltkrieges waren die «Big Boy»-Maschinen auf andern Teilen des Netzes der ‹UP› als Güterzugsmaschinen im Einsatz und sollen ohne Vorspann oder Schubloks ausgekommen sein. Die Maschinenlänge betrug knapp 26 m und das Maschinengewicht gut 346–350 t je nach Serie oder Umbauten. Abb. 204 zeigt Lok Nr. 4002. Markant sind die Radiatoren – Wilson-Nachkühler – auf beiden Seiten der Frontplattform, mit denen die Druckluft gekühlt wurde. Abb. 22 zeigt eine Seitenansicht mit den Hauptmassen. – Von den 4–8–8–4-Mallet-Maschinen wurden nie im Compound-Betrieb arbeitende Loks gebaut; die Heiz- und Überhitzerflächen waren je nach Serie etwas verschieden. Interessant ist auch die Tatsache, dass trotz eines 8839 mm langen Feuerbüchsendaches selbst bei 22‰ Steigungen nie Schwierigkeiten beim Wasserstand auf-

getreten sind. – Der Radstand von 35 804 mm machte es nötig, in Ogden und Green River zum Wenden dieser Schienenriesen die grössten je gebauten Drehbühnen mit 36,6 m ∅ zu erstellen. – Der 2+5achsige Grossraum-Tender fasste 28,45 t Kohle und 94 650 l Wasser. – Ausnahmsweise soll auch einmal in Abb. 205 die Lok Nr. 4017 der «Big Boy»-Klasse als Modellbau gezeigt werden.

‹Norfolk & Western› baute in den Jahren 1941–1943 und 1950 in ihrem Werk in Roanoke 4–8–4-Dampfloks (Northern) für den Schnellzugsdienst, die aber auch im Eilgüterverkehr eingesetzt wurden (Streckennetz SN 41); sie erhielten Rollenlagertriebwerke und Stromlinienverkleidung und waren mit Class J bezeichnet. Die erste Serie besass die Nrn. 600–604; Nr. 604 erhielt einen Booster. Weitere Exemplare (Nrn. 605–610) wurden 1943 anfänglich ohne Verkleidung gebaut. Abb. 206 zeigt Lok Nr. 609 mit Stromlinienverkleidung. 1950 wurden die Nrn. 611–613 fertiggestellt. Tagesstrecke: Normal 800 km (unter anderem fuhren sie auch den «Powhatan Arrow»); sie hätten jedoch das Doppelte gefahren, wenn die ‹N&W› solche Strecken gehabt hätten. Offiziell soll sie nur die Höchstgeschwindigkeit von 145 km/h gefahren sein, inoffiziell gegen 200 km/h. Maschinengewicht 224 t. Reibungsgewicht 130,8 t. Testfahrten erreichten mit 15 schweren Express-Wagen 177 km/h Geschwindigkeit. Die Hauptdaten dieser Schnelläufermaschine waren: Zylinder 2(685,8×812,8 mm); Baker-Steuerung; Triebrad-∅ 1778 mm, was relativ hohe Drehzahlen (Triebrad-Drehzahl 478–540 U./min) bei hohen Geschwindigkeiten (161–177 km/h) ergab. Der extreme Leichtbau hatte 38% leichtere Triebwerke als konventionelle Loks gleicher Leistung. Rostfläche 10 m² (Kohlenfeuerung); Heizfläche 490 m²; Überhitzer 202,2 m²; Kesseldruck 19,25, resp. 21,09 atü; Zugkraft 34,8 t resp. 36,3 t; Leistung: 6300 PS bei 45 mph (72,4 km/h). Die Loks leisteten vornehmlich auf den Hauptstrecken der Gesellschaft (siehe SN 41) vor schweren und schnellen

22 4–8–8–4-Mallet mit Einfachdehnung, genannt «Big Boy». Von der ‹UP› im Eilgüterzugsdienst eingesetzt (gelegentlich auch Schnellzugsdienst über die Gebirgsrampen). Triebrad-∅ 1727 mm; hängende Kreuzköpfe; Walschaert-Steuerung; Verbrennungskammer. Maximalgeschwindigkeit 80 mph (inoffiziell 87 mph). Testleistung 7000 HP. Konstante Maximalleistung bei 70 mph (Dampferzeugung hielt durch). Doppelkamin. Weitere Bilder siehe Abb. 204a und b. Von Alco 1941 und 1944 gebaut.

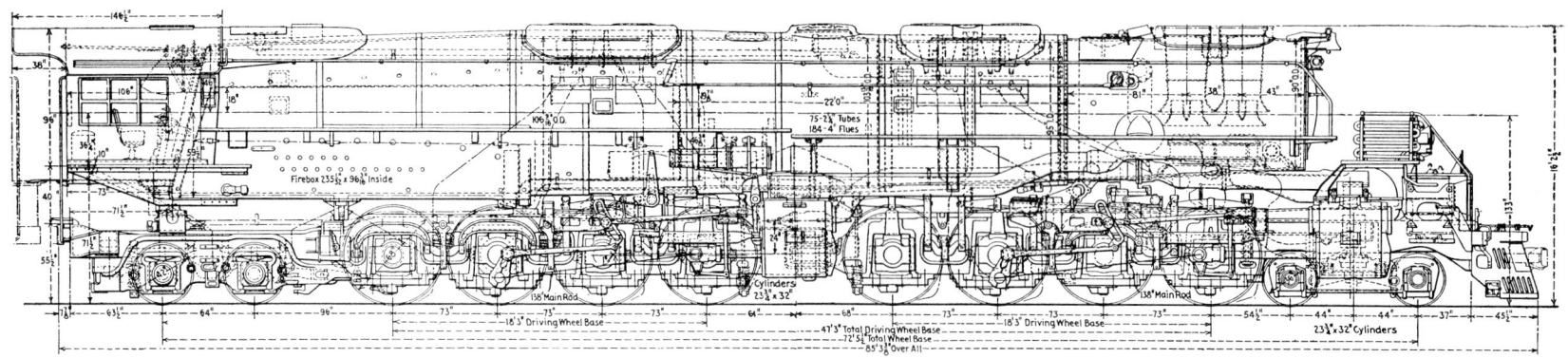

Zügen Dienst (siehe auch 1947, S. 136, ‹Penn› und S. 136, ‹N&W›). – Die Gesellschaft besass auch Stromlinienloks vom Achsbild 4–8–2 (Class K 2, Nrn. 126–137) mit folgenden Hauptdaten: Kesseldruck 15,47 atü; Zylinder 2(711×762 mm); Triebrad-∅ 1778 mm (anfänglich 1752,6 mm); Baker-Steuerung; Rostfläche 7,09 m²; Heizfläche 416,8 m²; Überhitzer 100,8 m²; Maschinengewicht 163 t; Reibungsgewicht 112,6 t; Tender 2×3achsig mit 83 340 l Wasser + 27,2 t Kohle. Die Maschinen wurden von Alco und dem eigenen Werk gebaut. Es waren Nachbauten der schweren USRA-Mountains aus dem Jahre 1923.

Die ‹Santa Fé› erhielt 1941 4–8–4-Schnellzugsloks, die später auch für Eilgüterzüge eingesetzt wurden. Serie Nrn. 3776–3785, mit Kurbel- und Kuppelstangen in Leichtbauweise und grossem Laufrad-∅. Die Einsatzstrecke war La Junta (Kans.)–Los Angeles (siehe SN 1). Eine weitere Serie von praktisch gleichen Maschinen mit den Nrn. 2900–2929 wurde 1943 ebenfalls von Baldwin geliefert. Die Hauptdaten waren: Kesseldruck 21,1 atü; Zylinder 2(711,2×812,8 mm); Triebrad-∅ 2032 mm (Scheibenräder); Rostfläche 10 m²; Heizfläche 474,9 m² (mit Verbrennungskammer + 3 Wassertaschen); Überhitzer 219,8 m²; Maschinengewicht 231,65 t; Reibungsgewicht 133,8 t (Achsdruck 33½ t!); Zugkraft 29,94 t; Tender 2×4achsig (92 720 l Wasser + 25 458 l Öl). – Abb. 207 zeigt Lok Nr. 3780 mit leichtem Antriebsgestänge; Abb. 208 zeigt Lok Nr. 2919. – Die Vorserien zur Lokserie 3776–3785 siehe 1938, ‹Santa Fé› und Abb. 184. – Mit den neuen 4–8–4-Loks wurden täglich zwischen Kansas City und Los Angeles ohne Lokwechsel je 3 Züge in jeder Richtung gefahren (Streckenlänge 1791 Meilen; 12 Mannschaften pro Fahrt; Fahrtdauer 36 bis 45 h; Schublok am Raton Pass mit 35‰).

Die ‹Southern Pacific› nahm 1941/42 die wohl zu den schnellsten und leistungsfähigsten Northern gehörenden, sowie für den damaligen Geschmack sicher schönsten Schnellzugsmaschinen vom Achsbild 4–8–4 für ihre 'Scenic Coast Line' in Betrieb (siehe SN 50). Sie wurde als «Golden State Type» bezeichnet, Class GS 4. Lima lieferte die Serien Nrn. 4430–4449 und 4450–4457 mit 2032 mm Triebrad-∅ und etwas kleinerem Zylinder-∅ als Class GS 3. Die Lok zog 14 Luxuswagen auch über längere Gebirgsrampen. Gegenüber den Vorläufern (Class GS 2 und GS 1) war sie etwas länger, weil sie grössere Triebräder besass (siehe 1936, S. 93, ‹SP›). Die Farben waren: rot, orange und schwarz; die Rauchkammertür war mit Aluminiumbronze bemalt. Viele Maschinen standen noch 1955 im Schnellzugsdienst. Die untere Stromlinienverkleidung war ent-

fernt und der Kessel wieder schwarz bemalt. Die Hauptdaten waren: Kesseldruck 21,1 atü; Zylinder 2(648×812,8 mm); Triebrad-∅ 2032 mm (Boxpok); Radstand der Triebräder 6553,4 mm; Rostfläche 8,4 m²; Heizfläche 454,3 m²; Überhitzer 193,7 m²; Zugkraft mit Booster 46,6 t; Maschinengewicht 215,3 t; Reibungsgewicht 125,1 t; 2×3achsiger Tender mit 88 268 l Wasser und 23 772 l Öl. Abb. 209 zeigt Lok Nr. 4436 mit geschlossenem Führerhaus; Aufschrift 'Daylight', Class GS 4. – 1942/43 wurde von Lima auch eine Serie Eilgüterzugsloks gleichen Typs und mit etwas weniger Stromlinienverkleidung geliefert; Nrn. 4460–4463, Class GS 7. – Laut Lima 1942 war es Class GS 6. – Die Triebräder waren kleiner, ebenfalls der Kesseldruck. Die Hauptdaten waren: Kesseldruck 18,28 atü; Zylinder 2(685,8×762 mm); Triebrad-∅ 1866,9 mm; Rostfläche 8,38 m²; Heizfläche 450,9 m²; Überhitzer 193,7 m²; Maschinengewicht 212,4 t; Reibungsgewicht 128,2 t; Zugkraft 28 t, mit Booster 32,7 t; Tender 2×3achsig. Abb. 210 zeigt Lok Nr. 4462.

Die ‹Western Maryland› (siehe Band 1, Seite 73), deren Hauptstrecke von Baltimore bis Connellsville reicht, erhielt 1941 von Baldwin eine Serie von 4–6–6–4-Mallet-Loks mit Einfachdehnung für den Einsatz auf der 276 km langen Allegheny-Strecke zwischen Hagerstown und Connellsville (Pa.). Die stärkste Steigung betrug 17,5‰. Sie erhielten die Nrn. 1201–1212. Abb. 23 zeigt Details des Kessels, Abb. 211 Lok Nr. 1203. Die Hauptdaten waren: Kesseldruck 17,58 atü; Zylinder 4(560×813 mm); Walschaert-Steuerung; Triebrad-∅ 1752,6 mm (Baldwin-Scheibenräder); Rostfläche 11,7 m²; Heizfläche 533,8 m². In der Feuerbüchse waren 3 Wasserkammern (thermic syphons) angeordnet: die mittlere war in die lange Verbrennungskammer vorgezogen; 2 weitere Wasserkammern waren in der 2430 mm langen Verbrennungskammer eingeschweisst; Überhitzer 161 m²; Zugkraft 41,5 t; Reibungsgewicht 183 t; Dienstgewicht 275,5 t; Tender 2×3-achsig (Wasser 83 m³, Kohle 27 t). Die Maschinen übernahmen den schweren Güterverkehr, den bisher 2–10–0-Loks aus den 20er Jahren besorgten (siehe 1927, S. 60, ‹WM›). – Die Gesellschaft besass auch Langsamläufer-Mallets vom Typ 2–8–8–2 (siehe Band 1, Seite 170). – Die letzten Dampfloks der Gesellschaft

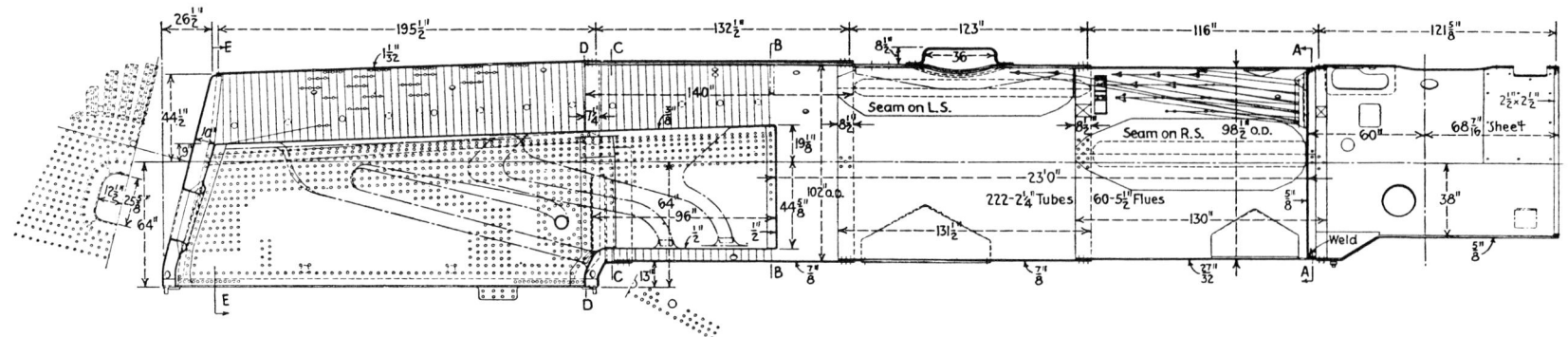

23 Kesselzeichnung der 4–6–6–4-Mallet-Eilgüterzugslok, Class M2, Serie 1201–1212, der ‹Western Maryland›. Wassertaschen in Feuerbüchse und Verbrennungskammer. Triebrad-⌀ 1752,6 mm. Baldwin 1940/41. Siehe auch Abb. 211.

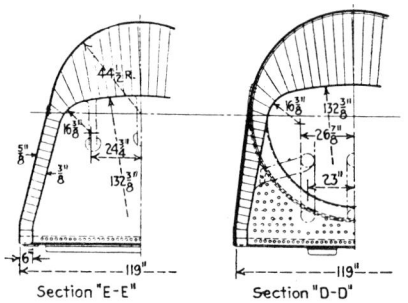

siehe 1947, S. 136, ‹WM›. Es waren 4–8–4-Eilgüterzugsmaschinen.

Die ‹Great Northern› erhielt 1941, bedingt durch den Bau des Grand Coulee Dammes bei Kettle Falls, Wash. (siehe SN 24) über den gestauten Columbia-Fluss (Roosevelt Lake), eine neue Stahlfachwerkbrücke (Cantilever). Die Spannweite des mittleren Teiles beträgt 608 ft. (185,32 m). Kettle Falls liegt etwa 30 Meilen von der kanadischen Grenze entfernt. Die Schwergewichtsmauer wurde 1942 zur Eindämmung von Hochwasserkatastrophen, zur Energieerzeugung und zur Schiffbarmachung von gut 150 Meilen Flusslauf gebaut (siehe technica Nr. 14/1974, Seiten 1199–1215).

Die ‹Milwaukee› führte 1941 einen Militärtransport von 700 vollausgerüsteten Soldaten zwischen Seattle und Othello (Wash.) mit einem 25-Wagenzug durch. Strecke 121 Meilen ohne Halt. Lok Nr. 250, 4–8–4, siehe 1937, S. 106, ‹Milwaukee›.

Ende 1941 konnte die neue Linie beim Shasta Staudamm am Sacramento River in North California zwischen Redding und Delta von der ‹SP› in Betrieb genommen werden. Es mussten 12 Tunnels und 8 Brükken gebaut werden. Die Strecke ist einspurig. Hauptbauwerk: Pit River Bridge etwa in der Mitte des Stausees, siehe Abb. 212. Sie gehört der USA-Regierung

('Bureau of Reclamation') und wurde wegen des Shasta-Dammes gebaut, der zum 'California Central Valley Water Project' gehört. Es ist eine Stahlkonstruktion mit 2 Fahrbahnen (oben Highway, unten Doppelspurbahnlinie der ‹Southern Pacific›); die Länge der Highway-Strecke betrug 1093 m und die Länge der Bahnlinie: 839,4 m. Max. Spannweite 187,5 m.

1942

Die ‹Pennsylvania› nahm im Sommer 1942 (resp. 1945/46) 4–4–4–4-Dampfloks (Passenger/Duplex), Nrn. 6110/11 und 5500–5524 + 5525–5549 in Betrieb. Die offizielle Bezeichnung lautete: 'high speed streamlined passenger locomotive'. Eine andere Bezeichnung war «GG1 in Dampf». Sie wurden aus der superstarken Versuchsmaschine 6–4–4–6, Class S1 der Jahre 1938/39 entwickelt. Die technische Direktion war überzeugt, dass dem Doppeltriebwerk in starrem Rahmen die Zukunft gehöre. Die Hauptdaten dieser als Class T1 bezeichneten Duplex-Maschinen waren: Zugkraft 29,33 t; Kesseldruck 21,09 atü (Belpaire-Büchse); Zylinder 4(483×660 mm); Triebrad-⌀ 2032 mm; Rostfläche 8,55 m²; Heizfläche 391,8 m²; Verbrennungskammerlänge 2134 mm; Überhitzer 156 m² (andere Quellen 132,8 m²); Maschinengewicht 225,53 t; Reibungsgewicht 122 t; Länge (inkl. Tender) 37433 mm; Tender 2×4achsig (73,8 m³ Wasser, 37,2 t Kohle). – Zwei Stück (Nrn. 6110/11) baute Baldwin; 50 weitere (Nrn. 5500–5549) baute in den Jahren 1945/46 die ‹Penn› (Juaniata Shop) und Baldwin. – Die Gesellschaft wollte das gleiche System auch im Güterzugsverkehr erproben, so überzeugt war sie von der Duplex-Bauweise. Sie liess 1942 eine 4–6–4–4 mit dem ungewohnt grossen Triebrad-⌀ von 1956 mm, im eigenen Werk bauen, also grösser als der bisher grösste von 1880 mm bei den ‹Santa Fé›-Eilgüterdienst-Maschinen, Class 5000. Die hinteren Zylinder trieben nur 2 Achsen, dafür die vorderen, stärker dimensionierten Zylinder 3 Achsen. Zu allem Überfluss erhielt die Maschine noch eine Stromlinienverkleidung, die allerdings bald wieder entfernt wurde. Trotz des Misserfolges studierte man an einer verbesserten Serie. 1944 wurde schliesslich ein Prototyp gebaut, der das Achsbild 4–4–6–4 erhielt und dessen 4 Zylinder gleich arbeiteten. Die Hauptdaten sind zum besseren Vergleich in Tabellenform geschrieben (Baujahr der Serie 1944/45):

	4–6–4–4, Nr. 6130	4–4–6–4, Nrn. 6175–6199
Class	Q1	Q2
Kesseldruck	21,09 atü	21,09 atü
Zylinder vorne	2(584×711 mm)	2(502×711 mm)
hinten	2(495×660 mm)	2(603×737 mm)
Triebrad-∅	1956 mm	1753 mm
Rostfläche	9,27 m²	11,3 m²
Verbrennungskammerlänge	keine Kammer	3150 mm
Heizfläche	512,6 m²	624,7 m²
Überhitzer	212,7 m²	272,2 m²
Zugkraft (Booster separat)	37,17+5,11 t	45,5+6,81 t
Maschinengewicht	269,8 t	281,4 t
Reibungsgewicht	161,2 t	178,6 t
Max. Achsdruck		36,3 t (andere Quellen 35,6 t)

		Penn 2–10–4 Penn 1942	C&O 2–10–4 Lima 1930	Santa Fé 2–10–4 Baldwin 1938
Kesseldruck	atü	18,98	18,28	21,8
Zylinder	mm	2(736,6×863,6)	2(736,6×863,6)	2(762×863,6)
Triebrad-∅	mm	1778	1752,6	1879,6
Rostfläche	m²	11,3	11,26	11,2
Heizfläche	m²	610,1	616,4	564 (inkl. 3 Syphons)
Überhitzer	m²	272,2	281	248
Maschinengew.	t	259,75	256,8	247,3
Reibungsgew.	t	171,4	169,1	168,6
Zugkraft	t	42,5+6,8	33,8+6,5	40,5
Tender		2×4achsig	2×3achsig	2×3achsig

Die in der zweiten Kolonne beschriebene Serie war wesentlich besser. Sie besass Walschaert-Steuerung, eine automatisch wirkende Ventilsteuerung zur Verhinderung des Schleuderns und ergab auf dem Prüfstand bei 92,5 km/h 7987 PS bei 40% Zylinderfüllung. Der Streckeneinsatz: erfolgte westlich von Altoona auf allen Hauptlinien. Die Maschinen konnten 62 t Wasser pro h verdampfen und benötigten dazu 11,2 t Kohle. Es waren wohl die stärksten Eilgüterzugsmaschinen der ‹Penn›, doch taten die 2–10–4-Loks den gleichen Dienst, da die volle Leistung der 4–4–6–4 offenbar nie gebraucht wurde. Mit den Schnellzugsmaschinen 4–4–4–4 hatte die Gesellschaft weniger Glück (siehe 1947, S.136, ‹Penn›). – Abb. 213 zeigt Lok Nr. 5511, Abb. 214 zeigt Lok Nr. 6131 (Prototyp der Serie 6175–6199), Abb. 24 zeigt die Zeichnung der 4–4–4–4-Schnellzugslok. – Es sei daran erinnert, dass die ‹SNCF› schon 1932 eine 1-BC-1-Maschine als 4-Zylinder-Verbund in Betrieb nahm. Sie besass jedoch nur 25,4 t Zugkraft (amerikanisch berechnet). Es war eine Einrahmenmaschine in Duplex-Bauweise.

Die ‹Pennsylvania› baute in den Jahren 1942/43 3 Serien (60 + 30 + 85 Einheiten) Texas-Maschinen (Achsbild 2–10–4, Class J 1 und J 1a) für den schweren Güterzugsdienst, der während des Krieges grosse Ausmasse annahm. Die Hauptdaten dieser kräftigen Maschine sind mit den Vergleichsdaten anderer Gesellschaften in der Tabelle aufgeführt.

24 4–4–4–4-Duplex-Schnellzugsmaschine der ‹Penn›, Nrn. 6610/11, Class T 1. Stromlinienförmig verkleidet (Design Raymond Loewy), anfänglich oberer Teil von Feuerbüchse, Räder. Zylinder und vordere Zylinder ganz abgedeckt; später siehe Abb. 213. Drehgestelle aussengelagert; hängende Kreuzköpfe; Spezialsteuerung mit Antrieb über den Kreuzkopf; Zirkulatoren in der Feuerbüchse; Verbrennungskammer; Doppelkamin; Triebrad-∅ 2032 mm. Baldwin 1941.

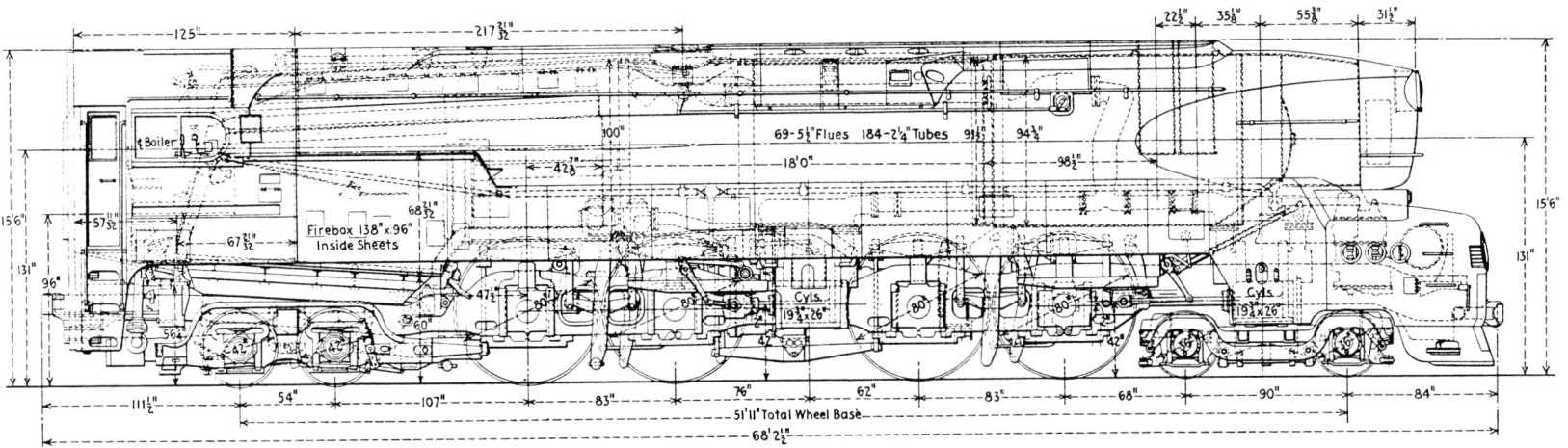

Besonderheiten der ‹Penn›-Maschine: kein Belpaire-Stehkessel wie sonst bei der ‹Penn› üblich. Baker-Steuerung. Tender (27,25 t Kohle + 79 500 l Wasser) mit Bremserhäuschen. Die 2–10–4 der ‹Penn› wurden zu den eigentlichen Gegenspielern für die Duplex-Maschinen (4–4–6–4 aus den Jahren 1942/44). Dies ging soweit, dass die ‹Penn› im Sommer 1956 ein Dutzend 2–10–4 bei der ‹Santa Fé› leaste (Einsatz: Erztransport bei Columbus [Ohio], oft als Vorspann). Als Vorbild für diese kräftigen Zwillingsmaschinen bezeichnet Alvin F. Staufer die ‹C&O›-Loks (siehe 1930, S. 75, ‹C&O›). Zur Entwicklung der '–10–'-Maschinen siehe 1930, S. 74, ‹Santa Fé›.

Die ‹Western Pacific› (siehe SN 56) erhielt 1942/43 von Lima für den gemischten Betrieb 6 halbstromlinisierte 4–8–4-Loks mit Booster, Serie Nrn. 481–486. Die Hauptdaten waren: Kesseldruck 18,28 atü; Zylinder 2(685,8×762 mm); Triebrad-∅ 1866,9 mm; Rostfläche 8,4 m²; Heizfläche 457,1 m²; Überhitzer 193,5 m²; Maschinengewicht 211 t; Reibungsgewicht 131,1 t; Zugkraft 28 t + 5,2 t Booster. – Abb. 215 zeigt Lok Nr. 485 mit der hellen Rauchkammertür, ähnlich den Typen GS 6 der ‹SP› (siehe 1936, S. 93).

Die ‹Central of Georgia› (siehe SN 6) erhielt 1942/43 von Lima eine Serie (Nrn. 451–458, Class K) von 4–8–4-Maschinen. Es handelte sich um einen Regierungsauftrag zugunsten der 3 Gesellschaften: ‹SP›, ‹WP›, und ‹CofG›. Sie waren nahezu identisch mit den Maschinen der ‹SP›, Class GS 2, jedoch ohne Stromlinienverkleidung, ohne Booster und mit kleinerem Tender, aus dem Jahre 1936. Die Hauptdaten waren: Kesseldruck 17,58 atü; Zylinder 2(685,8×762 mm); Triebrad-∅ 1866,9 mm; Rostfläche 8,38 m²; Heizfläche 437,1 m²; Überhitzer 191,1 m²; Zugkraft 28,6 t; Maschinengewicht 202,8 t; Reibungsgewicht 117,9 t; Tender 2×2achsig (19 t Kohle + 49,24 m³ Wasser). – Abb. 216 zeigt Lok Nr. 455.

Die ‹Louisville & Nashville› wollte 1942 nochmals starke Schnellzugsdampfloks beschaffen. Man interessierte sich für 4–8–4-Maschinen, um die Pacifics und Mountains zu ersetzen. Es wurde aber beschlossen, 8 Elektro-Diesels, Typ E 7 (4000 HP-Doppeleinheiten) anzuschaffen. Diese leisteten nicht nur die Arbeit der L1-Mountains im Gebirge, sondern konnten dank der Gewichtsverteilung auf 12 Achsen auch über die leichten Fahrstege der Binnengewässer vor New Orleans fahren. Bis 1945 betreuten diese Elektro-Diesel den 'Trough Trains'-Dienst und die Mountains und Pacifics besorgten den übrigen Schnellverkehr. Besonders der 17- bis 18-Wagenzug «Azalean» gab aber immer wieder Anlass zu einem Maschinenausfall, was dann die Doppeltraktion in Dampf (4–6–2 + 4–8–2) notwendig machte. Die Mountain war eine leichte USRA-Maschine; sie wurde auf der Strecke Cincinnati–Nashville, Cincinnati–Atlanta und später auch zwischen Nashville–Evansville–St. Louis eingesetzt. Streckennetz siehe SN 30.

Die ‹Union Pacific› erhielt 1942–1944 nochmals eine Serie (20 + 30 Stück) Challengers 4–6–6–4 von Alco aufgrund der guten Erfahrungen mit den ersten beiden Serien von 1936 und 1937 vor Eilgüterzügen (siehe 1936, S. 92, ‹UP›). Sie wurden allerdings stärker und schwerer als das Vorbild. Die Laufeigenschaften waren wohl die besten aller Mallet-Loks, die in den USA gebaut wurden. Im täglichen Einsatz wurden Geschwindigkeiten von 95 km/h erreicht. Auch bei 22‰ Steigung war die Leistung beachtlich. – Abb. 217 zeigt Lok Nr. 3967 (Serie 3950–3969). Sie besass folgende Daten: Kesseldruck 19,69 atü; Zylinder 4(533,4×812,8 mm); Triebrad-∅ 1752,6 mm; Rostfläche 12,3 m²; Heizfläche 445 m²; Überhitzer 200 m²; Maschinengewicht 284 t; Reibungsgewicht 183 t; Zugkraft 42 t; Tender 2+5achsig (28 t Kohle + 94 633 l Wasser).

Lima baute 1942–1944 Mallet-Maschinen für die ‹Chesapeake & Ohio› (Serien 1600–1609, 1610–1619, 1620–1629, 1630–1644, 1645–1659), und zwar einen neuen, sog. Allegheny-Typ 2–6–6–6 (Class H 8) für den allerschwersten Güterzugsdienst über das Allegheny-Gebirge (kleinster Kurvenradius 290 m, 632 m ü. M. und 11,4‰ Steigung). Vor allem wurde schwere, bituminöse Kohle auf der Strecke Clifton Forge (Va.)–Hinton (W. Va.) befördert (siehe SN 8). Testfahrten mit Lasten von 12 000 t auf der Strecke Toledo (Ohio)–Russel (Ky.), total 230,5 Meilen, benötigten zwischen 8 h 35 min und 8 h 49 min. Die Geschwindigkeiten bewegten sich zwischen 25,5 und 27 mph (im Henschel-Loktaschenbuch wird diese Lok mit Höchstgeschwindigkeit 115 km/h aufgeführt). Die Hauptdaten der Allegheny-Maschinen waren: Zugkraft 49,99 t; Triebrad-∅ 1702 mm; Kesseldruck 18,3 atü; Zylinder 4(572×838,2 mm). Maschinengewicht 328,63 t; Adhäsionsgewicht 213,64 t; Heizfläche 672,6 m² (!); Überhitzer 296 m²; Rostfläche 12,57 m². Der 2–6–6–6-Typ wurde aus dem 2–6–6–4-Typ entwickelt, um eine noch grössere Kesselkapazität zu erhalten. – Abb. 218 zeigt Lok Nr. 1605; Abb. 25 eine Zeichnung dieser Serie. – Die ‹Virginian› hat auch solche Maschinen angeschafft (siehe 1944, S. 129, ‹VGN›).

Die ‹Northern Pacific› (siehe SN 42) nahm 1942 ihre letzte Serie von 4–8–4-Schnellzugsloks von Baldwin in Betrieb (Vorläufer siehe 1927, S. 57 und 1934, S. 86/7, ‹NP›). Diese neuen als Class A 5 bezeichneten Maschi-

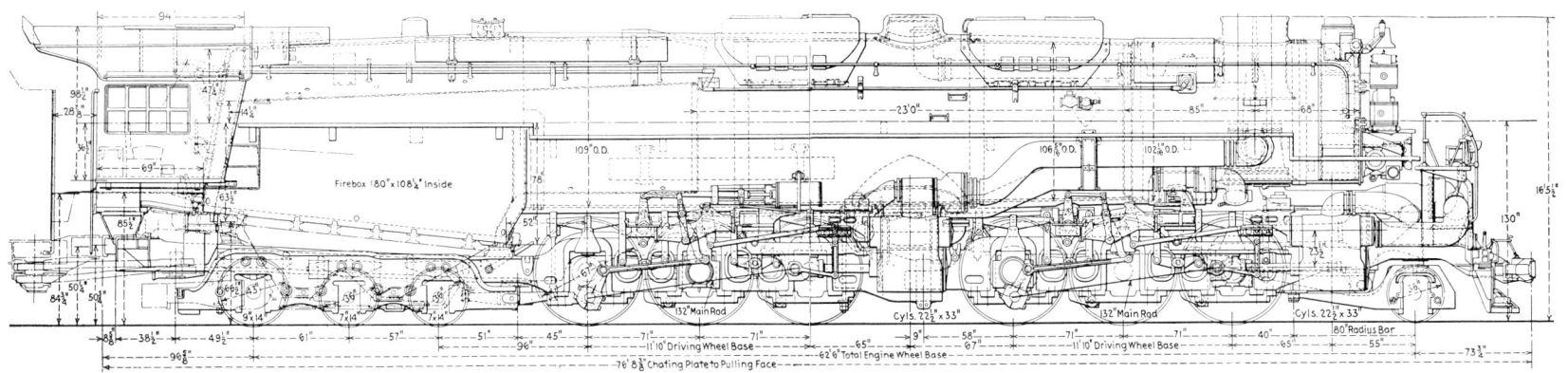

25 2–6–6–6-Mallet-Güterzugsmaschine, Class H 8, Serie 1600–1609, der ‹C&O›. Hängende Kreuzköpfe; Baker-Steuerung; Triebrad-∅ 1701,8 mm! Doppelkamin; lange Verbrennungskammer. Lima 1942. Siehe auch Abb. 218.

nen trugen die Nrn. 2680–2689. Ihre Hauptdaten waren: Kesseldruck 18,28 atü; Zylinder 2(711,2×787,4 mm); Triebrad-∅ 1956 mm; Rostfläche 10,7 m²; Heizfläche 434 m² (diese setzt sich wie folgt zusammen: Zirkulatoren 9,2 m², weite Rohre 309,3 m², enge Rohre 70,0 m². Feuerbüchse + Verbrennungskammer 45,5 m²); Überhitzer 179,3 m² (die Heiz- und Überhitzerflächen waren also wesentlich kleiner als bei der Vorserie Class A 2, siehe 1927, S. 57, ‹NP›); Walschaert-Steuerung mit Kolbenventil 356 mm ∅; Zugkraft 31,66 t; Adhäsionsfaktor 4,23; Maschinengewicht 230,65 t; Reibungsgewicht 133,8 t; Tender 2+5achsig (Wasser 94 708 l + 24,5 t Kohle). Ausgerüstet mit Worthington Speisewassererhitzer, Überhitzer E-Typ, Timken-Wälzlager, geschlossenes Führerhaus. Abb. 219 zeigt Lok Nr. 2674 der Serie aus dem Jahre 1940 (A 4). – Zum Vergleich mit 4–8–4-Maschinen anderer Gesellschaften sei auf 1938, S. 109, ‹ACL› (mittelschwerer Typ), S. 110, ‹Santa Fé› (schwerer Typ), S. 110, ‹Rio Grande› (mittelschwerer Typ); 1941, S. 119, ‹SP› (schwerer Typ) verwiesen. Es zeigt sich, dass auch der 4–8–4-Typ keineswegs eine Universallok mit angenähert gleichen Daten war. Schon bei wesentlichen Hauptdaten zeigten sich beträchtliche Unterschiede, manchmal innerhalb der gleichen Gesellschaft je nach Aufgabenzuteilung.

1942/43 baute das eigene Werk der ‹St. Louis Southwestern› (‹Cotton Belt›) in Pine Bluff (Ark.) eine Serie von 4–8–4-Maschinen, Clas L 1, Nrn. 810–819. Eine erste Serie wurde bereits von Baldwin 1930 geliefert, Nrn. 800–809; diese hatten Consolidations aus den Jahren 1920–1923 zu ersetzen. Die neue Serie diente im Eilgüter- und schweren Personenverkehr (siehe SN 52). Die Hauptdaten dieser ölgeheizten Maschinen waren: Kes-

seldruck 17,58 atü; Zylinder 2(660,4×762 mm); Triebrad-∅ 1778 mm; Rostfläche 8,23 m²; Heizfläche 438,9 m² (alte Serie nur wenig grösser); Überhitzer 182,2 m² (alte Serie 191,3 m²); Maschinengewicht 193 t (alte Serie 191,6 t); Reibungsgewicht 112,3 t; Zugkraft 27 t; Tender 2×3achsig (Öl 18 927 l + Wasser 56 780 l). Boxpok-Triebräder. Wassertaschen.

Die ‹Richmond, Fredericksburg & Potomac› bezog 1942/43 bei Lima eine Serie Berkshire-Loks, Nrn. 571–580, für den schnellen Güterzugsdienst. Die Hauptdaten waren: Kesseldruck 17,2 atü; Zylinder 2(635×863,6 mm); Triebrad-∅ 1753 mm; Rostfläche 8,39 m²; Heizfläche 443,3 m²; Überhitzer 179,5 m²; Maschinengewicht 196,5 t; Reibungsgewicht 122,9 t; Zugkraft 29 t; die Kessel enthielten Verbrennungskammer und die Feuerbüchse Wassertaschen; Tender 2×3-achsig (Wasser 83 325 l + 22,68 t Kohle). Die Gesellschaft hat ausser diesen 10 2–8–4-Loks keine weiteren Einheiten dieses Achsbildes angeschafft. Sie trugen die Aufschrift 'Capital Cities Route' (siehe SN 46).

1943
Baldwin lieferte 1943 die 70 000te Lokomotive (siehe auch 1926, S. 47, Baldwin Nr. 60 000) aus dem Eddystone-Werk, eine Austerity-Maschine vom Typ 2–8–0 (entfeinerte Kriegslok) an Grossbritannien. Die Hauptdaten dieser Kriegsmaschinen waren: Kesseldruck 15,82 atü; Zylinder 2(482,6×660,4 mm); Triebrad-∅ 1447,8 mm; Rostfläche 3,7 m²; Zugkraft 13,7 t; Tender 2×2achsig. Alco baute ähnliche Maschinen.

Die ‹ACL› erhielt 1943 bei Moncks Corner (SC) eine 2spurige Hebebrücke über den Santa-Cooper-Kanal. Die Gesamtlänge betrug 164 m und die minimale und maximale Höhe über Wasser 4,5 und 17 m.

Das 'War Production Board' beschloss 1943 insgesamt 489 Dampfloks für den Einsatz auf kriegswichtigen Strecken zu bestellen. Davon waren 138 Mallet-Maschinen (50 Einheiten 4–8–8–2 für die ‹SP›, 43 Einheiten 4–6–6–4, 15 Einheiten 2–6–6–4), 129 Loks vom Typ 4–8–4, 95 vom Typ 2–10–4, 75 vom Typ 2–8–4, 50 vom Typ 4–8–2 (‹NYC›). Baldwin erhielt 155, Alco 120, Lima 109 Bestellungen. Der Rest wurde von den Werkstätten der Gesellschaften gebaut (85 bei ‹Penn›, 15 bei ‹N&W› und 5 bei ‹SP›).

Am 18.6.1943 begann die Ablieferung neuer Serien (Nrn. 3975–3980 und 3981–3999) von schnellen und kräftigen Challengers an die ‹UP›, die den kriegsbedingten Schwertransport auf der Transkontinentalstrecke nur mit Mallets dieser hochentwickelten Form bewältigen konnten. Sehr oft wurden sie im Schnellzugsdienst eingesetzt. Am Schluss besass die ‹UP› 105 Einheiten dieses Achsbildes. Sie erhielten Windleitbleche und erhielten Ölfeuerung. Noch 1957 standen sie in regelmässigem Einsatz vor Früchtezügen, doch 1958 hatten auch hier Diesel-Einheiten sie verdrängt.

Alco lieferte 1943 an die ‹Clinchfield RR› 8 Mallet-Maschinen, Nrn. 650–657, vom Challenger-Typ (4–6–6–4, Serie 650-) mit Einfachdehnung. Die Hauptdaten dieser mit 'High Speed Freight Loc for mountain territory' bezeichneten Loks waren: Kesseldruck 18,63 atü; Triebrad-⌀ 1752,6 mm; Scheibenräder; Baker-Steuerung; Zylinder 4(558,8×812,8 mm); Rostfläche 10 m²; Heizfläche 501 m²; Überhitzer 156 m²; Zugkraft 44 t; Maschinengewicht 275 t; Reibungsgewicht 190,5 t; Tender 2×3achsig. – Abb. 220 zeigt Lok Nr. 655. Näheres über die Gesellschaft und Strecke siehe Band 1, Seite 133. Die Gesellschaft betreute nur ~ 310 Meilen von Elkhorn City (Ky.) nach Spartanburg (S.C.), betrieb aber zahlreiche Mallets (2–6–6–2, 2–8–8–2 und 4–6–6–4), die sie sich zwischen 1909 und 1943 immer wieder beschaffte. Die Strecke wurde von der ‹ACL› und ‹L&N› geleast. 1946 wurden nochmals 4 Challenger (Nrn. 660–663) bei Alco bezogen.

Die ‹Missouri Pacific› beschaffte sich 1943 eine letzte Serie von 4–8–4-Maschinen bei Baldwin; es waren die Nrn. 2201–2215; sie wurden im schweren Güterverkehr eingesetzt und besassen folgende Hauptdaten: Kesseldruck 20 atü; Zylinder 2(660×762 mm); Triebrad-⌀ 1854 mm (Baldwin-Scheibenräder); Rostfläche 9,8 m²; Heizfläche 492,9 m²; Überhitzer 204,2 m²; Maschinengewicht 221,8 t; Reibungsgewicht 126,73 t; Tender 2×3achsig (88 000 l Wasser + 20,3 t Kohle); Wälzlager-Antrieb; Walschaert-Steuerung; Zugkraft 30,48 t; Adhäsionsfaktor 4,2. – Siehe auch 4–8–4-Loks der ‹SOO›, S. 110. – Lokmodernisierungen bei ‹MP›, siehe 1939, S. 113.

Der Werkstättendienst der ‹Illinois Central› (siehe SN 26) in Paducah (Ky.) baute in den Jahren 1942/43 alte 2–10–2-Loks in 4–8–2-Eilgüterloks um. Die neuen Maschinen hatten die Nrn. 2600–2619. Sie besassen folgende Hauptdaten: Kesseldruck 19,33 atü; Zylinder 2(711,2×762 mm); Triebrad-⌀ 1778 mm; Rostfläche 8,3 m²; Heizfläche 482,5 m²; Überhitzer 116,5 m²; Maschinengewicht 156,1 t; Reibungsgewicht 133,1 t; Zugkraft 36,2 t; Tender 2×3achsig (Kohle + Wasser). Walschaert-Steuerung. Scheibenräder. – Die Gesellschaft besass auch 4–8–2-Schnellzugsmaschinen aus den Jahren 1923–1926 mit 1866,9 mm Triebrad-⌀. 4–8–4-Maschinen besass die ‹IC› laut Loklisten keine.

Die ‹Nashville Chattanooga & St. Louis› bezog im Oktober 1943 bei Alco ihre letzte Serie 4–8–4-Maschinen, Class J 3-57, Nrn. 580–589. Abb. 221 zeigt Lok Nr. 587. Die Hauptdaten waren: Kesseldruck 17,6 atü; Zylinder 2(635×762 mm); Triebrad-⌀ 1778 mm; Rostfläche 7,2 m²; Heizfläche 389,5 m²; Überhitzer 165,6 m²; Maschinengewicht 181,66 t; Reibungsgewicht 103,42 t; Walschaert-Steuerung; Tender 2×3achsig (16,2 t Kohle + 57 000 l Wasser). – Vorläufer waren die Serien 565–569 und 570–579 aus den Jahren 1930 und 1942. Entsprechend dem Triebrad-⌀ konnte man nicht von Schnellzugsmaschinen sprechen. Die Gesellschaft verwendete für sie den Ausdruck 'Dual Service' (Mehrzweckloks). – Parallel dazu lief ein Modernisierungsplan für die Hauptstrecken (93 Kurven wurden begradigt und 135 gefährliche Kurven wurden verbessert). Das Streckennetz der Gesellschaft zeigt SN 30.

In den Jahren 1942–1944 und dann noch einmal 1949 erhielt die ‹Louisville & Nashville› Serien von 2–8–4-Loks (Berkshire), die sie für den Kohlentransport von den Kentucky-Minen nach dem De Coursey-Güterbahnhof bei Cincinnati benötigte (siehe Streckennetz SN 30, oben rechts). Es handelte sich um 8000–9000 t schwere Züge, sowie den Retourtransport der leeren Wagen. Die Maschinen bildeten die Class M 1 und hatten einen so günstigen Triebrad-⌀, dass sie auch mit Personenzügen genügend rasch fahren konnten. Sie besassen folgende Nrn.: 1950–1963 (1942), 1964–1967 (1943), 1968–1969 (1944) und 1970–1991 (1949). Baldwin baute Nrn. 1950–1969 und Lima Nrn. 1970–1991. Die Hauptdaten der Maschinen waren: Kesseldruck 18,63 atü; Zylinder 2(635×812,8 mm); Triebrad-⌀ 1752,6 mm; Rostfläche 8,36 m²; Heizfläche 433 m²; Überhitzer 177,2 m²; Zugkraft 29,6 t + 6,4 t; Maschinengewicht 203 t; Reibungsgewicht 121,6 t; Gewicht auf dem hinteren Drehgestell 57,2 t. Tender 2×3achsig. – Ausser diesen modernen Berkshires besass die Gesellschaft zahlreiche Consolidations aus den Jahren 1892–1921, sowie Mikados aus den Jahren 1914–1929. Die 2–8–0-Güterzugsmaschinen bedienten jahrelang die Strecke New Orleans–Mobile (6–8 Züge

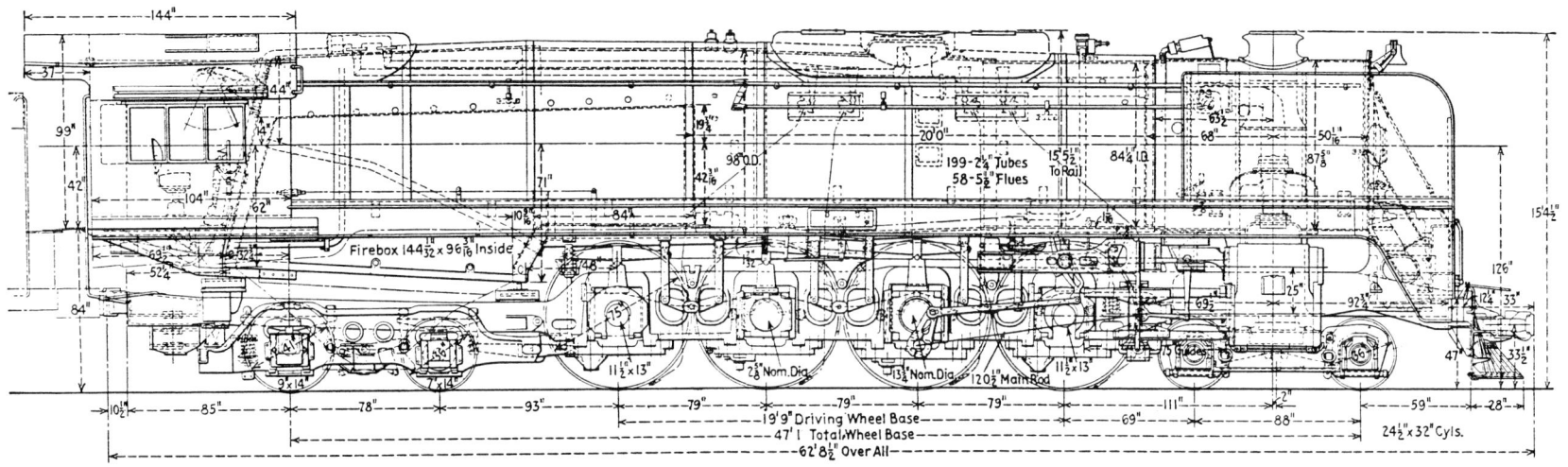

26 4–8–4-Schnellzugsmaschine (auch im Eilgüterzugsdienst eingesetzt), Class K 62, Serie 300–314, der ‹Delaware & Hudson›. Triebrad-∅ 1905 mm. Alco 1943. Siehe auch Abb. 223.

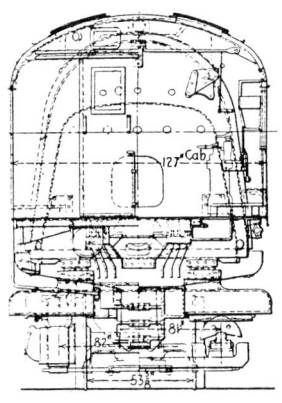
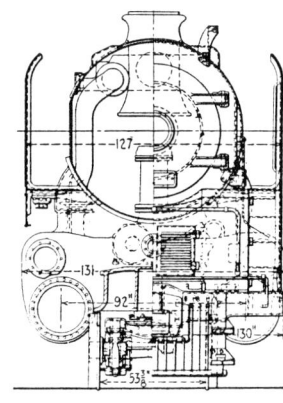

in jeder Richtung täglich); die 2–8–2-Loks fuhren die Güterzüge von Mobile nordwärts (Maximalgeschwindigkeit 35 mph mit 4000 t schweren Zügen). Eine ausführliche Studie schrieb P. T. Warner zum Thema 'The Locomotives of The Louisville & Nashville RR' in Baldwin Locomotives Januar 1930, Seiten 3–22.

Die ‹Wabash› (siehe Band 1, Seite 39, 1838, ‹WSt.L&P›) besass aus dem Jahre 1925 stammende Mikados, Serien K 4 und K 5. Die Nrn. 2600–2604 der Serie K 5 waren 3-Zylindermaschinen mit folgenden Hauptdaten: Kesseldruck anfänglich 14,06 atü, später 14,76 atü; Zylinder 1(584,2×711,2 mm) + 2(584,2× 812,8 mm); Triebrad-∅ 1625,6 mm; Maschinengewicht 155,2 t; Reibungsgewicht 114,2 t; Zugkraft 29,5 t. Die K 4 waren 2 Zylindermaschinen mit folgenden Zylinderdaten: 2(685,8×812,8 mm); die übrigen Daten waren gleich. 1943 wurden die K 5-Serie und 2 Loks der K 4-Serie in Hudson-Maschinen für den Schnellzugsdienst umgebaut, da zu jener Zeit keine Schnellzugsmaschinen erhältlich waren. Die Hauptdaten dieser Hudsons waren: Kesseldruck 15,47 atü; Zylinder 2(660,4×711,2 mm); Triebrad-∅ 2032,0 mm (Boxpok); Zugkraft 20 t (andere Quellen etwas weniger); Heizfläche 392,5 m²; Überhitzer 97,6 m²; Maschinengewicht 170 (?) t; Reibungsgewicht 89,1 t; Tender 2×2achsig (16,26 t Kohle + 45430 l Wasser). – Diese unter Class P 1, Serie 700, bekannten Maschinen waren blau bemalt («Banner Blue» zwischen Chicago und St. Louis, siehe SN 55) und besassen ein breites weisses Band über den Rädern durchgehend auch beim Tender. – Abb. 222 zeigt die Mikado Class K 5 vor dem Umbau in eine 4–6–4-Schnellzugsloks. – 1950 wurde bei der ‹Wabash› gegen die Hälfte der Tonnage bereits von Dieselloks befördert. Die meisten Städte-Schnellzüge waren durch Dieseltriebzüge bedient.

Im Jahre 1943 bezog die ‹Delaware & Hudson› 4–8–4-Schnellzugsmaschinen bei Alco für die Strecke New York–Montreal (siehe SN 14). Die Lieferung umfasste die Serie 300–314 (Abb. 223 zeigt Lok Nr. 308, Abb. 26 eine Konstruktionszeichnung), Class K 62; die Loks, mit grossen Windleitblechen versehen, sahen fast wie englische Maschinen aus. Noch 1953 waren sie vor den Schnellzügen zwischen USA und Canada zu sehen. Die Hauptdaten waren: Kesseldruck 20,04 atü; Zylinder 2(622,3×812,8 mm); Triebrad-∅ 1905 mm; Rostfläche 8,93 m²; Heizfläche 416 m²; Überhitzer 136,8 m²; Maschinengewicht 213 t; Reibungsgewicht 122 t; Zugkraft 27,2 t; Tender 2×3achsig (kurz bei bester Raumausnützung, 25 t Kohle + 75700 l Wasser). – Die ‹Milwaukee› beschaffte sich um die gleiche Zeit eine letzte Serie 4–8–4-Maschinen (Nrn. 260–269, Class S3) mit ähnlichen Daten. Abb. 224 zeigt Lok Nr. 262. Die Hauptdaten waren: Kesseldruck 17,58 atü; Zylinder 2(660,4×812,8 mm); Triebrad-∅ 1879,6 mm; Rostfläche 8,93 m²; Heizfläche 416 m²; Überhitzer 133,6 m²; Maschinengewicht 208,1 t; Reibungsgewicht 117,5 t; Zugkraft 27 t; geschlossenes Führerhaus; Tender 2×3achsig, Typ Vanderbilt mit gleicher Kapazität. – Zwecks Datenvergleich sei auf die Tabelle S. 106, ⟨Milwaukee Road⟩, verwiesen. 1940 wurde nochmals eine weitere Serie schwerster S2-Maschinen (Nrn. 231–240) angeschafft, die aber hauptsächlich vor Eilgüterzügen Dienst taten. Sie besassen eine etwas kleinere Heizfläche als die Serie 220–229 (1938). Das Reibungsgewicht wurde etwas vergrössert.

Die ⟨Southern Pacific⟩ kaufte 1943 für die 'Coast Lines' von der ⟨Verde Tunnel & Smelter Co.⟩ 2 Einheiten 2–6–6–2. Es waren Alco-Maschinen aus dem Jahre 1920. Bei ⟨VT&S⟩ hatten sie Nrn. 500 und 501, bei ⟨SP⟩ die Nrn. 3930 und 3931. Sie wurden im Schiebedienst östlich von Los Angeles und im Hafengebiet eingesetzt (siehe SN50). Die Hauptdaten dieser Compound-Mallets waren: Kesseldruck 15,47 atü; Zylinder 2(596,9×812,8 mm) + 2(939,8×812,8 mm); Triebrad-∅ 1447,8 mm; Zugkraft 38,2 t; Maschinengewicht 202,9 t; Reibungsgewicht 170,8 t. Class MM3. Verschrottet 1951 resp. 1954. – Man findet in der Literatur oft den Hinweis, dass die 2–6–6–2-Mallet für ähnliche oder gar gleiche Aufgaben wie die Einrahmenmaschinen vom Typ 2–10–2 gebaut worden seien. Ein Vergleich (siehe z.B. 1921, S.33/30, ⟨SP⟩ und ⟨IC⟩ oder 1925, S.45, ⟨CofG⟩) mit Santa Fé-Maschinen zeigt aber, dass diese Auffassung kaum vertretbar ist.

1944

Im Jahre 1944 wurden in den USA 1171 Dampfloks und 680 Diesel-Loks abgeliefert. Nur noch 74 Dampflokbestellungen gingen ein.

Der ⟨Canyon Diablo⟩ (26 Meilen westlich von Winslow), der von der ⟨Santa Fé⟩ überquert wird, erhielt 1944 eine neue doppelspurige Stahlbogenbrücke von 166 m Länge. Der mittlere Hauptbogen ist 91,5 m lang. Die Höhe der Schiene über Grund beträgt 68 m.

Im Jahre 1944 schlossen sich Kohlengesellschaften, Turbinenfabriken, Bahnen und die Alco zu einem 'Locomotive Development Commitee' (LDC) zusammen, um die Entwicklung der Gasturbine mit Kohlenverbrennung voranzutreiben. Ziel: Einwellen-Gasturbine mit offenem Kreislauf und Kohlenstaub-Brennkammer; Aufnahme der praktischen Arbeiten bei Alco (Werk Dunkirk) 1946 mit Houdry-Industriegasturbine; 1947 wurden 2 Bestellungen erteilt, wobei nur die Allis-Chalmers-Anlage zur Betriebsreife gebracht werden konnte. Das spätere Projekt ⟨UP⟩/Alco wurde aufgegeben, resp. an das 'Bureau of Mines' übertragen. Die ⟨UP⟩ baute aber immerhin eine Doppellok mit Tender

(Nr. 80 A+B), deren Turbine über die vom Dieselaggregat gespeisten Traktionsgeneratoren auf Zünddrehzahl gebracht und mit Dieselöl gestartet wurde. Anschliessend erfolgte die automatische Umschaltung auf Betrieb mit Kohlenstaub, wobei ein Brecher die Stückkohle des Tenders zerkleinerte und ein Druckluftstrom den Kohlegriess in einen Tank beförderte. Kohlepumpen brachten dann nach Erstellen eines Kohlenstaub-Luftgemisches dieses in die Brennkammer, wo ein Gas mit einer Temperatur von gegen 800 °C entstand, das eine Reinigungsanlage mit Flugaschenabscheider durchströmte, bevor es in die 2stufige Turbine eintrat. Die Leistungsregelung wurde durch Verändern der Fördermenge der Kohlepumpen vorgenommen. Die A-Einheit war eine Standardbauart der Alco mit kleineren Anpassungen von 2000 PS Diesel-Elektro-Leistung. Die B-Einheit war ohne Führerstand und besass die Achsanordnung 4–8–8–4. Auf ihr waren alle Anlagen der Betriebseinheit Kohlenstaub-Gasturbine untergebracht. Der Tender besass das Achsbild 4–10–0 und fasste 61 t Kohle und 7 m³ Dieselöl. – Die Erfahrungen mit dieser Versuchsmaschine dürften für neue Studien, die sicher den Brennstoff Kohle wieder salonfähig machen werden, wertvoll sein. Man neigt dazu, den Kohlenstaub einzusetzen, aber nicht wie hier zum Aufheizen eines offenen, sondern eines geschlossenen Kreislaufes, denn die erhitzten Kohlengase kann man der mitgeführten Verunreinigungen wegen trotz Filterung nicht direkt auf die Turbinenschaufeln wirken lassen. Gewisse Kreise glauben, dass man heute mit modernen Legierungen solche Probleme eher lösen könne, da die heutigen hitze- und korrosionsbeständigen Überzüge wesentlich widerstandsfähiger seien als damals.

Die ⟨Northern Pacific Rw. Comp.⟩ nahm 1944 ihre letzten Challenger-Mallet-Dampfloks, Typ 4–6–6–4 (Alco) in Betrieb; Class Z8 (Passenger); Nrn. 5142–5149 (1943 Nrn. 5130–5141) total 12 + 8 Stück. Bei dieser mit besonders grosser Rostfläche ausgerüsteten Serie handelte es sich um die schwersten Challengers, die je gebaut wurden. Sie besassen einen respektablen Triebrad-∅. Die Hauptdaten waren: Zugkraft 48,5 t; Kesseldruck 18,3 atü; Zylinder 4(584,2×812,8 mm); Walschaert-Steuerung; Triebrad-∅ 1778 mm (!); Rostfläche 14,1 m² für Lignit-Kohle; Heizfläche 534 m²; Überhitzer 195,6 m²; Maschinengewicht 292,1 t; Reibungsgewicht 201,4 t; Tender 2+5achsig (94,7 m³ Wasser + 24,5 t Kohle). – Schon seit 1936 baute Alco für die ⟨NP⟩ derartige Maschinen (siehe 1936, S.92, ⟨NP⟩), insgesamt 50 Stück (Nrn. 5100–5149). – Da entlang der Linie gute Kohlenvorkommen anstanden, wurde die

Einführung von Diesel-Loks bei der Gesellschaft nicht besonders forciert. Erst 1950 erhielt die ‹NP› erste Diesel-Einheiten.

Die ‹Virginia› erhielt 1944/45 von der Lima Mallet-Maschinen vom Allegheny-Typ zur Beförderung von 14 500 t schweren Güterzügen, Typ 2–6–6–6, Serie 900–907 (ähnliche Serie siehe 1942, S. 124, ‹C&O›). Die Hauptdaten waren: Triebrad-∅ 1701,8 mm; Kesseldruck 18,3 atü; Zylinder 4(572×838 mm); Rostfläche 12,58 m²; Zugkraft 49,99 t; Heizfläche 640 m²; Überhitzer 271,5 m²; Maschinengewicht 341 t; Reibungsgewicht 224,1 t (37,3 t Achsdruck!); Tender 3+4achsig. – Abb. 225 zeigt Maschine Nr. 900. – Die ‹Virginian› erhielt 1944 ebenfalls von Lima die Serie 505–509 von 2–8–4-Loks mit Booster und Baker-Steuerung für den Güterzugsdienst. Die Hauptdaten waren: Kesseldruck 17,22 atü; Zylinder 2(660,4×863,6 mm); Triebrad-∅ 1752,6 mm; Zugkraft 22,5 t + 6,2 t Booster; Rostfläche 8,4 m²; Heizfläche 443,3 m²; Überhitzer 179,6 m²; Maschinengewicht 201 t; Reibungsgewicht 134 t. – Lok Nr. 505 ist auf Abb. 226 dargestellt. Das Triebwerk lässt kräftige Gegengewichte erkennen, das Leitdrehgestell ist aussengelagert.

Die ‹Lehigh & Hudson River› (siehe Band 1, Seite 64) nahm als Ersatz für die 2–8–0-Maschinen (siehe 1925, S. 44) 3 Güterzugsloks vom Typ 4–8–2, Serie Nrn. 10–12 (Baldwin) in Betrieb; neue Numerierung 40–42. Tender 2+5achsig! Die Hauptdaten waren: Kesseldruck 16,82 atü; Zylinder 2(711,2×787,4 mm); hängende Kreuzköpfe; leichte Walschaert-Steuerung; Triebrad-∅ 1854,2 mm (!), Scheibenräder; Rostfläche 7,3 m²; Heizfläche 419 m² (mit Wassertaschen); Überhitzer 176 m²; Zugkraft 29,3 t; Maschinengewicht 188,2 t; Reibungsgewicht 122 t. Merkmal: kleine Windleitbleche (ähnlich 4–8–2 der ‹B&M›, siehe Abb. 154 und 155). – Der Personenverkehr der ‹L&HR› ist vernachlässigbar klein; die grossrädrigen Mountains waren also echte Güterzugsloks. Länge der eigenen Strecke ~ 75 Meilen.

Die ‹Baltimore & Ohio› baute 1944/45 zusammen mit Baldwin wohl die letzten 2–8–8–4-Mallet-Maschinen (Yellowstone-Typ), Class EM 1, Serie Nrn. 7600–7629, Länge Maschine + Tender 38 192 mm. Sie arbeiteten in Einfachdehnung, besassen eine Verbrennungskammer, 5 Wassertaschen (syphons) und einen 2×3-achsigen Tender (25 t Kohle + 83 300 l Wasser). Aufgabe: Beförderung schwerer Güterzüge über die Alleghany (Cranberry grade) mit bis 22‰ Rampen (Terra Alta, W. Va.); gelegentlich auch Beförderung schwerer Personenzüge mit 18 Wagen. Die Hauptdaten der EM 1 Class-Maschinen waren: Kesseldruck 16,52 atü; Doppelkamin; Zylinder 4(609,6×812,8 mm); leichte Walschaert-Steuerung; Triebrad-∅ 1625,6 mm; Achsen wälzgelagert; Rostfläche 10,92 m²; Heizfläche 492,2 m²; Überhitzer 196,76 m²; Maschinengewicht 285,2 t; Adhäsionsgewicht 220 t; Zugkraft 52,16 t. – Weit stärkere 2–8–8–4-Maschinen siehe 1941, S. 117, ‹DM&IR›, aber auch 1939, S. 113, ‹SP›. – Anstelle der ‹B&O›-Mallet-Maschinen hätten bereits dieselelektrische Loks für die gleiche Aufgabe angeschafft werden sollen, was aber des Krieges wegen unterblieb. Im Volksmund hiessen die 2–8–8–4-Loks der ‹B&O› «King of Hill».

Die ‹Pennsylvania› baute 1944 mit Baldwin und Westinghouse zusammen eine direkt angetriebene Dampfturbinenlok Nr. 6200. Abb. 227 zeigt die Maschine und Abb. 27 die Zeichnung. Typ 6–8–6, Class S2, mit mechanischer Übertragung. Turbine und Reduktionsgetriebe (Reduktion 18,5:1) waren zwischen der 2. und der 3. Triebachse montiert. Die Turbinenleistung betrug etwas mehr als 6000 PS (Abb. 227). Die Maschine sollte bei konstanter Geschwindigkeit den ununterbrochenen Durchgangsverkehr mit schwersten Zügen übernehmen. Der Kessel Stephenson'scher Bauart war mit Belpaire-Feuerbüchse sowie einer 3 m langen Verbrennungskammer ausgerüstet. Weitere Daten: Dampfdruck 21,8 atü (390 °C Dampftemperatur); Rostfläche 11,1 m²; Heizfläche 463,7 m²; Überhitzer 190,4 m²; Stundenleistung 43 t. Rechts war die Vorwärtsturbine angebaut (2 Gleich- + 5 Überdruckstufen). Bei 160 km/h Geschwindigkeit betrug die Drehzahl der Turbine 9000 U./min. Zwischen Turbine und Getriebe war eine Torsionsstabfederung eingebaut. Die Rückwärtsturbine besass 2 Gleichdruckstufen und konnte mechanisch abgeschaltet werden. Bei 8300 U./min (ca. 35 km/h) leistete sie 1100 kW. Auf dem Lokprüfstand Altoona wurde eine Maximalleistung der Lok von 5340 kW am Radumfang bei 105 km/h gemessen. Die Probefahrten zeigten einen Dampfverbrauch der bei über 30 mph merklich weniger betrug als derjenige einer vergleichbaren Kolbenlok. Im Laufe der Zeit zeigten sich allerdings Stehbol-

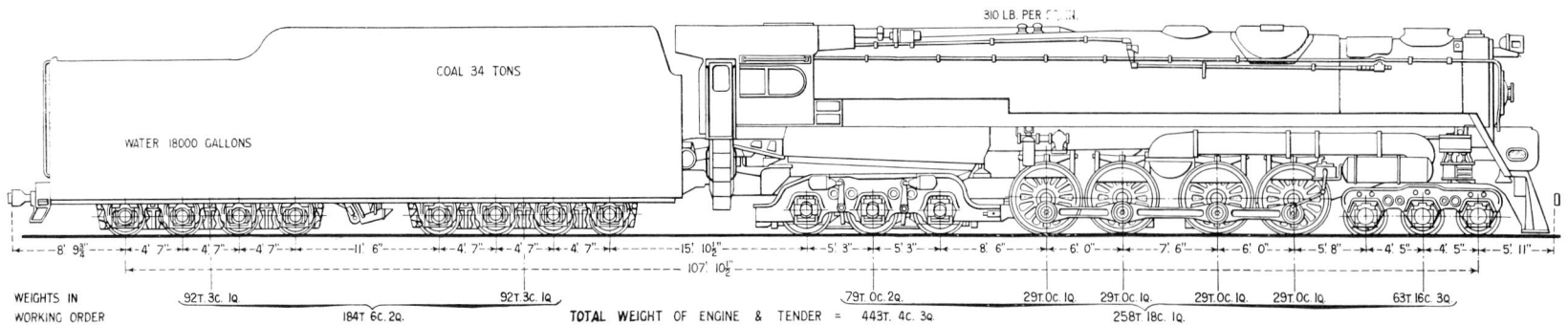

COAL 34 TONS

WATER 18000 GALLONS

310 LB. PER □ □.

WEIGHTS IN WORKING ORDER

92T. 3c. 1q.   92T. 3c. 1q.   79T. 0c. 2q.   29T. 0c. 1q.   29T. 0c. 1q.   29T. 0c. 1q.   29T. 0c. 1q.   63T. 16c. 3q.

184T. 6c. 2q.   **TOTAL WEIGHT OF ENGINE & TENDER = 443T. 4c. 3q.**   258T. 18c. 1q.

27 6–8–6-Dampfturbinenlok Nr. 6200, Class S 2, der ‹Penn›. Baldwin 1944. Typ: Auspuffturbinenlok mit mechanischer Kraftübertragung. Leistung 6900 PSe. Bauart wie konventionelle Dampflok mit 2×4achsigem Tender. Siehe auch Abb. 227.

zen- und Kesselschäden. Eine Revision wurde nicht mehr vorgenommen, da zu viel defekt war. Die Ursache waren Kesseldruckschwankungen bei schweren Anfahrten, wenn sie nicht turbinengerecht durchgeführt wurden. – Noch einige Daten dieser Prototypmaschine, die ohne weitere Bestellungen blieb: Triebrad-∅ nur 1727 mm, da keine Rücksicht auf Kolbengeschwindigkeit zu nehmen war; Maschinengewicht 263,6 t; Anfahrzugkraft 32 t; Reibungsgewicht 118 t. Dienstzeit September 1944 bis Juni 1949.

Die ‹Detroit, Toledo & Ironton› bezog 1944 bei Lima ihre letzte Serie Mikados. Es waren die Nrn. 808–811; Nrn. 800–803 (1940) und Nrn. 804–807 (1941) wurden zu Beginn des Zweiten Weltkrieges angeschafft. Die Hauptdaten dieser wahrscheinlich letzten 2–8–2-Güterzugsloks für USA-Bahngesellschaften waren: Kesseldruck 18,28 atü; Zylinder 2(584,2×762 mm); Triebrad-∅ 1600,2 mm; Rostfläche 6,2 m²; Heizfläche 371,5 m²; Überhitzer 168,65 m²; Maschinengewicht 167,5 t; Reibungsgewicht 112,7 t; geschlossener Führerstand; 2×3achsiger Tender. Da die Maschinen auch Rangierdienst leisteten, besassen sie vorne und hinten Trittbretter, ebenfalls Scheinwerfer. Die Zugkraft betrug 24,3 t. Die früheren Serien besassen gleiche Daten, jedoch mit 2×2achsigem Tender. – Die Mikados Nr. 808–811 waren zugleich auch die letzte Bestellung der ‹DT&I› für Dampfloks. Die stärksten Maschinen waren vom Typ 2–8–4 (siehe 1939, S. 114, ‹DT&I›). – Abb. 228 zeigt die Mikado Nr. 808.

Im Jahre 1944 bezog die ‹UP› bei Alco ihre letzte Serie von 4–8–4-Maschinen, Nrn. 835–844. Abb. 229 zeigt Lok Nr. 841. Die guten Laufleistungen der Vorläufer vor schwersten Luxuszügen auf den Strecken Omaha (Neb.)–Cheyenne (Wyo.), Denver (Colo.)–Ogden–Salt Lake (Utah) und Green River (Wyo.)–Hun-

tington (Ore.) bewogen die Gesellschaft noch stärkere Maschinen dieses Achsbildes anzuschaffen (siehe SN 54). Die Hauptdaten dieser mit Doppelkamin versehenen Maschinen waren: Kesseldruck 21,1 atü; Zylinder 2(635×812,8 mm); Triebrad-∅ 2032 mm; Rostfläche 9,3 m², Heizfläche 399 m²; Überhitzer 130,1 m²; Maschinengewicht 222,6 t; Reibungsgewicht 122,6 t; Zugkraft 28,94 t; Tender 4–10–0 (Öl 25 t + 88971 l Wasser) Typ ‘Centipede’. Abb. 28 zeigt den Aufriss des Grosstenders, der extra geschaffen wurde, um lange Lokdurchläufe zu ermöglichen, als Kampfmassnahme gegen die Dieselelektrik. Die Loks besassen Walschaert-Steuerung. Zum Vergleich mit der 1937 beschafften Serie sei auf 1937, S. 102, ‹UP› verwiesen. Höchstgeschwindigkeit 91 mph (144,84 km/h). Monatliche Laufleistung 18 200 Meilen. Laufleistung bis zum Reifenwechsel 104 000 Meilen. Maximalleistung 4870 HP. Wälzlagerung aller Achsen. – Wegen Gas- und Rauchbelästigung erhielten diese Maschinen 1946 Windleitbleche (‘smoke lifters’). Auch wurden sie auf Ölfeuerung umgestellt (nicht zuletzt wegen dem Kohlenarbeiterstreik). Die Loks sollen auch Rekorde gefahren haben. Nr. 841 fuhr z.B. mit 25 schweren Pullmans durch Nebraska und erreichte Maximalgeschwindigkeiten zwischen 105–112 mph.

1945

Im Jahre 1945 wurden mehrere Eisenbahnbrücken in Betrieb genommen. 3 Beispiele seien aufgeführt: Missouri River Bridge bei Kansas City eingleisig von der ‹Milwaukee› befahren. Typ Stahlkonstruktion auf festem Mauerwerk abgestützt. Totale Spannweite 128 m, ein Hebewerk, 3 Fachwerke und 19 Vollwandträger. Höhe über Hochwasser: gehoben 18,6 m, gesenkt 7,14 m. – Colorado-Brücke bei Topock (Ariz.), doppelspurig von der ‹Santa Fé› befahren; gesamte Länge 459 m, durch 3 Fachwerke mit je 107 m Spannweite und 3 Vollwandträger mit je 30 m Spannweite sowie einer mit nur 15 m überbrückt. Tennesse River Bridge bei Johnsonville (Tenn.), einspurig, Gesamtlänge

529 m. Das längste Fachwerk besitzt 109,7 m Spannweite. Höhe über Wasser 14,3 m. Gesellschaft ‹NC&St.L›.

Die ‹New York Central› nahm 1945/46 25 Einheiten von 4–8–4-Alco-Schnellzugsloks (Serie Nr. 6001–6024) in Betrieb (Class S1b), Typenbezeichnung der ‹NYC›: Niagara (bei andern Gesellschaften Northern genannt). Die Hauptdaten waren: Kesseldruck 19,3 atü; Zylinder 2(648×812,8 mm); Baker-Steuerung; Triebrad-∅ 2007 mm (Scheibenräder); Rostfläche 9,38 m²; Heizfläche 447,7 m²; Überhitzer 192,6 m²; Maschinengewicht 213,64 t; grösster Achsdruck 31,7 t; Adhäsionsgewicht 124,7 t; grösste Zugkraft (0,85 Füllung) 27,86 t; Tender 2+5achsig (Bauart ‹UP›) mit 68,1 m³ Wasser + 41,7 t Kohle; der water pick up musste bei 80 mph korrekt arbeiten können. Tagesleistungen bis 1430 km mit dem «Comodore-Vanderbilt»-Zug (∼ 15 schwere Wagen). – Abb. 230 und 231 zeigen Lok Nr. 6000 (Prototyp, Class S1a) mit Windleitblechen und einem kleineren Zylinder-∅. Testfahrten contra Diesel-Betrieb siehe 1946, ‹NYC›. Siehe auch 1946, ‹NYC›, S. 134. – Im Jahre 1946 wurde noch eine 4–8–4-Maschine (5500) mit etwas höherem Gewicht 240 t und Franklin-Ventilsteuerung beschafft (Class S2a). Abb. 232 zeigt diese moderne Niagara, die vollständig mit Wälzlager ausgerüstet war. Die Steuerung soll vor allem bei hohen Geschwindigkeiten präziser und wirtschaftlicher gearbeitet haben. – Die 4–8–4-Loks der

‹NYC›, wurden offiziell als Mehrzweckmaschinen ('Dual purpose') bezeichnet, weil es während des Weltkrieges nicht gestattet war, reine Schnellzugsloks zu bestellen. Das war auch der Grund, weshalb der Prototyp (Nr. 6000) anfänglich nur einen Triebrad-∅ von 1905 mm besass. Er hatte aber Abstand genug, um ihn "versuchshalber" dann umbauen zu können. Schon er zeigte seine Überlegenheit gegenüber der Dieseltraktion (siehe 1946, Grosstest bei der ‹NYC›), besonders bei harten Wintereinsätzen. – Auch die ‹Santa Fé›, (siehe 1941, S. 119) und die ‹UP› (1944, S. 132) besassen stärkere Maschinen dieses Achsbildes.

Ende März 1945 wurde bei der ‹Richmond, Fredericksburg & Potomac RR› die erste der neuen 4–8–4-Loks – sie erhielten die Namen von ehrenwerten Staatsmännern Virginias – in Betrieb genommen. Es war Nr. 613 mit dem Namen «John Marshall». Die Maschinen bedienten die «Capital Cities Route» zwischen Richmond und Washington. Für die Gesellschaft ‹RF&P› lieferte Baldwin in der Folge insgesamt 10 Stück dieses Typs (Nr. 613–622). Es waren dies: Nr. 614 «George Washington», Nr. 615 «Henry Clay», Nr. 616 «George Mason», Nr. 617 «John Randolph», Nr. 618 «James Madison», Nr. 619 «William Byrd», Nr. 620 «George Wythe», Nr. 612 «Richard Henry Lee», Nr. 622 «Carter Braxton». Die Hauptdaten dieser Maschinen waren: Kesseldruck 18,28 atü; Zylinder 2(685,8×762 mm); Triebrad-∅ 1955,8 mm; Rostfläche 8 m²; Heizfläche 396 m²; Überhitzer 123 m²; Reibungsgewicht 120,9 t; Maschinengewicht 188 t; Zugkraft 27 t (als Höchstgeschwindigkeit dieser Maschinen galt 70 mph [112,65 km/h]). Bereits 1937 führte die Gesellschaft 5 «General»-4–8–4-Loks ein (siehe 1937, S. 102, ‹RF&P›) und in den Jahren 1938–1942 kamen 12 «Go-

28 ‹UP›-Tender mit 2+5 Achsen (Achsbild 4–10–0, das Achsbild 4–10–2 soll es auch gegeben haben). Gebaut von Alco, 1940–1944. Vgl. Abb. 204, 217 und 229. Die ‹NYC› hatte eine ähnliche Bauweise, vgl. Abb. 232. Solche grossvolumige und vielachsige Tender wurden im Kampf gegen die Dieselelektrolok notwendig, denn sie machten die Hochleistungsdampflok von Kohlen- und Wasserhalten unabhängiger.

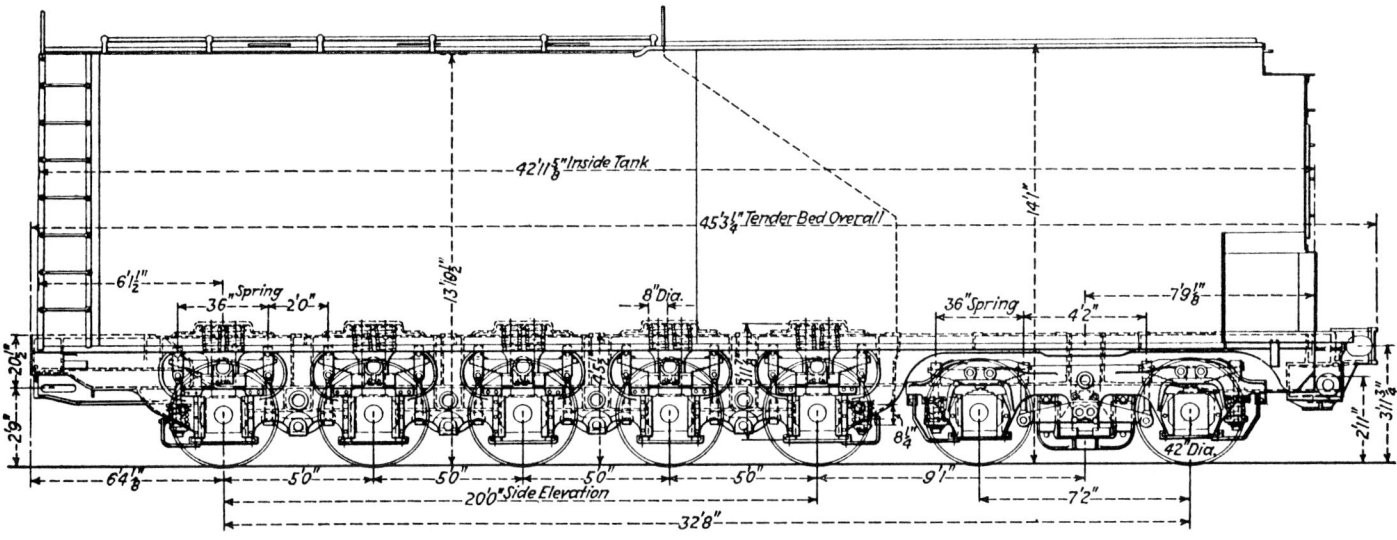

vernor», ebenfalls 4–8–4-Loks, dazu (siehe 1938, S. 110, ‹RF&P›). – Noch 1956 konnte man diese Schnelläufer mit den wohlklingenden Namen bei der ‹C&O› im schweren Güterzugsdienst beobachten, da sie nach der Verdieselung der ‹RF&P› an die ‹C&O› verpachtet wurden. Dies könnte als Beweis gedeutet werden, dass sich gewisse Auslegungen der 4–8–4-Maschinen doch als Universalmaschinen entpuppt haben.

Zwischen Chicago und Minneapolis wurden ab 23.7.1945 die zweistöckigen Aussichtswagen ('Vista Dome') mit überhöhtem, verglastem Aussichtsabteil in der Mitte des Wagens von der ‹Burlington› eingeführt. Die Strecke fährt zur Hälfte dem Mississippi entlang. 1950 besass die Gesellschaft 23 'Vista Dome'-Wagen, die zwischen Chicago–Twin Cities und Chicago–San Francisco eingesetzt wurden. Auch andere Gesellschaften setzten 'Vista-Dome-Cars' ein. Die Idee des 'Vista Dome' wurde bereits am 2.5.1891 von T.J. McBride in Winnipeg (Canada) im 'Scientific American' publiziert, ohne dass anschliessend ein solcher Wagen gebaut wurde.

Im März und Dezember 1945 bestellte Frankreich 260 (mit den Nachbestellungen waren es schliesslich 1340) «Liberation»-Loks – nicht zu verwechseln mit den gleichnamigen 1D-Maschinen Englands – bei den amerikanischen Lokfabriken. Es waren 2–8–2-Maschinen (141R), deren letzte Exemplare erst 1974/75 aus dem Verkehr gezogen wurden. Sie betreuten jahrelang den schweren Schnellzugsdienst in Frankreich. Die Hauptdaten dieser ölgefeuerten ‹SNCF›-Maschinen, die in gemeinsamer Entwicklungsarbeit zwischen französischen und amerikanischen Ingenieuren, entstanden, waren: Kesseldruck 15,47 atü; Zylinder 2(596,9× 711,2 mm); Triebrad-∅ 1651 mm (Boxpok-Räder auf der angetriebenen Achse sollen die Nrn. 701–1100 besessen haben); Rostfläche 5,16 m²; Zugkraft 19,5 t; Maximalgeschwindigkeit 100 km/h; Heizfläche 250,74 m²; Überhitzer 65,4 m²; Maschinengewicht 115,5 t bis 116,25 t; Reibungsgewicht 80 t. Abb. 233 zeigt Lok Nr. 141 R704. – Die amerikanischen Klein-Mikados der ‹Sewell Valley› (siehe 1923) entsprachen ungefähr diesen für Europa bestimmten Maschinen; sie besassen jedoch etwas grössere Heizflächen und kleinere Triebräder. Auch die "schwachen" Mikados der ‹Green Bay & Western› aus dem Jahre 1939 waren stärker als die 141 R für Frankreich.

Russland erhielt 1945 von Alco 2–10–0-Güterzugsmaschinen für die Breitspur 1524 mm. Leistungsmässig waren sie den Maschinen, die Russland 1917 bestellte, sehr ähnlich und hatten auch das gleiche Achsbild. Die Hauptdaten waren: Kesseldruck 12,66 atü; Zylinder

2(635×711,2 mm); Triebrad-∅ 1320,8 mm; Zugkraft 22,5 t; Rostfläche 6 m²; Heizfläche 229,2 m²; Überhitzer 63,7 m²; Maschinengewicht 99 t; Reibungsgewicht 87,2. Sie besassen einen Tenderbooster. Vergleichsloks siehe Tabelle 1930, S. 75, ‹D&S›.

1946 und 1947

Im Jahre 1946 wurden in den USA noch 690 Dampfloks abgeliefert und 55 neue bestellt. Dieselelektrische Loks wurden insgesamt 856 abgeliefert. Ab 1947 nahmen die Ablieferungen dieselelektrischer Einheiten gewaltig zu (1947: 2149 Stück; 1948: 2661 Stück; 1949: 1785 Stück). – 1946 stellte die Alco noch 75% Dampfloks und 25% dieselelektrische Loks her. Im Jahre 1948 sank der Anteil der Dampfloks bei der Alco auf 8% bei den dieselelektrischen Loks war er auf 92% angestiegen.

Auf der ‹New York Central› lief 1946 ein Grosstest zwischen Diesel- und Dampfbetrieb. Der «Empire State Express» (Strecke New York–Cleveland) wurde von je 6 über 200 t schweren Niagaras (Typ S 1b, siehe 1945, S. 133, ‹NYC›) und Diesel-Einheiten vergleichsweise betrieben. Die S 1b-Maschinen legten monatlich bis 27221 Meilen zurück und schnitten sehr gut ab. – P.W. Kiefer, ‹NYC›, veröffentlichte eine Studie zum Vergleich von Dampfkolben-, Dampfturbinen-, Gasturbinen-, Elektro- und Dieselelektro-Loks. Sie erschien im Verlag des 'Steam Loc Research Institut, New York'. Kiefer war 1926–1953 Lokomotivdezernent der ‹NYC›. Interessant in diesem Zusammenhang sind Angaben, die wir einem Interview 1977 mit André Chaplon (SNCF) entnehmen. Er sagt dort: "... Wir haben in den USA ein interessantes Ding erfahren: die Bilanz der Verdieselung ist gezogen worden... und negativ ausgefallen. Nicht zuletzt weil die Motoren kostspielig, umweltfeindlich und kurzlebig sind..."

Am 2.6.1946 wurde von der ‹Union Pacific› (siehe SN 54) und der ‹Chicago & North Western› (siehe SN 12) ein neuer Leichtmetall-Pullman-Zug zwischen Chicago und dem Pazifik eingeführt. Der Zug erhielt den Namen «Transcon» und besass dieselelektrischen Antrieb. Siehe auch 1934, S. 82, ‹UP› und S. 83, ‹C&NW›. – Seit 1936 fuhren die beiden Gesellschaften den 18-Wagenzug «City of San Francisco» auf der Strecke Chicago–San Francisco (5 Fahrten per Monat). Auch der «City of Portland» (Chicago–Portland) wurde seit 27.3.1939 als 10-Wagenzug von beiden Gesellschaften gefahren.

Die ‹Rock Island› erhielt im Juni 1946 von Alco ihre letzten 4–8–4-Maschinen (Vorserien siehe 1929, S. 67, ‹CRI&P›); Nrn. 5110–5119. Die Hauptdaten dieser kohlegefeuerten Loks waren: Kesseldruck 18,98

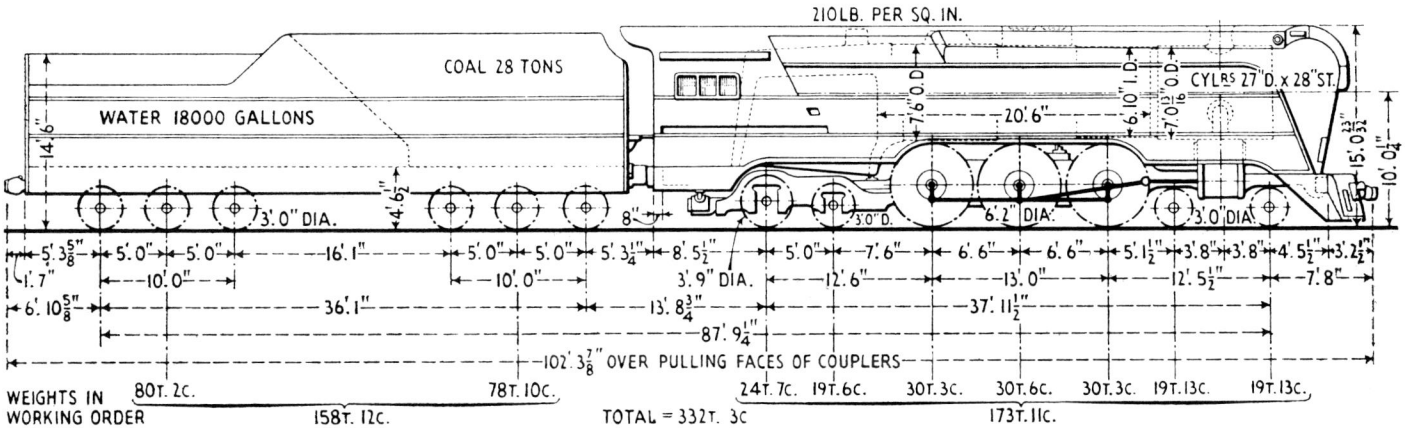

COAL 28 TONS

WATER 18000 GALLONS

210 LB. PER SQ. IN.

CYL RS 27"D. x 28"ST.

WEIGHTS IN WORKING ORDER

80 T. 2 C.   158 T. 12 C.   78 T. 10 C.   TOTAL = 332 T. 3 C.   24 T. 7 C.   19 T. 6 C.   30 T. 3 C.   30 T. 6 C.   30 T. 3 C.   19 T. 13 C.   19 T. 13 C.   173 T. 11 C.

29 4–6–4-Schnellzugslok mit Stromlinienverkleidung, Nrn. 490–494, der ‹C&O›. Es handelte sich um einen markanten Umbau aus einer alten Pacific (Abb. 235). Abb. 236 zeigt die modernisierte Schnellzugsmaschine (Umbau 1946/47). Triebrad-∅ 1879,6 mm. – Mit Recht spricht man oft vom Doppelleben amerikanischer Loks. Material und Konzeption müssen hervorragend gewesen sein, dass man so etwas riskieren konnte.

atü; Zylinder 2(660,4×812,8 mm); Walschaert-Steuerung; Triebrad-∅ 1879,6 mm, Boxpok; Rostfläche 8,9 m²; Heizfläche 425 m²; Überhitzer 133,6 m²; Zugkraft 30,4 t; Maschinengewicht 215,5 t; Reibungsgewicht 127 t; Tender 2×3achsig (Kohle; Serie Nrn. 5100–5109 war ölgefeuert). Sie wurden u.a. auf der Strecke Tucumcari–Topeka–Chicago eingesetzt (siehe SN 13 und SN 50). Sie legten diese 1108 Meilen mit Maximalsteigungen von 5‰ in 21 h zurück: 10 Jahre vorher benötigte der schnellste Zug 27³/₄ h. Güterzüge bis 6000 t wurden ebenfalls beschleunigt, da die Schienen und Brücken mittlerweile verstärkt (siehe z.B. 8 Meilen cut-off 1939) worden waren. Abb. 234 zeigt Lok Nr. 5119. – Praktisch die gleichen Maschinen, jedoch mit wesentlich grösseren Heiz- und Überhitzerflächen, beschaffte sich 1937 die ‹CMSt.P&P› zur Beförderung der schweren Eilgüterzüge (siehe Abb. 177).

Die ‹B&O› fuhr ab 1947 den Luxuszug «Cincinnatian» mit Stromlinienloks 4–6–2, Class P 7d mit 2×3achsigen Tender. Diese Umbauten erfolgten aus einigen der 1927 gebauten unverkleideten P 7 Class, siehe Abb. 102; es waren dies die Nrn. 5301–5304, die ebenfalls modernisiert und stromlinienförmig verkleidet wurden; Antrieb in Leichtbauweise. Sie fuhren noch bis 1956 diesen Zug zwischen Cincinnati, Toledo und Detroit. Die Fahrzeit für die Strecke Baltimore–Cincinnati betrug 12¹/₂ h. Zum Vergleich siehe 1927, S. 59, ‹B&O›, Pacifics mit Namen der ersten 20 USA-Präsidenten.

‹Chesapeake & Ohio› baute 1946/47 die 1926 von Alco gelieferten 4–6–2-Maschinen Nrn. 490–494 in Stromlinienloks gleicher Nummern, jedoch als leistungsfähigeren Hudson-Typ mit Wälzlager-Triebwerk um. Die Daten der ursprünglichen Maschinen (siehe 1926, ‹C&O› und Abb. 74) waren: Kesseldruck 14,06 atü; Triebrad-∅ 1854,2 mm; Zylinder 2(685,8× 711,2 mm); Zugkraft 20,7 t; Maschinengewicht 150 t. Abb. 235 zeigt Lok Nr. 492 als 4–6–2; Abb. 236 zeigt Lok Nr. 490, Typ 4–6–4; Abb. 29 zeigt die Massskizze von Lok + Tender. Die Stromlinienloks erhielten bei gleichen Zylinderabmessungen etwas grössere Triebräder mit 1879,6 mm ∅ sowie 14,74 atü Kesseldruck; Rostfläche 7,5 m²; Heizfläche 409 m²; Überhitzer 187 m²; Zugkraft 23,8 t + 4,8 t Booster; Maschinengewicht 176 t. – Weitere Hudsons der Gesellschaft siehe 1948, S. 137, ‹C&O›.

Die ‹Chesapeake & Ohio› als typische Kohlenbahn erhielt 1947 eine Dampfturbinenlok Nr. 500 von Westinghouse und Baldwin, Typ 480–484 [(2'Co 1) (2'Co 1 Bo')], genannt «Chessie». Zwei weitere Maschinen (Nrn. 501 und 502) wurden 1948 abgeliefert. Sie wurden im Schnellzugsdienst eingesetzt. Wichtige technische Daten waren: Dampfturbinenleistung 6000 PS bei 6000 U./min; es war eine Westinghouse-Turbine mit 5 Stufen; Übersetzung 6:1; Generatoren 2 à 2000 kW (580 V); Motoren 8 à 620 PS bei 720 U./min; Triebrad-∅ 1016 mm; Kesseldruck 21,8 atü; Dampftemperatur 400 °C; Rostfläche 10,4 m²; Heizfläche 408,5 m²; Überhitzer 164,4 m²; Anfahrzugkraft 44,45 t; Dauerzugkraft 21,77 t; Maschinengewicht 373 t; Adhäsionsgewicht 230,5 t; Adhäsionsfaktor 5,44; Wassertender mit 94 700 l; Kohlenbunker im vorderen Teil der Maschine (26,5 t); Gewicht 138,7 t; Gesamtlänge der Maschine + Wassertender 46,94 m. – Abb. 237 zeigt die 480–484 auf Versuchsfahrt. Die Absicht, das Äussere der in Mode gekommenen Diesellok nachzubilden, war meisterhaft gelungen. Die Betriebssicherheit dieser Dampfturbo-Elektrolok liess jedoch besonders im elektrischen Teil etwas zu wünschen übrig, obwohl deswegen immer ein dritter Mann mitfuhr. Die Maschine wurde 1951 definitiv ausser Dienst gestellt. Heute wäre man bestimmt weiter in der Elektrotechnik (Leistungselektronik).

Die immer wieder mit schlechten Abschlüssen arbeitende ‹Pere Marquette RW. Comp.› (Streckennetz-~ 1950 Meilen), die u.a. Chicago und Milwaukee (Eisenbahnfähren) bedient, wurde am 6.6.1947 mit der ‹Chesapeake & Ohio› (Streckennetz ~ 5120 Meilen) vereinigt. Siehe 1857, ‹F&PM›, 1867/68, ‹C&O›, sowie SN 8. Die ‹C&O›, als eine der grössten Kohlenbahnen, führte etwa ab 1945 vermehrt die Dieseltraktion ein, betrieb daneben aber noch einen Grossteil der Züge mit Dampf.

Die ‹Reading› (Streckennetz siehe SN 45) nahm 1947 die letzten einer im eigenen Werk gebauten Zehnerserie von 4–8–4-Eilgüterzugsloks mit Einfachdehnung in Betrieb; Class T1, Serie Nrn. 2120–2129. Die identische Vorserie Nrn. 2100–2119 mit nur wenig veränderter Heizfläche wurde 1945 abgeliefert. Nach anderen Quellen soll es sich bei diesen Maschinen um Umbauten aus 2–8–0 gehandelt haben. Sie besassen Leichtbauantrieb, Scheibenräder und Timkenlager. Loks von diesem Typ wurden noch 1962 auf der Strecke Harrisburg–Reading fotografiert. Die Hauptdaten waren: Kesseldruck 16,9 atü; Zylinder 2(686× 813 mm); Triebrad-∅ 1778 mm; einen derartig kleinen Triebrad-∅ besassen noch 4–8–4-Loks der ‹LV› und ‹N&W›, wobei letztere zu den schnellsten Schnellzugsmaschinen gehörten. Walschaert-Steuerung; hängende Kreuzköpfe; Rostfläche 8,4 m² (Wootten-Feuerbüchse für Steinkohlengemisch); Heizfläche (inkl. 4 Wassertaschen) 476,3 m²; Überhitzer 112,8 m²; Zugkraft bei 85% Füllung 30,8 t + 5 t Booster; Maschinengewicht 200,2 t; Adhäsionsgewicht 126,2 t; Tender 2×3-achsig (GSC) mit 26,42 t Kohle und 72 000 l Wasser.

Die ‹Chesapeake & Ohio› erhielt 1947 nochmals eine Serie von 30 Berkshire-Loks, Nrn. 2760–2789, Class K 4, Kanawha genannt. Die Vorserien aus dem Jahre 1944 besassen sehr ähnliche Daten. Die Hauptdaten waren: Kesseldruck 17,22 atü; Zylinder 2(660,4×863,6 mm); Bakersteuerung. Triebrad-∅ 1752,6 mm; Rostfläche 8,4 m²; Heizfläche 443,2 m² (inkl. Wasserkammern in der Feuerbüchse); Überhitzer 179,6 m²; Zugkraft 30,3 t + 6 t (Booster); Maschinengewicht 210 t; Reibungsgewicht 132,6 t (Achsdruck 33,2 t!). Abb. 238 zeigt Lok Nr. 2786 mit dem grossen 2×3achsigen Tender. Einsatz: Erzzüge oder schwere Güterzüge, gelegentlich auch schwere Personenzüge (siehe Triebrad-∅ der ‹Erie›-Maschinen, 1927, S. 51).

Die ‹Pennsylvania› vergab Mitte 1947 grosse Bestellungen auf Dieselloks – die ersten Doppeleinheiten à 4000 PS wurden bereits 1945 angeschafft –, weil man damit den Reisezugsdienst vollständig umstellen wollte. Die Direktion hatte offenbar genug von den zahlreichen Experimenten mit "verbesserten" Dampfloks, die auch mit Walschaert-Steuerungen nie befriedigten. Die Technische Direktion versuchte nochmals die mit viel Publizität gefeierten 4–4–4–4-Duplex-Maschinen zu verbessern, doch wurde dies nicht mehr bewilligt. Bereits 1948 wurde der schwere Schnellzugsdienst in Doppeltraktion mit einer vorgespannten 2000 PS-Diesel-Einheit und dahinter einer Duplex-Maschine (siehe 1942, ‹Penn›) geführt. Die Diesel-Lok arbeitete beim Anfahren und am Berg und bei Geschwindigkeiten über 75–80 km/h übernahm die 3mal so starke Dampflok den Zug. Als genügend Dieseleinheiten vorhanden waren, wurden die Dampfloks auf den leichten (!) Personen- oder Güterzugsdienst abgeschoben und später überhaupt ausrangiert. – Die ‹Norfolk & Western› konnte mit 2 zur Verfügung gestellten Duplex-Dampfloks auch nichts anfangen, da ihre 4–8–4-Loks, Class J, besser waren (siehe 1941, S. 118, ‹N&W›). – Hier wurde die technische Überzüchtung wohl zu weit getrieben (siehe auch 1942, S. 123, 4–4–6–4-Loks), was in diesem Fall der Dampftraktion ungemein schadete, da die Gesellschaft als besonders dampffreundlich galt.

Die ‹Western Maryland› nahm 1947 ihre letzten 4–8–4-Eilgüterzugsmaschinen Nrn. 1401–1412, Class J 1, von Baldwin in Betrieb. Sie besassen folgende Hauptdaten: Kesseldruck 17,93 atü; Zylinder 2(673,1×812,8 mm); Triebrad-∅ 1752,6 mm; Rostfläche 9,9 m²; Heizfläche 462 m²; Überhitzer 201,7 m²; Maschinengewicht 229,5 t; Reibungsgewicht 131,5 t; Walschaert-Steuerung; Tender 2×3achsig (30 t Kohle + 83 270 l Wasser). – Ähnliche Maschinen besassen die ‹Wabash› (siehe 1930, S. 71/2, ‹Wabash›), doch betrug ihr Achsdruck nur 31 t. Die ‹WM›-Maschinen wiesen dagegen 33 t auf, also einen der höchsten in den USA (siehe Achsdruck der ‹Penn›-4–4–6–4-Maschine, 1942, S. 123).

1948

Die Alco (siehe 1901, S. 135 [I]) baute 1948 ihre letzten Dampfloks (siehe Abb. 239). Es waren 2–8–4-Eilgüterzugsmaschinen für die schweren Erzzüge der ‹New York Central› auf dem Netz der ‹P&LE›, also zwischen den Grossen Seen und Pittsburgh (Nrn. 9400–9406).

Die Hauptdaten waren: Kesseldruck 16,17 atü; Zylinder 2(660,4×812,8 mm); Triebrad-∅ 1600,2 mm; Rostfläche 8,4 m²; Heizfläche 398,2 m²; Überhitzer 175 m²; Zugkraft 29,2 t (andere Quellen 30,44 t); Maschinengewicht 193 t; Reibungsgewicht 127 t; Baker-Steuerung. Auch für die ⟨NYC⟩ waren es die letzten Dampfloks, die angeschafft wurden. Trotz der gewaltigen Anstrengungen beim Entwickeln leistungsfähiger Dampfloks für den schweren Schnellzugsverkehr und den Eilgüterverkehr der ⟨NYC⟩ unter der technischen Leitung ihres damaligen Obermaschinen-Ingenieurs P. W. Kiefer, konnte die Gesellschaft das Verdrängen der Dampfloks durch die dieselelektrische Lok seit 1948 nicht mehr verhindern. – Wie Abb. 239 zeigt, besass die Serie 9400 sog. 'overfire jets', auch 'firebox air jets' genannt, d.h. zur vollständigeren Verbrennung wurde Sauerstoff in die Feuerbüchse eingeblasen (Nebenwirkung: rauchlos!). Die Maschinen besassen auch keinen Dampfdom, wie dies seit etwa 1935 immer wieder bei Dampfloks mit grossem Kessel-∅ in den USA angewendet wurde. Die maximale Höhe konnte so besser ausgenützt werden. An dessen Stelle sorgte ein interner Dampfsammler für den wasserfreien Dampfnachschub, was sich durchaus bewährt haben soll. Ähnliche Ausnützung der maximalen Bauhöhe zeigen Loks der Abb. 191, 204 und 230. Die ⟨P&LE⟩-Maschinen besassen ausserdem eine Verkleidung der Rauchkammer, um nicht unnötige Wärmeverluste zu verursachen. Der lange Tender besass 2×3 Achsen und das Führerhaus war vollständig geschlossen (Typ Vestibule).

Die Lima baute 1948/49 ihre letzten Dampfloks. Es war eine Serie 2–8–4-Eilgütermaschinen (Clas S3) für die ⟨Nickel Plate⟩ (⟨New York, Chicago & St. Louis⟩), Serie 770–779. Die Hauptdaten waren: Kesseldruck 17,22 atü; Zylinder 2(635×864 mm); Baker-Steuerung mit Nadellager; Triebrad-∅ 1753 mm; Zugkraft 29,1 t; Heizfläche 443,4 m²; Überhitzer 179,5 m²; Maschinengewicht 199,9 t; Reibungsgewicht 120 t. – Die erste Serie mit Nrn. 700–714 wurde 1934 von Alco geliefert; die nächsten Serien, Class S1 und S2, Nrn. 715–779, wurden von Lima in den Jahren 1942–1944 geliefert. Mit Ausnahme der Heiz- und Überhitzerflächen waren die Hauptdaten gleich.

⟨Reading⟩ baute noch 1948 Pacific-Maschinen, Class G3, Serie 210–219. Die Hauptdaten der Loks waren: Kesseldruck 18,3 atü; Zylinder 2(635×711,2 mm); Triebrad-∅ 2032 mm; Rostfläche 8,8 m² (Wootten-Feuerbüchse); Heizfläche 276 m²; Überhitzer 71 m²; Zugkraft 21,9 t; Maschinengewicht 149,1 t; Reibungsgewicht 89 t; Tender 2×2achsig. Angetriebene Mittelachse mit Boxpok-Rädern, sonst Speichenräder, An-

trieb in Leichtbauweise mit Timkenrollenlagern, auch leichte Walschaert-Steuerung, hängende Kreuzköpfe. David P. Morgan sagt in seinem Buch 'Steam Finest Hour' über diese Maschinen: '… The G3's barely had their paint dry when diesels bumped them off proposed runs.' (Die Farbe war noch nicht trocken als die Diesels ihnen die vorgesehene Einsatzaufgabe raubten.).

⟨Chesapeake & Ohio⟩ bezog von Lima-Hamilton ihre letzte Serie 4–8–4-Schnellzugsmaschinen, Nrn. 610–614, Class J3A (Greenbrier). Sie entsprachen ungefähr den früheren Serien, waren jedoch äusserlich modernisiert (siehe 1935, S. 90, ⟨C&O⟩) und mit einigen Verbesserungen versehen. Sie wurden im schweren Gebirgsdienst eingesetzt. Die Hauptdaten dieser mit Booster ausgerüsteten Lok waren: Kesseldruck 17,93 atü; Zylinder 2(699×762 mm); Triebrad-∅ 1828,8 mm; Rostfläche 9,3 m²; Heizfläche 448 m²; Überhitzer 191,2 m²; Maschinengewicht 217,2 t; Reibungsgewicht 138 t; Zugkraft 29,6 t + 5,4 t (Booster); Tender 2×3achsig. Diese neue Serie erhielt Baker-Steuerung und Triebwerke in Leichtbauweise mit hochwertigen Werkstoffen. Die Luftnachkühler waren zwischen den beiden Kompressoren auf der vorderen Plattform plaziert. – Eine Foto von Bill Taub zeigt Nr. 610 mit dem «George Washington» auf dem Hampton Creek.

Die ⟨Chesapeake & Ohio⟩ beschaffte aber 1948 auch noch eine letzte Serie Hudson-Maschinen. Die ⟨C&O⟩ gehört zu jenen Gesellschaften, die länger als andere an der Dampftraktion festhielten (siehe 1949, S. 140, ⟨C&O⟩). Sie modernisierte nicht nur alte Maschinen (siehe 1946/47, S. 135, ⟨C&O⟩), sondern nahm auch noch fabrikneue Loks in Betrieb. Diese letzte Serie mit Nrn. 310–314 besass eine ebenfalls von Baldwin gelieferte Vorläuferserie aus den Jahren 1941/42 mit Nrn. 300–307. L.H. Westcott sagt von ihnen, dass sie die schwersten je gebauten Hudsons gewesen seien. Die Hauptdaten dieser starken Maschinen waren nur wenig verschieden, dagegen besassen die neuen 4–6–4-Maschinen Ventilsteuerung (poppet valve) und die alten Pacifics Baker-Steuerung; sie waren deshalb etwas leichter. Die Hauptdaten der zuletzt angeschafften Loks waren: Kesseldruck 17,93 atü (andere Gesellschaften besassen bereits Hudsons mit 18,6 und 21,1 atü); Zylinder 2(635×762 mm); Triebrad-∅ 1981,2 mm; Rostfläche 8,38 m²; Heizfläche 388,2 m²; Überhitzer 165,6 m² (alte

Tafel 9 >
2–8–8–2-Mallet Nr. 3607 (Serie 3600–3609, Alco 1927) der ⟨Rio Grande⟩ beim Kohlentanken in Minturn (Colo.) unterhalb des Tennessee-Passes (3121 m ü. M.) am 14.8.1954. Triebrad-∅ 1600,2 mm.

Serie 393,2, resp. 168,1 m²); Maschinengewicht 201 t; Reibungsgewicht 99,6 t; Zugkraft 22,6 t + 6,3 t (Booster).

Ende 1948 begannen die Erbauerfirmen GE/Alco Probefahrten mit einer Gasturbinenlok vom Typ Bo' Bo' Bo' Bo' mit Bunkerölfeuerung. Sie trug die Nr. 50 und den Namen «Big Blow». Die Einwellengasturbine arbeitete im offenen Kreislauf und ohne Wärmeaustausch. Der Axialkompressor war 15stufig; er beschickte 6 Brennkammern mit Luft, die mit 770 °C eine 2stufige Turbine betrieb, welche 4800 PS Nennleistung bei 6700 U./min, 12 °C Aussentemperatur und 460 m Meereshöhe aufwies. Nennleistung auf Meereshöhe 5400 PS. Die elektrische Seite bestand aus 4 Gleichstromtraktionsgeneratoren und 8 Tatzenlagermotoren (je 108 A, Anfahrzugkraft 68 t). Die Maschine tat versuchsweise Streckendienst bei der ‹Penn› und ‹Nickel Plate›; ab Juli 1949 kam sie zur ‹UP› und tat Dienst im schweren Güterzugsdienst auf den Rocky Mountains-Rampen. Nach 2jährigem Dienst wurde sie untersucht und anschliessend bestellte die ‹UP› 10 Einheiten (Nrn. 51–60), 1952 nochmals 15 Einheiten (Nrn. 61–75). Weitere Einzelheiten finden sich auf Seiten 69–72 des Buches "30 Jahre Gasturbinenlokomotive" von Wolfgang Stoffels, 1964.

Am 31.7.1948 standen bei der ‹Santa Fé› noch 1440 Dampfloks in Betrieb. Davon waren 1232 ölgefeuert und 208 kohlengefeuert. Ein Jahr später waren 60 Dampfloks durch 25 Dieselloks ersetzt.

Die 'Chicago RR Fair' fand 1948 statt. Sie stand nicht mehr unter dem Zeichen der Dampftraktion. Die ‹UP› hat aber ihre «Big Boy» Nr. 4024 hergerichtet und dort ausgestellt.

1949

1949 wurde mit dem Bau einer dampfturboelektrischen Lok, die für die ‹Norfolk & Western› bestimmt war, begonnen. 'Babcock & Wilcox' baute den HD-Wasserrohrkessel (42 atü); 'Westinghouse' die elektrische Ausrüstung (2 Generatoren mit 900 U./min); Baldwin-Lima-Hamilton die Turbine und das Fahrzeug. Erst 1954 kam die Maschine zur Ablieferung. Anfangs tat sie erfolgreich Dienst, doch zeigten sich bald Störungen im elektrischen Teil. Sie kam dann noch in den Schiebedienst über die Blue Ridge Mountains. Einige Daten dieser als «Jawn Henry» bezeichneten Maschine zeigen die Grösse des Versuches: Dienst- und Reibungsgewicht 370 t; Triebrad-∅ 1066 mm; Anfahrzugkraft 76,4 t; Dauerzugkraft bei 14,4 km/h 63,3 t; Höchstgeschwindigkeit 96 km/h; Leistung der 5stufigen Überdrucktturbine bei 8000 U./min 3460 kW, Traktionsmotoren 3300 kW. Weitere Einzelheiten siehe W. Stoffels, 1976, Seiten 193–199.

Baldwin baute 1949 die letzten Dampfloks für USA-Bahngesellschaften. Es waren 10 Mallet-2–6–6–2-Compound-Maschinen für die ‹Chesapeake & Ohio› (Class H6) der Serie 1300 (Nrn. 1300–1309). Die Hauptdaten waren: Kesseldruck ca. 15/16 atü; Zylinder 2(558,8×812,8 mm) und 2(889×812,8 mm). Die vorderen Zylinder konnten als Booster gefahren werden; Triebrad-∅ 1422,4 mm; Rostfläche 6,8 m²; Heizfläche 449,5 m²; Überhitzer 91 m²; Zugkraft normal 35,5 t; Maschinengewicht 197,2 t; Tender 2×2achsig. Diese kleinrädrigen Mallets sollen die letzten Dampfloks gewesen sein, die für Amerika gebaut worden sind. Ähnliche Maschinen (Nrn. 700–939 und 1275–1299, letztere waren ‹HV›-Loks) wurden schon 1910–1919 angeschafft. – Auch Lima (seit 1947 mit der 'General Machinery Corp. of Hamilton, Ohio', verschmolzen) lieferte ihren letzten Dampflokauftrag im Jahre 1949 ab (siehe 1948/49, S. 137). In der Folge (1950) verschmolzen die beiden Firmen zur 'Baldwin-Lima-Hamilton Corp.', die noch manche Dampflok für den Export bauen konnte. Haupttätigkeit war aber bald der Bau von Dieselloks, wobei die Fabrikation auf das Baldwin-Werk in Eddystone konzentriert wurde, denn ab September 1951 beendete das Lima-Werk den Lokbau (letzte Lok: eine CC-Dieselmaschine für die ‹Penn›).

‹Norfolk & Western› erhielt in den Jahren 1949–1952 für den Kohlentransport auf der Pocahontas, Radford und Shenandoah-Strecke (siehe SN41) die letzten Y6b-Mallet-Compound-Güterzugsloks, Serie Nrn. 2181–2200, Typ 2–8–8–2 mit 1447,8 mm Triebrad-∅, aus der eigenen Werkstätte geliefert (Vorläuferserien siehe 1918). Abb. 240 zeigt Lok Nr. 2181. Weitere Daten: Kesseldruck 19 atü, später 21,09 atü; Zylinder 2(635×812,8 mm) + 2(990,6×812,8 mm). – Erst 1950 musste die Gesellschaft Konzessionen an die Diesel-Elektrik in Form einiger Rangierloks machen, doch noch 1953 lieferte das eigene Werk 0–8–0-Dampfrangierloks mit den Nrn. 201–244. Im Juni 1950 hob die Gesellschaft ihren elektrischen Betrieb in der Gegend von Bluefield (ca. 340 km Länge mit dem Elkhorn-Tunnel) mit den 12 E-Loks vom Typ 2–8–2+2–8–2 kurzerhand auf und besorgte diesen Verkehr wieder im Dampfbetrieb. Ein tieferliegender neuer Elkhorn-Tunnel wurde in diesem Zusammenhang gebaut. Die Einstellung des elektrischen Betriebes war eine Demonstration zu Gunsten des Dampfbetriebes. Grund dazu waren die grossen Kohlenminen der ‹N&W›. Es hatte sich herumgesprochen, dass 2 elektrische Loks (2–4–4–2) die doppelte Geschwindigkeit auf der Elkhorn-Steigung (20‰) mit einem Zug von 3250 t erreichten, wie vorher 3 Mallet-Loks. Das war dem Kohlenabsatz offenbar sehr schädlich. – Die ‹N&W› war auch in einem anderen Sinne eine interessante Gesellschaft unter den amerikanischen Eisenbahnen. Sie konnte jahrelang sozusagen innerhalb des Netzes der ‹Virginian› (viele Parallellinien) gesund und finanzkräftig bleiben. Mit dem allgemeinen Bedeutungsschwund der Kohle wurde dies jedoch anders, obwohl die Gesellschaft bis 1953 stark automatisierte Rangiermaschinen (0–8–0) baute. – 1955 musste die Direktion der ‹N&W› nachgeben und Stück für Stück ihrer Hauptstrecken verdieseln. Die Einsparungen waren beachtlich. – Die ‹N&W› hat später die Möglichkeit erhalten, mit der ‹NKP› und der ‹Virginian & Wabash› zweckmässig zusammenzuarbeiten.

Am 31.7.1949 wurde die nur den Güterverkehr pflegenden ‹Atlantic & Danville› aus dem 50jährigen Leasing-Vertrag mit der ‹Southern› (1.9.1899) entlassen. Sie betreibt die 205 Meilen lange Strecke Norfolk–Emporia–Danville, eine Konkurrenzlinie zur Strecke Norfolk–Victoria–Roanoke der ‹Virginian›. – Die ‹SR› besitzt die Strecke West Point–Richmond–Danville und Durchfahrrechte Norfolk Richtung Südwesten nach Goldsboro und Raleigh (N.C.), so dass sie die ‹A&D›-Strecke nicht mehr benötigte. – Diese Rückkehr in die volle Selbständigkeit ist einer der seltenen Fälle in den USA.

Die ‹New York, Chicago & St. Louis RR Comp.› (‹Nickel Plate›) vergrösserte am 1.12.1949 ihr Netz von 1662 auf 2192 Meilen durch die Übernahme der ‹Wheeling & Lake Erie› (acquired by lease). Über die Besitzverhältnisse der immer wieder von anderen begehrten ‹NKP› siehe Band 1, Seite 108 und 1923, S.33, ‹Nickel Plate›. Die Verbindung dieser beiden Gesellschaften war insofern angebracht, als beide den schweren Güterverkehr betrieben und sich in jeder Beziehung ergänzten. Die ‹W&LE› war zur Hauptsache eine Kohlenbahn im Nordosten des Staates Ohio, mit alten 2–6–6–2-Mallets und modernen Berkshire-Maschinen mit ähnlichen Daten (siehe 1937, S.99, ‹W&LE›). Zusammen waren 112 dieser 2–8–4-Loks im Einsatz (80 ‹NKP›- und 32 ‹W&LE›-Einheiten). Der Personenverkehr wurde dagegen mit Pacifics und später vollständig mit dieselelektrischen Maschinen betreut (1950). Es sollen aber auch 10 Mountains (ehemals ‹N&W›) im Besitz der Gesellschaft gewesen sein.

Im September 1949 begann die ‹Chicago, Burlington & Quincy› mit der Verbesserung ihres Streckennetzes (siehe Band 1, Seite 135). Zuerst wurde die Linie zwischen St. Louis und Kansas City um 65 Meilen verkürzt, indem die Gesellschaft Fahrrechte bei der ‹GM&O› erwarb (Brookfield–Kansas City). Später wurde die Strecke Chicago–Kansas City von 489,9 auf 467,5 Meilen verkürzt; es wurden Kurven eliminiert und man erhielt Fahrrechte auf 16 Meilen bei der ‹Wabash› östlich von Kansas City (Birmingham). SN9 zeigt das Netz der ‹Burlington› um 1950; SN55 jenes der ‹Wabash›.

Zur Unterstreichung der Bedeutung der Mallet-Lok für die Bewältigung langer Strecken mit starkem Güterverkehr sei ein vielfach unbekanntes Beispiel aus Russland angeführt. Die russische Lokfabrik Lugansk baute im Jahre 1935 eine Güterzugslok vom Einrahmentyp mit Achsbild 4–14–4 in Breitspur. Sie sollte eine Weiterentwicklung der 4–12–2-Güterzugsmaschine der ‹UP› sein (siehe 1926, S.46, ‹UP›). Die Hauptdaten der 4–14–4 waren: Kesseldruck 17 atü; Zylinder 2(735×812 mm); Triebrad-⌀ 1550 mm; Rostfläche 12 m²; Heizfläche 448 m²; Überhitzer 172 m²; Maschinengewicht 206 t; Reibungsgewicht 138,9 t; Zugkraft 39,18 t. Die Erprobung der Maschine auf der Strecke Don-Becken–Moskau im schweren Kohlentransport brachte Ergebnisse, die einen Serienbau nicht ratsam erscheinen liessen. Die Russen mussten einsehen, dass für derartige Aufgaben immer noch die Mallet-Lok das geeignetste Traktionsmittel war. Sie bauten darum in den Jahren 1949/50 und 1954 nach vorgängiger Inbetriebnahme von Fünf- und Sechskupplern einige Mallets vom Typ 2–6–6–4 und 2–8–8–4. Sie waren damit – zwar etwas spät – zu gleichen Vorstellungen über Hochleistungsgüterzugsmaschinen gelangt wie die Amerikaner. Doch erreichten ihre Maschinen nicht die Leistungen amerikanischer Mallets, nicht zuletzt auch deshalb, weil die russische Kohle einen wesentlich kleineren Heizwert als die amerikanische hat und der Achsdruck wegen des wenig belastbaren Untergrundes nicht zu hoch gewählt werden konnte.

1950

Symptomatisch für die letzten Jahre der Dampflok in den USA ist der oft anzutreffende Satz in den Geschäftsberichten: während des Jahres (1950) wurden die letzten Dampfloks ausrangiert ('retired'). Alfred W. Bruce schreibt darum in seinem Buch 'The Steam Locomotive in America': 'The Year 1950 will probably go down as one of the great landmarks in railroad history, …, it marked the end of steam Locomotive as commercially built for main-line service in the USA and the shifting of railroad motive power to other forms.' An dieser Tatsache änderte auch die noch in der

November-Nr. 1949 von Glasers Annalen erschienenen Notiz "Die Dampflokomotive ist in Amerika nicht zu entbehren" nichts, denn auch der angeführte Nachteil der dieselelektrischen Lok konnte bald behoben werden. Es heisst dort:

"Diesel-elektrische Lokomotiven sind bei Beförderung schwerer Züge über lang anhaltende Steigungen der Dampflokomotive unterlegen. Sobald die Geschwindigkeit des Zuges unter die der Lokomotive zugeordnete Dauergeschwindigkeit fällt, nimmt die Erwärmung der elektrischen Ausrüstung derart zu, dass die Gefahr schwerer Beschädigungen entsteht. Auf der Station Victorville im Los Angeles-Abschnitt der "Atchison, Topeka & Santa Fé-Bahn", halbwegs zwischen Barstow und San Bernardino, müssen deshalb am Anfang der rund 30 km langen Steigung über den Cajon-Pass die mit Diesel-Lokomotiven bespannten Güterzüge Dampflokomotiv-Vorspann erhalten, wenn das Zuggewicht 2000 t überschreitet. Dieses ist regelmässig der Fall, da das Gewicht der Züge immer um 3000 t liegt. Die Strecke wird von der "Santa Fé" gemeinsam mit der "Union Pacific" betrieben. Während nun die vierteilige 6000-PS-Diesel-elektrische Lokomotive nur 2000 t über die 16‰ Steigung befördern kann nehmen die neuzeitlichen 2C+C2-Gelenk-Lokomotiven, siehe 4–6–6–4-Mallets der ‹UP›, 1936, S. 92 (Hinweis des Autors), Serie 3800, der "Union Pacific Rrd." 3000 t über diesen Abschnitt ohne Nachschublokomotive."

Interessant in diesem Zusammenhang sind die Feststellungen, die eine OEEC-Kommission in den USA 1951 gemacht hat. Es heisst dort in ihrem Bericht:

"Die Betriebssicherheit der Dieselmotoren und der elektrischen Kraftübertragung hat heute einen so hohen Stand erreicht, dass sie ohne Unterbrechung über längere Betriebszeiträume eingesetzt werden können. Infolge der speziellen Eignung der Diesellok für Langläufe ergeben sich grosse Vorteile. Reinigen des Feuers und häufiges Wassernehmen ist bei der diesel-elektrischen Lok nicht erforderlich. Die Lokomotiven haben Betriebsstoffbehälter mit grossem Fassungsvermögen. Das Tanken von flüssigen Betriebsstoffen ist ein einfacher und schneller Vorgang. Aus all diesen Gründen betragen die ohne Lokwechsel durchfahrenen Strecken für Dieselloks bis zu 3200 km und mehr, wobei die Diesellok hohe tägliche Laufleistungen erzielen. Hierdurch ist eine grössere Zahl von Dampfloks frei geworden. Die Möglichkeit, Diesellok beinahe dauernd in Betrieb zu halten, ist von grosser Wichtigkeit, und der Gruppe sind Angaben von ungewöhnlich hohen Laufleistungen, die mit Diesellok erzielt wurden, gemacht worden. Einige Güterzugloks hatten eine Laufleistung von 256000 km und Reisezugloks von 480000 km im Jahr. Wieweit die Diesellok den Dampfloks in dieser Beziehung überlegen sind, beweisen folgende dem ICC-Bericht entnommene Zahlen:

1948	Jährliche Laufleistung	
	günstige Fälle	Durchschnitt
Diesel		
Güterzugdienst	166400	142267
Reisezugdienst	368000	284985
Dampf		
Güterzugdienst	83200	50130
Reisezugdienst	126000	91848

Dass Langläufe von 4800 und 8000 km möglich sind, ohne dass Lokwechsel vorgenommen werden muss, ist ein grosser Vorteil und geht über das hinaus, was vom Dampf geleistet werden kann. Auf Grund der grösseren Zugkraft der Diesellok, konnten in vielen Fällen schwerere Züge gefahren werden. Es wurde also gleiche Transportleistung mit weniger Zugeinheiten erreicht."

Es sei noch erwähnt, dass am 27.3.1960 die ‹Grand Trunk Western› den letzten Schnellzug der USA mit Dampf beförderte. Er soll von Detroit aus gestartet sein. Damit war das Dampfzeitalter in den USA im grossen Streckendienst beendet. Seine Epoche war lang und die Dampflok hat wie keine andere Traktionsart dem Schienenverkehr so lang und so gut gedient. Im schweren Güterzugsdienst und Eilgüterverkehr war die Mallet'sche Idee in den USA besonders fruchtbar, weshalb man die Gross-Mallet-Maschine als eigentliche "amerikanische Superlok" bezeichnen kann. Das Prinzip dieser Maschinen stammt aber aus der Schweiz, von dem Genfer Ingenieur, der visionär 1893 den amerikanischen Ingenieuren dessen Entwicklungsmöglichkeiten im damals möglich erscheinenden Rahmen darlegte. Mit besonders leistungsfähigen Mallets fuhr die ‹Norfolk & Western› zwar noch lange ihre Kohlenzüge, doch fanden keine Neuablieferungen mehr statt (siehe auch 1949, S. 140, ‹N&W›).

Das Jahr 1950 war auch noch im Zusammenhang mit dem Projekt der Panamerikanischen Eisenbahn (siehe Band 1, Seite 118) von Bedeutung. Der Traum, eine zusammenhängende und leistungsfähige Bahnlinie New York–Mexico–Panama–Antioquia–Quito–Guzco–La Paz zu erstellen, war endgültig ausgeträumt.

Die hiezu gegründete Organisation wurde nämlich in diesem Jahr aufgelöst. Die Amerikaner setzten ihre Hoffnungen definitiv auf den Flugverkehr, der seit dem Zweiten Weltkrieg grosse Ausmasse annahmen. Für mittelschwere und schwere Güter ist ja die Schiffahrt nicht zu ersetzen. Mehr Einzelheiten bietet der Aufsatz "Panamerikanische Eisenbahn" von Röpnack in VDI-Zs 29.12.1928, Seite 1925.

Vom 25.9. – 4.10.1950 fand in Rom der 15. Internationale Eisenbahn-Kongress mit etwa 500 Delegierten aus aller Welt statt. Als wesentlicher Punkt wurden die Vorteile der weltweit eingesetzten Diesel-Maschinen behandelt. Man stellte fest, dass sich die Dampftraktion in den USA definitiv auf dem Aussterbeetat befinde, wobei die Streiks der amerikanischen Kohlenbergwerkarbeiter und das vorteilhafte Angebot des einheimischen Erdöls als Hauptgründe aufgeführt wurden. Es wurde aber betont, dass in Europa die Dampflok noch lange nicht ausgedient habe. Über die letzten Dampfeinsätze in Frankreich während der Jahre 1969–1974 berichtet z.B. H. Bosshard in seinem Werk "Frankreichs letzte Dampflokomotiven" (OF 1976). Auch die «Deutsche Bundesbahn» "rühmte" sich jeweils in ihren Geschäftsberichten, dass die Dampftraktion kräftig im Rückgang sei, so z.B. wurde im Jahre 1968 ausgesagt, dass nur noch 10% der gesamten Triebfahrzeugleistung von Dampfloks erbracht wurde (1966 waren es noch 20%). Auch Frankreich, ebenfalls ein Kohleland, reduzierte die Dampftraktion wesentlich. Weltweite Überraschung löste aber damals der russische Beschluss aus, ab 1957 keine Dampfloks mehr zu beschaffen. Dabei sei daran erinnert, dass Russland seit den dreissiger Jahren ein völliges Abschwenken von der kontinental-europäischen zur amerikanischen Baupraxis bei den Dampfloks vornahm. Die Russen haben also wie die Amerikaner die Dampftraktion auch aufgegeben, zwar etwas später, doch auch generell und nicht nur auf einigen Strecken. Hier ist jedoch dieser Schritt eher verständlich, da die russische Kohle längst nicht für den Eisenbahnbetrieb so geeignet war wie z.B. in den USA oder in Frankreich.

Tafel 10 >
4–8–8–2-Cabahead-Mallet Nr. 4100 (Serie 4100–4109, Baldwin 1928) mit einem Kühlwagenzug von 84 Wagen auf der Ostseite der Sierra Nevada in Californien (Strecke Roseville–Sparks mit Steigungen bis 25‰).

Rückblick und Ausblick

David P. Morgan, Herausgeber des amerikanischen 'Trains Magazin' formulierte in seinem Werk 'Steam's finest Hour' zur Entwicklung der Dampflokomotive folgende 3 markante Stufen im Lokbau: "1910 galt als "moderne Kraft" die 2–8–0-Lok (siehe Band 1, Seite 159), 1920 die 2–8–2 (siehe Band 1, Seite 175), 1930 die 4–8–4 (siehe 1930, ‹Timken-Maschine›)."

‹Norfolk & Western›, die "dampfbewussteste" Bahngesellschaft der USA, erklärte, was man unter einer "modernen Lokomotive" zu verstehen habe: ‹Eine Lok mit einem Hochleistungsdampfkessel, ausgerüstet mit Wälzlagern bei allen Maschinen- und Tenderrädern, einem einheitlichen Stahlgussrahmen, ausgewuchteten Antrieben (counterbalancing) und vollständiger mechanischen Druckschmierung.› Das Beispiel einer solchen stand bei der ‹N&W› im Dienst (siehe 1941, S.118, ‹N&W›).

1947 schrieb Stewart H. Holbrook in seiner 'Story of American RR': '... it appears now that the steam locomotive itself is on the way out, and so into limbo with the Concord coach and the Erie canal.'

Trotzdem sind sich alle Autoren darüber einig, dass das Dampfzeitalter in den USA eine glorreiche und notwendige Epoche war, die oft von Dichtern besungen und Journalisten populär gemacht wurde. Die beiden Dampflok-Verherrlicher Lucius Beebe und Charles Clegg haben nicht umsonst eines ihrer Bücher mit dem Titel: 'Hear the train blow' versehen. Der Ausspruch entstammt folgendem Lied:

'Down in the meadow	"Talwärts in die Wiesen
Meadow so low	Wiesen so schön im Grund
Late in the evening	Spät noch am Abend
Hear the train blow.'	Hör doch den nahenden
	Zug pfeifen."

Neben der eher technisch-romantischen Seite der amerikanischen Dampflokzeit gibt es noch eine umfassendere Betrachtungsweise im Auf-und-Ab dieser Epoche. Hier kann man bei kritischer Würdigung sagen, dass trotz heroischer Leistungen auch grosse Fehler begangen wurden, nämlich meist nicht nur durch rigoro-ses Gewinnstreben, sondern ebenso sehr durch kurzsichtige Planung. So plante man anfänglich nur nach regionalen Interessen und entschied sich für die billige Lösung der Trassierungen. Die Steigerung der Geschwindigkeit und das Anlegen umwegloser Langstrecken wurde mit wenigen Ausnahmen lange vernachlässigt. Ging man dann an die Meisterung derartiger Aufgaben, so war es meist ein gnadenloser Kampf Bahn gegen Bahn. Da die Bahn aber damals allen übrigen Verkehrsmitteln – soweit solche überhaupt schon ernsthaft auftraten – stark überlegen war, hatte dies erst ernste Folgen, als andere Fortbewegungsmittel wie Auto und Flugzeug mit bahnähnlichen Leistungen im Massenverkehr aufkamen. Einige Bahnen versuchten sich dann den Flugverkehr zu Nutze zu machen. Die ‹Texas & Pacific RW.› z.B. arbeitete zeitweise – wenn auch mit wenig Erfolg – mit der 'Standard Air Lines' zusammen, die ihre Fokker-Maschinen zwischen El Paso und Los Angeles einsetzten, um den «Sunshine Special» besonders für eilige Reisende attraktiv zu machen. Auch andere Gesellschaften wollten auf diese Weise der "Konkurrenz" des Flugzeugs begegnen, wobei Namen wie Lindbergh eingespannt wurden (siehe 1929, S.65, ‹Pennsylvania› und S.65, ‹Santa Fé›). Möglicherweise hat man aber damit den Flugverkehr propagiert oder ihn für gewisse Kreise erst salonfähig gemacht.

Gewisse Korrekturen, die wegen der "Sünden der Väter" notwendig wurden, waren meist so kostspielig, dass wiederum der Staat, d.h. die Öffentlichkeit kräftig in die Tasche greifen musste, um die notwendigen Modernisierungen bezahlen zu können. Die Bahnen waren nämlich in beinahe all diesen Fällen in einer Vorzugs-Situation. Wenn keine privaten Geldgeber mehr einspringen wollten, übernahm der Steuerzahler via Staat die Aufgaben finanzieller Art stets grosszügig. Ob heute in den USA diese Freude am meist konkursreifen Schienenverkehr immer noch so sehr in Volk und Behörde verankert ist, kann bezweifelt werden. Der Staat gibt sich zwar nach wie vor viel Mühe. So gründete er im Frühjahr 1971 die Betriebsgesellschaft 'National

Railroad Passenger Corporation' auch 'Amtrack' ('American Transportation on Track') genannt. Die AMTRACK betreibt seither den Fernverkehr für Personen auf den Strecken der grössten Privatbahnen (insgesamt 24 000 Meilen mit wöchentlich 1500 Zügen). Den Ausschlag hierzu dürfte wohl die allgemeine Konkurswelle bei den Bahnen und besonders der Konkurs des amerikanischen Transportgiganten ‹Penn-Central› gegeben haben, der nicht gewillt war, Vermögenssubstanz anderer Sparten zur Förderung des defizitären Personenverkehrs anzugreifen. Ausser der ‹Penn-Central› sind noch im Konkurs ‹Erie-Lackawanna›, ‹Reading›, ‹Boston & Maine› usw. Aber auch die AMTRACK ist bisher defizitär geblieben, so dass der Staat den Personenverkehr zwischen den 440 amerikanischen Städten, die ins Liniensystem der Amtrack einbezogen sind, massiv unterstützen muss (durchschnittlich 150 Mio $ pro Jahr). Nur eine empfindliche Erdölknappheit mit Preisverschiebungen nach oben dürfte diese Verhältnisse ändern. Dabei müsste sogar der Diesel-Betrieb teilweise wieder in einen modernen Dampfbetrieb umgewandelt werden, denn die USA besitzen nach wie vor attraktive Kohlenvorkommen in zahlreichen Landesteilen, oft sogar entlang der Hauptlinien. Daneben sind aber auch einige Elektrifizierungen geplant. Ob diese kostspieligen Änderungen ohne eigentliche Übernahme durch den Staat, also nicht nur über die "verkappte" Form der Verstaatlichung möglich ist, wird je länger je mehr bezweifelt. Die neue staatlich subventionierte Auffanggesellschaft erhielt den Namen «Consolidated Rail Corp.» («Conrail»). Sie soll 7 Konkursfirmen übernehmen, hat aber noch sonstige Schwierigkeiten (inzwischen wurden zahlreiche Konkursfirmen übernommen).

Korrekturen wurden aber nicht nur durch Fusionen, sondern gelegentlich auch so vorgenommen, dass eine Gesellschaft den Betrieb einstellte, z. B. die ‹New York, Ontario & Western› (siehe SN 40), die zuletzt zur ‹NYNH&H› gehörte, welche aber selbst finanzielle Schwierigkeiten hatte. Von der ‹Chicago, North Shore & Milwaukee RR› wurde ähnliches gemeldet.

Das Problem des elektrischen Betriebes in den USA bildet immer wieder Gesprächsstoff. 1969 entstand z. B. ein Projekt bei der ‹UP›, stark belastete Strecken in Wyoming und Nebraska zu elektrifizieren. Man fährt dort Güterzüge mit 8 Dieselmaschinen, die elektrisch nur noch 2 Loks benötigen würden. Die Strecken Boston–New York und New York–Washington sind, bereits seit Jahren zur Hauptsache elektrifiziert. Leider sind die Einrichtungen teilweise veraltet. Eine weitgehende Elektrifizierung amerikanischer Bahnen war und ist aber als genereller Ersatz für die Dampftraktion kaum in Betracht zu ziehen, wie folgendes Zitat aus einem OEEC (TAR 14 (51) 1)-Bericht zeigt: "Die Entwicklung der Elektrifizierung in den USA war 1937 wegen der Beschaffungskosten und wegen der Finanzierung durch die amerikanische Wirtschaft fast zum Stillstand gekommen. Die besondere, äussere Form der amerikanischen Verwaltungen war ebenfalls für die Elektrifizierung hinderlich."

Aber auch die Weitläufigkeit des Streckennetzes der meisten Bahngesellschaften (die ‹SP› und die ‹SCL› sind typische Beispiele) verhinderte eine generelle Elektrifizierung der Netze. Im Falle der ‹Rio Grande› würden die klimatischen Verhältnisse für derartige Projekte eine beachtliche Erschwerung bedeuten. Z. B. werden in der Schweiz bei elektrischen Bahnlinien im Hochgebirge während des Winters jeweils die Fahrleitungen abgebrochen und im Frühjahr wieder aufgebaut. Bei den amerikanischen Bahnen sind nicht nur die Strecken wesentlich länger, sondern auch die Passübergänge höher gelegen.

Ein weiteres Problem in den USA ist die Zersiedelung, die ausserhalb der dichtbesiedelten Gebiete den Bahngesellschaften nicht einmal die Selbstkosten einbringen würden. In Spezialfällen wurde zwar trotzdem elektrifiziert, so z. B. bei einer kurzen Kohlenbahn für die regelmässige Kraftwerkversorgung im Südosten von Ohio (als Stromart wurde 25 kV/60 Hz gewählt, Erstellung 1968/69).

Wenn hier keine systematisch erarbeiteten Lösungen zur Verbesserung der Situation des amerikanischen Schienenverkehrs vorgebracht werden, dann besonders deshalb, weil ja Europas Bahnen finanziell oft nicht besser dastehen und man europäische Beispiele sowieso nur mit äusserster Vorsicht auf amerikanische Verhältnisse übertragen darf. Trotzdem haben weite Kreise in den USA eingesehen, dass im Personenverkehr grosse Anstrengungen geleistet werden müssen, um in Energie-, Strassen-, Schienen- und Luftverkehr rationeller, d. h. mit voller Ausnützung der Vorteile des Schienenverkehrs zweckmässigere Lösungen zu finden. Es geht dabei vorerst nicht um supermoderne Projekte mit Phantasiegeschwindigkeiten, sondern um die zweckmässige Modernisierung des normalen Schienenverkehrs unter 200 km/h Maximalgeschwindigkeit. Dazu gehören die Schlafwagenzüge und die Autozüge für Personen- und Lastkraftwagen.

Es fehlt nicht an Vorschlägen, doch sind sie oft sehr utopisch. Ein Beispiel aus dem Jahre 1966 sei hier erwähnt. Man wollte einen "Rollway" von 510 km Länge zwischen Chicago und St. Louis auf einer Schienenbahn mit 5,2 m Spurweite errichten, um die Automobilisten samt Autos mit hoher Geschwindigkeit zu befördern. Antrieb Turbojets. Dieses Projekt hätte von Anfang an die Automobilindustrie nicht verärgert, da die Absatzstrategie nicht tangiert wurde. Die Bahnfachleute vertreten aber die Ansicht, dass man den Normalspurschnellverkehr aus mehreren Gründen (Sicherheit, Gleiszustand, Geschwindigkeitsunterschiede etc.) vom Güterzugsverkehr trennen sollte, weil sonst die Möglichkeiten der Schnelltriebzüge und Lokschnellzüge nie ausgenützt werden könnten. Achsdrücke zwischen 25 und 32 t sind eben gleiszerstörend.

Interessante Verbesserungen der Linienführung würden eine wesentliche Modernisierung des Bahnbetriebes bringen, aber anfänglich hohe Investitionen erfordern. Ein weiteres Projekt aus dem Jahre 1966 hätte der ‹Pennsylvania›-Strecke durch die Appalachen einen Basistunnel bringen sollen. Damit hätte die berühmte Energie und Zeit fordernde Horseshoe-Kurve bei Altoona (siehe Band 1, Abb. 76) eingespart werden können. Als Betriebsart war die elektrische Traktion vorgesehen. Damit wäre die wichtige Strecke Philadelphia–Pittsburgh als notwendige Ergänzung der Strecke Boston–Washington schneller befahrbar und umweltfreundlicher gestaltet worden.

Zur Situation der Eisenbahn in den USA nach 1950 sollen hier noch einige kurze Hinweise auf die wichtigsten Geschehen gegeben werden. Diese zeigen zwar einen Hoffnungsschimmer trotz vieler negativer Beurteilungen. Das 'Come back' der Schienentraktion entwickelt sich aber nicht nach rein logischen Notwendigkeiten, doch dürften für Kenner der amerikanischen Verkehrssituation die vielen Umwege zwar sinnlos jedoch aus kommerziellen Gründen beinahe verständlich erscheinen.

1958 bis 1966: Der Zusammenschluss der Bahnriesen ‹New York Central› (17300 km-Netz) und ‹Pennsylvania› (17200 km-Netz) wurde 1958 vorbereitet. Die zahlreichen Einsprachen benachbarter Bahngesellschaften hat diese Fusionierung lange Zeit verhindert. Der Oberste Gerichtshof musste sich damit befassen. Die Aufsichtsbehörde in Washington hat dann 1966 die Fusion bewilligt. Die neue Firma führt seither den Namen: ‹Pennsylvania & New York Central Transportation Co.› (abgekürzt ‹Penn-Central›). Die Aufnahme der Tätigkeit erfolgte 1.6.1966. Die ebenfalls defizitäre ‹New York, New Haven & Hartford› sollte ebenfalls der ‹Penn-Central› einverleibt werden.

1966 bis 1969: Das Schnellbahnprojekt Boston–Washington zeigte 1966 Zeichen einer ernsthaften Verwirklichung. Im Oktober 1967 wurden von Budd 50

Elektrotriebwagen abgeliefert. Vorerst war geplant, mit 177 km/h zu fahren; ab 1970 wollte man auf 240 km/h gehen. Es sollen auch Gasturbinentriebwagen zum Einsatz gelangen. Der Ausbau der Strecke sollte trotz Einsatz von Leichtfahrzeugen vorgenommen werden, d.h. verschweisste Langschienen, stärkere Kurvenüberhöhung. Die Inbetriebnahme der Metroliner-Züge fand verspätet am 16.1.1969 statt. Am 8.4.1969 begannen auf der Strecke Boston–New York auch Gasturbinenzüge zu fahren. Die Fluggesellschaften gaben aber nicht auf, denn sie schlugen einen Einsatz von Kurzstartflugzeugen zwischen Boston–New York–Washington vor. Schon anfangs 1972 stand fest, dass dieser Flugbetrieb bedeutend teurer arbeitete als die Bahn. Die Lärmentwicklung war ebenfalls wesentlich grösser. Dieses "Störmanöver" beweist, dass die Verzögerungen bei der Modernisierung des Bahnbetriebs nicht nur technischer Art waren. Einer der Gründe für die Unlust auf Seite der Bahnen war die Klausel der Rückzahlung der staatlichen Investitionen im Falle von Gewinnen.

Über den am 17.10.1960 erfolgten Zusammenschluss der ‹Erie RR› mit der ‹Delaware, Lackawanna & Western RR Co.› siehe Band 1, Seite 32. Die neue Gesellschaft bedient mit ihren Strecken dicht besiedelte Industriegebiete des Nordostens.

Die Amtrack hatte begreiflicherweise mit grossen Anfangschwierigkeiten zu kämpfen und erbrachte eigentlich nur Betriebsverluste. Trotzdem lässt sich sagen, dass in den letzten Jahren einige wesentliche Verbesserungen und Ausweitungen des Betriebes möglich waren; nicht nur auf der Strecke Boston–New York–Washington. Leider sind die alten Bahngesellschaften – zum Glück nicht in allen Fällen – nicht aus den roten Zahlen zu bringen, so dass der Staat jedes Jahr mit grossen Zuschüssen die Defizite zu decken hat. Auch finden immer wieder Korruptionen statt, wenn z.B. interessierte Kreise des Privatautos elektrisch betriebene, städtische Verkehrsnetze aufkaufen und dafür sorgen, dass der Betrieb verschlechtert wird. Die Amtrack, resp. die Conrail kann nach wie vor in mancher Beziehung in ihrem Betrieb beeinträchtigt werden. So können z.B. durch bevorzugte Behandlung des Güterverkehrs die Conrail-Schnellzüge in ihrem Fahrplan stark gestört werden. Man schaffte auch künstliche Materialengpässe, wenn der Oberbau wichtiger Streckenabschnitte hätte ausgewechselt werden müssen. Es zeigte sich auch, dass neue dieselelektrische Loks mit Dreiachs-Drehgestellen sehr entgleisungsfreudig sind. Man musste sie, kaum in Betrieb genommen umbauen, d.h. sie mit entgleisungssicheren Zweiachsdrehgestellen ausrüsten. All das kostet Geld und Zeit und die Kosten der technischen Sanierung verschiedener Bahngesellschaften verschlingen nach wie vor Milliardenbeträge.

Von Europa aus gesehen kann man diese Zustände bei den amerikanischen Bahnen überhaupt nicht begreifen. Ein Land mit soviel fähigen Fachleuten und Managern sollte doch sicher einen gangbaren Weg zur Sanierung dieser geschilderten Missstände finden können. Es ist zu hoffen, dass man sich jenseits des Atlantiks endlich seiner Verantwortung gegenüber der Vergangenheit und Gegenwart bewusst wird und das Bahnwesen in ehrlicher Absicht besseren Zeiten zuführt.

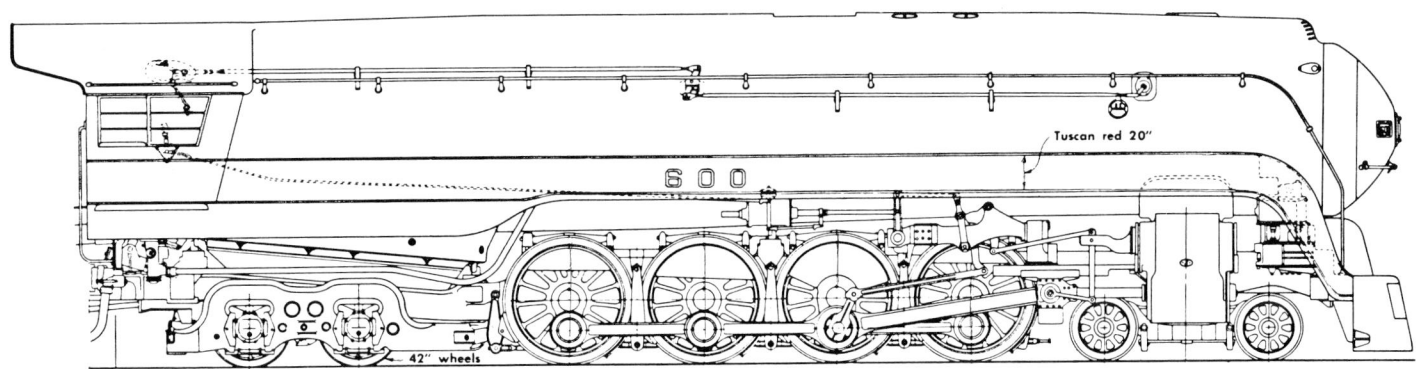

Gesamtaufbau und Achsbilder
der Dampflokomotiven

Man unterscheidet an einer Dampflok folgende wesentliche Teile:

Rahmen (Frame): Der Lokrahmen sorgt für den Zusammenhalt der mechanischen und thermodynamischen Lokteile. Am Lokrahmen sind darum alle wesentlichen Teile einer Dampflok befestigt, resp. angebaut. In den USA besonders beliebt war der sog. Barrenrahmen, der aus massiven Stahleinheiten geschmiedet, vernietet oder verschweisst, oder sehr oft aus verschraubten Stahlgussstücken – später in einem Stück gegossen – Verwendung fand. Im Gegensatz dazu war der Blechrahmen aus gewalzten Stahlblechen durch Brennschneiden und Schweissen hergestellt. Man unterscheidet je nach Lage des Rahmens zum Räderwerk zwischen Innenrahmen und Aussenrahmen (selten angewendet, siehe Abb. 6(I), 13(I), 28(I), 72(I)). In der Anfangszeit des amerikanischen Lokbaues wurden gelegentlich Innen- und Aussenrahmen kombiniert angewendet. Die Form des Lokrahmens ist hauptsächlich durch die Antriebsanlage und das Räderwerk bestimmt, wobei das gewählte Achsbild und der Triebrad-⌀ über Länge und Ausbildung entscheidet. Besonders markant treten am Rahmen hervor: Achslagerungen, Zylinder- und Steuergehäuse, Kesselsattel (Fixpunkt vorne) und Gleitplatten (hinten) für den sich ausdehnenden, hochgeheizten Kessel, Federaufhängung- und Achsdruckausgleichaugen, Querbalken für die Steuerungsbefestigung, Bremsluftbehälter sowie Zapfen für die Laufachsgestelle.

Antriebsanlage (Running Gear): Hiezu zählen die Achsen, Räder und deren Lagerungen, Kuppelstangen, Kreuzköpfe und Schubstangen, Zylinder, Kolben und Steuerungen. Interessante Einzelheiten und Übersichtsbilder bringt der Abschnitt «Triebwerke amerikanischer Dampfloks» auf Seiten 11–23 dieses Bandes.

Kessel (Boiler, Steam generating): Der Kessel besteht aus 3 Hauptteilen, nämlich dem *Langkessel* (Mitte) mit den Siederohren, Rauchrohren mit den Überhitzerschlangen und dem *Stehkessel* (hinten) mit der Feuerkiste, meist Feuerbüchse genannt sowie der *Rauchkammer* mit Überhitzerkasten, Blasrohr, Funkensieb, Kamin etc. Im Laufe der Jahrzehnte haben sich der Lokkessel und seine Teile aus relativ einfachen Einrichtungen zu komplizierten und vor allem recht betriebssicheren Einrichtungen entwickelt. Schon die ortsfesten Dampfkessel sind ja keine «harmlosen» Anlagen, noch viel mehr aber sind es die Lokkessel, von denen man ausserordentliche Leistungen verlangt. Extrem hart war besonders die Materialbeanspruchung. Hitze, Druck und Erschütterungen bei jedem Wetter wirkten auf alle Stellen der Konstruktion. Besonders in den USA sind die Feuerungen höher beansprucht worden, als in Europa. Man ging ja auf grössere Maschinenleistungen. Die Rostflächen wurden stark vergrössert, bei Güterzugsmaschinen als auch bei Schnellzugsmaschinen (8–10 m²) und die Automatisierung hat nach dampfbetriebenen Rüttelrosten verlangt – eine Betriebsweise von extremer Rohheit. Dies hat nicht nur zu Rationalisierungseffekten geführt, sondern auch grosse Verluste an unverbrannter Kohle gebracht. Die Stoker – meist Duplexstoker – spiehen das Brennmaterial tonnenweise auf den glühenden Rost (vgl. Abb. 179). Spartendenzen bei Bahngesellschaften ohne eigene Kohlenminen trieben oft die Erfinder zu ingeniösen Detailkonstruktionen (z.B. Hulson-Fingerrost). Die Ölheizung vereinfachte manches für den Heizer, doch der Lokkessel konnte damit noch mehr strapaziert werden. Die eingeschweissten Wasserkammern sorgten zwar für rasche Dampferzeugung (Seite 27/8) aber auch vermehrt für Kesselschäden. Trotzdem waren sie eine grosse Hilfe beim Führen der dampffressenden Schienengiganten (siehe z.B. Abb. TE 23).

Führerhaus (Cab): Das Führerhaus war eine spätere Zutat zur Lokomotive, denn an Lokführer und Heizer hat man anfänglich überhaupt nicht gedacht. Als dann ihr Arbeitsplatz eine Abdeckung erhielt – in den USA oft sogar aus Edelhölzern – war die «Villa Durchzug» perfekt und führte nach wie vor zu Erkrankungen beim Personal. Max Maria von Weber, der Sohn des Komponisten Karl Maria von Weber, hat 1862 eine Schrift über die Missstände beim Maschinendienst verfasst, die dann in Europa etwas Besserung brachte. In den USA wurden die Führerhäuser zwar etwas früher eingeführt, doch ging es auch dort lange, bis mehr an Schutz geboten wurde. Dann aber, als sich stets mehr Instrumente und feinfühlige Einstellvorrichtungen im Führerstand ansammelten, wurde mehr getan. Manche Gesellschaft bestellte sogar geschlossene Führerhäuser (siehe z.B. Abb. 214(I), Abb. 168, 196a), wo also die hintere Seite nicht nur durch einen meist geschlissenen Vorhang verhängt werden konnte. Führer und Heizer erhielten einen ledergepolsterten Sitz. Auch wurde eine Heizung eingebaut, die trotz der warmen Kesselrückseite im Winter mit Vorteil angestellt war. Je breiter und länger aber die Lokkessel wurden, desto schlimmer waren die Sichtverhältnisse (siehe Abb. 236 und 77). Der Lokführer fuhr deshalb meist bei offenem Seitenfenster (Regen- und Sonnenschutz durch ein Vordach verwirklicht, siehe Abb. 140, 189, 191).

Die Achsbildentwicklung bei Dampfloks ist ein interessanter Studiengegenstand, insbesondere bei den amerikanischen Dampfloks. Wir haben heute einen grossen zeitlichen Abstand, doch ist es nicht einfacher geworden, die Zusammenhänge zwischen Achsbild und Eignung für bestimmte Aufgaben oder gar die obere Leistungsgrenze eines Achsbildes anzugeben. Meist war es doch so, dass gar nicht gleichzeitig an einem bestimmten Loktyp alle Leistungsmaxima erreicht werden konnten. Man war froh, wesentliche Punkte des Pflichtenheftes erfüllen zu können. Das USRA-Konstruktionsbüro (siehe Seite 29) hatte eine Riesenarbeit, um Einheitstypen festzulegen, wobei die Heizflächen und die Tendergrösse offengelassen wurden. In einigen Fällen glaubt man auch bei Gesellschaften derartige Pläne zu erkennen. Die ‹Penn› (siehe Seite 112) haben z.B. im Fall der Einrahmen-Duplex-Maschine 6–4–4–6, von der nur ein Prototyp gebaut worden ist, etwas Derartiges versucht. Auf dem Titelbild links und in den Abb. 19, 194, 195 ist diese Wundermaschine gezeigt. Trotz des hohen Achsdruckes von 32 t und der grossen Zugkraft von 35 t war sie aber eine sehr delikate Lok ohne Universalcharakter, die z.B. allerschwerste Eilgüterzüge wegen Schleuderns nicht hätte befördern können. Vielleicht kam die ‹Northern Pacific› mit ihrer 4–8–4, 1942, näher an das gesuchte Ziel (siehe Seite 125) oder die ‹Santa Fé› mit ihrer 2–10–4, 1938, welche 40,5 t Zugkraft aufwies (siehe Seite 74). Die daraus gewonnene Ansicht über die optimale Ausnützung des Achsbildes bei Normalspur könnte damit ein weiteres Mal bewiesen werden. In diesem Zusammenhang sei auch auf die Stammbäume zur Achsbildentwicklung in Anhang 1 (Seite 265 ff.) verwiesen. Alfred W. Bruce hat in seinem Buch «The Steam Locomotive in America», 1952, Seite 377 eine Tafel zur Grössenentwicklung der x–8–x-Maschinen zusammengestellt, die zwar bei den ersten beiden Typen rein zeichnerisch nicht stimmen kann. Überhaupt ist es sehr schwierig, in den USA Literatur über die maximale Achsbildausnützung zu finden.

30 2–10–2-Güterzugslok Nr. 3025 der ‹IC› (Aufschrift
‹I.C.R.R.›). Triebrad- ⌀ 1600,2 mm; 2 Sanddome;
Baker-Steuerung; durchgehende Kolbenstange. Langer Tender
2×2achsig. Hätte bereits eine 2–10–4-Lok sein können (vgl. z. B.
Abb. 104). Lima 1923.

31 2–8–0-Güterzugslok Nr. 810 der ‹WM›. Man beachte die
breite Feuerbüchse über der hintersten Triebachse und den
Überhang hinten. Triebrad- ⌀ 1549,4 mm; hängender Kreuzkopf;
Walschaert-Steuerung; grosser 2×3achsiger Tender; Stoker,
Baldwin 1921.

32 4–6–2-Personenzugslok Nr. 373, Class F 3C, der ‹C&S›
(‹CB&Q›). Triebrad- ⌀ 1752,6 mm; Kesseltyp: Wagon top;
hängender Kreuzkopf; durchgehende Kolbenstange; Tender
2×2achsig; niedriges Bord für gute Sicht nach hinten. Baldwin
1922.

151

33 2–8–2-Güterzugslok Nr. 660, Class L2A55, der ⟨NC&St.L⟩.
Triebrad-∅ 1600,2 mm; Kesseltyp: Conical; grosser Sanddom.
Vanderbilt-Tender 2×2achsig. Baldwin 1922/23.

34 2–8–2-Güterzugslok Nr. 8000, Class H10, der ⟨NYC⟩
(⟨MC⟩). Triebrad-∅ 1600,2 mm. Ausgerüstet mit Booster und
Elesco-Speisewasservorwärmer; Walschaert-Steuerung.
Dampfüberleitung Kessel-Rauchkammer. Tender 2×2achsig.
Lima 1922.

35 4–8–2-Lok für Eilgüterzüge und Schnellzugsverkehr
Nr. 7869 der ⟨UP⟩. Triebrad-∅ 1854,2 mm; Young-Steuerung.
Vanderbilt-Tender 2×3achsig. Alco 1924.

36 2–8–0-Güterzugslok Nr. 926 der ‹P&WV› mit grossem Überhang hinten. Triebrad- ∅ 1473,2 mm; Baker-Steuerung. Schmale Feuerbüchse über hinterster Triebachse. Tender 2×2achsig. Alco 1921.

37 2–8–0-Güterzugslok Kleinconsolidation Nr. 43 der ‹M&P› mit grossem Überhang hinten. Triebrad- ∅ 1295,4 mm! Hängender Kreuzkopf; Elesco-Vorwärmer. Das Abdampfkamin des Tenders lässt vermuten, dass nachträglich ein Triebwerk-Einbau vorgesehen war. Baldwin 1925.

38 2–8–2-Güterzugslok Kleinmikado Nr. 12 der ‹SV› (später ‹C&O›), ausgerüstet mit 2 Sanddomen. Triebrad-⌀ 1295,4 mm! Feuerbüchse über Laufachse. Kleintender 2×2achsig mit Scheinwerfer. Baldwin 1923.

39 4–6–2-Schnellzugslok Nr. 1396 (Serie 1366–1409) der ‹Southern› für den ‹Crescent Limited›. Triebrad-⌀ 1854,2 mm. Baker-Steuerung. Elesco-Speisewasser-Vorwärmer; 2×3achsiger Tender. Siehe auch Abb. 40 und Farbtafel gegenüber Seite 248 in Band 1. Alco 1926.

40 4–6–2-Schnellzugslok Nr. 6482 (Serie 6471–6482) der ‹Southern› vor dem Crescent Limited im Bahnhof Greensboro (NC), siehe SN 49. Triebrad-⌀ 1854,2 mm. Baker-Steuerung. Tender 2×3achsig. Baldwin 1928. Foto RR, Sammlung Lassueur.

41 4–6–2-Schnellzugsmaschine Nr. 4689 der ‹NYC›,
Triebrad- ∅ 2006,6 mm. Vgl. auch Abb. 59. Alco 1923. Foto RR,
Sammlung Lassueur.

42 4–6–2-Eilgüterzugslok Nr. 3708 (Class P3a, Serie
3700–3709) der ‹B&M› vor dem Milchzug auf der Lincoln Station
(Mass.). Man beachte den Worthington-Speisewasservorwärmer.
Triebrad- ∅ 1854,2 mm. Tender 2×2achsig. Lima 1923. Foto RR,
Sammlung Lassueur.

43 2–10–0-Güterzugslok Nr. 251 der ⟨GM&N⟩. Triebrad-∅ 1447,8 mm; Walschaert-Steuerung; Stehkessel über der hintersten Triebachse; grosser Überhang hinten; grosser Sanddom; Tender 2×2achsig. Baldwin 1923.

44 4–8–2-Schnellzugslok Nr. 4300 der ⟨SP⟩ für lange Durchläufe, Strecke El Paso (Tex.)–Los Angeles (Calif.). Triebrad-∅ 1866,9 mm; ölgefeuert; langer Vanderbilt-Tender 2×2achsig; Booster. Alco 1923.

45 4–8–2-Personenzugslok Nr. 132 der ⟨N&W⟩. Triebrad-∅ 1752,6 mm; Kesseltyp Conical wagon top; Baker-Steuerung; 2×3achsiger Tender. Die Güterzugslok gleichen Achsbildes der ⟨N&W⟩ zeigt Abb. 73. Baldwin 1923.

156

46 4–8–2-Personenzugslok Nr. 5005 (wurde auch vor schnellen Milchzügen eingesetzt) der ‹LV›; Drillingsmaschine. Bei dieser Mountain war die 3. Triebachse angetrieben; man beachte die lange Kolbenstange; hängender Kreuzkopf. Der Innenzylinder wirkte auf die 2. Triebachse. Triebrad-⌀ 1752,6 mm. Auswuchtgewichte der Räder der 2. Triebachse entsprechend Innenantrieb plaziert. Alco 1924/25.

47 4–8–2-Schnellzugslok Nr. 1454 der ‹Lackawanna›; Drillingsmaschine. Triebrad-⌀ 1854,2 mm. Aussen- und Innenzylinder trieben die 2. Triebachse an (vgl. Abb. 46). Alco 1925. Tender 2×2achsig.

48 4–8–2-Schnellzugslok Nr. 815 der ‹FEC› mit 2×3achsigem
Tender. Alco 1926. Triebrad-∅ 1752,6 mm; ölgefeuert;
Baker-Steuerung. Der Triebrad-∅ wurde für eine Flachlandbahn
(Florida!) eher zu klein gewählt. Nach den vielen Halten mussten
jedoch die Züge wieder rasch beschleunigt werden. Man beachte
die beiden Kreuzverbund-Druckluftpumpen (rasche
Nachlieferung war notwendig). Es handelte sich bei diesen
kleinrädrigen Maschinen um Schnellzugsloks mit Spezialeinsatz.
Das andere Extrem, d. h. grossrädrige Güterzugsmaschinen besass
die ‹L&HR› (siehe 1944).

49 4–6–2-Schnellzugslok Nr. 1022 (Serie 1018–1023) der
‹C&EI›. Triebrad-∅ 1974,6 mm; Baker-Steuerung; Zylinder
2(685,8×711,2 mm); Rostfläche 6,58 m²; Heizfläche 400 m²;
Überhitzer 106; Zugkraft 19 t; Maschinengewicht 139 t;
Reibungsgewicht 86 t. Kurzer Tender 2×3achsig. Lima 1923.

50 4–8–2-Schnellzugslok Nr. 2568 der ‹NYC›; Drillingsmaschine. Triebrad-∅ nur 1752,8 mm. Elesco-Speisewasservorwärmer. Alle 3 Zylinder wirkten auf die 2. Triebachse (siehe Auswuchtgewicht). Booster. Tender 2×3achsig. Zwillingsmaschine
siehe Abb. 65 mit etwas grösserem Tender, kleinerer Heiz- und
Überhitzerfläche, aber grösserer Rostfläche. Nr. 2568 hätte auch
schon eine 4–8–4-Maschine sein können. Alco November 1924
(nach A. F. Staufer September 1922 mit der Bemerkung ‘rebuilt
bei Alco’).

51 4–6–2-Schnellzugslok Nr. 2098 der ‹LV›. Triebrad-∅
1955,8 mm; Baker-Steuerung; Tender 2×2achsig, kurz.
Ablieferungsdatum Januar 1924, Alco. Vgl. Abb. 39. Die Maschine
besass einen Booster.

52a 2–8–2-Güterzugslok Nr. 23 der ‹D&TSL› vor einem
Kühlzug bei Pontiac 1935. Triebrad-∅ 1600,2 mm. Elesco-
Speisewasservorwärmer. Baldwin 1924.

52b 2–8–2-Güterzugslok Nr. 21 der ‹D&TSL›
(Werkaufnahme). Triebrad-∅ 1600,2 mm; Kesseltyp Conical.
Elesco-Speisewasservorwärmer. Baldwin 1924.

54 4–8–2-Eilgüterzugslok Nr. 3559 (Serie 3550–3562, Class R 3a) der ‹NYNH&H›; Drillingsmaschine mit Elesco-Speisewasservorwärmer. Die Feuerbüchse wird gereinigt. Triebrad-∅ 1752,6 mm; Kesseldruck 18,63 atü; Zylinder 3(558,8×762 mm). Alco 1926–1928. Foto RR, Sammlung Lassueur.

56 2–8–8–0-Mallet-Compound Nr. 760 (Serie 757–766), Class G 2, der ‹KCS›. Triebrad-∅ 1447,8 mm! Ölgefeuert. Die Dampfüberführung wurde über dem Kessel vorgenommen. Alco 1924. Vanderbilt-Tender 2×2achsig. Stehkessel über den beiden letzten Triebachsen. Scheinwerfer an Rauchkammertüre befestigt. 2 Sanddome.

53 4–6–2-Schnellzugslok Nr. 295 der ‹L&N›; Drillingsmaschine. Triebrad- ∅ 1854,2 mm; die äusseren Zylinder wirkten
auf die mittlere Triebachse, der innere Zylinder auf die vordere.
Man beachte den grösseren Abstand zwischen vorderer und
mittlerer Triebachse. Alco 1925.

55 4–8–2-Eilgüterzugslok Nr. 3550 der ‹NYNH&H›;
Drillingsmaschine (Werkaufnahme) mit Elesco-Speisewasser-
vorwärmer. Bei dieser Mountain war die 3. Achse angetrieben.
Man beachte die lange Kolbenstange und den hängenden
Kreuzkopf. Triebrad- ∅ 1752,6 mm. Tender 2×3achsig. Alco 1926.

57 4–4–0-Lok für den gemischten Dienst Nr. 14 der ‹Cornwall›.
Mit Walschaert-Aussensteuerung. Triebrad-⌀ 1498,6 mm. Der
niedere Tender besass einen Scheinwerfer. Baldwin 1924. Vgl.
Abb. 112 (I) und 97 (I).

58 4–6–2-Lok für den gemischten Dienst Nr. 202 der ‹P&WV›.
Triebrad-⌀ nur 1600,2 mm. Kleiner Kessel. Baker-Steuerung.
Zwei Bremsluftpumpen. Alco 1924 (Mai). Nr. 200 wurde 1921
(Sept.) geliefert (gleiche Daten).

59 4–6–2-Schnellzugslok Nr. 8353 der ‹MC› mit Booster.
Aufschrift ‹New York Central Lines›. Triebrad-⌀ 2006,6 mm.
Schlanker Kessel mit 1625,6 mm Innen-⌀. Kompakt gebauter
Schnelläufer mit Elesco-Speisewasservorwärmer und
2×2achsigem Tender. Vgl. auch Abb. 41. Alco 1925.

60   2–10–4-Güterzugslok Nr. 600 (Werkaufnahme beider
Seiten) der ‹T&P›. Triebrad- ⌀ 1600,2 mm; Elesco-Speisewasservorwärmer; Baker-Steuerung. Serie 600–609, Lima 1925; spätere
Serien 610–624, Lima 1927; 625–654, Lima 1928; 655–669, Lima
1929.

62 2–8–0-Güterzugslok Nr. 95 der ‹L&HR› für die 96 Meilen
lange Strecke Maybrook (N.J.)–Phillipsburg (N.Y.). Wootten-
Feuerbüchse. Man beachte den grossen Überhang hinten
(Stehkessel noch über der hinteren Triebachse). Kesseltyp straight
top. Triebrad-∅ 1549,4 mm. Zum Vergleich sei auf 2–8–0-Lok von
Abb. 31 und 67 verwiesen. Baldwin 1927 (Serie 94–95). Tender
2×3achsig.

63 4–10–2-Güterzugslok Nr. 5043 (Serie 5039–5048), Class SP3,
der ‹SP› (Aufschrift ‹Southern Pacific Lines›). Dreizylindertyp,
ölgefeuert. Innenzylinder besass kürzeren Hub als die beiden
äusseren. Booster-Antrieb mit Sander. Druckluftpumpen
rechtsseitig montiert. Walschaert-Steuerung; mittlerer Zylinder
durch Antriebsgestänge zwischen den beiden Aussenzylindern
gesteuert. Triebrad-∅ 1612,9 mm. Alco 1927.

61 4–8–2-Schnellzugslok Nr. 909, Class M 2, der ‹T&P› mit Booster. Triebrad- ∅ 1854,2 mm. Kesseltyp Conical (weiss abgedeckt). Walschaert-Steuerung. Tender 2×3achsig. Baldwin 1928.

64 4–10–2-Güterzugslok Nr. 8000 der ‹UP›; Drillingsmaschine. Vorläufer zur 4–12–2-Maschine (siehe Abb. 70). Man beachte die lange Kolbenstange und Rauchkammer. Triebrad- ∅ 1600,2 mm. Tender 2×3achsig, Typ Vanderbilt. Alco 1925. – Anlass zur Beschaffung dieser Drillingsmaschinen soll der erfolgreiche Einsatz der 1D1-Drillingsmaschine, P 10, aus dem Jahre 1922 mit 1750 mm Triebrad- ∅ bei der Preussischen Staatsbahn gewesen sein. Den grösseren Triebrad- ∅ erhielten erst die 4–12–2-Maschinen. Wegen der Steuerung des mittleren Zylinders ging man aber nur ausnahmsweise über 80 km/h.

65 4–8–2-Eilgüterzugslok Nr. 2743 der ‹NYC› mit Booster; Zwillingsmaschine. Triebrad- ∅ 1752,6 mm. Baker-Steuerung. Elesco-Speisewasservorwärmer. Langer Tender 2×3achsig. Alco 1926. Drillingsmaschine siehe Abb. 50.

66 2–10–0-Güterzugslok Nr. 10 der ‹Osage›. Besonders leichte
Ausführung mit hochgelagertem Kessel mit kleinem ∅. Stehkessel
über der hintersten Triebachse. Triebrad-∅ 1422,4 mm;
2×3achsiger Tender. Baldwin 1925.

67 2–8–0-Güterzugslok Nr. 2025, Class I 10SA, der ‹Reading›.
Wootten-Feuerbüchse. Man beachte den grossen Überhang
hinten und den Scheinwerfer auf dem 2×2achsigen Tender hinten.
Kesseltyp Conical; Triebrad-∅ 1562,1 mm; hängender Kreuzkopf.
Baldwin 1923 und 1925. Es sollen die schwersten
2–8–0-Maschinen der Welt gewesen sein (143 t).

68 2–10–2-Güterzugslok Nr. 704, Class CT-63-30/32-73.8 der
‹CofG› (Aufschrift ‹C. of Ga. Ry›) Kesseltyp Conical; Triebrad-∅
1600,2 mm; Niederbord-Tender 2×2achsig. Baldwin 1925.
Class-Bezeichnung: Triebrad-∅ 63″; Zylinder-∅ und Hub
30″/32″; Zugkraft 73 830 lb. Ähnliche Maschine siehe Abb. 83c.

69 4–8–2-Schnellzugsmaschine Nr. 250 (Serie 245–265)
(Aufschrift ‹SAL Ry.Co.›). Die 2. Achse war angetrieben;
Baker-Steuerung; Kesseltyp Wagon top (weiss abgedeckt); man
beachte den Dampfinjektor unter der Führerkabine;
Vanderbilt-Tender 2×2achsig; Triebrad-∅ 1828,8 mm. Baldwin
1925.

71 4–8–2-Lok, Class M 75, für gemischten Dienst (vornehmlich Personenzugsdienst auf Bergstrecken) Nr. 1606 der ‹Rio Grande›. Kesseltyp Conical. Die 3. Achse war angetrieben. Triebrad-∅ 1701,8 mm; Walschaert-Steuerung; Elesco-Speisewasservorwärmer; 2×3achsiger Tender. Baldwin 1926.

72 4–6–2-Lok für den Schnellzugsdienst Nr. 175 (Serie 175–179), Class G 2 SA, der ‹Reading› mit Wootten-Feuerbüchse am Wagon top-Kessel. Man beachte den grossen Rad-∅ der hinteren Laufräder. Triebrad-∅ 2032 mm; hängende Kreuzköpfe. Baldwin 1926. Walschaert-Steuerung, leichte Ausführung. Vergleiche Abb. 168, 1. Band.

70 4–12–2-Eilgüterzugslok Nr. 9016 (Serie 9000–9062) der ⟨*UP*⟩; Drillingsmaschine. Feuerbüchse noch über die hinterste Triebachse vorgezogen. Man beachte die lange Kolbenstange, den Unwuchtausgleich bei den Rädern der 2. Triebachse (vom Innenzylinder angetrieben); Walschaert-Steuerung; 2×3achsiger Vanderbilt-Tender. Triebrad-∅ 1701,8 mm. Alco 1928. Vergleiche 4–10–2-Lok Abb. 64 (Vorläufer). Wegen grossem Kessel-∅ mussten Druckluftpumpen vor Rauchkammertür montiert werden.

73 4–8–2-Güterzugslok Nr. 203 (Serie 200–209), Class K 3, der ⟨*N&W*⟩ mit 1600,2 mm Triebrad-∅ und Worthington-Speisewasservorwärmer. Die 3. Achse war angetrieben. Hängende Kreuzköpfe; Baker-Steuerung. 2×3achsiger Tender mit Bremserhäuschen. Roanoke 1926. Diese kleinrädrige Mountain bildete eine Ausnahmebauart, denn man wollte ja mit diesem Achsbild schneller fahren als z. B. mit der Mikado. Vgl. aber Lok Abb. 58, Band 1 und Abb. 150, Band 2.

74 4–6–2-Schnellzugslok Nr. 494 (Serie 490–494) der ‹C&O›
mit grossem Sanddom und 2×3achsigem Vanderbilt-Tender.
Wurde später modernisiert und stromlinienverkleidet (siehe
Abb. 235 und 236). Triebrad- ∅ 1854,2 mm. Alco 1926.

76 2–8–2-Güterzugslok Nr. 2320 der ‹C&O› mit
Elesco-Speisewasservorwärmer. Triebrad- ∅ 1600,2 mm. Grosser
Tender 2×3achsig, Typ Vanderbilt. Alco 1926. Diese Maschinen
hätten bereits 2–8–4-Loks sein können.

75 2–8–2-Güterzugsmaschine Nr. 2344 (Serie 2300–2349), Class K 3A, der ‹C&O› mit Güterzug auf dem Kreuzungsbahnhof Marion (Ohio). Das Kreuzen zweier Bahnlinien von 2 Gesellschaften ist in den USA in gewissen Gebieten eine oft anzutreffende Angelegenheit, besonders zwischen der ‹NYC› und der ‹Penn›. Man beachte den Worthington-Speisewasservorwärmer auf der linken Seite. Alco 1926. Triebrad- ∅ 1600,2 mm. Baker-Steuerung. Foto RR, Sammlung Lassueur.

77 2–8–8–2–Mallet-Maschine Nr. 1572 (Serie 1570–1589), Class H 7A, der ‹C&O›. Vanderbilt-Tender 2×3achsig. Kesseltyp Straight top; hängende Kreuzköpfe; Triebrad- ∅ 1447,8 mm; Elesco-Speisewasservorwärmer. Baldwin 1926. Stehkessel über den beiden hintersten Triebachsen. Doppelkamin.

78 4–6–2-Schnellzugsmaschine Nr. 290 der ‹A&WP› («West Point Route»). Triebrad- ⌀ 1854,2 mm; Baker-Steuerung. Lima 1926. Tender 2×2achsig.

79 4–8–2-Schnellzugsmaschine Nr. 6707 (Serie 6700–6709 wurden als Schnellzugsmaschinen eingesetzt) der ‹Penn› mit Wagon-top-Belpaire-Kessel. Triebrad- ⌀ 1828,8 mm; hängender Kreuzkopf; grosser 2×3achsiger Tender mit Bremserhäuschen; 2 Kreuzverbund-Bremsluftpumpen. Baldwin 1930.

80 4–8–2-Lok für Eilgüterverkehr Nr. 6800 der ‹Penn› mit Wagon-top-Belpaire-Kessel. Die 2. Achse war angetrieben. Hängender Kreuzkopf; Triebrad- ⌀ 1828,8 mm. Leichte Walschaert-Steuerung. Baldwin 1926. Kleiner Tender 2×2achsig.

81 4–8–2-Lok für den gemischten Dienst Nr. 4000 (Serie 4000–4009) der ‹SOO› (‹Wisconsin Central›). Triebrad- ∅ 1752,6 mm. Walschaert-Steuerung. Alco 1926. 2×2achsiger Tender.

82 2–8–4-Güterzugslok Nr. 1448 mit Booster (Typ Franklin) der ‹B&A›. Triebrad- ∅ 1600,2 mm; Rostfläche 9,3 m²; Baker-Steuerung; Tender 2×3achsig. Lima 1930 (Prototyp 1925 ebenfalls von Lima). Idee: 'Super Power Loc'.

83a 2–10–2-Güterzugslok Nr. 1729, Class SF 63 30/32 81,5, der
⟨*MP*⟩ mit Worthington Speisewasservorwärmer. 2 Sanddome;
Baker-Steuerung; Triebrad- ∅ 1600,2 mm; Kesseltyp Conical;
2×3achsiger Tender mit Bremserhäuschen. Baldwin 1926.

83b 2–10–2-Güterzugslok Nr. 6206, Class S 1A, der ⟨*B&O*⟩.
Kesseltyp: Straight top. Triebrad- ∅ 1625,6 mm. Baker-Steuerung.
2 breite Sanddome. Vanderbilt-Tender 2×3achsig. Baldwin 1926.

83c Schwere 2–10–2-USRA-Güterzugslok Nr. 6306 (Serie
6300–6309), Class M 3, der ‹CB&Q›, Triebrad- ⌀ 1600,2 mm.
Seltene Spezialsteuerung. Langer 2×2achsiger Tender. Alco 1919.

83d 2–10–2-Güterzugslok Nr. 45001 (1937 Nrn. 45001–002,
1941 Nrn. 45003–45028) der ‹Deutschen Reichsbahn›.
Drillingsmaschine. Innenzylinder wirkte auf 2. Triebachse;
Aussenzylinder wirken auf 3. Triebachse. Triebrad- ⌀ 1600,2 mm.
Walschaert-Steuerung. 5achsiger Tender. Henschel 1937.

84 2–8–2-Güterzugslok Nr. 1115 (Serie 1111–1120) der ‹MP›
mit Ölfeuerung. Tender 2×2achsig; grosser Sanddom; Triebrad-∅
1600,2 mm. Baker-Steuerung. Alco 1926.

85 4–6–2-Schnellzugslok Nr. 1153 der ‹MP› (Serie 1151–1155
‹IGN›) mit Ölfeuerung. Grosser Tender 2×3achsig. Triebrad-∅
1854,2 mm. Alco 1926. Baker-Steuerung.

86 2–8–4-Eil-Güterzugslok Nr. 3325 mit Booster der ‹Erie›.
Triebrad-∅ 1778 mm! Baker-Steuerung mit Servoantrieb. Lima
1927. Tender 2×3achsig. V_{max} 90 mph (Krauss-Helmhotz-Gestell)!

87 4–6–4-Schnellzugsmaschine Nr. 3450 (Serie 3450–3454 und
3455–3459) für Bergstrecken der ⟨Santa Fé⟩. Merkmal: hängender
Kreuzkopf, Triebrad- ⌀ 1854,2 mm, 2 grosse Sanddome,
Speisewasservorwärmer unter der Rauchkammer, grosser Tender
2×3achsig. Baldwin 1927.

88 4–6–2-Schnellzugsmaschine Nr. 325 der ⟨RF&P⟩ für die
'Capital Cities Route'. Triebrad- ⌀ 1905 mm; 2 Kreuzverbund-
Druckluftpumpen. Kesseltyp Conical; kleiner Sanddom. Baldwin
1926/27.

177

89 Schwerer Güterzug gezogen von zwei 4–6–2-Loks, Class K4s, in Doppeltraktion bei der ‹Penn›. Das Bild atmet die Atmosphäre der Dampfzeit. Der Rauch wird von noch unter Druck stehendem Dampf hoch gegen den Himmel ausgestossen. Das Geräusch dazu ist ohrenbetäubend. Der Fotograf meldete, dass die Erde bebte und die Luft zitterte. Foto Hürlimann.

178

90 4–6–2-Schnellzugsmaschine Nr. 5495 der ‹Penn›, Class K 4s. Man beachte die 4 Positionslichter, den wuchtigen Belpaire-Stehkessel, die Abstützung auf dem hinteren Laufradgestell und den hängenden Kreuzkopf. Triebrad-⌀ 2032 mm; Tender 2×2achsig. Baldwin/Juniata 1927/28. Mit den 100 Einheiten der 1927/28 gebauten Maschinen wurde bei der ‹Penn› anstelle des kreisrunden Nummernschildes die 'Keystone number plate' eingeführt. Anschliessend wurden bei den vorangehenden Lieferungen die «Schlussstein»-Schilder ebenfalls angebracht. Sammlung Verkehrshaus.

91 4–6–2-Schnellzugsmaschine Nr. 1737 der ‹Penn›. Doppeltraktion. Man beachte den niedergedrückten Tender (voller Kohlenvorrat). Foto Martin Flattley (30.10.37 bei Meadow, N.J.). Es sei daran erinnert, dass Nr. 1737 der Prototyp aus dem Jahre 1914 war. Die Maschine besass anfänglich noch Handumsteuerung und Handfeuerung. Foto Flattley, Sammlung Lassueur.

92 4–6–2-Schnellzugsmaschine Nr. 5489 der ‹Penn› vor
schwerem Schnellzug mit 6–7 Wagen. Juniata 1927, Serie
5475–5491.

93 4–6–2-Schnellzugsmaschine Nr. 7275 (Serie 7273–7275) der ‹Penn› in der Bunkerstation. Man beachte die leichte Walschaert-Steuerung. Foto Flattley, Sammlung Lassueur.

94 2–10–2-Güterzugslok Nr. 503 (Serie 500–504) der ‹KO&G› (‹Midland Valley›). Man beachte die äussere Dampfleitung Rauchkammer–Führerhaus für die Hilfsbetriebe. Der Tender besass ein Bremserhäuschen. Kesseltyp: Conical wagon top. Triebrad-⌀ 1600,2 mm. Baldwin 1927. Walschaert-Steuerung. 2 Wassertaschen.

95a 4–6–4-Schnellzugslok Nr. 5249 der ‹NYC›. Man beachte die lange Rauchkammer, den halb eingebauten Elesco-Vorwärmer und die seitwärts verschobene Glocke. Triebrad- ∅ 2006,6 mm. Walschaert-Steuerung; Zylinder 2 (635×711,2 mm); Kesseldruck 15,82 atü; Rostfläche 7,6 m²; Heizfläche 423,1 m²; Überhitzer 181,3 m²; Zugkraft 18,5 t + 5 t Booster; Maschinengewicht 158,6 t; Reibungsgewicht 84,2 t; Walschaert-Steuerung; *Elesco*-Speisewasservorwärmer; 2×3achsiger Tender. Alco 1927.

96 2–10–2-Güterzugslok Nr. 3014 (Serie 3011–3020) der ‹*Reading*› mit Wootten-Feuerbüchse und doppelten Bremsluft-Kreuzverbundpumpen. Kesseltyp Conical. Hängende Kreuzköpfe. Triebrad- ∅ 1562,1 mm. 2×3achsiger Tender. Baldwin 1931. 3 Wassertaschen; Walschaert-Steuerung; Rostfläche > 10 m²!

95b 4–6–4-Schnellzugsmaschine Nr. 3.1102 der ‹Nord› erbaut
1911 (Entwurf Du Bousquet). Vierzylinder-Verbund
(HD-Zylinder aussen, ND-Zylinder innen). Achsdruck nur 18 t.
Überhitzerfläche nur 62 m²!

97 4–8–2-Schnellzugsmaschine Nr. 5337 (Serie 5335–5339) der
‹MP› (Anschrift ‹Missouri Pacific Lines›). Triebrad-∅ 1854,2 mm;
Walschaert-Steuerung; Tender 2×3achsig. Alco 1927.

98 2–10–0-Güterzugslok Nr. 404 der ‹L&NE› mit
Woottenfeuerbüchse und Conical-Kessel. Man beachte den
grossen Überhang hinten. Die Maschine besass einen Hilfsantrieb
mit separatem Dampfaustritt im Tender. Der Kessel, resp. die
Feuerbüchse hatte 5 Wassertaschen eingebaut. Triebrad-∅
1549,4 mm; Achsdruck 33 t. Baldwin 1931.

99 2–10–0-Güterzugslok Class I2 Nr. 1112 der ⟨WM⟩ mit
Woottenfeuerbüchse und Wagon top-Kessel. Man beachte den
grossen Überhang hinten und den hängenden Kreuzkopf, sowie
die Ablenkbleche anstelle des Cow catchers. Grosser 2×3achsiger
Tender. Baldwin 1927. Triebrad- ⊘ 1549,4 mm; Achsdruck 35 t!
Ersatz siehe Abb. 211.

100a 2–8–8–2-Güterzugslok Nr. 3608 mit Einfachdehnung der
⟨Rio Grande⟩ für den schweren Gebirgsdienst am Tennessee Pass.
Triebrad- ⊘ 1600,2 mm; Walschaert-Steuerung; grosser
2×3achsiger Tender; Elesco-Speisewasservorwärmer. Alco 1927.
Auch im Schubdienst eingesetzt. Siehe auch Abb. 2 (Zeichnung).

100b 2–8–8–2-Mallet-Güterzugslok Nrn. 2030–2033 der ⟨GN⟩
(Einfachdehnung). Einsatz: Marias Pass. Triebrad- ⊘ 1600,2 mm.
Baldwin 1925.

101 2–10–4-Güterzugslok Nr. 6320 der ‹CB&Q›. Man beachte die Dampfleitung Rauchkammer – Führerhaus für die Hilfsantriebe, sowie den Worthington-Speisewasservorwärmer. Baker-Steuerung; 2 Sanddome; Triebrad-⌀ 1625,6 mm. Baldwin 1927.

104 2–10–4-Güterzugslok Nr. 702 der ‹CV› mit besonders kleinen Triebrädern (1524 mm ⌀) und Elesco-Speisewasser-Vorwärmer. Achsdruck nicht ganz 26 t pro Triebachse. Diese Loks wurden als «Biggest Steam Power in New England» bezeichnet; sie haben sich vor allem im strengen Vermont-Winter bewährt. Booster. Alco 1928.

102 4–6–2-Schnellzugsmaschine Nr. 5300 («President Washington») der ‹B&O› für 80 mph Höchstgeschwindigkeit. Triebrad-∅ 2032 mm. Maschinen dieser Serie fuhren die Züge in 4 h 45 min auf der Strecke zwischen Washington und New York (genau: Jersey City). Zugsgewicht zwischen 525 und 940 t. Weitere technische Einzelheiten: Walschaert-Steuerung; hängende Kreuzköpfe. Bemalung anfänglich olivgrün + rot + gold, später königsblau + gold. Baldwin 1927.

103 4–6–2-Schnellzugsmaschine Nr. 5304 («President Monroe»), stromlinienverkleidet für den «Royal Blue» (Washington–New York), ‹B&O›. Etwas unschön wirkte die auch aerodynamisch ungünstige Verkleidung der Zylinder. Baldwin 1927. Foto USIS.

105 4–8–4-Schnellzugslok Nr. 3761 (Nrn. 3761–3763) der ‹Santa Fé› mit Kolbenventil und Walschaert-Steuerung. Man beachte das leicht verschobene Gegengewicht am Hauptantriebsrad und die beiden grossen Sanddome. Triebrad-∅ 1854,2 mm; hängende Kreuzköpfe. Baldwin 1929.

107 4–8–4-Schnellzugslok Nr. 3752 der ‹Santa Fé› mit Franklin-Dampfverteilersystem (Typ B). Baldwin 1928. Foto Hürlimann.

106 4–8–4-Schnellzugslok Nr. 3764 der ‹Santa Fé› mit Caprotti-Steuerung. Man beachte das leicht verschobene Gegengewicht am Hauptantriebsrad und die beiden grossen Sanddome. Triebrad- ⌀ 1854,2 mm. Hängende Kreuzköpfe. Baldwin 1929.

108 4–8–4-Schnellzugslok Nr. 3752 der ‹Santa Fé› mit Franklin-Dampfverteilersystem. Antriebswelle am Lokrahmen befestigt. Baldwin 1928. Foto Hürlimann.

109 4–8–4-Schnellzugslok Nr. 3752 der ‹*Santa Fé*› mit Franklin-Dampfverteilersystem. Anordnung der Steuerung an der Antriebsanlage und Verstellvorrichtung vom Führerhaus. Baldwin 1928. Foto Hürlimann.

110 4–6–6-Tenderlok für den Vorortsverkehr Nr. 400 der ⟨B&A⟩. Kessel max. hochgelagert; Baker-Steuerung; Triebrad- ⌀ 1600,2 mm. Alco 1928.

111 2–8–8–2-Mallet-Lok mit Einfachdehnung Nr. 4052 der ⟨Southern⟩. Kesseltyp Conical; Doppelkamin; 2 Sanddome; Baker-Steuerung; Triebrad- ⌀ 1447,8 mm; 2×2achsiger Tender. Baldwin 1928.

112 Dreifachkreuzung dreier Bahngesellschaften in Richmond (Va.). Oben ‹C&O›, Mitte ‹SAL›, Unten ‹SR›. Sammlung Hürlimann.

113 4–6–4-Schnellzugslok Nr. 177 für die Strecke Chicago–
Buffalo der ⟨Nickel Plate⟩. Triebrad-∅ 1879,6 mm; Walschaert-
Steuerung; Tender 2×2achsig. Lima 1929.

114 2–8–2-Güterzugslok Nr. 335 der ⟨WP⟩ mit Booster und
Ölheizung. Triebrad-∅ 1600,2 mm. Walschaert-Steuerung. Tender
2×3achsig. Alco 1929.

116 4–6–2-Schnellzugslok Nr. 5698 der ⟨Penn⟩, Class K5 mit
Belpaire-Stehkessel. Triebrad-∅ 2032 mm; Walschaert-Steuerung;
Worthington-Speisewasservorwärmer; langer 2×2achsiger Tender.
Altoona 1929.

115 4–6–4-Schnellzugslok Nr. 5300 (Serie 5295–5314, Class J1d) für die Strecke Harmon–Chicago der ⟨NYC⟩. Triebrad- ⌀ 2006,6 mm; Baker-Steuerung eingebauter Elesco-Speisewasservorwärmer; 2×3achsiger Tender; Booster. Alco 1930. Foto RR, Sammlung Lassueur.

117 4–8–4-Schnellzugslok Nr. 2552 für Bergstrecken der ⟨GN⟩. Triebrad- ⌀ 1854,2 mm. Man beachte die Anordnung der Zentrifugalpumpe für das Kesselspeisewasser. Zugmaschine des «Empire Builder» durch den Rocky- und Cascade Mountain District. Weitere Merkmale: hängende Kreuzköpfe; Kesseltyp Wagon top; Belpaire-Feuerbüchse; Bremsluftpumpen vor der Rauchkammer; Vanderbilt-Tender 2×3achsig (Öl + Wasser). Baldwin 1929. Sammlung Verkehrshaus.

118 4–8–4-Schnellzugslok Nr. 2577 für die Prairie-Strecke
Spokane-Wenatchee der ‹GN›. Triebrad-∅ 2032 mm; ölgeheizt;
Kesseltyp Conical (keine Belpaire-Feuerbüchse); hängende
Kreuzköpfe; Walschaert-Steuerung; vorderes Drehgestell mit
Aussenlagerung; Dampfinjektor. Baldwin 1930.

119 4–8–4-Lok für den gemischten Dienst Nr. 5027 der ‹Rock
Island›, Serie 5000–5064, Class R67b. Triebrad-∅ 1752,6 mm.
Wassertaschen in Feuerbüchse und Verbrennungskammer.
Baker-Steuerung. 2×3achsiger Tender.

120 4–6–2-Lok für den Schnellzugsdienst, Nr. 83 der ‹Rutland›.
Man beachte den Auspuffdampf-Injektor hinter dem hintersten
Triebrad. Triebrad-⌀ 1854,2 mm. Foto RR, Sammlung Lassueur.

121 4–8–2-Schnellzugslok Nr. 93 der ‹Rutland›. Man beachte die eher leichte Bauweise (Antriebsanlage) und die Scheibenräder, Triebrad-⌀ 1854,2 mm. Alco 1946.

123 4–8–4-Schnellzugslok der 'Timken Roller Bearing', Nr. 1111 (später Nr. 2626 der ‹NP›), für Demonstrationszwecke. Triebrad-⌀ 1854,2 mm. 2×3achsiger Tender mit Bremserhäuschen. Timken 1930.

122 2–10–4-Güterzugslok Nr. 620 der ‹*B&LE*›. Triebrad- ∅ 1625,6 mm. Kesseltyp Straight top. 3 Wassertaschen. Hängende Kreuzköpfe. 2×3achsiger Tender mit Bremserhäuschen. Baldwin 1936.

124 4–8–4-Schnellzugslok der 'Timken Roller Bearing', Nr. 1111, Frontansicht. Sammlung Verkehrshaus.

125 2–8–4-Güterzugslok Nr. 1922 der ⟨MP⟩. Triebrad- ⌀ 1600,2 mm. Grosser 2×3achsiger Tender mit Bremserhäuschen. 2 Sanddome. Lima 1930.

126 4–6–4-Schnellzugslok Nr. 3000 der ⟨CB&Q⟩. Kesseltyp Conical; Triebrad- ⌀ 1981,2 mm; Baker-Steuerung; Elesco-Speisewasservorwärmer; Grosser Sanddom; Booster. Baldwin 1930.

127 4–8–4-Schnellzugslok Nr. 2910 der ‹Wabash› mit
Worthington-Speisewasservorwärmer (Typ SA). Kesseldruck
17,58 atü; 2 Wassertaschen; Triebrad- ⌀ 1778 mm; hängende
Kreuzköpfe. 2×3achsiger Tender. Baldwin 1930.

128 4–6–4-Schnellzugslok Nr. 701 der ‹MC›. Kesseldruck 16,87
atü; 2 Wassertaschen; Triebrad- ⌀ 1854,2 mm; Booster;
Baker-Steuerung. Kurzer 2×2achsiger Tender. Baldwin 1930.

130 2–6–6–2-Mallet-Eilgüterlok Nr. 7400 der ‹B&O› mit
Einfachdehnung und Emerson-Stehkessel vor dem Umbau.
Triebrad- ⌀ 1778 mm!; Walschaert-Steuerung; hängende
Kreuzköpfe; 2×2achsiger Vanderbild-Tender. Kesseltyp ‘Straight
top with water tube firebox’; Doppelkamin; volle Ausnützung der
Bauhöhe. Baldwin 1930.

129 4–8–2-Schnellzugslok Nr. 5550 der ‹B&O›. Triebrad-⌀
1879,6 mm. Kesseltyp Straight top. Leichte Walschaert-Steuerung;
hängende Kreuzköpfe. Vanderbilt-Tender 2×2achsig. Baldwin
1930.

131a 2–10–4-Güterzugslok Nr. 854 der ‹CGW› (siehe auch
Seite 59/60, Band 1). Triebrad-⌀ 1600,2 mm; Booster; Baker-
Steuerung; 2×3achsiger Tender. Die Triebräder wurden so gut
ausgewuchtet, dass Testfahrten mit 49–50 mph Geschwindigkeit
gefahren werden konnten. Die Ergebnisse sind in folgende
Tabelle zusammengefasst:

Prozent der max. Unwucht-kräfte bei normaler Auswuchtung	Zahl der Unwuchtausschläge auf 20 Meilen-Strecke	
	bei normaler Auswuchtung (Ablieferungszustand)	bei zusätzlichen Auswuchtmassnah-men (z.B. cross-balancing)
25%	5536	3423
50%	1599	61
75%	123	0

Die Unwuchtausschläge (shocks) wurden mit einem Impactograph
(Miner Draft Gear Comp.) gemessen. Wie Abb. 131a zeigt, sind
die Kuppelstangen-Dimensionen genau den Kräften angepasst.
Diese Methode wurde auf Grund dieser Versuche vermehrt
angewandt (vgl. Abb. 133, 134, 168, 184, 188, 207, 208, 216, 219,
221, 223, 234). Lima 1930.

131b Zweiseitenansicht der 2–10–4-Güterzugslok Nr. 876 der
‹CGW›, Baldwin 1931 (Class T2, Serie 865–879). Kesseltyp
Conical; Triebrad- ∅ 1600,2 mm; Speisewasservorwärmer;
2 Wassertaschen (9,1 m²) und Feuerschirm-Zirkulator (1,95 m²);
Verbrennungskammer (8,43 m²); Stahlgusszylinder. Besonders
interessant an den Baldwin-Maschinen war der Tenderbooster (ca.
7,8 t) auf die vorderen beiden Achsen des hinteren Drehgestells
wirkend.

132 2–10–4-Eilgüterzugslok Nr. 5010 der ‹Santa Fé›, ölgefeuert;
Kesseltyp Conical (3 Wassertaschen); Triebrad- ∅ 1879,6 mm
(Baldwin Scheibenräder); hängende Kreuzköpfe;
Walschaert-Steuerung; 2×3achsiger Tender. Baldwin 1938.

133 2–10–4-Eilgüterzugslok Nr. 3004 der ⟨C&O⟩. Triebrad- ∅ 1752,6 mm; Baker-Steuerung; hängende Kreuzköpfe; 2×3achsiger Grosstender. Lima 1930.

134 2–10–0-Güterzugslok Nr. 804 der ⟨KCM&O⟩. Der Name 'Orient' auf dem Tender scheint für die Gesellschaft ein Programm gewesen zu sein. Man beachte auch den Namen Mexico in der Gesellschaftsbezeichnung, der noch nicht genügt hat, weshalb das Wort 'Orient' besonders gross aufgemalt werden musste. Kesseltyp Straight top; Triebrad- ∅ 1447,8 mm; Walschaert-Steuerung; grosser Überhang. Baldwin 1925.

135 l'Eh2-Güterzugslok der ⟨*Deutschen Reichsbahn*⟩
Nr. 52 2347 (ohne Windleitbleche), 1942. Starke Vereinfachungen.
Geschweisste Treib- und Kuppelstangen. Massenausgleich
ungenügend. Vanderbilttender.

138 4–6–4-Schnellzugslok Nr. 610 der ⟨*B&A*⟩. Triebrad-∅
1905 mm; Baker-Steuerung; Booster (Anschluss unter der
Führerkabine und hinter dem Drehgestell mit senkrechtem Rohr
gut zu erkennen). Kleiner 2×2achsiger Tender. Vgl. Abb. 115,
⟨*NYC*⟩. Lima 1931.

136a 4–6–4-Schnellzugslok Nr. 6414 der ‹Milwaukee› für lange
Strecken. Man beachte das aussen gelagerte vordere Drehgestell.
Triebrad-∅ 2006,6 mm; Baker-Steuerung; Kesseltyp Conical,
3 Wassertaschen; hängende Kreuzköpfe. Baldwin 1931.
136b 4–6–4-Schnellzugslok Nr. 6415 der ‹Milwaukee› aus der
Serie 6414–6421. Frontansicht. Foto Hürlimann. Siehe Frontispiz,
Seite 2.

137 4–8–4-Eilgüterzugslok mit 3achsigem Tenderbooster
Nr. 5206 der ‹LV›. Triebrad-∅ 1778 mm; Baker-Steuerung;
hängende Kreuzköpfe; Tender 2×3achsig mit Booster. Alco 1933.

139 4–8–4-Hochdrucklok mit 3 Zylindern. Nr. 800 der ⟨NYC⟩.
Triebrad- ∅ 1752,6 mm; Booster. Diese nur kurze Zeit im
Probebetrieb gestandene Maschine war für den schweren
Eilgüterverkehr gedacht. Der innere HD-Zylinder trieb die
2. Triebachse an (siehe Auswuchtgewicht); die äusseren
ND-Zylinder trieben die 3. Achse an. Alco 1931.

141 4–8–4-Schnellzugslok Nr. 1631 der ⟨Lackawanna⟩.
Triebrad- ∅ 1879,6 mm; Scheibenräder; hängende Kreuzköpfe.
Alco 1934.

140 2–8–8–2-Mallet-Eilgüterzugsmaschine Nr. 259 der ⟨WP⟩
(Serie 251–260). Einfachdehnung; Triebrad- ∅ 1600,2 mm,
Scheibenräder; Hängende Kreuzköpfe. Ölfeuerung;
5 Wassertaschen; Straight top-Kessel. Baldwin 1938. Vgl. auch
Abb. 174 (⟨NP⟩).

142 4–4–4-Schnellzugslok Nr. 1 («Lady Baltimore») der ‹B&O›.
Triebrad- ⌀ 2134 mm; hängende Kreuzköpfe. 1934 im eigenen
Werk gebaut. Siehe auch Abb. 7. Sammlung Verkehrshaus.

144a 4–6–2-Schnellzugslok Nr. 3710 der ‹B&M›.
Kesseloberseite ist verkleidet. Triebrad- ⌀ 2032 mm; hängende
Kreuzköpfe; Booster. Lima 1934.

145 4–6–2+2–6–4 der ‹PLM›, Typ Beyer-Garratt,
Schnellzugsmaschine mit Belpaire-Stehkessel; Triebrad- ⌀
1800 mm; Cossart-Steuerung.

143 4–6–4-Schnellzugslok Nr. 5047 der ‹B&O›. Umgebaut und
mit HD-Kessel versehen aus einer 4–6–2-Feuerbüchse Bauart
Emerson. Triebrad- ∅ 1879,6 mm. Umbau Mt. Clare work shops
1924/1934.

144b 4–6–2-Schnellzugslok Nr. 3715 der ‹B&M›, Serie
3715–3719. Triebrad- ∅ 2032 mm; hängende Kreuzköpfe; Booster.
Einsatz: schwerer Expressverkehr (z. B. «Ambasador») und
Eilgüterzüge. Lima 1936/37.

146 2'C1'h4-Schnellzugslok Nr. 1001 der ‹*SNCB*› mit
Verkleidung der Frontpartie. Triebrad- ∅ 1980 mm; durchgehende
Kolbenstangen. 1935.

148 2–6–6–2-Mallet-Compound-Güterzugslok Nr. 4 der
‹*Weyerhaeuser Timber Co.*›. Leichte Ausführung. Kesseltyp
Straight top. Ölfeuerung. Scheinwerfer auf Tender. Baldwin 1934.

147 2–6–6–4-Mallet-Güterzugslok Nr. 1104 der ‹*P&WV*›.
Kesseltyp: Straight top Belpaire. Triebrad- ⌀ 1600,2 mm;
Doppelkamin; Einfachdehnung; hängende Kreuzköpfe;
Scheinwerfer auf Tender. Baldwin 1934.

149 4–6–4-Schnellzugslok Nr. 2 der ‹B&O› («Lord Baltimore»)
mit 7-Wagenschnellzug. Triebrad- ∅ 2134 mm; hängende
Kreuzköpfe; Booster. Mt. Clare, 1935. Sammlung Verkehrshaus.

150 4–8–2-Lok für den gemischten Dienst der ‹BAR› mit nur
1600,2 mm Triebrad- ∅ (vgl. Abb. 58 in Band 1). Man beachte das
aussengelagerte Leitdrehgestell, den Antrieb über die
3. Triebachse und die Aussenleiter am Tender. Vgl. Lok Abb. 73.
Alco 1935.

151b 4–4–2-Schnellzugslok der ‹*Milwaukee*› für den Hiawatha-Express (Abkürzung «HI'S»). Man beachte den Antrieb auf die 1. Achse und den 3+2achsigen Tender. Diese Maschine war stärker und schwerer als die E6s der ‹*Penn*›. Als Höchstgeschwindigkeit wurde 100–120 mph angegeben. Farben: oben schwarz, mitte grau, unten orange. Triebrad-∅ 2133,6 mm.

151a 4–4–2-Schnellzugslok Nr. 1 mit Stromlinienverkleidung der ‹*Milwaukee*› vor dem Hiawatha-Express (6 Wagen). Triebrad-∅ 2134 mm; Scheibenräder; Abb. 180 zeigt die 4–6–4-Stromlinienlok für die schwerer gewordenen Hiawatha-Expresszüge ab 1938. Alco 1935. Sammlung Verkehrshaus.

213

152 2–6–6–4-Mallet-Eilgüter-Lok Nr. 2501 der ‹SAL›. Man beachte das Doppelkamin. Kesseltyp: Conical; Einfachdehnung; Baker-Steuerung; Triebrad-∅ 1752,6 mm. Einsatz: Richmond (Va.) – Raleigh (N. C.). Baldwin 1935.

153 4–8–4-Schnellzugslok Nr. 600 der ‹C&O›. Sie führte den Namen «Th. Jefferson». Triebrad-∅ 1828,8 mm; hängende Kreuzköpfe; grosser 2×3achsiger Tender; Booster. Lima 1935.

154a 4–8–2-Schnellzugslok Nr. 4102 der ‹B&M› in
Zweiseitenansicht. Triebrad- ⌀ 1854 mm; hängende Kreuzköpfe;
Walschaert-Steuerung; kleine Windleitbleche; 2×3achsiger
Tender. Baldwin 1935.

154b 4–8–2-Schnellzugslok Nr. 4117 (Serie 4113–4117) der ‹B&M›. Man beachte die Boxpok-Räder und das leicht gedrehte Gegengewicht bei den Hauptantriebsräder. 2+5achsiger Grosstender. Druckluftkühler unterhalb der Rauchkammer. Baldwin 1941. Sammlung Verkehrshaus.

156 2–6–6–4-Mallet-Eilgüterlok Nr. 1206 der ‹N&W› mit Einfachdehnung. Triebrad-∅ 1778 mm; hängende Kreuzköpfe; Baker-Steuerung. Rostfläche 11,35 mm². Roanoke 1936. Max. Geschwindigkeit 65 mph (mit Personenzügen 70 mph). Siehe auch Abb. 8.

155 Elektrolok der ‹*Penn*› Nr. 4824 (Serie 4815–4857, Altoona, 1935), Typ 4–6–0+0–6–4 (2'C₀+C₀·2'), auch nur 4–6–6–4 geschrieben. Antrieb: 6 Doppelmotoren zu 2×385 HP, max. Zugkraft 32,6 t, Triebrad-⌀ 1447,8 mm. Class GG1 (Tschitschiwuan gesprochen).

157 2–8–2-Güterzugslok Nr. 561 der ‹*L&A*› mit Tender-Booster. Ölfeuerung. Triebrad-⌀ 1600,2 mm. Walschaert-Steuerung. Lima 1936.

158 0–10–2-Rangier- und Überführlok Nr. 303 der ⟨Union RR Comp⟩ mit Tenderbooster (System Franklin) und geschlossener Führerkabine. Triebrad-∅ 1549,4 mm; hängende Kreuzköpfe; Kesseltyp: Conical; Wassertaschen; Triebräder der mittleren Achse mit Baldwin-Scheibenrädern. Baldwin 1936. Der Achsstand musste wegen kleinen Drehscheiben kurz sein, deshalb keine vordere Laufachse. 1949 an ⟨DM&IR⟩ für Erzzüge verkauft.

159 4–6–4-Schnellzugs-Stromlinienlok Nr. 1400 der ⟨NY, NH&H⟩ (Serie 1400–1409). Diese Stromlinisierung hat die Dampflok nicht in eine diesellokähnliche Maschine verwandelt, ist also als gut anzusehen. Die Feuerbüchse besass 3 Wassertaschen. Der Lokrahmen war, wie damals üblich, als einheitliches Stück aus Stahlguss hergestellt. Triebrad-∅ 2032 mm; hängende Kreuzköpfe; leichte Walschaert-Steuerung. Baldwin 1937.

160 4–6–4-Schnellzugsmaschine Nr. 3465 (Serie 3460–3465) der ⟨*Santa Fé*⟩ mit Ölfeuerung für die Strecke Chicago–La Junta (1604 km). Triebrad- ⌀ 2133,6 mm (Scheibenräder); hängende Kreuzköpfe; Teleskopprinzip zur Verlängerung des Kamins. Rostfläche 9,15 m² (!). 2×3achsiger Grosstender. Baldwin 1937. Siehe auch Abb. 10.

161 4–6–4-Schnellzugs-Stromlinienlok Nr. 3460 der ‹Santa Fé› mit Scheibenrädern. Triebrad- ⌀ 2133,6 mm; hängende Kreuzköpfe; Ölfeuerung (konnte jedoch auf Kohlenfeuerung umgebaut werden); die Feuerbüchse besass 2 Wassertaschen; die Feuerbüchse war aus Nickelstahl; als Kesseldruck war 21,79 atü vorgesehen, doch das Sicherheitsventil war auf 21,09 atü eingestellt. V_{max} 161–177 km/h. Baldwin 1937. Sammlung Verkehrshaus.

162 2–8–4-Güterzugslok Nr. 6405 (Serie 6401–6410) der ‹W&LE›. Triebrad- ⌀ 1752,6 mm; hängende Kreuzköpfe; Baker-Steuerung; Scheibenräder. Alco 1937. Die ‹L&N› hat 1942, 1944 und 1949 ebenfalls Berkshires mit ähnlichen Daten angeschafft, die auch im Personenverkehr eingesetzt worden sind. Foto RR, Sammlung Lassueur.

163 2–8–4-Güterzugslok Nr. 6408 der ⟨W&LE⟩. Triebrad-∅ 1752,6 mm; Scheibenräder; hängende Kreuzköpfe. Alco 1937. Foto RR, Sammlung Lassueur.

164 2–8–4-Güterzugslok Nr. 574 der ⟨RF&P⟩. Triebrad-∅ 1752,6 mm; hängende Kreuzköpfe; Baker-Steuerung; grosser 2×3achsiger Tender. Lima 1942. Bemalung lässt darauf schliessen, dass die Maschinen auch Personenzugsdienst leisteten (vgl. Abb. 169).

165 4–4–4–4-Duplex-Schnellzugsmaschine, Einrahmenbauweise mit 4 Zylindern und 2 getrennten Triebwerken Nr. 5600 der ⟨B&O⟩. Triebrad-∅ 1930,4 mm. Emerson-Stehkessel. Clare 1937. Foto USIS.

221

166a 4–6–4-Schnellzugsmaschine Nr. 5405 (Serie 5405–5444, Class J 3 a) der ⟨NYC⟩ mit 2007 mm grossen Boxpok-Rädern ('General Steel Castings') und Kleinkamin (Hilfsantriebe); Alligator-Kreuzkopf. Werkaufnahme bei der Ablieferung. Alco 1937/38.

166b Hudson-Maschinen der ⟨NYC⟩ in Doppeltraktion nach jahrzehntelangem Einsatz. Man beachte die Kombination Scheiben- mit Speichenrädern. Triebrad- ∅ 2007 mm. Die 2. Maschine besass die Nr. 5407. Alco 1937/38. Foto Hürlimann.

222

167 4–6–4-Schnellzugsmaschine Nr. 5424 (Serie 5405–5454) der
‹NYC› mit 'Scullin Disc Drivers'. Triebrad- ⌀ 2007 mm; leichte
Baker-Steuerung. Alco 1937/38. Diese Aufnahme zeigt die linke
Seite der Hudson. Man beachte das Dampfspeiserohr für den
Booster. Foto RR, Sammlung Verkehrshaus.

168 2–10–4-Eilgüterzugsmaschine Nr. 900 der ‹KCS› mit geschlossenem Führerhaus und grossem 2×3rädrigem Tender. Triebrad-∅ 1778 mm; Scheibenräder; hängende Kreuzköpfe Baldwin 1937. Siehe auch Abb. 13.

169 4–8–4-Schnellzugsmaschine Nr. 552 der ‹RF&P›. Sie führte den Namen «General T.J. Jackson». Kesseltyp Conical; 3 Wassertaschen; Triebrad-∅ 1955,8 mm (Baldwin-Scheibenräder); hängende Kreuzköpfe. Baldwin 1937.

170 4–8–4-Schnellzugsmaschine Nr. 806 der ‹UP› für den «Challenger-Coach-Pullman-Tourist-Sleeping-Car-Train» zwischen Chicago und Los Angeles. Triebrad-∅ 1955,8 mm (Scheibenräder). Alco 1937. Tender-Drehgestelle Typ Commonwealth. Siehe Abb. 14.

225

171 4–8–8–2-Mallet-Eilgüterzugslok Nr. 4162 der ‹SP›, Typ 'cab ahead', Serie 4151–4176, Einfachdehnung; Triebrad- ⌀ 1600,2 mm; Scheibenräder; Bremsluftpumpen vor der Rauchkammertür; Leitdrehgestell aussengelagert, nicht radial befestigt. Baldwin 1937.

172 4–8–8–2-Mallet-Eilgüterzugslock Nr. 4102 der ‹SP›, Typ 'cab ahead'. Einfachdehnung; Kesseltyp Conical; Verbrennungskammer; Doppelkamin; Triebrad- ⌀ 1612,9 mm; aussengelagertes Leitdrehgestell. Baldwin 1928.

173a Gemischter Güterzug mit 'cab ahead'-Maschine der ⟨SP⟩ auf dem Eisenbahnviadukt über den Sacramento River. Länge der Brücke 1324,7 m; Höhe über Boden, resp. Wasser max. 30 m; die Brücke besteht aus 71 Einheiten auf Stahlgittertürmen, über dem Fluss auf Betonpfeilern. Foto USIS.

173b 4–8–8–2-'cab ahead'-Güterzugslok der ⟨SP⟩ mit gemischtem Güterzug. Lok Nr. 4173 auf der kalifornischen Strecke bei Lang mit 61 Güterwagen und 25 mph. Foto R. H. Kindig, 1946. Baldwin 1937. Foto R. H. Kindig, Sammlung Verkehrshaus.

174 2–8–8–4-Mallet Güterzugslok Nr. 5002 der ‹NP›. Diese besonders starken Maschinen hatten den Bergdienst mit den schweren Zügen zu versehen. Einfachdehnung. Kesseltyp Straight top; 5 Wassertaschen; Verbrennungskammer; Rost bis über die zweitletzte Triebachse vorgezogen; Triebrad-∅ 1600,2 mm; Booster; 2×3achsiger Tender. Besonderes Merkmal: Rostfläche 16,9 m²! 1941 sollen diese Maschinen eine Modernisierung erfahren haben. Baldwin 1930.

175 4–6–4-Schnellzugsmaschine Nr. 1154 der ‹Lackawanna› für die Strecke Scranton (Pa.)–Buffalo (N.Y.), resp. Hoboken–Buffalo. Triebrad-∅ 2032 mm; Scheibenräder; Walschaert-Steuerung; hängende Kreuzköpfe. Alco 1937.

176 4–8–4-Schnellzugslok Nr. 9700 der ‹Milwaukee›. Triebrad-∅ 1879,6 mm; Baker-Steuerung; hängende Kreuzköpfe; aussengelagertes Leitdrehgestell; Kesseltyp Conical. Baldwin 1930.

177 4–8–4-Schnellzugslok Nr. 206 der ⟨*Milwaukee*⟩; Strecke z. B. Minneapolis–Harlowtown 914 Meilen. Triebrad- ∅ 1880 mm; Scheibenräder; hängende Kreuzköpfe; leichte Walschaert-Steuerung; geschlossenes Führerhaus; schwerer 'Cow catcher'. Baldwin 1937. Von dieser Maschine sagt D. P. Morgan in 'Steam's finest hour', 1959: 'More burly than beautiful' (Mehr stämmig als schön). Wahrscheinlich hat ihn der grosse Kessel- ∅ gestört.

178 2–8–2-Güterzugslok Nr. 16 der ⟨*A&S*⟩. Kleinrädrige (1397 mm ∅) aber leistungsfähige Maschine mit 24 t Zugkraft für Überführdienste. Antriebsanlage aus hochfesten Al-Legierungen. Alco 1937.

179 Feuerraumbeschickung durch Stoker (Feuertüre vom
Heizer geöffnet). Das Bild wurde im Kesselraum der
⟨C&O⟩-Dampfturbinenlok aufgenommen (siehe Abb. 237). Foto
USIS.

180 4–6–4-Schnellzugsstromlinienlok (Hiawatha-Serie) der
‹*Milwaukee Road*›. Triebrad- ⌀ 2134 mm (Scheibenräder),
193 km/h mit schwersten Zügen für lange Strecken. Rostfläche
9 m². Alco 1938. Siehe Abb. 15. Sammlung Verkehrshaus.

181 4–6–4-Schnellzugsstromlinienlok Nr. 4002 der ‹*C&NW*›.
Triebrad- ⌀ 2134 mm; Scheibenräder. Strecke: Chicago–Omaha.
130 km/h mit 15 Wagenzügen. Alco 1938. Siehe auch Abb. 16.
Sammlung Verkehrshaus.

231

182a 4–6–4-Schnellzugsstromlinienlok Nr. 5445 der ‹NYC› für
den «20th Century Ltd». Triebrad- ⌀ 2007 mm; Alligator-
Kreuzkopf; Scheibenräder; leichte Baker-Steuerung. Booster.
Alco 1938.

182b 4–6–4-Schnellzugsstromlinienlok Nr. 5445 der ‹NYC›.
Werkaufnahme.

183 4–8–4-Schnellzugslok Nr. 1805 der ‹ACL› für 20–21
Wagenzüge auf der Strecke Richmond–Jacksonville (1060 km);
Triebrad- ⌀ 2032 mm, Baldwin Scheibenräder; leichte
Walschaert-Steuerung; schwerer Tender 2×4achsig; Kesseltyp
Conical, 4 Wassertaschen. Baldwin 1938. Siehe auch Abb. 17.

184a und b 4–8–4–Schnellzugslok Nr. 3771 der ⟨*Santa Fé*⟩ (Serie
3765–3775), ölgefeuert mit 2×3achsigem Tender für grosse
Strecken (La Junta–Los Angeles). Triebrad-∅ 2032 mm;
Rostfläche 10 m². Baldwin 1938. Maschinen dieser
Leistungsfähigkeit hat Europa nie gekannt. Abb. 184a Sammlung
Verkehrshaus.

185 4–8–4-Schnellzugslok Nr. 2667 der ‹NP›, ölgefeuert.
Triebrad-∅ 1955,8 mm; Scheibenräder. Baldwin 1938. Gleiche
Maschinen siehe Abb. 186 (‹Spokane, Portland & Seattle›).
Sammlung Verkehrshaus.

187 4–8–4-Schnellzugslok Nr. 606 der ⟨*RF&P*⟩ mit
2×3achsigem Vanderbilt-Tender. Triebrad- ⌀ 1955,8 mm;
Scheibenräder; hängende Kreuzköpfe. Baldwin 1938. Die
Gesellschaft besass insgesamt 22 Northern. Sammlung
Verkehrshaus.

186 4–8–4-Schnellzugsmaschine Nr. 702 der ⟨*SP&S*⟩. Man
beachte das versetzte Gegengewicht der angetriebenen Triebräder
der 2. Achse. Triebrad- ⌀ 1955,8 mm, Scheibenräder; Kesseltyp
Conical; ölgefeuert. Baldwin 1938.

189 4–8–4-Eilgüterzugs- resp. Schnellzugslok Nr. 1804 der ⟨*Rio Grande*⟩ mit geschlossenem Führerhaus. Der Datenvergleich mit Lok 5601 der ⟨*CB&Q*⟩ ergibt ausser dem damals noch kleineren Kesseldruck überraschend gute Übereinstimmung mit einer 8 Jahre älteren Maschine. Triebrad-⌀ der ⟨*Rio Grande*⟩-Maschine 1854,2 mm. Scheibenräder. Alco 1938. Die Gesellschaft besass insgesamt 19 Northern und beschaffte anschliessend 21 Challenger (siehe Abb. 191 und 192).

191 4–6–6–4-Eilgüterzugs-Mallet-Lok Nr. 3706 der ⟨*Rio Grande*⟩ (Werkaufnahme). Kesseltyp Straight top; langer Stehkessel bis über die hinterste Triebachse vorgezogen. Triebrad-⌀ 1778 mm, Scheibenräder; hängende Kreuzköpfe. Achsdruck 33,1 t. Baldwin 1938.

188 4–8–4-Eilgüterzugslok Nr. 5601 (Serie 5600–5607) der ‹CB&Q›. Kesseltyp Conical. Elesco-Speisewasservorwärmer. Triebrad-∅ 1879,6 mm; Alligator-Kreuzkopf; Verbrennungskammer; Baker-Steuerung; Lokrahmen mit angegossenen Zylindern; der grosse Tender fasste 24 t Kohle + 68 136 l Wasser. Sehr ähnliche Maschinen baute die Gesellschaft in ihrem Werk in West Burlington: 13 Stück 1937, 5 Stück 1938 und 10 Stück 1939/40. Sie besassen die Nrn. 5608–5635. Baldwin 1940. Die Gesellschaft besass insgesamt 36 Northern.

190 4–8–4-Eilgüterzugs- und Schnellzugslok Nr. 5000 der ‹WC›. Triebrad-∅ 1905 mm; Scheibenräder; hängende Kreuzköpfe. Lima 1938. Siehe Abb. 18.

237

192 4–6–6–4-Eilgüterzugs-Mallet-Lok Nr. 3706 der ⟨*Rio Grande*⟩. ³/₄-Ansicht von Lok Abb. 191. Baldwin 1938. Sammlung Verkehrshaus.

194 6–4–4–6-Schnellzugslok Nr. 6100 der ⟨*Penn*⟩. Einrahmenmaschine mit Stromlinienverkleidung (Draufsicht). 4-Zylinder (Duplex); Triebrad- ⌀ 2133,6 mm. Diese Maschine konnte noch so schwere Luxuszüge (∼1200 t) mit 100 mph durchhalten. Man beachte das Doppelkamin. ⟨*Penn*⟩ 1939. Sammlung Verkehrshaus.

193 Stahlbrücke der ⟨*Rock Island*⟩ über den Cimarron River
(Strecke Chicago-Tucumcari). Man beachte die Leichtbauweise
bei den Verstrebungen. Foto USIS.

195 6–4–4–6-Schnellzugslok Nr. 6100 der ⟨*Penn*⟩.
Duplex-Bauart mit 3achsigen Drehgestellen. Man beachte das
Signalhorn. ⟨*Penn*⟩. Siehe auch Abb. 19 und 194. Die
Stromlinienverkleidung wurde später unten weggenommen.

196b 2–8–8–4-Mallet-Lok Nr. 3811 der ⟨SP⟩ (Serie 3800–3811) vor schwerem Güterzug bei Tucumcari (N.M.) im Mai 1940. Foto von R.H. Kindig (Sammlung Verkehrshaus).

196c 2–8–8–4-Mallet-Lok Nr. 3800 der ⟨SP⟩ vor schwerem Güterzug westlich von Hargis (N.M.). 30 mph mit 70 Wagen. Foto R.H. Kindig (Mai 1940); Sammlung Verkehrshaus.

196a 2–8–8–4-Mallet-Lok für den gemischten Dienst, Nr. 3800 der ‹SP›. Stromlinienverkleidung im oberen Teil. Triebrad-∅ 1612,9 mm. Scheibenräder. Maschinengewicht 311 t. Diese Maschine war das Paradepferd der ‹SP›. Lima 1939.

196d 2–8–8–4-Mallet-Lok Nr. 3811 der ‹SP› vor Montoya (N.M.) mit einem schweren Güterzug (101 Wagen), Geschwindigkeit 40 mph, Foto R. H. Kindig (Mai 1940). Sammlung Verkehrshaus.

197 2–8–4-Güterzugslok Nr. 704 der ‹DT&I› mit geschlossenem Führerhaus. Booster konnte eingebaut werden. Triebrad-∅ 1600,2 mm. Vordere Laufachse aussengelagert. Speisewasservorwärmer Worthington 5SA. Tender mit Scheinwerfer. Lima 1939.

198 2–8–8–0-Mallet-Compound-Güterzugsmaschine Nr. 3617 der ‹UP›. Diese Maschinen wurden auf solche mit Einfachdehnung umgebaut. Triebrad-∅ 1498,6 mm. Alco 1920/1940. Es waren aber immer noch Langsamläufer, doch konnte man über die Sherman Hill-Strecke alles gebrauchen, was kriegsbedingte schwere Lasten meisterte (siehe Abb. 37 in Band 1).

201 4–8–2-Güterzugsmaschine mit Booster Nr. 3037, Class L3b, der ‹NYC›. Die Serie 3025–3049 bildeten eine Spezialität, da der Booster-Einbau bei Mohawks selten vorgenommen wurde. Triebrad-∅ 1752,6 mm. Lima 1940. Siehe auch Abb. 20.

199 4–6–6–4-Mallet-Güterzugslok Nr. 1505 der ‹D&H› (Serie 1500–1519). Triebrad-∅ 1752,6 mm. Alco 1940. Sie ersetzten Consolidations (siehe Abb. 199 in Band I) in Doppeltraktion.

200 4–6–2-Schnellzugslok Nr. 2915 der ‹Erie› in umgebautem Zustand auf dem Bahnhof Port Jervis. Triebrad-∅ 2006,6 mm. Modernisiert für den Langstreckendienst mit Boxpok-Rädern, Elesco-Speisewasservorwärmer und grossem Tender. Baldwin 1919/1940. Ablieferungszustand 1919 siehe Abb. 202, Bd. 1. Foto RR, Sammlung Lassueur.

203 2–8–8–4-Mallet-Güterzugsmaschine Nr. 222 der ⟨DM&IR⟩.
Einfachdehnung. Tender 2+5achsig. Bremsluftpumpen vor der
Rauchkammertür; Triebrad-⌀ 1600,2 mm (Scheibenräder);
Baker-Steuerung. Baldwin 1941. D.P. Morgan sagt von diesen
Mallets: 'For the heaviest of trains' (Für die schwersten der Züge).
Siehe auch Abb. 21. Sammlung Verkehrshaus.

204a 4–8–8–4-Mallet für den Eilgüterdienst, Nr. 4002 der ⟨UP⟩.
Maschinengewicht 346 t; Triebrad-⌀ 1727 mm. Diese als «Big
Boy» bezeichnete Maschine war das Paradepferd der ⟨UP⟩. Alco
1941.

202 4–8–2-Lok für gemischten Dienst Nr. 3135 (Serie
3125–3149, Class L4b) der ‹NYC› mit
Scullin-Disc-Scheibenrädern. Baker-Steuerung; Triebrad-∅
1828,8 mm; hängende Kreuzköpfe. Lima 1943. Später mit
Windleitblechen versehen.

204b «Big Boy» Nr. 4005 mit Güterzug. Kohlenraum
aufgestockt (Sammlung Henzi). Diese Einheit wurde später auf
Ölfeuerung umgebaut.

205 Spur 1-Modell einer «Big Boy»-Maschine, Nr. 4017, der
‹UP›. Aufgenommen auf Modellanlage H.-R. Sch.

206 4–8–4-Schnellzugslok Nr. 609 (Serie 600–613) der ‹N&W›
vor schwerem Personenzug. Stromlinienförmig verkleidet.
Offizielle V_{max} 145 km/h, auf Versuchsfahrten wurden 177 km/h
erreicht. Triebrad- ⌀ 1778 mm; Speichenräder (38% leichtere
Triebwerke als konventionelle Lok gleicher Leistung); leichte
Baker-Steuerung; Maschinenlänge 18406 mm; Maschinenhöhe
4877 mm; Maschinenbreite 3404 mm. Roanoke 1941–1943, 1950.

209 4–8–4-Schnellzugslok Nr. 4436 (Serie 4430–4449, Class
GS4) der ‹SP› für die ‹Scenic Coast Line›. Stromlinienförmig
verkleidet. Ölfeuerung. Triebrad- ⌀ 2032 mm, Scheibenräder;
hängende Kreuzköpfe. Booster. Lima 1941.

207 Schwerste 4–8–4-Schnellzugslok Nr. 3780 (Serie
3776–3785), der ‹Santa Fé› für lange Lokdurchläufe, ölgefeuert.
Kesseltyp Conical; Triebrad-⌀ 2032 mm, Scheibenräder;
Rostfläche 10 m²; Maschinengewicht 231,4 t; 2×4achsiger Tender.
Baldwin 1941. Sammlung Verkehrshaus.

208 Schwerste 4–8–4-Schnellzugslok Nr. 2919 (Serie 2900–2929)
der ‹Santa Fé›, ölgefeuert. Triebrad-⌀ 2032 mm, Scheibenräder.
Rostfläche 10 m²; Heizfläche 493,8 m²; Zugkraft 29,9 t. Baldwin
1943. Sammlung Verkehrshaus.

210 4–8–4-Eilgüterzugslok Nr. 4462 (Serie 4460–4463, Class GS6) der ‹SP› mit Stromlinienverkleidung nur oben; ölgefeuert. Booster; Triebrad- ⌀ 1866,9 mm, Scheibenräder; hängende Kreuzköpfe. Lima 1942/43.

212 Pit-River-Brücke über den durch den Shasta-Damm (Nord Kalifornien) gestauten Pit-Fluss (auf der Foto noch ohne Wasser). Es handelt sich um eine Doppelbrücke mit Highway (oben) und 2spurigen Bahntrasse (unten). Foto USIS.

211 4–6–6–4-Güterzugslok Nr. 1203 (Serie 1201–1212) der ‹WM›. Sie hatten alte 2–10–0-Loks zu ersetzen (siehe Abb. 99). Einfachdehnung. Triebrad- ∅ 1750 mm, Scheibenräder; hängende Kreuzköpfe. Baldwin 1940. Sammlung Verkehrshaus.

213 4–4–4–4-Schnellzugslok Nr. 5511 der ‹Penn›, stomlinienverkleidet. Foto USIS. Triebrad- ∅ 2032 mm, Scheibenräder; hängende Kreuzköpfe. Juniata-Baldwin 1942. Siehe auch Abb. 24. Diese Maschinen hätten die 4–8–4-Loks erübrigen sollen, doch hatten sie grosse Nachteile (Schleudern, Ventilausfall etc.), so dass der grosse Wurf nicht gelang. – Über 4,5 t Al-Legirungen wurden mitverwendet.

214 4–4–6–4-Güterzugslok Nr. 6131 der ‹Penn›,
stromlinienverkleidet. Triebrad- ⌀ 1753 mm. Es soll der
weltstärkste Fünfkuppler gewesen sein. Messungen èrgaben
8000 HP. Aber auch dieser Versuch missglückte. Das
Duplex-Prinzip konnte ‹Penn› nicht zum Erfolg führen.
Sammlung Verkehrshaus.

215 4–8–4-Eilgüterzugslok Nr. 485 der ‹WP›; oben stromlinisiert; ölgefeuert; Triebrad-⌀ 1866,9 mm, Scheibenräder; hängende Kreuzköpfe. Lima 1942. Ähnliche Maschinen siehe Abb. 210.

216 4–8–4-Lok für gemischten Dienst Nr. 455 (Serie 451–458) der ‹CofG›. Kohlengefeuert; Tender mit 'Coal Pusher' 2×2achsig, kurz; Triebrad-⌀ 1866,9 mm, Scheibenräder; hängende Kreuzköpfe. Lima 1943. Ähnliche Maschinen siehe Abb. 215, jedoch ohne Verkleidung und ohne Booster.

217 4–6–6–4-Eilgüterzugslok (Challenger-Typ) Nr. 3967 der ‹UP›. Einfachdehnung. Triebrad-⌀ 1752,6 mm; Scheibenräder; hängende Kreuzköpfe; Walschaert-Steuerung; Doppelkamin; Tender 2+5achsig. Alco 1942. Vgl. auch Abb. 220.

218 2–6–6–6-Güterzugslok Allegheny-Typ Nr. 1605 (Serie 1600–1609) der ‹C&O›. Triebrad- ⌀ 1702 mm; Speichenräder; hängende Kreuzköpfe; 2 Sanddome; leichte Baker-Steuerung. Doppelkamin. Tender 3+4achsig. Lima 1941. Siehe auch Abb. 25.

219 4–8–4-Schnellzugslok Nr. 2674 (Serie 2670–2677) der ‹NP›. Triebrad- ⌀ 1956, Baldwin-Scheibenräder; leichte Antriebsanlage; hängende Kreuzköpfe; Rostfläche 10,7 m²; Walschaert-Steuerung; Tender 2+5achsig; schwerer Schneeräumer mit vertikalbeweglichem Kuppler, Kuppler hochgeklappt. Baldwin 1840.

220 4–6–6–4-Güterzugslok Nr. 655 der ‹Clinchfield›. Triebrad- ⌀ 1752,6 mm; Scheibenräder; hängende Kreuzköpfe; Baker-Steuerung. Alco 1943.

221 4–8–4-Lok (Mehrzwecklok) Nr. 587 der ‹NC&St. L›.
Frontpartie verkleidet. Triebrad- ∅ 1778 mm, Scheibenräder;
hängende Kreuzköpfe. Vgl. auch Maschinen mit gleichem
Triebrad- ∅ z. B. Abb. 127, 119. Alco 1941. – Vorne Stahlguss-
Schneeräumer mit horizontal eingeklapptem Kuppler.

222 2–8–2-Güterzugslok Nr. 2604 der ‹Wabash› mit
Dreizylinderantrieb. Triebrad- ∅ 1625,6 mm. Alco 1925. Später in
4–6–4-Schnellzugsloks umgebaut, da während des 2. Weltkrieges
keine Schnellzugsmaschinen bewilligt wurden.

225 2–6–6–6-Güterzugslok Nr. 900 (Serie 900–907) mit Einfachdehnung der ‹Virginian› mit 3+4achsigem Tender. Der Stehkessel liegt über dem 3achsigen Drehgestell (Rostfläche 12,58 m²). Triebrad- ⌀ 1701,8 mm; hängende Kreuzköpfe; Baker-Steuerung. Doppelkamin. Lima 1944.

223 4–8–4-Schnellzugslok Nr. 308 der ‹D&H› mit Windleitblechen und 2×3achsigem Grosstender. Triebrad-⌀ 1905 mm, Scheibenräder. Alle Leitungen unter Kesselmantel versteckt. Alco April 1943. Siehe auch Abb. 230.

224 4–8–4-Schnellzugslok Nr. 262 (Serie 260–269) der ‹Milwaukee› mit geschlossener Führerkabine und grossem 2×3achsigem Tender. Triebrad- ⌀ 1879,6 mm, Scheibenräder; hängende Kreuzköpfe. Walschaert-Steuerung in Leichtausführung. Alco 1944. Die Loks wurden nicht vor «Hiawathas» verwendet, da sie nicht schneller fuhren als 161 km/h (siehe Abb. 180). Man beachte den schweren Schneeräumer, Signalhorn, liegende Pfeife und elektromagnetische Zugsicherung.

226 2–8–4-Güterzugslok Nr. 505 (Serie 505–509) der
‹*Virginian*›. Triebrad- ∅ 1752,6 mm (man beachte die weit
ausserhalb des Radkörpers liegenden Auswuchtgewichte);
Rostfläche 8,4 t; hängende Kreuzköpfe; Baker-Steuerung.
Achsdruck pro Triebachse 33½ t! Lima 1944. Sammlung
Verkehrshaus.

< 227 6–8–6-Dampfturbinenlok Nr. 6200 mit mechanischer Leistungsübertragung der ‹Penn› mit 2×4achsigem Tender. Triebrad- ⌀ 1727 mm (Speichenräder!). Einsatz: schwere Durchgangszüge; V$_{max}$ 160 km/h. Baldwin/Westinghouse 1944. Siehe auch Abb. 27. Auf Kondensation wurde verzichtet. – Sowohl Flachlandstrecke (Crestlinge, Ohio–Chicago) als auch Gebirgsstrecke (Altoona–Harrisburg) wurden gemeistert.

230 4–8–4-Schnellzugslok (Prototyp) Nr. 6000 der ‹NYC› mit Windleitblechen und 2+5achsigem Tender (centipede type). Triebrad- ⌀ 1905 mm (später 2006,6 mm); Scheibenräder; Baker-Steuerung; Worthington-Speisewasservorwärmer. Alco März 1945.

228 2–8–2-Güterzugslok Nr. 808 der ‹DT&I› mit geschlossenem Führerhaus. Triebrad- ⌀ 1600,2 mm; hängende Kreuzköpfe. Scheinwerfer auf grossem 2×3achsigem Tender. Lima 1944.

229 4–8–4-Schnellzugslok Nr. 841 (Serie 835–844) der ‹UP› mit 2+5achsigem Grosstender (siehe auch Abb. 28). V$_{max}$ 177 km/h. Später mit Windleitblechen ausgerüstet. Triebrad- ⌀ 2032 mm; Scheibenräder; hängende Kreuzköpfe. Alco 1944.

231 4–8–4-Schnellzugslok (Prototyp) Nr. 6000 der ‹NYC› mit
Windleitblechen und 2+5achsigem Tender. Triebrad-⌀ 1905 mm
(später 2006,6 mm); Scheibenräder; Baker-Steuerung; hängende
Kreuzköpfe. Alco 1945. – Die Niagara-Maschinen der ‹NYC›
waren so gut im Konzept, dass sie von Anfang an erfolgreich mit
den schwierigsten Aufgaben betraut werden konnten. Sie nahmen
es in bezug auf Leistung, Geschwindigkeit, Wirtschaftlichkeit,
Einsatzdauer usw. mit den dieselelektrischen Loks auf (siehe
Grosstest 1946). Der Erfolg der ‹NYC› besass nicht nur
gesellschaftsinterne Bedeutung, dieser stempelte z.B die Projekte
der ‹Penn› zur verfehlten Politik (Duplex, Dampfturbine).
Trotzdem, die Front gegen die Dampftraktion hatte sich gebildet
und auch bei der ‹NYC› wurde sie von der Dieseltraktion rasch
verdrängt. Da halfen auch Reklamebilder mit 4 Damen, die die
Nr. 6001 ohne jede weitere Hilfe zogen (Timken-Rollenlager!)
nichts mehr.

232 4–8–4-Schnellzugslok (Einzelstück) Nr. 5500 der ⟨NYC⟩ versuchsweise mit Franklin Ventilsteuerung ausgerüstet; Grosstender 2+5achsig; Triebrad- ⌀ 2006,6 mm; Scheibenräder; hängende Kreuzköpfe. Man beachte die Windleitbleche und die totale Profilausnützung durch den Kessel nach oben. Alco 1946.

233 2–8–2-Loks für gemischten Dienst Nr. 141R704 der ⟨SNCF⟩ im Depot Basel. Man beachte das Boxpok-Rad der angetriebenen Achse, die Windleitbleche und die hängenden Kreuzköpfe. Walschaert-Steuerung. Die Maschinen waren ölgefeuert. Blasrohr Kylchap. Tender 2×2achsig (Öl 12,6 t + Wasser 30 000 l). Zur Charakterisierung dieser Loks sei folgender Satz von H. Bosshard zitiert: «...Im Expresszugsdienst bewältigten die kräftigen ⟨Amerikanerinnen⟩ auf der Strecke Grenoble–Lyon mit Höchststeigungen von 16‰ Anhängelasten bis 650 t!» Triebrad- ⌀ 1650 mm. Baujahre 1946/47.

234 4–8–4-Schnellzugslok Nr. 5119 der ‹Rock Island›.
Triebrad- ⌀ 1879,6 mm, Scheibenräder; Walschaert-Steuerung;
hängende Kreuzköpfe; 2×3achsiger Grosstender. Alco 1946.

235 4–6–2-Schnellzugslok Nr. 492 der ‹C&O› vor der
Stromlinienverschalung (siehe Abb. 236). Triebrad- ⌀ 1854,2 mm;
Elesco-Speisewasservorwärmer; grosse Sanddome; Baker-
Steuerung; 2×3achsiger Vanderbilt-Tender. Alco 1926 (vgl.
Abb. 74). Zeichnung siehe Abb. 29. Sammlung Lassueur.

238 2–8–4-Güterzugslok Nr. 2786 der ‹C&O›. Triebrad-∅
1752,6 mm; hängende Kreuzköpfe; Baker-Steuerung; Booster.
Grosser 2×3achsiger Tender. Ähnliche Maschinen von Lima 1944,
siehe Abb. 226. Alco 1947.

236 4–6–4-Schnellzugslok Nr. 490 der ‹C&O› stromlinisiert und
mit Booster ausgerüstet. Umbau aus ehemaliger 4–6–2-Lok,
Baujahr 1926. Neuer Triebrad-∅ 1879,6 mm; Rostfläche 7,5 m².
1946/47. Zeichnung mit Daten siehe Abb. 29. Sammlung Verkehrshaus.

262

239   2–8–4-Güterzugslok Nr. 9401 der ‹P&LE› (‹NYC›).
Triebrad- ⌀ 1600,2 mm; V_{max} 112 km/h; hängende Kreuzköpfe;
Baker-Steuerung. Die Serie 9400–9406 (ursprünglich 10 Loks
bestellt) besass 'overfire jets', eine Sauerstoff-Brennhilfe. Das
Profil wurde vom Kessel vollständig ausgenützt. Die Lok wurde
auch als eine vorn verkürzte Niagara bezeichnet. Tender mit
Scheinwerfer. Alco 1948.

237   480–484-Dampfturbinenlok, genannt «Chessie», mit
elektrischem Antrieb Nr. 500 der ‹C&O›. Einsatz: schwerer
Schnellzugsdienst zwischen Washington und Cincinnati.
Kohlenbunker im vorderen Teil der Maschine; der Wassertender
bildete ein Anhängefahrzeug. Baldwin 1947/48. Siehe auch
Abb. 179. Kühlluft für elektrische Maschinen wurde an der
Frontpartie angesaugt. Sammlung Verkehrshaus.

240 2–8–8–2-Güterzugslok Nr. 2181 (Serie 2181–2187), Class Y6b, der ‹N&W› mit Kohlenzug am New River bei Narrows (Va.), aufgenommen 1949. Triebrad-∅ 1447,8 mm; Rostfläche 9,87 m²; Heizfläche 525,6 m²; Überhitzer 165 m²; Maschinengewicht 264,4 t; Reibungsgewicht 237,2 t; Zugkraft 57,5 t, resp. 69 t wenn alle 4 Zylinder mit Kesseldruck fuhren. V_{max} 50 mph (80,5 km/h). Roanoke 1931–1949 (siehe auch Band 1, Seite 171). Ab 1955 übernahmen dieselelektrische Einheiten die Aufgaben der Class Y5, Y6. Propaganda-Artikel sprachen von grossen Einsparungen.

Anhang 1
Achsbildverzeichnisse und Stammbäume zur Achsbildentwicklung

Achsbild Fahrtrichtung ←	USA-Kurz-bezeichnung	Typennamen (nicht zu verwechseln mit Class)
oO	2–2–0	Planet (Old Ironside)
oOo	2–2–2	Single (Jenny Lind, Buddicom, Clapeyron)
ooO	4–2–0	Crampton/Pionier
ooOo	4–2–2	Single/bicycle
OO	0–4–0	4-Wheel switcher/4 Coupler (Stourbridge Lion)
oOO	2–4–0	4 coupled (John Bull)
oOOo	2–4–2	Columbia (Orleans)
ooOO	4–4–0	American (American Standard), Eight Wheeler
ooOOo	4–4–2	Atlantic
ooOOoo	4–4–4	Reading/Jubilee/Double Ender
OOO	0–6–0	6-Wheel switcher/6-Coupler (in England Royal George)
oOOO	2–6–0	Mogul
oOOOo	2–6–2	Prairie
oOOOoo	2–6–4	Adriatic (in den USA nicht verwendet)
ooOOO	4–6–0	Ten Wheel (Ten Wheeler)
ooOOOo	4–6–2	Pacific
ooOOOoo	4–6–4	Hudson/Baltic (Baltique 1911 CFN)
ooOOOooo	4–6–6 T	Suburban (Tendermaschine)
OOOO	0–8–0	8-Wheel switcher/8-Coupler
oOOOO	2–8–0	Consolidation
oOOOOo	2–8–2	Mikado (Mike)/McArthur
oOOOOoo	2–8–4	Berkshire/Kanawha (C&O)
ooOOOO	4–8–0	12 Wheeler (Mastadon)
ooOOOOo	4–8–2	Mountain/Mohawk (NYC)/Super Pacific
ooOOOOoo	4–8–4	Northern/Niagara/Confederation/Pocono/Greenbrier/General Service/Dixie/Wyoming
oooOOOOooo	6–8–6	Steamturbine (Penn)
OOOOO	0–10–0	10 Wheel switcher/10 Coupler
oOOOOO	2–10–0	Decapod
OOOOOo	0–10–2	Union
oOOOOOo	2–10–2	Santa Fé/Lorraine/Mountaineer
oOOOOOoo	2–10–4	Texas/Selkirk
ooOOOOO	4–10–0	Gobernador (in den USA höchst selten)/Mastadon (?)

Achsbild Fahrtrichtung	USA-Kurz-bezeichnung	Typennamen
←		
○○⬭⬭⬭⬭○	4–10–2	Overland/Sierra/Super Mountain/Southern Pacific
⬭⬭⬭⬭⬭⬭	0–12–0	Twelve Wheel switcher/12 Coupler
○○⬭⬭⬭⬭⬭○	4–12–2	Union Pacific (Nines)
○○⬭⬭⬭⬭⬭⬭○○	4–14–4	Soviet (in den USA nicht verwendet)

Mallet-Maschinen (articulated Locs)

⬭⬭⬭ ⬭⬭⬭	0–6–6–0	Schublok (B&O)
○⬭⬭⬭ ⬭⬭⬭	2–6–6–0	
○⬭⬭⬭ ⬭⬭⬭○	2–6–6–2	
○⬭⬭⬭ ⬭⬭⬭○○	2–6–6–4	
○⬭⬭⬭ ⬭⬭⬭○○○	2–6–6–6	Allegheny
○○⬭⬭ ⬭⬭⬭○	4–4–6–2	Santa Fé-Mallet (unsymmetrische Achsfolge)
○○⬭⬭⬭ ⬭⬭⬭○	4–6–6–2	SP cab ahead
○○⬭⬭⬭ ⬭⬭⬭○○	4–6–6–4	Challenger (Schnellfahr-Mallet)
○⬭⬭⬭ ⬭⬭⬭⬭	2–6–8–0	Great Northern-Mallet (unsymmetrische Achsfolge)
⬭⬭⬭⬭ ⬭⬭⬭⬭	0–8–8–0	Schublok (Erie)
○⬭⬭⬭⬭ ⬭⬭⬭⬭	2–8–8–0	
○⬭⬭⬭⬭ ⬭⬭⬭⬭○	2–8–8–2	
○⬭⬭⬭⬭ ⬭⬭⬭⬭○○	2–8–8–4	Yellowstone
○○⬭⬭⬭⬭ ⬭⬭⬭⬭○	4–8–8–2	SP-cab ahead (umgekehrte Yellowstone)
○○⬭⬭⬭⬭ ⬭⬭⬭⬭○○	4–8–8–4	Big Boy (Schnellfahr-Mallet)
○⬭⬭⬭⬭⬭ ⬭⬭⬭⬭⬭○	2–10–10–2	Virginian
○⬭⬭⬭⬭ ⬭⬭⬭⬭ ⬭⬭⬭⬭○	2–8–8–8–2 T	Triplex auch Triple Articulated (Erie)
○⬭⬭⬭⬭ ⬭⬭⬭⬭ ⬭⬭⬭⬭○○	2–8–8–8–4 T	Triplex auch Triple Articulated (Virginian)

Einrahmenloks mit 4 Zyl. resp. Turbinenantrieb (nonarticulated Locs)

○○⬭⬭ ⬭⬭○○	4–4–4–4	Penn 5500/B&O Emerson
○○○⬭⬭ ⬭⬭○○○	6–4–4–6	Penn 6100
○○⬭⬭⬭ ⬭⬭○○	4–6–4–4	Penn 6130
○○⬭⬭ ⬭⬭⬭○○	4–4–6–4	Penn 6131
○○○⬭⬭⬭⬭○○○	6–8–6	Penn 6200 (Turbine)

Stammbaum der Loks mit 2 Triebachsen mit direkten Übergängen zur 3-Triebachsbauart. Eingeklammertes Achsbild wurde in den USA übersprungen. Die symmetrische Bauweise war erst mit 3 Triebachsen erfolgreich. Die linke Seite bot viel gebaute Achsbilder.

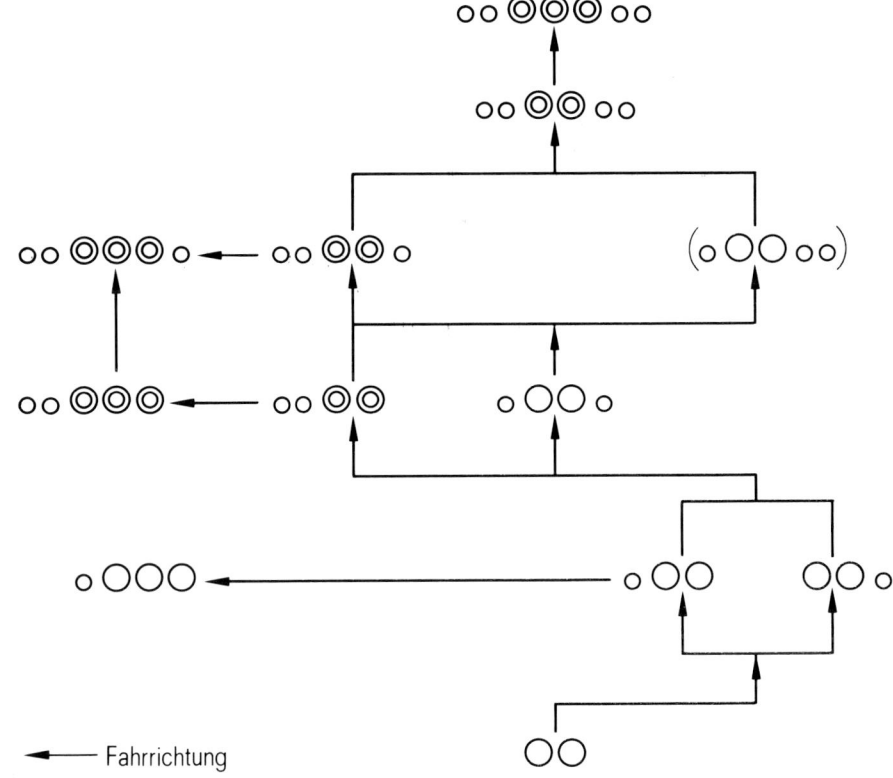

Fahrrichtung

Stammbaum der USA-Loks mit 3 Triebachsen mit direkten Übergängen zur 4-Triebachsbauart. Eingeklammertes Achsbild wurde in den USA übersprungen.

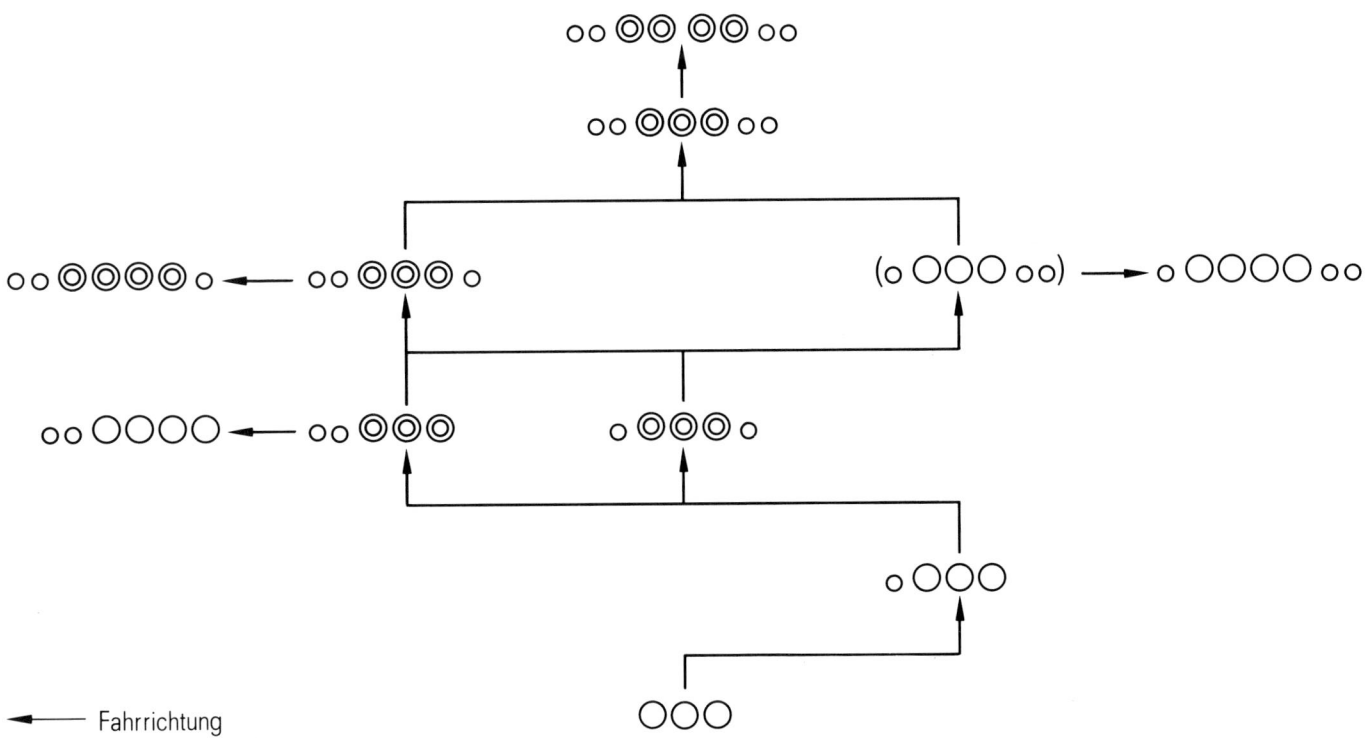

Fahrrichtung

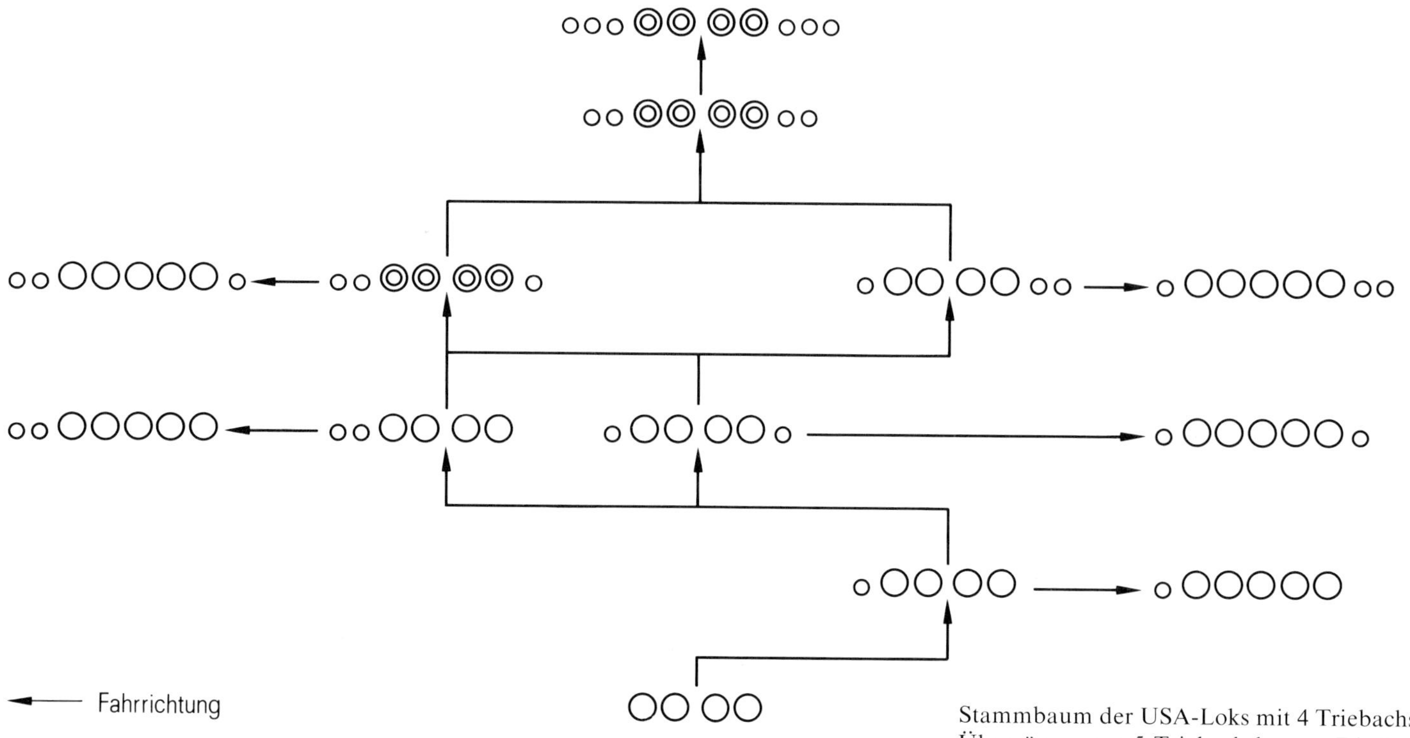

← Fahrrichtung

Stammbaum der USA-Loks mit 4 Triebachsen und direkten Übergängen zur 5-Triebachsbauart. Die Endstufe 6–8–6 wurde nicht mit Kolbenmaschinen erreicht, sondern mit einer Turbinenlok.

Stammbaum der USA-Loks mit 5 Triebachsen mit direktem Übergang zur 6-Triebachsbauart durch Überspringen der symmetrischen Bauweise mit 5 Triebachsen und 2 Drehgestellen (Achsbild, da in den USA übersprungen, eingeklammert).

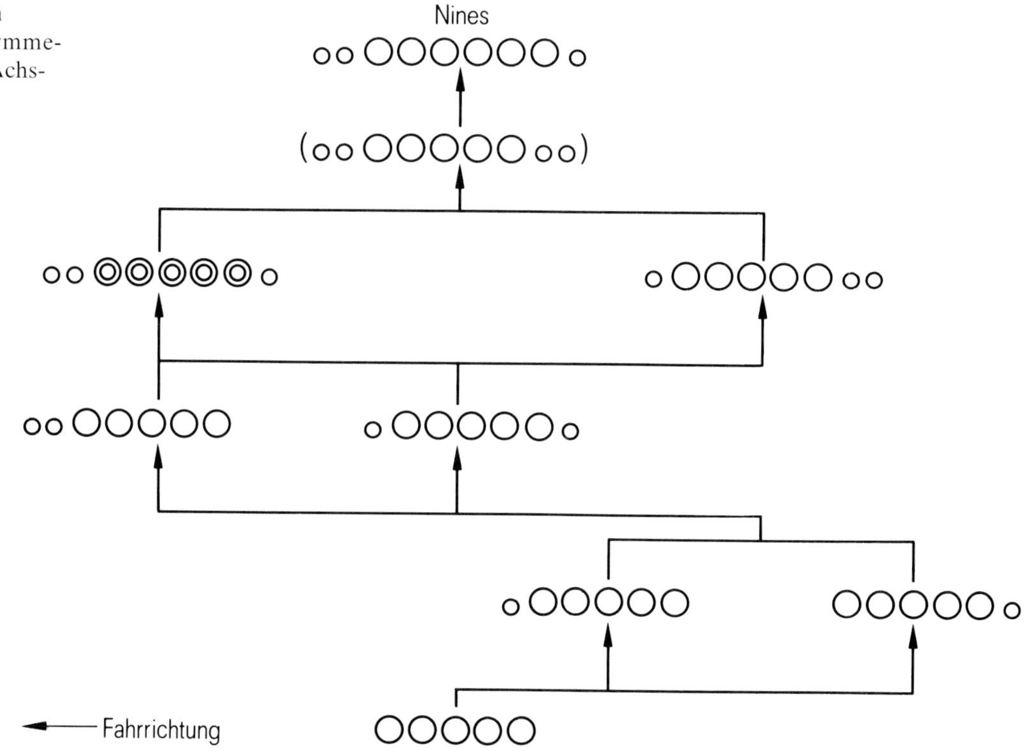

Nines

← Fahrrichtung

Die Achsbildreihe 4–X–2 als entwicklungsfähigstes Traktionsmittel der amerikanischen Eisenbahnen zur Dampflokzeit.

○○◯◯○ Atlantic 1894/95, 1896	4–4–2
○○◯◯◯○ Pacific 1886, 1889	4–6–2
○○◯◯◯◯○ Mountain/Mohawk 1911	4–8–2
○○◯◯◯◯◯○ Overland 1925	4–10–2
○○◯◯◯◯◯◯○ Union Pacific 1926	4–12–2

Diese Achsbildreihe der USA-Dampfloks hat mit der Pacific angefangen und mit der ‹UP› 4–12–2 aufgehört (in Russland ging man bis zum 4–14–4-Achsbild); dies im Zeitraum von 1886/1889 bis 1926, also innerhalb 40 Jahre. Interessant ist, dass die Pacific und nicht die Atlantic den Anfang machte. Dass in Russland die Entwicklung versuchsweise noch einen Schritt weiter ging, nämlich zur 4–14–4, kommt daher, dass dort die Mallet-Maschine nicht zu jener überragenden Bedeutung gelangte wie in den USA, so dass dort die Einrahmenmaschine vermehrt Mallet-Aufgaben übernehmen musste. Wesentliche Tatsache der 4–X–2-Achsbildreihe war die gute Laufeigenschaft auch bei höheren Geschwindigkeiten, wobei das Verhältnis zwischen Maschinengewicht und Reibungsgewicht bei den höheren Triebachszahlen noch relativ günstig war, jedenfalls günstiger als beim Achsbild 4–X–4. Zur Hauptsache dienten die 4–X–2-Loks dem mittelschweren bis schweren Personenverkehr, insbesondere dem schweren Schnellzugverkehr, aber auch dem Eilgüterverkehr, speziell die 4–12–2-Loks. Man kann deshalb nicht sagen, das Achsbild 4–X–2 habe sich nur für Expressmaschinen geeignet. Dies lässt sich nur für das Achsbild 4–6–4 feststellen, denn die Hudsons waren in den USA eindeutig Schnelläufer für grosse Expresslinien, oft vor illustren Zügen. Die Northern mit dem Achsbild 4–8–4 dagegen eigneten sich auch für den Eilgüterzugsdienst. Dann besassen sie in der Regel einen Triebrad-$\varnothing$ < 1830 mm.

Eine interessante Arbeit über die Entwicklung der europäischen Pacific enthält das Jahrbuch des Eisenbahnwesens 1958, Seiten 116–131 (E. Born: Die 2'C1'-Lokomotive).

Stammbaum der –6–6-Mallet-Loks (USA). Die 0–6–6–0-Maschine eröffnete die Zeit der Mallet-Maschinen in den USA (1903/04). Im Gegensatz zu Europa wurden in den USA keine 0–4–4–0 oder 2–4–4–0-Typen gebaut.

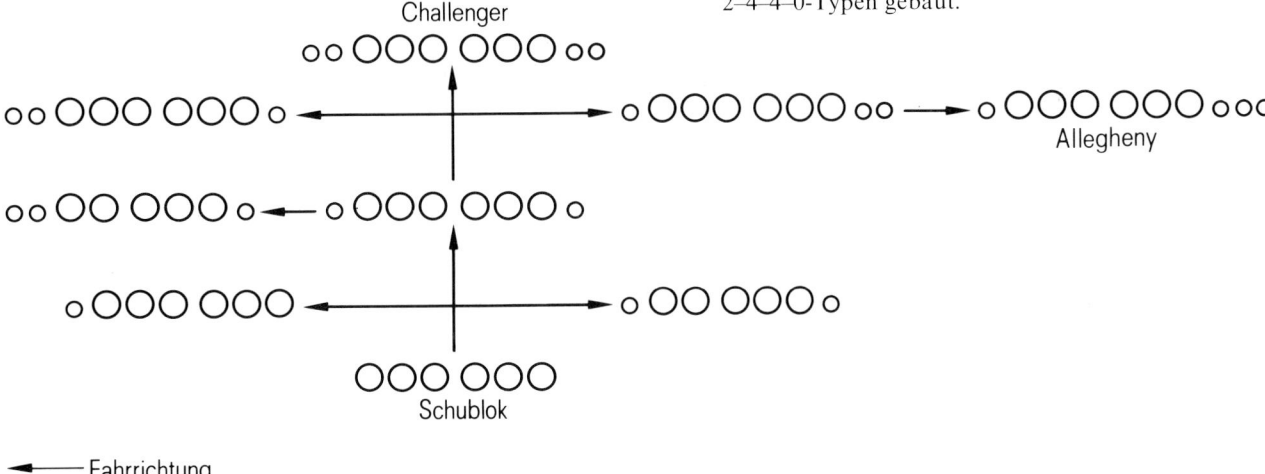

Challenger

Allegheny

Schublok

⟵ Fahrrichtung

Stammbaum der –8–8-Mallet-Loks (USA) mit Übergang zur –10–10-Bauweise, die noch vor der 4–8–8–4-Lok (Big Boy) verwirklicht wurden.

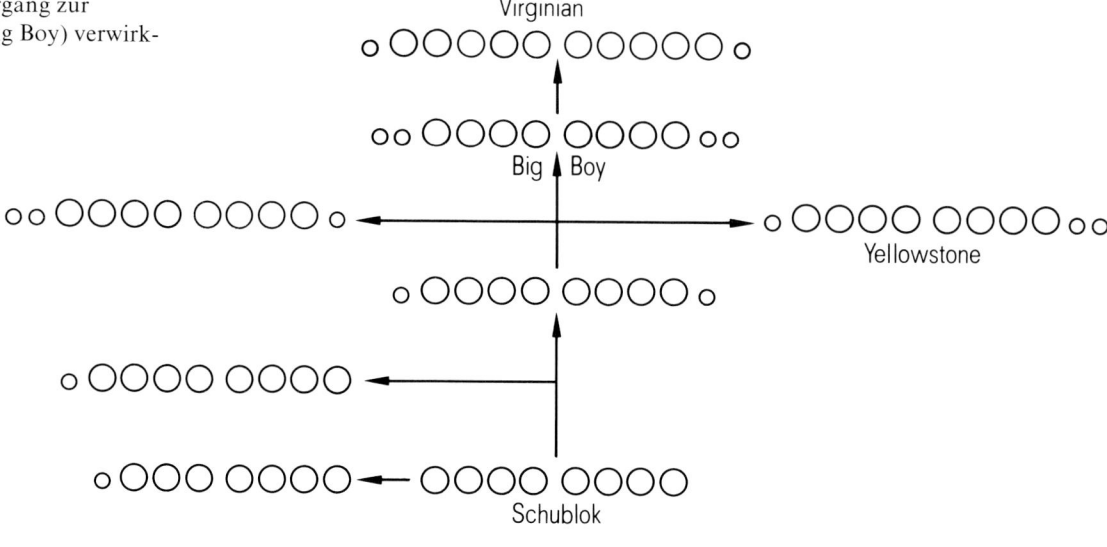

Virginian

Big Boy

Yellowstone

Schublok

Fahrrichtung

Anhang 2
Die amerikanischen Eisenbahngesellschaften

(Tabellen und Handelsmarken)

Für den Aussenstehenden gab es zur Dampflokzeit und gibt es heute noch so viele amerikanische Bahngesellschaften, dass eine Übersicht nur mühsam zu erreichen ist. Es soll darum das hier Vorgetragene mindestens listenmässig (Abkürzung und voller Name) festgehalten werden, damit der Einsatzort der behandelten Loks einigermassen eruiert werden kann. Es gab aber nicht nur unübersehbar viele Gesellschaften, sondern auch ständige Namenswechsel. Jede Erweiterung oder Sanierung (Konkurs, Reorganisation etc.) verpflichtete zu einer Ergänzung im Namen, resp. zu einem neuen Namen, auch wenn oft nur das Wort 'Railway' in 'Railroad' oder umgekehrt gewechselt wurde. Man kann erstaunliche Merkwürdigkeiten bei der Namengebung feststellen, z.B. dass 2 Gesellschaften, die miteinander nie etwas zu tun hatten, den gleichen Namen besassen. So wurde z.B. anno 1856 die ‹Texas Western› in ‹Southern Pacific RR Comp.› umbenannt. Dies hinderte die ‹Central Pacific RR Comp. of California› 1884 nicht daran, sich ebenfalls in ‹Southern Pacific Comp.› umzubenennen. Recht kurios wirkt sodann der Name ‹Akron, Canton & Youngstown› für eine Gesellschaft im Staate Ohio, die weder Canton noch Youngstown mit den Schienen erreichte. Andere Gesellschaften hatten das Wort Pacific im Namen, erreichten aber die Pacific-Küste nie (Beispiel ‹Missouri

Pacific›). Derartiges gehört einfach zum Erscheinungsbild amerikanischer Bahnen, und zwar nicht nur bei kleinen Gesellschaften mit weit auseinanderliegenden Netzen. In diesem Zusammenhang sei auch auf die Gründung von Auffanggesellschaften für dem Konkurs nahestehende Bahnen verwiesen. Diese manchmal unlauteren Machenschaften erfolgten dann, wenn eine Gesellschaft die andere im "günstigen" Moment aufkaufen wollte.

Man könnte sich auch darauf beschränken, nur die 'Class I'-Gesellschaften anzuführen und die anderen beiseite zu lassen. Dabei ist zu bedenken, dass es im Jahre 1950 immerhin rund 125 'Class-I'-Gesellschaften gegeben hat, d.h. 125 Bahngesellschaften, die über 1 Mio Dollar Jahresumsatz aufwiesen, wobei sich erst noch unter einem Namen (Gruppennamen) oft mehrere 'Class-I'-Gesellschaften verbargen. Daneben gab es aber kleinere Gesellschaften, die ebenso interessante Loks besassen oder sonstwie technisch erwähnenswerte Leistungen vollbrachten. Die Auswahl der behandelten Typen ist also weit interessanter, wenn nicht nach dieser von der 'Interstate Commerce Commission' (ICC) getroffenen Auswahl ausgegangen wird. Die Namen der 125 Gesellschaften, die von der ICC als 'Class I' bezeichnet wurden, zeigt folgende Tabelle:

Tabelle der I. Klass-Bahngesellschaften im Jahre 1950

Akron, Canton & Youngstown	Chicago, Burlington & Quincy	Gulf, Mobile & Ohio
Atchison, Topeka & Santa Fe	Colorado & Southern	Illinois Terminal
Atlanta and St. Andrews Bay	Fort Worth & Denver	Illinois Central
Atlanta & West Point	Chicago Great Western	Kansas City Southern
Western of Alabama	Chicago, Indianapolis & Louisville	Louisiana & Arkansas
Georgia	Chicago, Milwaukee, St. P. & P.	Kansas, Oklahoma & Gulf
Atlantic and Danville	Chicago, Rock Island & Pacific	Midland Valley
Atlantic Coast Line	Clinchfield	Oklahoma City-Ada-Atoka
Charleston and Western Carolina	Colorado & Wyoming	Lake Superior & Ishpeming
Baltimore and Ohio	Columbus & Greenville	Lehigh & Hudson River
Staten Island Rapid Transit	Delaware & Hudson	Lehigh & New England
Bangor & Aroostook	Delaware, Lackawanna & Western	Lehigh Valley
Bessemer & Lake Erie	Denver & Rio Grande Western	Long Island
Boston & Maine	Detroit & Mackinac	Louisville & Nashville
Maine Central	Detroit, Toledo & Ironton	Nashville, Chattanooga & St. Louis
Cambria & Indiana	Duluth, Missabe & Iron Range	Minneapolis & St. Louis
Canadian National in New England	Duluth, Winnipeg & Pacific	Minneapolis, St. Paul & S. S. Marie
Canadian Pacific Lines in Maine	Duluth, South Shore & Atlantic	Wisconsin Central
Canadian Pacific Lines in Vermont	Elgin, Joliet & Eastern	Mississippi Central
Central of Georgia	Erie	Missouri-Kansas-Texas
Central Vermont	Florida East Coast	Missouri Pacific
Chesapeake & Ohio	Georgia & Florida	Gulf Coast Lines
Chicago & Eastern Illinois	Grand Trunk Western	Missouri-Illinois
Chicago & Illinois Midland	Detroit & Toledo Shore Line	International-Great Northern
Chicago & North Western	Great Northern	Monongahela
Chicago, St. Paul, Minn. & Omaha	Green Bay & Western	Montour

New York Central
Pittsburgh & Lake Erie
Nickel Plate
New York, New Haven & Hartford
New York Connecting
New York, Ontario & Western
New York, Susquehanna & Western
Norfolk & Western
Norkfolk Southern
Northern Pacific
Pennsylvania
Pittsburg & Shawmut
Pittsburg & West Virginia
Reading
Central of New Jersey
Central of Pennsylvania

Pennsylvania-Reading Seashore Lines
Richmond, Fredericksburg
  & Potomac
Rutland
St. Louis-San Francisco
  St. Louis, San Francisco & Texas
St. Louis Southwestern
Seaboard Air line
Southern
  Alabama Great Southern
  Cincinnati, New Orleans & T.P.
  Georgia Southern & Florida
  New Orleans & Northeastern
Southern Pacific
  Texas & New Orleans
  Northwestern Pacific

Spokane International
Spokane, Portland & Seattle
Tennessee Central
Texas & Northern
Texas & Pacific
Texas Mexican
Toledo, Peoria & Western
Union Pacific
Utah
Virginian
Wabash
Ann Arbor
Western Maryland
Western Pacific
Sacramento-Northern

Tabelle der grössten Bahngesellschaften der USA um 1950 (Normalspur)

Gesellschaft	Streckenlänge
1 Atchison, Topeka & Santa Fé	21 041 km
2 Southern Pacific (SP)	19 927 km
3 New York Central	17 308 km
4 Pennsylvania	17 190 km
5 Missouri Pacific	16 801 km
6 Union Pacific	15 701 km
7 Chicago & North Western	15 506 km
8 Chicago, Milwaukee, St. Paul & Pacific	15 404 km
9 Great Northern	13 410 km
10 Chicago, Burlington & Quincy	13 380 km
11 Chicago, Rock Island & Pacific	12 310 km
12 Southern (SR)	12 073 km
13 Northern Pacific	11 103 km
14 Illinois Central	10 592 km
15 Baltimore & Ohio	9 965 km
16 Atlantic Coast Line	8 966 km
17 Chesapeake & Ohio	8 147 km
18 Louisville & Nashville	7 673 km
19 Minneapolis St. Paul & Sault St. Marie (SOO)	6 756 km
20 Seabord Air Line	6 682 km
21 Missouri-Kansas-Texas	5 235 km
22 Wabash (Wabash, St. Louis & Pacific)	3 851 km
23 New York, Chicago & St. Louis (Nickel Plate)	3 528 km
24 Norfolk & Western	3 426 km
25 Denver & Rio Grande Western	2 962 km
26 New York, New Haven & Hartford	2 894 km
	281 831 km

Anmerkung zur Tabelle:
Zur Zeit der ausschliesslichen Dampftraktion sollen über 10 Bahngesellschaften mehr als 10 000 Loks besessen haben; 2 Gesellschaften die ‹NYC› und die ‹PRR› sollen durchschnittlich je 4000 Maschinen im Betrieb gehabt haben; dies zeigt mit welchen Giganten man es oft bei amerikanischen Bahnen zu tun hat.

Amerikanische ‘Trunkline’

In den USA bezeichnet man Bahnlinien, die zwischen 2 Hauptknotenpunkten (nebst Abzweigungen) verkehren als ‘Trunkline’. Die östlichen Trunklines sind z.B. alle Linien, die New York mit Chicago verbinden. Dieses Gebiet nennt man darum auch ‘Trunkline Teritorry’, wobei ursprünglich nur 4 Bahnen, nämlich ‹New York Central›, ‹Erie›, ‹Pennsylvania› und ‹B&O› als ‘Trunkline’ bezeichnet wurden. Nachträglich kamen dann noch weitere Gesellschaften dazu, z.B. ‹LV›, ‹ERIE + Lackawanna›. Die ‹Pennsylvania› fährt von New York nach Pittsburg und von dort auf 2 Routen nach Chicago (Pittsburg, Fort Wayne, Chicago/Pittsburg, Cinncinnati, Chicago). Im Norden fährt man unter Benützung der ‹Rutland›-Strecke auf der längsten Linie (1300 Meilen) von New York nach Chicago. Auch die ‹Erie› besitzt eine ‘Trunkline’ dieser Art (New York – Susquehana – Corning – Carollton – Chicago). Chicago als grösster Eisenbahnknotenpunkt wurde lange von 20 Trunklines angefahren. Der Kampf um ‘Trunklines’ war oft keine ehrenwerte Sache, konnten doch gewisse Eisenbahnmagnaten im Interesse der Aktionäre nicht immer absolut korrekt vorgehen. Prozesse waren für Kämpfernaturen vom Format Vanderbilts sogar gesuchte Wege zum Erfolg.

Handelsmarken der Bahngesellschaften (1949)

Die Handelsmarken und Schriftenzüge sind hier gemäss Stand Februar 1949 reproduziert. Die vollen Gesellschaftsnamen sind darin nur ausnahmsweise festgehalten. Diese müssen in den Verzeichnissen z.B. in Band 1, Seite 251–259 nachgeschlagen werden. Die Vielfalt der Namen und die Hemmungslosigkeit beim Ändern der Gesellschaftsnamen zwingt jeden Interessierten, sich anhand ausführlicher Tabellen stets wieder zu orientieren.

Anhang 3
Loklisten
(Auswahl)

Loklisten (locomotive roster) von 15 Bahngesellschaften (beliebige Auswahl), zusammengestellt von E. Lassueur. Es sind darin mit wenigen Ausnahmen nur die Dampfloks des 20. Jahrhunderts aufgeführt. Für die Loks der Anfangszeit bis etwa 1899 sei auf die reichhaltige amerikanische Literatur der dortigen historischen Gesellschaften verwiesen, in der ausführliche Namenlisten (die Loks der Anfangszeit besassen in der Regel Namen) zu finden sind. – Folgende Angaben vermitteln achsbildbedingte Eigenarten von einigen Bahngesellschaften, die ja ihre Loks normalerweise nach Gelände, Aufgaben und Lage gegenüber den Nachbargesellschaften auswählten:

ACL	keine Prairies, keine Hudsons, keine Mallets
B&LE	keine Prairies, keine Mikados, keine Mallets
B&M	keine Prairies, zahlreiche Moguls, keine Mikados, keine Decapods, wenig Mallets, keine Northern
B&O	keine Prairies, Hudsons nur als Versuchsmaschinen, keine Texas
C&O	keine Prairies, keine Decapods
D&H	keine Atlantics, keine Prairies, keine Hudsons, keine Mountains, zahlreiche Consolidations, keine Decapods
DL&W	keine Prairies, keine Decapods, keine Santa Fés, keine Mallets
DM&IR	keine Hudsons, keine Northern, keine Berkshires, keine Decapods
Frisco	keine Hudsons
IC	keine Northern
LV	einige Prairies, keine Hudsons, keine Berkshires, keine Decapods, keine Mallets
MP	nur eine Mallet
NYC	nur wenige Mallets
N&W	keine Hudsons, keine Mikados
T&P	keine Hudsons, keine Berkshires, keine Decapods, keine Mallets
UP	zahlreiche Americans, zahlreiche Mallets, keine Berkshires, keine Decapods, keine Texas
Wabash	keine Berkshires, keine Decapods, keine Texas, keine Mallets

Diese längst nicht alle wichtigen Bahngesellschaften umfassende Aufstellung zeigt bereits, dass gewisse Achsbilder von den Gesellschaften bevorzugt und gewisse gemieden worden sind. Als Gründe dieses Verhaltens dürften in der Regel vernünftige Argumente gedient haben. Es kann aber festgestellt werden, dass gelegentlich auch emotionale Gründe wegleitend waren, z.B. "wenn die Konkurrenz Hudsons hat, dann wir ganz sicher nicht".

Atlantic Coast Line

	121-123	C	1901	Richmond	3290-292
	124.125	"	03	Baldwin	22331.332
	126.127	"	04	"	24454.455
	128-135	"	05	"	25177:290
	136-145	"	"	"	26428:787
	146-165	"	06	"	29420:597
	166-173	"	07	"	30920:983
	174-185	"	"	"	31008:271
	186-190	"	11	"	35377:408
	200-210	2C	00	Rhode Island	3222-232
	211	"	02	Baldwin	20040
386-389	212-215	"	03	"	21420:512
390-396	216-222	"	"	"	23156:206
	223-232	"	05	"	25247:758
	233-236	"	07	"	30984-987
	237-244	"	"	"	31083:405
	245-254	"	11	"	35346:430
	260-274	2C1	"	"	36866:962
	275-286	"	12	"	38240:350
	320-321	2C	99	"	17103.104
	322-327	"	01	Richmond	3112-117
	328-334	"	"	Baldwin	18524:749
	335-338	"	02	"	20048:068
	339-342	"	"	"	21560:717
	343-346	"	03	"	22089:159
	347-351	"	"	"	23220:239
	352-366	"	04	"	24546:668
	367-375	"	05	"	25148:232
	376-389	"	"	"	26790:962
	390-399	"	06	"	27273:428
	400-410	2C1	13	"	40119-129
	411-435	"	14	"	41252:291
	436-445	"	15	"	42652:670
	446-455	"	16	"	44260:312
	456-462	"	17	"	46065:348
	463-471	"	"	"	47730:963
	472-478	"	18	"	48076:993
	479-482	"	"	"	49074:302
*	700-703	1D	01	"	19568-571
	704.705	"	03	"	21498:505
	706-712	"	"	"	23144:210
	713	"	04	"	24540
	714-716	"	05	"	25153:168
	717-720	"	11	"	35971:996
	800-819	1D1	"	"	36862:966
	820-823	"	18	"	49352:666
	824-826	"	"	"	50129:877
	827-829	"	19	"	51048:171
	830-836	"	23	"	57370:437
	900-909	2C	1906	Baldwin	27429:601
	910:936	"	"	"	29621:853
	937-976	"	07	"	30042:855
	977-999	"	"	"	31387:564
	1000-004	"	"	"	31565:646
	1005	"	"	"	30373
	1006-011	"	10	"	35431:501
	1012-019	"	12	"	38197-204
	1020-044	"	13	"	39819:947
	1045	"	22	"	55247
	1100-109	C	12	"	37946:999
	1110-113	"	"	"	38000-003
	1114-116	"	13	"	39657-659
	1117-125	"	"	"	40018-026
	1126.127	"	16	"	43727.728
	1128-132	"	17	"	45538-542
	1133-135	"	"	"	46888-890
	1136-140	"	18	Alco Cooke	59344-348
	1141-145	"	19	" "	61375-379
	1146-150	"	20	Baldwin	53948:981

* ex Alabama Midland 530-533

```
          1151-154    "    24    "              57839-842
          1155        "    17                   45716
          1156.157    "    "     "              47291.293
          1158        "    18                   48220

          1200-224    D   -24    "              57088:886
          1225-234    "    26    "              58901:940

493-502   1500-509   2C1   18   Alco Rich'md    59310-319
          1510-516    "    19    "    "          61063-069
          1517-544    "    "     "   Brooks      61248-275
          1545-569    "    20    "   Rich'md     62069-093

          1600-619    "    22   Baldwin          55576:756
          1620-644    "    23    "               56132:453
          1645-689    "    "     "               57367:905
          1690-764    "    25    "               58484:991

          1800-811   2D2   38    "               62174-185

          2000-019   1E1   25    "               58647:898

          8000-      1E    18   Alco Rich'md     58858:878   6
Russian type  :       "    "        Baldwin      47369-371 ) 4
          -009        "    "         "           48138    )
```

Bessemer & Lake Erie

```
          10. 11    2B   1909  Alco Pitts'bg   45893.894
          16. 17     "    05    "      "       30736.737
          18. 19     "    08    "      "       44866.867

          80. 81    1D   1899  Brooks          3189.190
          82. 83     "    "    Baldwin         16669.670
          84         "   1900   "              17764
          85- 90     "    "    Pittsburgh      2141:251   2+4
          91. 92     "    01   Baldwin         18783:891
          93. 94     "    "    Brooks          3818.819
          95-104     "    02  Alco Pitts'bg    25639-648
          105-114    "    03    "      "       27204-213
          115-124    "    08    "      "       30738-747
          125-130    "    07    "      "       42091-096
          131-145    "    09    "      "       43904-918

143-146   146-149    "   1897  Brooks          2874-877
          150-152    "   1902  Pittsburgh      2100:252   2+1
          153        "    "    Alco Pitts'bg   26286
          154.155    "    09   Baldwin         33370.371
          156.157    "    11    "              36560.561
          158.159    "    13    "              40459.460

          325-354    "    11  Alco Pitts'bg    49944-973
          355-362    "    13    "   Schen'dy   54155-162

          227-229    C    11   Baldwin         36502:557
1. 10     230.231    "   1899  Pittsburgh      1712.948
          232.233    "   1900  Brooks          3502.503
          234-237    "    09   Baldwin         33347:379

          251-254    D    36   Alco Schen'dy   68736-739
          255.256    "    37    "      "       68889.890
          257.258    "    41    "      "       69538.539
          259.260    "    42    "      "       69723.031
          261.262    "    "     "      "       69994.995   70...

          501-506   1E1   16   Baldwin         43950:997
          507-520    "    "     "               44100:208
          521-525    "    19    "               51940:982

          601       1E2   29    "               60898
          602-610    "    30    "               61247:278
          611-620    "    36    "               61912-921
          621-630    "    37   Alco Schen'dy    68891-900
          631-635    "    40   Baldwin          64150-154
          636.637    "    41    "               64577.578
          638-642    "    43    "               64718-722
          643-647    "    "     "               70057-061

          901-904   2C1   13   Alco Schen'dy   54163-166
```

Boston & Maine

```
sct-185               C-1901  Manchester       1711:766   18
          190-199    "    02   Baldwin          21333:673
          200-209    "    03   Alco Manchester  28626-635
          210-219    "    04    "      "        29830-839
          220-229    "    05    "      "        30575-584
          230-239    "    "     "      "        38991-000   39...
          240-249    "    06    "      "        40083-092
          250-264    "    07    "      "        42805-819
          265-279    "    08    "      "        45118-132
          280-289    "    09    "      "        46332-341
```

```
          290-299    "    10    "      "        47634-643
          300-309    "    11    "      "        48970-979

          400-419    "    "     "      "        49712-731
          420-429    "    13    "      "        53241-250
          430-452    "    16    "   Brooks      56518-540

PoT  <-   600.601    D    "     "   Schen'dy    56566.567
          610-631    "    22    "      "        63435:463   20+ 2
          640-649    "    27   Baldwin          60301-310
          650-654    "    29    "               60858-862

UtC  <-   800.801   D+D   22   Alco Schen'dy   63455.456

Fbg  1170-173       2B    00   Baldwin          17948:125   18...
     166-171         "    "    Manchester       1720-725
     633-640         "    "     "               1733-740
     902-905         "    01    "               1752-755
          960-969    "    03   Baldwin          21679:745   22...
          970-979    "    04   Alco Manchester  29440-449
          980-983    "    05    "      "        38977-980
          990-009    "    09    "      "        46312-331
          1010-029   "    11    "      "        48980-999

MiC  <-   1291-294  1C+C1  10   "   Schen'dy    48648-651

          1360-389  1C    03   "   Manchester   28222:625   20+10
          1390-399   "    "    "      "          29840-849
          1400-409   "    05   "      "          30585-594
          1410-419   "    06   "      "          38981-990
          1420-431   "    "    "      "          41440:451
          1435-449   "    07   "      "          42820-834
          1450-459   "    "    "      "          44364-373
          1460-479   "    09   "   Schen'dy      46292-311
          1480-489   "    10   "   Manchester    47464-633
          1490-499   "    11   "      "          48960-969

sct (1040-050 ?     2C    00  Rhode Island      3172-182
    (1051-056 ?      "    "    Schenectady       5361-366
     1057-060        "    "    Baldwin           17926:959   3+ 1
              2100-109   "    04  Alco Schen'dy  29547-556
     621-628  2110-117   "    05   "      "      30567-574
              2120-125   "    06   "      "      39007-012
              2126.129   "    "    "      "      39599.600
     1141-160           1D   1901  Schenectady   5748:829   10+10
     1161-184  2330-359  "    02  Alco Schen'dy  25052-075
               2360-365  "    05   "      "      39001-006
               2370-379  "    06   "      "      39642-651
     811-820   2380-389  "    07   "      "      42835-844
               2390-399  "    "    "      "      44374-383
     1185-204  2400-419  "    10   "      "      47644-663
     1205-214  2420-429  "    11   "      "      49000-009
               2600-639  "    "   Baldwin        36260:479
               2640-689  "    13   "             39287:414
               2690-709  "    "   Alco Schen'dy  53251-270
               2710-734  "    16   "   Brooks    56541-565

Fbg  510-517   2910-917  2D   00  Rhode Island   3193-200

               3000-019 1E1   20  Alco Schen'dy  61956-975
               3020-029  "    23   "      "      64878-887

               3200-203 2B1                                     ?
               3204-209  "    02   "      "      25076-081
     821-830   3210-219  "    07   "      "      42845-854
     831-855 ? 3220-244  "    09   "   Manchester 45137-161

     861-870   3600-609 2C1   10   "   Schen'dy  47815-824
     871.872   3610.611  "    "    "      "      48588.589
               3620-659  "    11   "      "      49732-771
               3660-679  "    13   "      "      53221-240
               3680-689  "    16   "      "      56508-517

DLW 1189:193   3696-699  "    24   "   Brooks    65403:407
               3700-709  "    23   "   Schen'dy  64868-877
               3710-714  "    34  Lima  "        7622-626
               3715-719  "    37   "            7655-659

               4000-019 1D2   28   "            7277-296
               4020-024  "    29   "            7374-378

               4100-104 2D1   35  Baldwin       61822-826
               4105-109  "    37   "            62033-037
               4110-112  "    39   "            62318-320
               4113-117  "    41   "            62536-540

sct: scattered numbers.  Fbg: Fitchburg RR
PoT: Portland Terminal.   UtC: Utah Copper
MiC: Michigan Central.      DLW: Lackawanna
```

Chesapeake & Ohio

Owner	No. 1	No. 2	Class	Year	Builder	Serial	Notes
HV	101-105		C	1901	Brooks	3906-910	
	106-110		"	02	Alco Brooks	26248-252	
	111-115		"	03	" "	27221-224	
	116-121		"	05	" "	38659-664	
	122-124		"	06	" "	41149-151	
	125-129		"	07	" "	43693-697	
	701-708)	25-34	"	05	" Richmond	30488-495	
	709.710)		"	06	" "	40352.353	
	8		D	03	" "	29154	
	9		"	06	" "	39998	
HV	100-109	70-79	"	25	Lima	6948-957	
		100-109	"	26	"	6969-978	
		110-124	"	29	Baldwin	60894:985	
PM	1330-339	50-59	"	"	"	60958-967	
		175-239	"	30	Alco Schen'dy	68402-466	
		240-254	"	43	Lima	7963-977	
N&W <-		255-284	"	47	Baldwin	74024-053	
	50-59	130-139	E	19	Alco Richmond	59980-989	
	60-64	140-144	"	20	" "	62197-201	
a HV	150-169	700-709	1D	10	" Brooks	48154:290	10+10
	170-179		"	11	" Richmond	49909-918	
HV	200-209		"	1899	Pittsburgh	1983-992	18...
	210-224		"	"	Baldwin	17295:064	8+ 5
	225-237		"	1900	Brooks	3679:941	21...
	238-247		"	02	Baldwin	20164:194	
	248-257		"	"	Alco Brooks	26809-818	
	258-267		"	03	Rogers	5957-966	
	268-277		"	07	Alco Brooks	43676-685	
b 710:991 <-	351-375		"	-00	Richmond	2782:931	10+15
	376-400		"	"	"	3076-100	
	401-425		"	01	"	3189-213	
	426-450		"	03	Alco Richmond	26384-408	
	451-475		"	"	Baldwin	23288:607	
	476-500		"	"	Alco Richmond	28452-476	
	501-525		"	04	" "	29156-180	
	526-537		"	05	" "	30476-487	
	538-555		"	"	" "	38097-114	
	556-590		"	06	" "	39602-636	
	591-632		"	07	" "	40425-466	
d 1010-059	633-682		"	09	" "	46110:396	15+35
c 631-636	994-999		"	16	" Pitt'bgh	55657-662	
e CR&M	201.208	1060.067	"	03	Baldwin	21856.929	
	209.223	1068.069	"	"	"	22022.023	
CC&L	211-217	1070-076	"	-08	"	32509:677	
	218-222	1077-081	"	09	"	33304:334	4+ 1
Cu&P	29	1082	"	06	"	29578	
HV	180-184	1089-093	1D1	12	Alco Richmond	51734-738	
	185-190	1094-099	"	13	" "	54298-303	
	800	1100	1D1	12	Alco Richmond	50471	
	801-824	1101-124	"	"	" "	51269-292	
	825-849	1125-149	"	"	" "	52000-024	
	850-855	1150-155	"	14	" "	54665-670	
		1160-209	"	24	" "	65880-929	
		1210-259	"	"	" "	65830-879	
		2300-349	"	26	" "	66468-517	
US PM	1011-024	2350-363	"	19	Lima	5814:833	
	1025-029	2364-368	"	"	Alco Schen'dy	59672:678	
	1030-033	2369-372	"	"	" "	60280-283	
	1034-040	2373-379	"	"	" "	59705-711	
SV	6. 7	2900.910	"	19	Baldwin	52246.665	
	8	2911	"	21	"	54407	
	10.11	2912.913	"	22	"	55568.622	
	9.12	2920.921	"	-23	Lima	6241.751	
Gr&E	(1	2930	"	21	Baldwin	55199	
	(3	2931	"	23	"	57554	
		2700-739	1D2	43	Alco Schen'dy	70849-888	
		2740-749	"	44	Lima	9047-056	
		2750-759	"	46	"	9257-266	
		2760-789	"	47	Alco "	75173-202	
LV	4060-069	2950-959	1E1	19	Baldwin	52448:671	
		3000-039	1E2	30	Lima	7516-555	

Owner	No. 1	No. 2	Class	Year	Builder	Serial	Notes
751	700		1C+C1	10	Alco Schen'dy	48061	
	701-724		"	11	" Richmond	49386-409	
	725-749		"	12	" "	51293-317	
	750-761		"	13	" "	53807-818	
	762-775		"	14	" "	54593-606	
1300-474 <	776-799		"	15	" Schen'dy	55202-225	
	800-809		"	16	" "	55628-637	
	810-834		"	17	" "	56595-619	
	835-859		"	"	" "	57018-042	
	860-874		"	"	" Richmond	59965-979	
US std. 1520-539	875-889		"	19	" Schen'dy	59838-852	
	890-894		"	"	Baldwin	52055:177	
1475-519	895-914		"	20	Alco Richmond	62177-196	
	915-939		"	23	" Schen'dy	64100-124	
HV	200-204	1275-279	"	17	" "	57284-288	
	205-224	1280-299	"	19	" Richmond	60210-229	
		1300-309	"	48	Baldwin	74269-278	
		1600-609	1C+C3	41	Lima	7820-829	
		1610-619	"	42	"	7883-892	
		1620-629	"	44	"	8613-622	
		1630-644	"	"	"	8799-813	
		1645-659	"	48	"	9309-323	
1100-124	1540-564		1D+D1	24	Alco Schen'dy	64952-976	
11 UP 3589-599 <	1570-574		"	26	Baldwin	58922:966	
	1575-589		"	"	"	59052:177	
	78-80		2B	1901	Schenectady	5770-772	
CC&L	53-55	230-232	"	-04	Baldwin	23398:568	
HV	71-76		"	00	Brooks	3487-492	
	77-80		"	04	Alco Brooks	29501-504	
	81-83		"	05	" "	38656-658	
	84-85		"	07	" "	43691.692	
	81-83	275-277	2B1	02	" Schen'dy	26265-267	
	80	278	"	16	" Pitts'bgh	55656	
	84-86	279-281	"	03	" Schen'dy	28447-449	
	87-89	282-284	"	05	" Richmond	30708-710	
	90-92	285-287	"	06	" "	41127:088	2+ 1
	93-99	288-294	"	07	" "	42391-397	
HV	86-88		2C	10	" Brooks	48291-293	
	89.90		"	13	" "	51732.733	
	91.92		"	"	" "	54304.305	
CR&M	103-107	375┐	"	02	Baldwin	20391:502	
"	108-112	:	"	03	"	21329:501	
CC&L	113-115	└387	"	04	"	24113:159	
	147.148	430.431	2C1	03	Alco Schen'dy	26268.269	
	149.150	432.433	"	"	" "	28450.451	
	151.152	434.435	"	04	" Richmond	29788.789	
	153	436	"	06	" "	38917	
	154-156	437-439	"	"	" "	41129:422	1+ 2
	157-165	440-448	"	07	" "	42383:019	43... 8+1
	166-173	449-456	"	11	" "	49842-849	
	174-181	460-467	"	13	Baldwin	40070:157	
	182-187	470-475	"	14	Alco Richmond	54621-626	
	188-193	480-485	"	23	" "	64218-223	
		* 490-494	"	26	" "	66555-559	
		300-307	2C2	41	Baldwin	64351-358	
		310-314	"	48	"	73533-537	
316.317	130.131	540.541	2D1	11	Alco Richmond	49840.841	
318	132	542	"	12	" "	50848	
US std	133-135	543-545	"	18	" Brooks	59810-812	
	136.137	546.547	"	19	Baldwin	51869.881	
	138.139	548.549	"	23	Alco Richmond	64216.217	
		600-604	2D2	35	Lima	7627-631	
		605.606	"	42	"	7842.843	
		610-614	"	48	"	9302-306	
VAL	3.5	15.16	1C	08	Baldwin	32830.831	

* reb. 1946/47 to 2C2 at C&O Huntington shops

HV: Hocking Valley.   CR&M: Cincinnati, Richmond & Murcie
SV: Sewell Valley.   CC&L: Chicago, Cincinnati & Louisville
Cu&P: Cumberland & Pennsylvania.   Gr&E: Greenbrier & Eastern

Delaware & Hudson

	Class	No.	Arr.	Year	Builder	Const. No.	
	B1b	20.21	C	-84	Dickson	386.510	
		22	"	1900	D&H Oneonta Workshops		
	B4	23.24	"	-02	" Colonie "		
		25-28	"	"	Dickson	1297-300	
		29	"	05	D&H Colonie Workshops		
	B4a	30-43	"	03	Alco Dickson	27531-544	
		44-47	"	04	" "	28903-906	
		48-51	"	"	" "	29021-024	
		52-56	"	07	" "	42289-293	
1000-006	B5	81-87	D	-24	ex E4 reb at Colonie		
793:877	B6	90-99	"	-25	" E3a "	"	
	C2	117.118	1C	-06	D&H Colonie Workshops		
1009:051	B7	151-164	D	-29	ex E5 reb at Colonie		
	K	300-304	2D2	43	Alco Schen'dy	69975-979	
		305-314	"	"	" "	70133-142	
* (18)	G4	421:441	2B	-02	D&H Colonie Workshops		
	G5	442-447	"	03	Alco Schen'dy	27545-550	
		448-457	"	"	" "	28847-856	
	D3	500-503	2C	"	" "	27651-654	
		504-508	"	-05	D&H Colonie Workshops		
504-507	D3a	521-524	"	04	Alco Schen'dy	28907-910	
a 202		534	"	07	" Montreal	43704	
		535-544	"	-06	D&H Colonie Workshops		
		545-559	"	07	Alco Schen'dy	42294-308	
a 201.206	D3b	560.561	"	"	" Montreal	43703.708	
21)26/63"		590-594	"	11	" Schen'dy	49656-660	
23)		599	"	"	" "	49661	
	P	600-609	2C1	14	"	"	54798-807	
	P1	651-653	"	-31	D&H Colonie Workshops		
348.349	E	700.701	1D	93	Dickson	909.910	
285-287	E1	702-704	"	99	D&H Colonie Workshops		
278-284	E1a	705-711	"	98	Dickson	993:1003	1+6
300-315	E2	712-727	"	99	Schenectady	5078:117	10+6
316-325		728-737	"	"	Dickson	1067-076	
326-340		738-752	"	00	"	1128:155	5+10
288.289		753.754	"	01	D&H Colonie Workshops		
290-299	E2a	755-764	"	00	Schenectady	5377-386	
256-267		765-776	"	02	Dickson	1301-312	
268-271		777-780	"	01	Schenectady	5864-867	
272-276		781-785	"	"	Dickson	1251-255	
238-255		786-803	"	02	Alco Schen'dy	25110-127	
183-197		804-818	"	05	" "	30715-729	
198-221	E3a	819-842	"	03	" "	28823-848	
222-237		843-858	"	"	" Dickson	27515-530	
		859-878	"	06	" "	39792-811	
		879-902	"	"	" Schen'dy	40542-565	
		999	1D	1911	Alco Schen'dy	49655	
b (341-346	E4	1000-005	"	99	Schenectady	5088:111	5+1
347		1006	"	01	"	5868	
		1007-012	"	06	Alco Schen'dy	40566-571	
		1013-024	"	07	" "	43270-281	
	E5	1025-054	"	"	" "	44710-739	
		1055-066	"	12	" "	51084-095	
		1067-081	"	13	" "	53294-308	
		1082-096	"	14	" "	54808-822	
	E5a	1111-122	"	-30	D&H Colonie Workshops		
	E6	1200	"	16	Alco Schen'dy	55555	
	E6a	1201-220	"	19	" "	59895-914	
	E7	1400		24	"	"	62765	
		1401		27	"	"	67059	
		1402		30	"	"	68222	
	E7a	1403	2D	33	"	"	68606	
c 1500.501	H1		C+C	10	"	"	47113.114	
	J	1500-519	2C+C2	40	"	"	69297-316	
		1520-534	"	42	"	"	70006-020	
		1535-539	"	46	"	"	74666-670	
* 121:338	G4	421-428	2B	-99	D&H Colonie Workshops		
		429-431	"	95	Schenectady	4292-294	
		432-441	"	-02	D&H Colonie Workshops		

H	1600-605	D+D	10	"	"	46916-921	
	1606-609	"	11	"	"	49651-654	
	1610-612	"	12	"	"	50925-927	

a: ex Quebec, Montreal & Southern 200-207, Alco 43702-709
b: rebuilt 1921-25 to B5 81-87
c: purchased 1917 from West Side Belt, ex 1001.002

Delaware, Lackawanna & Western

13- 26	C	1A	1901	Dickson	1190:228	6+8	
27- 31	"	"	08	Alco Sch'dy	45550-554		
32- 36	"	"	07	" Dickson	42750-754		
37- 43	"	"	06	" "	39830-836		
44- 49	"	"	05	" Cooke	30535-540		
50- 69	"	"	02	" "	25246-265		
78- 84	"	1B	11	" Sch'dy	50001-007		
85- 99	"	"	03	" Cooke	27261-275		
101-106	"	"	05	" "	30541-546		
107-112	"	"	06	" Dickson	39844-849		
113-127	"	"	08	" Sch'dy	45535-549		
128-137	"	"	09	" "	46154-163		
138-146	"	"	10	" Brooks	47934-942		
151-155	D	1C	06	" Dickson	39837-841		
156-161	"	1D	13	Scranton Shops			
162-167	"		12	Lima	1220-225		
168.169	"		-10	Alco Sch'dy	47977.166	46...	
170-175	"		14	Scranton Shops			
176-185	"		17	" "			
198.199	"	1E	10	Alco Sch'dy	47978.979		
* 201-260	"		-35	Scranton Shops			
301-305	1D	17C	02	Schenectady	6200-204		
306-314	"	"	04	Baldwin	24015:245		
315-322	"	"	05	Alco Sch'dy	30527-534		
323-336	"	"	05	" Rogers	39816-829		
337-346	"	"	08	" "	43798-807		
350-373	"	17B	10	" Brooks	47953-976		
385-399	"	"	11	" Sch'dy	49983-997		
501-506	1C	10E	06	" Rogers	39850-855		
507.508	"	"	08	" Sch'dy	45533.534		
509.510	"	"	09	" "	46164.165		
534-540	"	10C	11	" "	50008-014		
541-549	"	"	09	" "	46145-153		
550-556	"	"	03	" "	27276-282		
557-562	"	"	04	Baldwin	24131:231		
563.564	"	"	06	Alco Rogers	39856.857		
565-569	"	"	08	" Sch'dy	45528-532		
570-587	"	10D	03	" "	27283-300		
588.589	"	"	06	" Rogers	39842.843		
724-739	1D	17B	09	" Sch'dy	46127-142		
740-759	"	"	01	Schenectady	5977-996		
760-769	"	"	"	Dickson	1257-266		
770-779	"	"	02	Schenectady	6175-184		
780-783	"	"	06	Alco Rogers	39858-861		
784-797	"	"	08	" Sch'dy	45514-527		
798.799	"	"	"	" "	46143.144		

* converted 1929-35 at Scranton Shops from (2C1 1151:190 (38)) (1D1 1201-222 (22))
2C1 1189:193 to Boston & Maine 3696-699 up 1943

801-815	2D	23	1899	Brooks	3304-318		
816-830	"	"	1900	Dickson	1092:119	5+15	
831-853	"	23A	"	Brooks	3471:528	13+10	
855-874	"	"	01	Schenectady	5800-819		
875-884	"	"	"	Dickson	1229-238		
885-899	"	"	02	Schenectady	6185-199		
933-938	2B	19B	11	Alco Sch'dy	49977-982		
939-943	"	"	10	" "	47943-947		
944-955	"	"	05	" "	30547-558		
958-966	"	"	04	Baldwin	23935:992		
967-972	"	"	"	"	24016:107		
973-980	"	"	01	Schenectady	5792-799		
981-991	"	"	02	"	6122:174	1+10	
992-999	"	"	03	Alco Sch'dy	27253-260		
Ø dr 69"	1000-007	2C	24	00	Brooks	3463-469	
" "	1008-012	"	24A	05	Alco Sch'dy	38693-697	
" "	1013-016	"	"	06	" Rogers	39812-815	
" "	1017-023	"	24B	07	" "	42755-761	
" "	1024-031	"	"	08	" Sch'dy	45506-513	
" "	1032-036	"	"	10	" "	47948-952	

Left table (continuation):

	Numbers	Class	Year		Builder	Const. no.	
" 73"	1050-052	" 24C	07	"	Rogers	42762-764	
" "	1101-107	2C1	12	"	Sch'dy	51348-354	
" "	1108-110	"	13	"	"	53143-145	
" "	1111-114	"	13	"	"	54636-639	
" 79"	1115-119	"	22	"	"	63248-252	
" "	1120-125	"	20	"	"	61790-795	
" "	1126-130	"	17	"	"	57053-057	
" 73"	1131-135	"	15	"	"	55127:131	
" 79"	1136-140	"	23	"	"	64283-287	
" 69"	1151-157	"	13	"	"	53158-164	
" "	1158-171	"	14	Lima	"	1381-394	
" 70"	1172-178	"	16	Alco	"	55920-926	
" "	1179-183	"	22	"	"	63606-610	
" "	1184-193	"	24	"	Brooks	65398-407	
	1151-155	2C2	37	"	Sch'dy	68910-914	
	1201-215	1D1	12	"	"	51355-369	
	1216-227	"	13	"	"	53146-157	
	1228-237	"	16	"	"	55927-936	
	1238-252	"	18	"	"	60240-254	
	1253-262	"	20	"	"	61828-837	
	1401-405	2D1	24	"	Brooks	65418-422	
3 cyl	1450-454	"	25	"	"	66163:430	2+3
Ø dr 77"	1501-505	2D2	27	"	"	67526-530	
" 70"	1601-620	"	29	"	Sch'dy	67799-818	
" "	1621-630	"	32	"	"	68623-632	
" 74"	1631-650	"	34	"	"	68661-680	
	2101-125	1D1	22	"	"	63581-605	
	2126-140	"	23	"	"	64039:069	10+5
	2141-150	"	24	"	Brooks	65408-417	
3 cyl	2201-225	2D1	26	"	Sch'dy	66954-978	
" "	2226-235	"	27	"	"	67516-525	

Duluth Missabe & Iron Range

		Numbers	Class	Year		Builder	Const. no.	
		28- 31	C	1906		Baldwin	27728:761	
		58. 59	D	07		"	30487.488	
		60. 61	"	"		"	30501.586	
		62- 64	"	10		"	34754-756	
		80- 85	"	"		Alco Pitts'bgh	47925-930	
		86- 89	"	17		Baldwin	45704-707	
		90- 93	E	27		"	60213:294	
		100.101	2C	06		"	27719.727	
		102.103	"	07		"	30436.437	
		104	"	10		"	34723	
80- 83			2D	1899		"	16747-750	
90- 98	190-198		1D	1905		"	25465:885	
	300-303		"	-00		Pittsburgh	1525:2099	
	304-306		"	02		Alco Brooks	26342-344	
	307-312		"	03		" Cooke	27063-068	
	313-316		"	04		" Pitts'bgh	28897-902	
	319-324		"	05		" "	30730-735	
	325-330		"	"		" "	31232-237	
	331-336		"	06		" "	39586-591	
	337-350		"	07		" "	42275-288	
200-205	1200-205		"	06		Baldwin	27722:773	
206-208	1206-208		"	07		"	30311:323	
	1209-212		"	09		"	33308-311	
	1213-224		"	10		"	34740:844	
300-303	1300┐		1D1	13		"	39671:917	
304.305			"	"		Lima	1311-313	
306-308			"	16		Baldwin	43303-305	
309-311	┘311		"	23		"	56507-509	
	* 1312-337		"					*
	400-402		2C1	13		"	39877-879	
107-110			"	"		"	39861-864	
	500-505		1E1	16		"	43409:502	
	506-515		"	19		Alco Brooks	60075-084	
	200-207		1D+D1	10		Baldwin	35165-172	
	208.209		"	16		"	43530.531	
	210.211		"	17		"	45769.793	
	220-227		1D+D2	41		"	62526-533	
	228-237		"	42		"	64707-716	

* ex Elgin, Joliet 746:774, built 1923-30

St. Louis & San Francisco

Road	Numbers	Class	Year	Builder	Const. no.	
reb. to 2D1 {	1- 14	1E1	1916	Baldwin	44405:930	
	15- 34	"	17	"	45047:998	
	35- 41	"	"	"	46006:712	
	42- 52	"	"	"	48023:776	
	53- 60	"	18	"	49085:860	
KCFS	200-204	2B	02	Pittsburgh	2373-377	
	205-219	"	03	Alco Dickson	26727-741	
StLM	220-229	"	"	" Rhode Isl	27820-829	
	500-515	2C	-93	Pittsburgh	1189:480	
reb. to C *	516-530	"	03	Baldwin	22823:999	
	539-548	"	98	"	15827:854	
KCFS	549-557	"	01	Pittsburgh	2317:332	6+3
SLKC	558-567	"	02	Alco Cooke	26087-096	
	568-572	"	03	Baldwin	21339:444	
StLM 21. 22	573.574	"	02	Pittsburgh	2417.418	
KCFS	575-584	"	"	"	2378-387	
	585-594	"	03	Alco Dickson	26767-776	
	595-599	"	"	" "	27374-378	
	600-609	"	02	" Richmond	25321:330	
SL&G	610-619	"	03	Baldwin	22695:804	
	620-623	"	"	"	23098:107	2+2
	624-628	"	04	"	23488.619	
	629-633	"	05	Alco Schen'dy	38115-119	
	634-668	"	-04	Baldwin	23359:710	
*	669-693	"	03	Alco Dickson	28700-724	
	695-699	"	06	" Brooks	39922-926	
	700-704	"	03	" Dickson	28725-729	
*	705-724	"	06	" Brooks	39927-946	
	727-741	"	05	" Schen'dy	38120-134	
	742-794	"	03	Baldwin ·	21430:996	
	795-799	"	"	"	22011:056	
	801-818	1D	00	Dickson	1156-173	
	819-833	"	02	Alco Pgh Rmd	25311:335	10+5
	834.835	"	"	" Brooks	26512.513	
KCFS 156-161	950-955	"	00	Pittsburgh	2127-132	
StLM 270-279 *	956-965	"	02	Alco Dickson	26228-237	
	970-989	"	06	Baldwin	29623:885	
	1000-009	2C1	04	Alco Brooks	28690-699	
	1010-014	"	"	Baldwin	23744:903	
	1015-034	"	10	"	34154:328	
	1035-039	"	"	"	35275:352	
reb. to 2C2	1040-059	"	12	Alco Schen'dy	50553-572	
	1060-069	"	17	Baldwin	45358:701	
	1100-109	2C	06	Alco Schen'dy	41455-464	
	1110.111	"	07	" "	42312.313	
	1200-225	1D	"	Baldwin	30310:741	
	1226-250	"	"	"	31936:209	32...
	1251-265	"	09	"	33735:839	
	1266-280	"	"	"	34120:406	
	1281-292	"	10	Alco Brooks	48702-713	
	1293-305	"	11	Baldwin	35381:474	
	1306-345	"	12	Alco Schen'dy	51805-844	
	1400-409	2C	1907	Baldwin	32285:420	
	1500-514	2D1	23	"	56137:278	1+14
	1515-519	"	25	"	58606:610	
	1520-529	"	26	"	59132:203	
russian type {	1613-623	1E	18	Alco Richmond	58827:867	
	1624-626	"	"	" Brooks	58688:911	
	1627-630	"	"	Baldwin	47894:953	
	1631.632	"	"	"	48136.522	
	2001-007	1D+D1	10	Alco Schen'dy	48652:735	5+2
reb. of 2C	3539-548	C		RR Springfield Workshops		
	3648-657	"	06	Baldwin	28243:342	
StLM 12	3670	"	01	Pittsburgh	2336	
	3671-675	"	04	Baldwin	23580:602	
	3676-685	"	05	"	26942:001	27...
*	3686-695	"	06	"	28349:567	
	3700-709	"	"	Alco Dickson	41465-474	
	3710-712	"	07	" "	42309-311	
*	3713-722	"	"	Baldwin	32110:331	
	3730	"	"	Alco Schen'dy	42314	
	3731-740	"	11	Baldwin	35319:405	
	3741-752	"	"	"	37186:238	
	3800-806	"	19	Alco Schen'dy	61341-347	
PRR 20010:037	4000:	1D1	"	Lima	5852:879	20
" 20007-009	:	"	"	Alco Schen'dy	60945-947	3
IHB 400:423	:032	"	"	Lima	5813:836	10
	4100-104	"	22	Baldwin	55889-893	
	4105-134	"	23	"	56016:242	
	4135-149	"	25	"	58466:616	
	4150-164	"	26	"	59122:195	

```
                4200-219    "    30    "          61279:333   12+8
reb. of 1E1 { 4300-310     2D1  -38   RR Springfield Workshops
            { 4400-422      "   -42    "       "       "
                4500-514   2D2   41   Baldwin      64437:451
                4515-524    "    43    "           69731-740


JLCE  32. 33   72. 73      1C    13   Baldwin      39038.039
 "    34. 35   74. 75       "    16     "          43278.279
 "    40. 41   76. 77      1D    21     "          54265.266
GT&W  3. 4     365.366     1C    09   Alco Schen'dy 46648.649
 "    5. 6     367.368      "    10     "  Brooks   47622.623
 "    8        467         2C    13   Baldwin      40319
SB&M  38- 43   479-484      "    10     "          34877:888   4+2
```

KCFS: Kansas City, Fort Scott & Memphis.   StLM: St.Louis,
Memphis & South Eastern.   SLKC: St.Louis, Kansas City.
SL&G: St.Louis & Gulf.   JLCE: Jonesboro, Lake City & Eastern.
GT&W: Gulf, Texas & Western.   SB&M: St.Louis, Brownsville
& Mexico.   * failing RR numbers were not used.

Illinois Central

```
                65-74      C  1905  Alco Brooks   38135-144
                75-84      "    04    "           28010-019
                85-94      "    "    Rogers       6210-219
                95-99      "    03    "           5940-944

Nashville Term. 1.2
                201-207    "    07  Alco Brooks   43456-462
                208.209    "    06    "   "       41526.527
                210-219    "    12    "   "       52259-268
                220-249    "    13    "  Pitts'bg 53166-195
                250-271    "    14    "  Schen'dy 54736-757
                272-296    "    15    "   "       55038-062
                297-333    "   -18    "  Cooke    58165:999   20+17
                334-341    "    "      "   "      59000-007

     { 330-334            1C  1898  Baldwin   15224:287   17...
VSP  { 335          531    "  1902    "       21421:451
     {   :           :     "   04     "       23552:023   24...
     {  └344        └540   "   05     "       27053.054
                541-550    "   00   Pittsburgh  2278-287
3710-723 (551.552          "   "    Rogers    5621.622
         (553-564          "   "    Brooks    3690-701
          565-584          "   "    Pittsburgh  2288-307
          585-598          "   01   Baldwin   19913:982

          801.802    D    26    "         59371.372
          3500-524   "    21    "         54412:833
          3525-539   "    22    "         55643:859
          3540-554   "    27    "         60106:127   5+10
          3555-569   "    29   Lima       7357-371

          651-686   1D   -03   Rogers     5729:882
          687-698    "    "    Alco Schen'dy 27192-203
          699-730    "    "    Rogers     5947-999
          731-785    "   -04     "        6078:204
          786-795    "    03   Alco Brooks  28090-099
          796-799    "    "      "  Cooke  28686-689
          811-840    "    04     "  Brooks 30051-080
          841-865    "    05     "   "     38145-169
          866-905    "    06     "   "     40360-399
          906-940    "    07     "   "     43421-455
          941-954    "    09   Baldwin    33739:970
          955-958    "    "      "        34036:062
          959-964    "    "      "        35832:985
CJ 641-644 965-993   "    11     "        36077:180

          1501-550  1D1   14     "        41373:452
          1551-600   "    12     "        38563:859
          1601-640   "    11     "        36577:814
          1641-700   "   -12     "        37030:508
          1701-750   "    15   Lima       5005-054
          1751-797   "    16     "        5162-208
          1798-813   "    18   Baldwin    48739:922   49...
          1814-832   "   -19     "        50550:590   51...
          1833-882   "    18   Lima       5696-745
          1883-907   "   -23   Alco Schen'dy 63611-635
          1908-982   "    24   Lima       6500-014
          1983-999   "    23   Baldwin    56744:927
          2000-017   "    "      "        56928:124   57...

1D  811:993   3811-934   1D1  -23   reb IC Paducah Shops
```

```
VSP  360-363   3960-963    "    15  Baldwin   42739-742
A&V  460       3964        "    19    "       51644
VSP  364       3965        "    "     "       51675
A&V  461       3966        "    22    "       55481
VSP  365-368   3967-970    "    20    "       53058:119
A&V  462.463   3971.972    "    24    "       58017.018

               7000-049   1D2  -26  Lima      7136-185
               7050        "    25   "        6883

A&V  (430      3400        E    22  Baldwin   55578
     (431      3401        "    24    "       57669

CGa  771-777 <(2601-603   1E1   15  Alco Schen'dy 55550-552
             (2604-607     "    18   "    "       59008-011
               2901-000    "    21  Lima       6132:237   50+50
               3001-025    "    23   "         6327-351

A&V  (470-472  3100-102    "    19  Baldwin   51646:698
     (473.474  3103.104    "    22    "       55478.479

CGa  1901-910 -> 6000-009  1C+C1  19  Alco Richmond 59038-047

     1000      1001       2B1   02  Baldwin   20016
               1002-011    "    03  Rogers    5930-939
               1012-026    "    04   "        6115:237

     371-400   5001-030   2C   -00   "        5142:547
     231-240   5031-040    "    "     "        5623-632
     241-244   5041-044    "    "    Pittsburgh  2313-316
VSP (308.309   5060.061    "    05  Baldwin   26147.158
    (310       5062        "    06    "        29299
A&V  406-408   5063-065    "    07    "        32030:988   31... 2+1

1C1  1001      1000       2C1   02  Rogers    5737
               1031-035    "    05  Alco Schen'dy 29542-546
               1036-040    "    06   "    "       40355-359
               1041-048    "    07   "  Brooks    43463-470
               1049-053    "    09  Baldwin   33774:824
               1054-068    "    10  Alco Brooks  49176-190
               1069-083    "    11   "   "       50095:428   5+10
               1084-093    "    12   "   "       50834-843
               1094-113    "    "    "   "       52143-162
               1114-138    "    13   "  Richmond 53196-220
               1139-158    "    16   "  Brooks   56083-102
               1159-178    "    18   "   "       58185-204
               1179-203    "    20   "  Schen'dy 62516-540
VSP (380.381   1300.301    "    19  Baldwin   51199.259
    (382       1302        "    22    "        55416
A&V  480-482   1310-312    "    24    "        57639:656   1+ 2

               2400-414   2D1   23  Alco Schen'dy 64569-583
               2415-439    "    25  Lima       6884-908
               2440-459    "    26  Alco Schen'dy 67039-058
               2600-619    "   -43  IC Paducah Workshops
CMG  6         2107       2B  1911  Baldwin   37230
               166-170     C   00  Pittsburgh  2308-312
               171-181     "  1899  Brooks    3016:282   5+6
               182-191     "  1900  Baldwin   18016:127
               192-194     "   "    Rogers    5633-635
               195-197     "   "    Brooks    3625:636
               1- 9       2C  1898  Rogers    5317:326
               10-29       "  -99   Brooks    3038-044   7+13
               30-46       "  1900  Rogers    5427:584
               47-60       "   "    Brooks    3577:601
               61-64       "   "    Baldwin   18183:000   19...
1D2  7038      2499       2C2   37  reb IC Paducah Shops
               640        2D  1899  Brooks    3298
1E1  2901:025  2501- ?    2D1  -42  reb IC Paducah Shops
 "     "       2850       1E1   43    "     "      "
```

NO&NE: New Orleans & Northeastern.   G'gia: Georgia RR
CGa: Central Georgia.   CMG: Chicago, Memphis & Gulf
CJ: Chicago Junction.   LLL: Lufkin Land & Lumber Co

Vicksburg, Shreveport & Pacific VSP

```
               302        2B  1901  Richmond   3318
               304.305     "    04  Baldwin   23556.557
NO&NE 289.290  308.309   5060.061  2C  05   "   26147.158
  "     291    310       5062       "   06   "        29299

               311.312     "       2B  01  Richmond   3118.119
               313         "        "   02  Alco Rmd   26239
```

```
 325         314               C  1898  Baldwin       16211
            315.316   3340.341  "  1903    "          22139.250
            317       3350      "   11     "             36722
            318 ?                                              ?
            319       3332      "   04     "             24222
            320       3331      "   01     "             19873
CMG    5              521      1C   11     "             37229
    300-302  330-332           "  1898     "          15224:021   16... 2+1
    303.304  333.334           "   "       "          17029.287
             335.336  531┐     "  1902     "          21421.429
             337.338           "   04      "          23552.953
             339          :    "   "       "             24002
             340.341           "   05      "          27053.054
A&V (442.443 342.343           "   04      "          24001.023
       441   344      └540     "   03      "             21451
LLL    3      7                "   05      "             26056

NO&NE 263.264 348.349   53.54  2C   11      "          35940.941
      350-353 360-363 3960-963 1D1  15      "          42739-742
          354     364    3965   "   19      "             51675
      355-358 365-368 3967-970  "   20      "          53058:119
          366 ?   369 ?         "   "       "             53060
      380.381 1300.301 2C1  19   "          51199.259
          382    1302   "   22   "          55416
```

                    Alabama & Vicksburg   A&V

```
          405               2B 1905 Baldwin    23976
      406.407 5063.064      2C  07    "        32030.031
NO&NE 292 408    5065        "   "     "          31988
 "   205.206 409.410        2B  01  Richmond  3316.317
      1C?  411.412           "  00  Baldwin  19362.363
           413              "   "     "          17386
           414              " 1898    "          16114
      400  418    3320      C   "     "          16212
      404  419    3330      " 1901    "          19744
           420    3333      "   04     "          23516
           421    3334      "   08     "          32671
           422.423 3335.336 "   11     "          36670.671
           430    3400      E   22     "          55578
           431    3401      "   24     "          57669
    408.409 437.438         1C  00     "          18719.720
      451 ? 441 ?           2C  07     "          32100 ?
           442.443          "   "      "          30003.004
           444.445          "   05     "          27011.055
           446.447          "   06     "          29328.346
G'gia 34     50             "   07     "          30021 )
           448             "   "      "          30022 )
           449    51        "   "      "          30075
           450    52        "   "      "          32099 )
           451             "   "      "          32100 )
NO&NE 263.264 (348.349) 53.54 " 11   "          35940.941
      452.453   55.56       "   "      "          35954.955
           460    3964      1D1 19     "          51644
           461    3966      "   22     "          55481
      462.463 3971.972      "   24     "          58017.018
      470-472 3100-102      1E1 19     "          51646:698
      473.474 3103.104      "   22     "          55478.479
      480-482 1310-312      2C1 24     "          57639:656  1+2
```

Lehigh Valley

```
    501-527  220-246    1D1 1903 Baldwin       22532:877
    275-294 ← ( 247-256  "   06    "            27665:693
             257-266    "   07  Alco Schen'dy  42684-693
             300-306    "   12  Baldwin        38942:994
             307-325    "   13    "            39233:992
             326-341    "   "     "            40041:254
             350-374    "   "     "            40441:707
             375-391    "   16    "            42830:959
             392-414    "   "     "            43001:792
             415-419    "   21    "            54258:347
             420-427    "   22    "            55552:896
             428-434    "   23    "            56023:092
             440-459    "   24  Alco Schen'dy  65108-127
             460-464    "   23  Baldwin        56093-097
             465-469    "   "   Alco Schen'dy  64139-143
             470-489    "   24   "    "        65128-147
             490-499    "   23   "    "        64129-138
```

```
    1101     700     1D 1899 Baldwin       16588
    1103-145 701-741  "  -00   "           17090:963
    1146-153 742-749  "   01   "           19282:322
    1201-220 750-769  "   "    "           18755:992
    1102     770      "   99   "              16589
    1154-178 780-804  "   02   "           20350:665
    1221-228 805-812  "   "    "           20725:779
             813-832  "   07 Alco Schen'dy 42664-683
             900-934  "  -13 LV Sayre Workshops
    1301-310 950-959  "   99 Baldwin       16224:778
    1311-315 960-964  "   00   "           17439:540
    1131-165          2C  17 LV Sayre Workshops
    773-782           "   98 Baldwin       16032-041
    783-789           "   01   "           18845:349   19...
    1001-020 1590-599 "   10   "           34518:730
             1600-619 "   04   "           24555:646
             1620-629 "   05 Alco Schen'dy 37828-837
             1630-649 "   06  "    "       39876-895
             1650-654 "   "  Baldwin       27860:891
             1655-664 "   07 Alco Schen'dy 42632-641
             1665-679 "   "   "    "        43919-933
             1680-694 "   08 Baldwin       32517:652
             1800-820 "  -16 LV Sayre Workshops
             2000-002 2C1 05 Baldwin       26309:712
             2003-007  "  06   "           27864:753
             2010-035  "  -21 LV Sayre Workshops
             2050-064  "  -17  "    "
             2088.089  "  26   "    "
             2090-099  "  24 Alco Brooks   65255-264
             2100-122  "  16 Baldwin       44582:929
             2123-129  "  17   "           45045:124
             2130-149  "  -19   "          50675:637   51...
  *  790-793 2230┐ 1C1 1902 Baldwin        20574:601
     794-797       "  03   "               22464:493
     798.799 └239  "  04   "               24384.385
     681-684 2400-403 2B1 03   "           22476:547
     801-803 2404-406  "  04   "           24388:407
             2407-411  "  06 Alco Schen'dy 41328-332
             2412-416  "  10 Baldwin       35585:659
     673-675 2450-452  "  00   "           17792:815
     676-680 2453-457  "  01   "           19208:224
    1401.402 3030.031  D   "    "           19457.458
             3032-035  "     LV Sayre Workshops
    1403-405 3036-038  "  02 Baldwin       20868-870
    1406-410 3039-043  "  03   "           22420:447
             3044-047  "  10 Alco Schen'dy 47513-516
             3048.049  "   " LV Sayre Workshops
             3050-053  "  05 Baldwin       26616:659
             3054-058  "  07   "           30829:054   31...
             3059-068  "  08 Alco Schen'dy 44808-817
             3069      "  10 LV Sayre Workshops
             3100-104  "  12  "    "
             3125-159  "  -15  "    "
             3160-174  "  16 Baldwin       43271:400
     900-934 3175-209  "  -13 LV Sayre Workshops
             3400-402  C  05 Baldwin       26531:653
             3420-424  "  07   "           30869:157   31...
             3425-427  "  10   "           34433:503
             3428-452  "  -13 LV Sayre Workshops
             4000-039 1E1 17 Baldwin       45088:680
             4040-059  "  19   "           52188:426
C&0 <-  4060-075  "   "    "               52448:706
             5000     2D1 23 Alco Brooks   64801
 3 cyl. ( 5001-005  "  25  "    "          66102-106
             5100-110 2D2 31 Baldwin       61615:681   1+10
             5125-129  "  34   "           61808-812
             5200-210  "  -32 Alco Schen'dy 68546:619  1+10
             5211-220  "  43   "    "       70839-848


        * 2230-239  1C1  rebuilt to  2C1
```

280

Missouri Pacific

IrM: St.Louis, Iron Mountain So...B&M: St.Louis, Brownsville
& Mexico...IGN: International Great Northern...MoI: Missouri
Illinois...T&M: New Orleans, Texas & Mexico...SuL: Sugarland
U&G: San Antonio Uvalde & Gulf...B&N: Houston Brazos & North

Owner	Old No.	New No.	Type	Year	Builder	Works No.	Note
		9301-305	C	1920	Alco Schen'dy	61987-991	
		9306-320	"	21	" "	62966-980	
IrM	555	9401	"	04	" Brooks	29420	
	556.557	9402.403	"	"	" Richmond	28551.552	
	558.559	9404.405	"	02	" Brooks	26410.411	
		9406-440	"	06	Baldwin	29460:765	
		9441-465	"	07	"	30196:613	
		9466-475	"	10	"	34927:977	6+ 4
	790-794	9501-505	"	03	Alco Cooke	27427-431	
	795-799	9506-510	"	04	" Manc'ter	27412-416	
IrM	560-569	9511-520	"	"	" "	27417-426	
	708-712	9521-525	"	"	" "	28322-326	
	714-723	9526-535	"	"	" Schen'dy	29466-475	
	837-846	9536-545	"	"	" "	29476-485	
B&M	51-53	9580-582	"	05	Baldwin	26007:100	27... (1+2)
IGN	81	9583	"	10	"	35467	
T&M	54-57	9584-587	"	06	"	28243:293	
IGN	82-85	9588-591	"	21	"	54961-964	
UnT	3	9801	"	23	Alco Brooks	65280	
		9601-610	D	27	" Richmond	67295-304	
		9701-720	"	24	Baldwin	58097:204	
		9721-735	"	26	Lima	7035-049	
		9736-750	"	27	Richmond	67280-294	
		9761-785	"	29	Lima	7331:355	
MoI	11.12		1D	10	Alco Richmond	48030.031	
	22.23		"	07	" "	43165.166	
	24.25		"	21	" Brooks	62920.921	
MoI	101.102		"	25	" Schen'dy	66406.407	
	103.104		"	27	" "	67554.555	
		1- 46	"	05	Baldwin	25519:933	
		47- 50	"	"	"	26026:088	
		51- 98	"	07	"	30481:992	
		99.100	"	"	"	31042.144	
		101-130	"	09	Alco Brooks	46663:926	25+ 5
		131-160	"	10	" "	48251-280	
Smith Co.	600-606	161-167	"	09	Baldwin	33400:826	5+ 2
		168-172	"	"	Alco Brooks	46658-662	
	1262-278	401-417	"	03	" "	27089:178	25+ 5
	1279-293	418-432	"	04	" "	28964-978	
	1294-298	433-437	"	"	" "	29009-013	
IrM	1831-850	438-457	"	03	" "	27069-088	
	1891-920	458-487	"	04	" "	28979-008	29...
	1851-865	501-515	"	01	Brooks	3973-987	
IrM	1866-890	516-540	"	02	Alco Brooks	25731-755	
	1921-925	541-545	"	"	Baldwin	21249:524	
B&M	81-100	1011-030	1D	1914	Baldwin	41595-614	
T&M		1031-040	"	06	"	29688:800	
IGN	401-410	1051-060	"	12		38037-046	
	411-423	1061-073	"	13	Alco Schen'dy	54228:374	10+ 3
MoI -> T&M	501.502		1D1	12	Baldwin	38678.679	
IGN	501-504	1101-104	"	21	"	54953-956	
	505-510	1105-110	"	24	"	57678-683	
B&M		1111-120	"	26	Alco Brooks	66689-698	
		1201-250	"	11	" Schen'dy	50379:439	40+10
		1251-255	"	13	Baldwin	40002-006	
		1256-280	"	14	"	41120:178	
		1301-315	"	19	Lima	5837-851	
		1316-325	"	"	"	5856:877	?
		1401-425	"	21	Alco Brooks	62935-959	
		1426-471	"	23	" Schen'dy	63893-938	
		1472-511	"	"	" Brooks	65213-252	
		1512-535	"	24	" Schen'dy	65992:015	66...
		1536-570	"	25	" "	66229-263	
3 cyl	1699	1571	"	24	" "	66016	
IGN		1121-125	1D2	28	" "	67656-660	
2D2 2101-125 <-		1901-925	"	30	Lima	7476-500	
IrM	1801-806		2D	01	Brooks	4022-027	
	1807-819		"	03	Alco Brooks	27096-108	
USA	1021:189	(941 Z 948	1E	18	" Rmd. Bro	58835-914	
			"	"	Baldwin	47899:246	48...

Owner	Old No.	New No.	Type	Year	Builder	Works No.	Note
IrM	1501-514	1701-714	1E1	16	Alco Brooks	56476-489	
		1720-729	"	26	Baldwin	59196:238	
		4000	1D+D1	12	"	37675	
B&M	1- 3		2B	04	Baldwin	24093:118	
"	6-11		"	05	"	25056:107	
	12-14		"	"	"	27092:096	1+ 2
	1190-199	5501-510	2B1	04	Alco Brooks	29486-495	
IrM	1695-699	5511-515	"	"	" "	29496-500)	
		5516-540	"	07	" "	42695-719	
	793-799	2301-307	2C	00	Brooks	3640:674	2+ 5
IrM	1701-730	2308-337	"	01	"	3702:816	
	1733-742	2338-347	"	02	Alco Cooke	25180-189	
	1208-236	2348-376	"	01	Brooks	3797:864	
	1237-261	2377-401	"	02	Alco Brooks	25771-795	
IrM	1731.732	2402.403	"	01	Baldwin	19679.680	
	1101-108	7501-508	"	"	Brooks	3744-751	
	1109-114	7509-514	"	02	Alco Brooks	25756-761	
IrM	1601-606	7515-520	"	01	Brooks	3786-791	
	1607-615	7521-529	"	02	Alco Brooks	25762-770	
3 cyl	6000	6001	2C1	25	" "	66026	
IGN	1151-155		2C1	26	Alco Brooks	66699-703	
B&M	1156-161		"	27	" "	67305-310	
		6401-420	"	10	" Schen'dy	48319-338	
		6421-434	"	12	" Brooks	50573:608	10+ 4
		6435-439	"	13	" Schen'dy	53710-714	
		6440-444	"	21	" "	62986-990	
	1115-119	6501-505	"	02	" Brooks	26614-618	
	1120-123	6506-509	"	03	" "	28312:410	3+ 1
IrM	1616-620	6510-514	"	02	" "	26619-623	
	1621-627	6515-521	"	03	" "	28315-321	
MoR	30.31	6530.531	"	17	Baldwin	44836.837	
	6445-454	6601-610	"	24	Alco Schen'dy	65203-212	
		6611-619	"	"	" "	66017:025	
		6620-629	"	25	" Brooks	66264-273	
		5201-207	2D1	13	" Schen'dy	53715-721	
		5301-307	"	19	" Richmond	61003-009	
		5308-312	"	21	" Schen'dy	62981-985	
		5313-316	"	23	" "	63939-942	
		5335-339	"	27	" Brooks	67311-315	
		5340-344	"	30	" Schen'dy	68338-342	
2D1 1901-925		2101-125	2D2	-42	reb. MoP Sedalia Shops		
		2201-215	"	43	Baldwin	69714-728	
IGN		201-205	2C	00	Rogers	5599:603	
B&M		212	"	10	Baldwin	34479	
SuL	30.31	213.214	"	16	"	43157.158	
B&N	216-221		"	03	Alco Cooke	26695-700	
	222-231		"	"	" "	27243-252	
U&G	32	235	"	12	Baldwin	37614	
SuL	9	236	"	20	"	53271	
TBV <-	21-25		"	04	"	24144:195	
	26-28	251	"	05	"	25887:961	
B&M	29-32		"	"	"	27134:152	
	33-37	262	"	07	"	32052:118	
Fco <-	38-43		"	10	"	34877:888	
IGN	251-56	285-290	"	01	Cooke	2730-735	
	257-62	291-296	"	02	Al Rhode Isld	26670-675	
U&G	33	297	"	13	Alco Schen'dy	53631	
	30.31	298.299	"	14	" Pitts'gh	54379.380	
T&M	16-21	301-306	"	07	" Dickson	42315-320	
IGN	100	310	"	"	" Richmond	43751	
IGN	232-41	341-350	"	06	Baldwin	29484:683	
	242-51	351-360	"	08	Alco Brooks	45609-618	
	252-56		"	09	Baldwin	33542-546	
	257-65		"	11	"	36825:907	2+ 7
T&M	61.60	361.362	"	03	"	22919.999	
IGN		372-384	"	-25	IGN Workshops		
GCL T&M	70-74	385-389	"	21	Alco Brooks	62889-893	

Norfolk & Western

	Numbers	Wheel	Class	Year	Builder	C/N
	90	2C	(A)	1904	Baldwin	23940
	100–107	2D1	K1	16	Roanoke	208–215
	108–115	"	"	17	"	216–223
	116–125	"	K2	19	Alco Brooks	61047–056
	126–137	"	"	23	Baldwin	56138:289
W&LE <-	200–209	"	K3	26	Roanoke	235–244
	200–214	D	S1	51	"	398–412
	215–222	"	"	52	"	420–427
C&O ->	255–284	"	"	47	Baldwin	74024–053
	375–396	2D	M	06	Alco R'mond	40271–292
	397–449	"	"	-07	" "	40293–345
	450–453	"	"	06	Baldwin	27958:991
	454–499	"	"	"	"	28012:863
PRR K-3 ->	500–504	2C1	E3	13	"	39730:792
	543–552	"	E2	-14	Roanoke	198:207
	553–558	"	"	12	Baldwin	37720–725
	559–563	"	"	"	Roanoke	193–197
	564–573	"	"	10	Alco R'mond	44252–261
	574–579	"	"	"	" "	46827–832
	580–594	"	E1	07	Baldwin	30372:716
	595–599	"	E	05	Alco R'mond	29537–541
600–605		2B1	(J)	03	Baldwin	22178:367
606		"	"	"	"	23922
	600–604	2D2	J	41	Roanoke	311–315
	605–610	"	"	43	"	347–352
	611–613	"	"	50	"	388–390
	673–681	1D	W2	05	Baldwin	26507:899
	682–698	"	"	"	Alco R'mond	37880–896
	699–707	"	"	"	" "	31166–174
	708–710	"	"	"	Baldwin	25968:984
	711–714	"	"	"	"	26010:040
	715–721	"	"	04	Alco R'mond	30106–112
	722–728	"	"	"	Baldwin	24383:498
	729	"	"	"	"	23908
	730–733	"	"	"	Roanoke	178–181
	734–753	"	"	03	Baldwin	23151:504
	754–765	"	"	"	"	22652:827
	766–775	"	"	"	Alco Cooke	27615–624
	776.777	"	"	04	Roanoke	176.177
	778–790	"	"	03	Alco R'mond	26903–915
	791–799	"	"	"	Baldwin	22059:374
	800–814	"	W	-99	"	16350:594
	815–829	"	W1	"	"	16673:859
	830–844	"	"	-01	Roanoke	153–167
	845–854	"	"	"	Baldwin	18677–686
	855–864	"	"	"	Richmond	3214–223
	865.866	"	W2	02	Roanoke	168.169
	867–869	"	"	04	"	173–175
	870–879	"	W1	01	Richmond	3293–302
	880–899	"	W2	02	Alco R'mond	26128:306	5+15
	900–912	"	"	"	Baldwin	20818:953
	913–918	"	"	-03	"	21060:704
	919–922	1D	W2	1902	Alco R'mond	26604–607
	923–925	"	"	"	Roanoke	170–172
	926.927	"	"	03	Alco R'mond	26901.902
	928–947	"	"	"	" Cooke	27921–940
	948.949	"	"	05	Baldwin	26054.090
	950.951	2C	V	00	"	17747.748
	952–961	"	"	"	"	18232:316
	962–966	"	"	02	Alco R'mond	26123–127
	990–994	D+D	X1	10	" Sch'dy	47172–176
	995–999	1D+D1	Y1	"	Baldwin	34671:698
	1000–027	2D	M1	07	"	31598:989
	1028–049	"	"	"	"	32009:350
	1050–099	"	"	"	Alco R'mond	43168–217
	1100–149	"	M2	10	Baldwin	35108:809
	1150–160	"	"	-12	Roanoke	182–192
	1200.201	1C+C2	A	36	"	266.267
	1202–209	"	"	37	"	273–280
	1210–224	"	"	43	"	332–346
	1225–234	"	"	44	"	353–362
	1235–242	"	"	-50	"	380–387
	1300–314	1C+C1	Z1	12	Alco R'mond	51011–025
	1315–339	"	"	"	" "	51469–493
	1340–379	"	"	13	" "	53591–630
	1380–419	"	"	14	Baldwin	41483:576
	1420–449	"	"	-16	Alco Sch'dy	55575–604
	1450–469	"	"	-17	" "	56456–475
	1470–489	"	"	18	" "	59869–888

	Numbers	Wheel	Class	Year	Builder	C/N
*	1700–704	1D+D1	Y2	-21	Roanoke	224–228
	1705–710	"	"	24	"	229–234
	1711–722	"	"	19	Baldwin	51036:937
	1723–730	"	"	"	"	52298:707
** Va 900–904	2000–004	"	Y3	"	Alco Sch'dy	59853–857
	2005–044	"	"	"	" "	61073–112
	2045–049	"	"	"	Baldwin	52157:251
	2050–079	"	"	23	Alco R'mond	64070–099
	2080–089	"	Y4	27	" "	67130–139
	2100–109	"	Y5	31	Roanoke	255–264
2090–099	2110–119	"	"	30	"	245–254
	2120–124	"	Y6	36	"	268–272
	2125.126	"	"	37	"	281.282
	2127–134	"	"	38	"	283–290
	2135–143	"	"	39	"	291–299
	2144–154	"	"	40	"	300–310
	2155–170	"	"	42	"	316–331
	2171–180	"	"	48	"	363–372
	2181–187	"	"	49	"	373–379
	2188–194	"	"	50	"	391–397
	2195–200	"	"	52	"	414–419

* 15 eng. to Denver & Rio Grande Western 3550–564
** ex Virginia to Norfolk & Western

Texas & Pacific

	Numbers	Wheel		Year	Builder	C/N	
	233–242	D	2C	1897	Baldwin	15382:628
	243–256	"	"	-99	Rogers	5282:435
	257–266	"	"	1900	"	5590:620
	267–291	"	"	01	Cooke	2678–702
	292–306	"	"	02	Alco Cooke	25951–965
	307–316	"	"	"	" "	26133–142
	317–323	"	"	"	" "	26273–279
	324–338	"	"	03	" "	28480–494
blank >	339–340	–	2B1	06	T&P Marshall Workshops	
	349–358	D	2C	"	Alco Rogers	41488–497
	359.360	"	"	07	T&P Marshall Workshops	
	361–400	"	"	"	Alco Cooke	44476–515
	401–410	F	1D	12	Baldwin	38064–073
	411–420	D	2C	"	"	37901–910
	450–456	B	C	16	"	42759–765
	457–470	"	"	19	Alco Pitts'bg	60461–474
	471–478	"	"	23	" Cooke	64049–056
	480–489	D	D	-26	Baldwin	58906:829
	490–494	"	"	27	"	60059:063
	500–505	G	1E1	16	"	43060:142
	506–513	"	"	17	"	45332:791
	514–525	"	"	19	"	51597:797
*	526–543	"	"	"	Alco Brooks	61398–415
	600–609	I	1E2	25	Lima	6959–968
	610–624	"	"	27	"	7237–251
	625–654	"	"	28	"	7297:328
	655–669	"	"	29	"	7428–442
600–606	700–706	P	2C1	19	Baldwin	51574:745
	707–713	"	"	"	Alco Brooks	61286–292
	714–721	"	"	23	" Richmond	64057–064
	800–810	H	1D1	19	Baldwin	52043:144
	900–904	M	2D1	25	Alco Sch'dy.	66444–448
	905–909	"	"	28	Baldwin	60551–555
RI <-*	550–560	US	1D1	18	Alco Sch'dy	59598–608

Union Pacific

	Numbers			Year	Builder	C/N	
?	1187–196	4340	C	1901	Baldwin	18640:703
	1201–210		"	05	"	25184:263
	1211–220		"	06	"	27481:515
	1221–230		"	07	"	30607:675
	1231		"	08	Alco Brooks	45069
	1232–241		"	09	Baldwin	33754:787
	1242–251		"	11	"	36403:461	4+ 6
	1252–266		"	13	"	39516:546	7+ 8
	1267–271		"	14	Lima	1410–414
	4421–430	420	"	16	Baldwin	43534–543
	4431–450		"	18	"	47969:728	48...
	4451–462		"	20	Lima	5988–999
	4463–480		"	"	"	6000–017
	1508:519	150–158	1D	02	Baldwin	20924:118	21...

282

```
              201-225    "    05    "            27016:144
              226-252    "    06    "            28813:027    29...
              253-291    "    07    "            30006:994
              292-310    "    "     "            31015:112
              311-323    "    08   Alco Brooks   44961:991    7+ 6
T&NO  850-857 324-331    "    "     "     "       44996:003    45...
SP   2694:744 350-358    "    04   Baldwin       23702:952

       1620   400        "    00    "               18522
     1621-630 401┐       "    "     "             17892:999
     1631-679  │         "    "     "             18000:521
  ?  1680-699  │         "    01    "             19104:294
     1901-920 └479
              480-499    "    03    "             21718:040    22...

     1500-507 1800-807  2D  1899  Brooks          3211-218

       500-529 1900┐   1D1   11   Baldwin        36227:521
       530-549 └949    "     12    "             38362:500

       700-709 2200┐    "    "     "             36511:575
       710-719  │       "    "    Alco Schen'dy  51618-627
       720-744  │       "    13   Baldwin        39587:677
       745-759 └259     "    14   Lima            1449-463
              2260-279  "    17   Baldwin        45765:347    46...
              2280-294  "    18    "             48080:996
              2295-310  "    20   Alco Brooks    61924-939
    * 2525-534 2311-320 "    18   Baldwin        48997:472    49...
US std 2295-314 2480-499 "   "    Alco Schen'dy  59518-537
    1200-214  2500-514  "    13    "             39840:961
              2515-524  "    17   Lima            5575-584
    * 2311-320 2525-534 "    18   Baldwin        48997:472    49...
US std        2535-554  "    "    Alco Schen'dy  60325-344
LA&SL 2716-725 2555-564 "    21    "     Brooks  62872-881

              5000-009 1E1   17   Baldwin        45879:171    46...
              5010-014  "    19    "             51645:832
              5015-039  "    20    "             53403:943
              5040-049  "    23   Alco Brooks    64415-424
              5050-052  "    "    Baldwin        56714-716
              5053-089  "    "    Lima            6580-616

C&O  1571:599 3589-599 1D+D1 26   Baldwin        58922:177    59...
              3600-614 1D+D  18   Alco Schen'dy  58262-276
              3615-633  "    20    "     Brooks  61905-923
              3634-638  "    23    "     "       63771-775
              3639-643  "    "     "     "       64402-406
              3644-663  "    24    "     "       65665-684

              4000-019 2D+D2 41    "     Schen'dy 69571-590
              4020-024  "    44    "     "       72777-781

        1-10  3300┐   2B1   03   Baldwin        23289:368
       11-20   │       "    06    "             27383:426
       21-35  └334     "    "     "             28336:929

     1703-742 1250-289 2C  1899  Brooks          3235-274

     1820-853 1320┐    "   1901  Baldwin        18326:984
     1854-859  │       "    "     "             19039:137
     1860-869 └359     "    03    "             21424:656

     101-119  2800┐   2C1   "     "             23341:004    24...
     120-125   │       "    06    "             28534:600
     126-129   │       "    07    "             30744:761
     130-150   │       "    09    "             33642:750
     151-160   │       "    11    "             35958:989
     161-170   │       "    12   Alco Schen'dy  51598-607
     171-180   │       "    13    "     Brooks  53355-364
     181-200  └899     "    14   Lima           1424-443
              2900-909 "    20   Baldwin        53468:761

              7000-039 2D1  22   Alco Brooks    63244:755    1+39

               800-819 2D2  37    "   Schen'dy  68808-827
               820-834  "   39    "    "        69161-175
               835-844  "   44    "    "        72782-791

              9000-014 2F1  26    "   Brooks    66544:037   67... 1+14
              9015-029  "   28    "    "        67581-595
              9030-054  "   29    "   Schen'dy  67944-968
    9700-707  9055-062  "   28    "   Brooks    67596-603
              9063-087  "   30    "   Schen'dy  68490-514

     3900-914 3800-814 2C+C2 36   "    "        68745-759
     3915-939 3815-839  "   37    "    "        68924-948
           *  3930-949  "   44    "    "        72792-811
              3950-969  "   42    "    "        69760-779
           ↓  3980-999  "   43    "    "        70169:683   14+ 6
   3930:944 * 3700-707  "   44    "    "        72792:806   8
     3975-979 3708-712  "   43    "    "        70158-162
              4600-609  C   18    "   Pitts'bg  60425-434
```

283

Los Angeles & Salt Lake

```
        100-103        2B1  03  Alco Schen'dy  28554-557

        200.201        2C  1901  Brooks        3928.929
        202-205        "    02  Schenectady    6129-132

              2700-707 1D1  14  Alco Schen'dy  54394-401
              2708     "    "   Baldwin        41762
UP 2515:524   2709-715 "    17  Lima           5575:584
   2555-564   2716-725 "    21  Alco Brooks    62872-881
   2500:514   2726-732 *  " 13  Baldwin        39840:961

        400-405 3150-155 2C1 04   "            23562:638
        406-420 3156-170 "  -05   "            24905:002     25...
       3421-425 3171-175 "   06   "            31582:645
       3430-435 3176-181 "   12  Alco Schen'dy 50743-748

Cement Co. 3     10   4226   C   13  Lima          1323
            ? 11.12  4227┐  "    02  Alco Schen'dy 26432.433
              14-19   │    "    04  Baldwin       24876:930
              20-24   │    "    07   "            31553:641
            ? 25-27   │    "    13   "            40914-916
              40-43  └246  "    21   "            54548:608

        500-508 6000-008 1D  04   "             23648:770
        600-629 6009┐    "  -05   "             24855:969
       3630-634  │       "   07   "             29994-998
       3635-641  │       "   "    "             30029:087
       3642-651  │       "   "    "             31517:727
       3652-677 └086     "  -08  Alco Brooks    44637:752    23+ 3

        5500-511 1E1  23  Baldwin        56769:999
        5512-524 "   -24   "             57030:838
UP 5007:013 5525-529 "  -19   "          46064:831    51...

        7850-864 2D1  23  Alco Brooks    63756-770
        7865-869 "    24   "    "        65685-689

        8800-808 2E1  26   "    "        66726-734
   8000 8809     "    25   "    "        66169

UP  2517:521 * 2733-735 1D1 17  Lima     5577:581
```

Oregon Short Line

```
      ? 552.553 4701┐  C  1901  Baldwin        18764.087   19...
        558-564  │     "   08  Alco Brooks     45070-076
        565-568  │     "   06  Baldwin         27672:751
        569-572  │     "   "    "              29038:050
      ? 573-576  │     "   07   "              30551:608
        580-582  │     "   01   "              18715-717
        583-587  │     "   "   Cooke           2640-644
        588-592  │     "   04  Baldwin         23706:843
      ? 593-597  │     "   12   "              38056:091
        530-534 └744   "   14  Lima            1415-419
              4748-752 "   18  Baldwin         48729:076    49...
              4753-757 "   19  Alco Pitts'bg   60451-455
UP 4351:378   4758-763 "  -07  Baldwin         25185:674    30...

        770-777 4100-107 1C  01  Baldwin       18610:648

        950-964 510┐  1D   "    "              18560:785
        965-979 └539  "   03   "               21642:890

       1010-021 560┐  "   04   "               23584:689
       1022-031  │    "  -06   "               27165:204
       1032-043  │    "   "    "               28686:812
       1044-063  │    "   07   "               30210:904
       1064-068  │    "   "    "               31246-250
       1069-072 └622  "   08  Alco Brooks      44974-977

        900-906 2D  1899 Cooke            2469:496

       1100-114 2000┐ 1D1 11  Baldwin      36362:281   10+ 5
       1115-134 └034  "   12   "           38543:562

LA&SL 3800-805 5300-305 1E1 18   "         47652:965
              5306-313 "   23  Alco Brooks 64407-414

       2000-002 3700-702 1D+D1 09 Baldwin  33981-983
              3703    1D+D 18 Alco Schen'dy 58277
              3704.705 "   23   "    Brooks 63779.780

        850-857 3400┐ 2B1 04  Baldwin      23561:675
        858-861 └411  "   08  Alco Brooks  45035-038

        720:757 1550-561 2C 99  Cooke       2446:468
```

```
         800-809   1562┐        "  02  Baldwin          20195:248
         810-816       │        "  09    "              33686-692
         817-821       └583     "  11    "              36190-194
IdN (102.103   1584┐   "  07    "                       30969.616
    (104.105       └587 "  10    "                       35599.600

         875-878   3100┐   2C1  06          "           27317:345
         879-888       │        "  11          "        35833-842
         900-909       │        "  12  Alco Schen'dy    51608-617
         910-914       └128     "  13    "  Brooks      53365-369
         3129-133       "       14  Lima                1444-448
         3134-138       "       19  Baldwin             51197:445

                        Oregon Washington


P&LE 9118   20.43   4900.901  C 1895  Cooke             2265
            28-30   4902┐     "  1907  Baldwin          30676-678
            31.32       │     "  09      "              33788.789
          ? 33-42       │     "  11      "              36462:506   8+ 2
            44-49       │     "  13      "              39637-642
            50-53       │     "  14  Lima               1420-423
            21-24       │     "  05  Baldwin            25523:605
            25.26       │     "  01      "              18704.705
            27          └933  "  03      "              21731

            300-309  710┐  1D 01      "              19103:343
            310-314      │     "  03      "              21768:920
            340-344      │     "  02      "              21011:197
            350-355      │     "  05      "              25271:294
            356-365      │     "  06      "              27205:242
            366-375      │     "  07      "              30245:281
            376-385      │     "  "       "              31251:328
            386-388      └768  "  08  Alco Brooks        44978-980

            500      2100  1D1 10  Baldwin             34978
            501-540  2101┐  "  11      "               36237:351
            541-555      │  "  12      "               38293:361
            556-565      └165 "  13      "             39905-914
            2166-171      "  18      "                 49473:207   50...

            5400-404  1E1 22      "                 55903:996   2+ 3
            5405-414   "  23      "                 56077:200

            700-702  3800-802 1D+D1 09      "         34016-018

            3803-805 1D+D  23  Alco Brooks            63776-778


            88-102   3500-514 2B1 11  Baldwin         36068:118   9+ 6

            400-405  1730┐  2C 01      "          19173:234
            205-210      │  "  08  Alco Brooks    45045-050
            211-216      │  "  09  Baldwin        33712:743
            217-223      └754 "  11      "        36121:160

            190-193  3200┐  2C1 04  Alco Schen'dy 30035-038
            194-197      │  "  05  Baldwin        25687:717
            198-200      │  "  06      "          28613:659
            201-207      │  "  11      "          35948:957    5+ 2
            208.209      │  "  "       "          36416.417
            210-215      └225 "  13  Alco Brooks  53349-354
            3226.227      "  19  Baldwin          51483.522

            9055-062  9700-707 2F1 28  Alco Brooks  67596-603


                 676-699   "         reb from 1C1 2001:030
                 700-704   2C2  43   "    "  1D1 2600-604
                 801-834   1C   01   Richmond       3237-270
                 835-857   "    03   Baldwin        22551:996
                 858-880   "    "      "            23012:391
                 881-903   "    04      "           24397:510
                 1501.502  D    17   reb. Decatur from 1D Br.
                 1525-544  "    23   "  Schen'dy    65086-105
                 1545-569  "    26   Lima           7010-034
                 2001-018  1C1  06   Baldwin        28731:975
                 2019-030  "    "       "           29006:167
                 2031-090  "    07   Alco Rogers    43302-361
ex DT&I 89:115   2150-166  1D   05   "  Brooks      38024:050
5 to PM   US     2201:     1D1  18   "  Schen'dy    59660 679  15
          "         :220   "    "    Baldwin        50804-808   5
                 2250-279  "    24   Alco Schen'dy  65056-085
                 2301-330  1D   06   Baldwin        29129:511
                 2401-415  1D1  12   Alco Richmond  50645-659
                 2416-443  "    "    Baldwin        37757:923
                 2444-463  "    13   Alco Pitts'bgh 52450-469
                 2501-525  1E1  17   "  Brooks      57553-577
         3 cyl *  2600-604 1D1  25   "  Schen'dy    66158-162
                 2700-744  "    "    "    "         66113-157
                 2800-824  2D1  29   Baldwin        61149:207
                 2900-918  2D2  30      "           61417:572
                 2919-924  "    31      "           61588-593

         * rebuilt 1943 at Decatur Shops to 2C2: 700-704
```

Wabash

```
            501-504  C  1899  Rhode Island   3148-151
            505-508  "  1901  Richmond       3271-274
            509-514  "  03    Baldwin        23085:204
            515-524  "  "       "            24253:322
            525-536  "  06    Alco Rhode Isl 41165-176
            537-546  "  07    Baldwin        31693:865
            547-554  "  06    Alco Rhode Isl 41177-184
            555-566  "  12    Baldwin        37647:704
  601-605            2B1 1898    "           15781:795
  606-611            "  1901  Richmond       3231-236
            602-611  "  04    Baldwin        24480:522
            612-623  "  03    Alco Brooks    27682-693
  620-625 ? 630-635  2C 01     Richmond      3225-230
            636-645  "  04    Baldwin        24526:608
            652-654  2B 1899  Rhode Island   3130-132
            655.656  "  "     Baldwin        17262.263
            657-659  "  "       "            16916-918
            660-669  2C1 1912  Alco Richmond 50635-644
            670-675  "   "     Baldwin       37726:763
```

284

Anhang 4
Amerikanische Dampfloks und ihre Leistungsfähigkeit –
Grenzen der Grössenentwicklung

Im Laufe der Zeit entwickelte sich die Dampflok verschiedenartig. Es entstanden so die Güterzugs-, Rangier-, Personenzugs- und Schnellzugsloks. Auch grundsätzlich verschiedene Anordnungen der Hauptteile führte zu unterschiedlichen Typen. Ganz am Anfang spielte z.B. bei der ‹B&O› der vertikal aufgestellte Dampfkessel eine Rolle. Auch die Lage des Führerhauses wurde variiert. Sehr früh unterteilte man sodann nach der Aufgabe als "Rennpferd" oder "Zugochse", d.h. man baute grossrädrige "Renner" und "schwere", meist langsame "Zugtiere". Ein andermal suchte man eher nach der Universallok, wobei man aber trotzdem noch in Flachland- und Gebirgsmaschine unterteilen musste. Die Schnellzugsmaschine für Flachlandstrecken besass grosse Triebrad-⌀, wohingegen die Güterzugsmaschine stets kleinere Triebräder aufwies. Selbst Loks für den gemischten Dienst – also so etwas wie für den "Universaleinsatz" – wiesen stets kleinere Triebräder auf als die reinen Schnellzugsmaschinen für den Expressdienst. Gegen Schluss der Entwicklung ist es aber den Amerikanern dann doch nochmals gelungen, Universalmaschinen, d.h. vor allem Vierkuppler zu bauen, die sich sowohl für Schnellzüge als auch für Eilgüterzüge einsetzen liessen. Es ist einleuchtend, dass sich hiezu die Achsbilder 4–4–0 und 4–8–4 eigneten. Besonders der Hilfsantrieb, der sog. Booster, hat die Universalität wesentlich verbessert, indem er überall dort eingeschaltet werden konnte, wo grosse Steigungen oder grosse Lasten – besonders beim Anfahren – zu bewältigen waren. Mit "überstarken" Feuerungen liessen sich jeweils die notwendigen Dampfmengen erzeugen; die in den USA meist angewendete Einfachdehnung bei relativ hohem Kesseldruck ergab zudem kräftige Kesseldrucktriebwerke. Der Verbundbetrieb wurde bekanntlich von vielen amerikanischen Bahngesellschaften nicht besonders geschätzt, so dass die Einfachdehnung in den USA eindeutig vorherrschte, wobei vor allem bei der Einrahmenbauweise 2-Zylindermaschinen, selten 3- und ganz selten 4-Zylinderloks gebaut wurden (Zwillings-, Drillings- oder Vierlingstriebwerk).

In einem gewissen Sinne waren die meisten sog. Kriegsloks bereits Universalmaschinen; auch sie wiesen meist nur mittelgrosse Triebrad-⌀ auf. Während des Zweiten Weltkrieges durften keine reinen Schnellzugsmaschinen bestellt werden. Die nach der Jahrhundertwende immer häufiger angewandte Dampfüberhitzung und die grossdimensionierten Feuerbüchsen über der hinteren Laufachse, bzw. dem hinteren Drehgestell, erlaubten dann die Konstruktion von Maschinen, die besonders durch die in den USA üblichen Zylinder-⌀ und Kolbenhübe weit leistungsfähiger waren als die Dampfloks europäischer Bauart, die zudem noch meist im weniger wirksamen Compound-System arbeiteten.

Die Leistungsentwicklung der amerikanischen Dampfloks für die Zeit von 1922 bis 1935 zeigt folgende Tabelle:

	1922	1935	Differenz 1922–1935
Zahl aller US-Dampfloks	64512	46594	17918
Durchschnittliche Zugkraft aller US-Dampfloks	16,5 t	21 t	4,5 t

Aus einer Alco-Statistik ist zu entnehmen, dass 1924 mit 65358 Einheiten die Zahl der Loks in den USA einen Spitzenwert erreicht hat und dass 1931 die Totalzahl nur noch 58652 Einheiten betrug. Die Loks sind seit 1924 immer stärker geworden, weshalb die Stückzahl der jährlichen Beschaffungen kräftig zurückging. Alco weist dies mit der Zahlenreihe einer 8jährigen Periode nach:

1901–1908: 3925	1917–1924: 1713
1909–1916: 2970	1925–1932: 697

Die letzte 8jährige Periode enthält die Krisenjahre 1930–1933, ein wesentlicher Grund für den besonders starken Abfall.

Interessant ist die Feststellung, dass von den 58652 Einheiten (1931) 52,5% bereits über 20 Jahre alt waren. Die Lokhersteller gaben deshalb Inserate auf, in denen sie immer wieder auf die grossen Verdienstmöglichkeiten durch Einsatz starker Einheiten aufmerksam machten; "schneller fahren ohne Doppeltraktion" war damals ein Slogan, als der Schienenverkehr wieder anzuziehen begann.

Die Grenzen des Dampflokbaues (Kolbendampfmaschine)

Unter den Konstrukteuren der Dampflokzeit haben immer wieder Diskussionen über die Grenzen der Dampflokgrössen-Entwicklung stattgefunden. Gar mancher Aufsatz dieser Aera glaubte als Schlussfolgerung aussagen zu müssen, dass jetzt eine kaum mehr durchstossbare Grenze Richtung noch leistungsfähigerer Dampfloks erreicht sei. Selbst amerikanische Bahntechniker waren bereit, sich damit abzufinden, bei noch grösseren Lasten einfach in Doppel- und Dreifachtraktion zu fahren. Manche sprachen allen Ernstes sogar von Spurverbreiterung (z.B. auf 6 ft=1828 mm) bei den Hauptlinien der Bahnen.

Welche Faktoren konnten denn eine Leistungsvergrösserung ernsthaft gefährden und welche Auswege hat man dann jeweils gefunden?

1. Leistungsfähigkeit des Heizers:

Zumutbarkeit ca. 2,5 t/h Kohle und eine maximale Rostlänge von 3 m. Dies ergibt eine max. PS-Zahl von 2500 PS (PSh am Zughaken ≃ 1 kg Kohle). Da 'Stoker', Kohlenstaubfeuerungen oder Ölheizungen diese Grenze hinfällig werden liessen, lag von dieser Seite bald keine Gefahr mehr für den weiteren Ausbau der Lokleistung vor. Der 'Stoker' allein – vor allem der 'Duplexstoker' mit 2 Hubtüren – hat die Möglichkeiten verdoppelt bis verdreifacht, und die Ölheizung ermöglichte auch eine bessere Kesselausnützung bei weitgehend automatischem Betrieb, wobei Einbauten (Wasserkammern) in die Feuerbüchse und in die Verbrennungskammer besonders bei ölgeheizten Loks rasche und enorme Steigerungen der Dampferzeugung ermöglichten.

2. Achsdruck und Oberbau:

Hier lag Europa (max. 20 t) wesentlich ungünstiger als die USA (max. 30–35 t). – Man hätte also durch Verbesserung des Oberbaus in Europa noch Reserven gehabt! – Die Gelenklok (Garratt oder Mallet) erlaubte dann aber eine ins Gewicht fallende und verlockende Vergrösserungsmöglichkeit gegenüber der achszahlbeschränkten Starrahmenmaschine, was ab 1904 vor allem in Amerika von vielen Bahngesellschaften ausgenützt wurde. Selbst wenn die Dampfzeit nach dem Zweiten Weltkrieg in den USA weitergegangen wäre, hätte man die erreichten Leistungen der Mallet-Maschinen mit einer Kombination von «Garratt-Mallet» nochmals übertreffen können. Von dieser Seite her gesehen, waren also noch genügend Leistungsreserven vorhanden. Einer weiteren Verstärkung des Schienenprofils stand nichts im Wege und auch eine noch dichtere Schwellenlage hätte vielleicht mitgeholfen, die Achsbelastung zu erhöhen. Die Amerikaner wussten allerdings auch, dass der Achsdruck nicht beliebig erhöht werden kann. Dies schon aus Gründen zur Schonung des Oberbaus und zur Vermeidung allzu vieler Heissläufer. Jedenfalls haben sie sehr oft für Güterzüge die Maximalgeschwindigkeit von 80 km/h auf 56 km/h herabgesetzt, nämlich immer dann, wenn Züge mit mehr als 180 Güterwagen zu befördern waren. Der damals erreichte Achsdruck dürfte also doch so etwas wie eine echte Grenze gebildet haben. Man hätte sie allerdings durch die Schaffung neuer Loktypen nochmals umgehen können (z. B. Projekt 3teilige Dampflok mit 12 Zylindern und 16 Triebachsen für Russland).

3. Umgrenzungslinien:
Eine Beschränkung des Profils in der Höhe war deshalb nicht so tragisch, weil man gelernt hatte, wirtschaftliche Feuerungen mit flachen Feuerbüchsen für leistungsfähige Loks zu bauen. Etwas ernster waren die Beschränkungen in der Breite. Auch hier kamen aber neue Erkenntnisse zu Hilfe. Man durfte z. B. mit der Zylinderfüllung ruhig noch etwas höher gehen als anfänglich in Europa angenommen, was die Amerikaner in der Regel auch gemacht haben (70–90%). Einer weiteren Vergrösserung der Rostfläche stand zwar die maximale Breite, die in der Regel nicht über 2800 mm betrug, etwas im Wege, doch konnte man ja die Länge vergrössern. Mallet-Maschinen wiesen Feuerbüchsenlängen von 6700 mm und teilweise mehr auf, was Rostflächen von 16–20 m² erzielen liess. Die grossen Feuerbüchsen wurden mit zusätzlichen Wasserkammern versehen (z. B. Bauart Martin), um die grossen Wärmemengen dieser riesigen Feuerräume rascher an das Kesselwasser übertragen zu können. Die Zylindergrösse spielte bei 3- und 4zylindrigen Rahmen-Maschinen (Verbund oder Drilling) auf die Breitenentwicklung eine gewisse Rolle, wobei auch hier die Malletsche Bauart durch Aufteilen der Leistung auf die doppelte Zylinderzahl der Grössenentwicklung entgegenkam.

Um sich ein Bild zu machen von den Umgrenzungsmassen amerikanischer Bahnen im Vergleich zu jenen euopäischer Bahnen seien hier noch einige Werte angeführt. Auch sei darauf hingewiesen, dass Einheitsmasse in den USA nicht existieren, so dass sich, zumindest was die Lokomotiven mancher Gesellschaften betrifft, grössere Abmessungen verwirklichen, d. h. grössere Leistungen einbauen liessen.

	Breite	Höhe
Santa Fé-Bahn	3353 mm	4874 mm
Baltimore & Ohio-Bahn	3327 mm	4708 mm
Burlington Lines	3340 mm	4824 mm
Western Maryland-Bahn	3404 mm	4927 mm

Der amerikanische Lokbau hat also stets Mittel und Wege zu weiterer Leistungsvergrösserung gefunden. So ging man u.a. mit dem Kesseldruck immer wieder etwas höher, von anfänglich 12–14 atü auf 17,2, 17,6, 18,6 und gelegentlich 21 atü, ja sogar 24,5 atü. Dies machten vor allem die verwendeten Kesselbleche mit 3% Ni-Gehalt möglich. Auch enthielten die amerikanischen Stehbolzenstähle wenige Ni-Prozente zugesetzt. Um das Feuer noch stärker anzufachen, wurden sodann Turbolüfter, dampfbetriebene Rüttelroste und sogar Sauerstoffeinblasung eingeführt. Die Grenzen des Dampflokbaues liessen sich also immer wieder höher schieben, was tatsächlich in bestimmten Bereichen wesentlich mit der Anwendung der Malletschen Bauart zusammenhing. Der Genfer Ingenieur hat also dem Dampflokbau eine fruchtbare Idee vermittelt, die über Jahrzehnte Reserven beinhaltete. Offenbar wurden die Amerikaner nie verlegen, auch wenn sie Riesentender und in gewissen Fällen noch einen zusätzlichen Wasserwagen mitführen mussten. Die Hauptsache war, dass man mit den angehängten Lasten durchkam und zwar in allen Klimabereichen des Landes und auch auf 2000 m über Meer. Die Angelegenheit war auch deshalb nicht immer einfach, weil man an gewissen Orten lange Tunnels und Schneedächer befahren musste, was ja nicht nur den grossen Dampfloks, sondern auch später den Dieselmaschinen (ML 4000, C'C', Typ Alco 643-H/Mak G 4300 für die ‹SP›-Gebirgsstrecken) stark zu schaffen machte. Die "Angst" vor der jeweils erreichten "letzten Grösse" war also in solchen Fällen durchaus verständlich, nicht zuletzt auch deshalb, weil das Antriebsgestänge den immer grösser werdenen Maschinenleistungen statisch und dynamisch genügen musste.

Anhang 5
Amerikanische Dampfloks und ihre Geschwindigkeiten

(Einrahmenmaschinen und Mallets)

Man muss unterscheiden zwischen "präparierten" Rekordfahrten und Alltagsbetrieb. Hier sollen vor allem Geschwindigkeitsangaben einiger fahrplanmässiger Züge behandelt werden; markante Rekordfahrten sind in den Jahreskapiteln (z.B. 1872, 1893, 1897 etc.) aufgeführt, wobei zu beachten ist, dass auch hier zwischen Spezialzügen und normalen Schnellzügen (mit oder ohne Stomlinienlok) zu unterscheiden ist. Die Inbetriebnahme zahlreicher Stromliniendampfloks fand im Kampf gegen andere Verkehrsmittel hauptsächlich in den Jahren 1934 bis 1937 statt. Expressmaschinen, allerdings ohne Verkleidung, fuhren schon vor der Jahrhundertwende (vgl. z.B. «Black Diamond Express», Seite 128, Band 1).

Die ‹Reading› führte Stromlinienzüge mit 2 Pacific-Loks aus dem Jahre 1918, die 1937 in der eigenen Werkstatt modernisiert wurden und bei dieser Gelegenheit auch eine Stromlinienverkleidung erhielten. Der «Crusader» (stromlinienverkleidet) und der «Wall Street» (konventionelle Lok) befuhren die Strecke Philadelphia–New York (147 km) mit 5 Wagen in 1 h 50 min, bzw. 1 h 65 min. Die Durchschnittsgeschwindigkeit dieser kohlegefeuerten Maschinen betrug also 80,1 bzw. 76 km/h. Siehe auch 1937, ‹Reading›.

Die ‹Nickel Plate Road› führte 2 tägliche Frachtzüge mit Dampfloks. Der OB 2 bewältigte die Strecke Chicago–Buffalo (822,4 km) in 20 h und beförderte dabei durchschnittlich 3400 t. Die Durchschnittsgeschwindigkeit betrug 41,2 und als Spitze wurde 96,6 angegeben. Der ST 96 PB 12 legte die Strecke St. Louis–Buffalo (1152,3 km) in 24,5 h zurück, mit einer durchschnittlichen Förderlast von 2500 bis 3500 t; die Durchschnittsgeschwindigkeit betrug 47, die Spitzengeschwindigkeit 96,6 km/h; verfeuert wurden Kohlen.

Die ‹Nashville, Chattanooga & St. Louis› beförderten jeden 3. Tag den «Dixie Flagler» mit 7 Wagen von Nashville nach Atlanta (463,5 km) in 6 h 45 min. Die Durchschnittsgeschwindigkeit betrug also 69,8 km/h; die Maschinen wurden mit Kohlen gefeuert.

Die ‹SOO-Line› (‹Minneapolis, St. Paul & Sault Ste. Marie›) liessen täglich den «Winnipegger» mit 8 Wagen zwischen St. Paul und Winnipeg (747 km) verkehren, wobei die Strecke von St. Paul bis Noyes von der ‹SOO-Line› (Kohlenfeuerung) und der Rest von der ‹Canadian Pacific› gefahren wurde. Die fahrplanmässige Zeit betrug 13 h 15 min, die Durchschnittsgeschwindigkeit 56,3 km/h. Die ‹SOO-Line› (Kohlenfeuerung) führte täglich den «Mountaineer» von Chicago nach St. Paul und Vancouver (3539 km) in 67 h 35 min, also mit einer Durchschnittsgeschwindigkeit von 53,8 km/h.

Die ‹Wabash RR Comp.› liess um 1943 täglich einen 6-Wagen-Express, «Blue Bird» genannt, zwischen Chicago und St. Louis verkehren; die Distanz betrug 460 km (285,7 Meilen), die fahrplanmässige Zeit 5 h 25 min, die durchschnittliche Reisegeschwindigkeit 84,6 km/h und die Maximalgeschwindigkeit 128,7 km/h. Es kamen 4–6–4-Dampfloks (Class P1, umgebaute Mikados, Alco 1925) zum Einsatz; vgl. Abb. 222. Die Maschinen besassen Einfachdehnung, einen Stoker, aber keinen Booster. Ihre Daten lauteten: Zugkraft 20,07 t; Kesseldruck 15,5 atü; Zylinder 2(660×711 mm); Triebrad-$\varnothing$ 2032 mm; Walschaert-Steuerung; Rostfläche 6,58 m²; Heizfläche 392,5 m²; Überhitzer 97,6 m²; Maschinengewicht 169,95 t; Ad-

häsionsgewicht 89,082 t. Im Jahre 1950 war dies der letzte noch mit Dampf betriebene Express der Gesellschaft. Die andern beiden Express, der «City of St. Louis» und der «City of Kansas City», wurden mit Dieselloks (max. 145 km/h) betrieben.

Aber auch die ‹Great Northern› hatte jahrelang markante Schnellzüge mit Dampfloks befördert. Auf der Strecke St. Paul–Minot (N. Dakota) wurden z.B. 2 Strecken mit je einem Lokdurchlauf gefahren; die eine war 526 Meilen lang (via Barnesville und Grand Forks), die andere 456 Meilen (via Willmar und New Rockford). Der «Oriental Limited» bewältigte die 526 Meilen über Barnesville und Grand Forks in 15 h mit 13 Halten, was einer Durchschnittsgeschwindigkeit von 35 Meilen (56,3 km/h) entsprach. Als Loks für den aus 11 schweren Wagen bestehenden Zug dienten 1921/22 umgebaute 4–6–0-Maschinen von Baldwin aus dem Jahre 1909. Diese als Class H 5 bezeichneten Pacifics besassen folgende Hauptdaten: Kesseldruck 14,06 atü; Zylinder 2(596,9×762 mm); Triebrad-$\varnothing$ 1854,2 mm; Rostfläche (Belpaire-Feuerbüchse) 4,66 m²; Heizfläche 298 m²; Überhitzer 71,5 m²; Zugkraft 17 t; Maschinengewicht 122 t. – Siehe auch 1890, ‹NP›, Seite 119, Band 1.

Die ‹Pennsylvania› baute eine besonders starke Expressmaschine vom Duplex-Typ mit 4 Zylinderantrieb, die zu den damals schnellsten Loks gehörte. Es sei auf die 6–4–4–6-Lok Nr. 6100 (siehe 1939) verwiesen. Durchschnittsgeschwindigkeiten 80–100 mph.

Angaben der ‹Penn› aus dem Jahre 1950 ist zu entnehmen, dass auf den Hauptstrecken dieser Gesellschaft als Maximalgeschwindigkeit 80 mph (128,7 km/h) für Personenzüge und 50 mph (80,4 km/h) für Güterzüge vorgeschrieben waren. Das Schienengewicht pro Meter betrug auf vielbefahrenen Strecken 75,4 kg/m, 72 kg/m, 65 kg/m; auf weniger frequentierten Strecken 49,6 kg/m, 42,2 kg/m.

Dass Zugsgeschwindigkeiten auch von der Beschaffenheit der Antriebsanlage abhingen, zeigt der Fall 2–10–4-Güterzugsmaschinen der ‹Texas & Pacific›. Die Loks wurden 1929/30 mit einer Antriebsanlage aus Kohlenstoffstahl geliefert und fuhren damit 38–45 mph Maximalgeschwindigkeit. 1939 wurde die Antriebsanlage durch Ni-legierte Triebwerke ausgewechselt, wodurch die V_{max} auf 60 mph erhöht werden konnte. Die Maschinen wurden so zu modernen Eilgüterzugloks.

Die ‹Chicago, Milwaukee, St. Paul & Pacific› befuhr mit ihren 1929/30 gebauten 4–6–4-Schnellzugsmaschinen (14 Stück, Class F 6) die 410,6 Meilen lange Strecke Chicago–St. Paul mit 41,8 mph, inkl. 10 Halten (siehe 1931, ‹CMStP&P›). Auch eine 4–8–4-Schnellzugsmaschine (Class S 1, Nr. 9700; siehe 1937, ‹Milwaukee›) stand zu jener Zeit für schwere Schnellzüge auf der 914,4 Meilen langen Strecke Minneapolis (Minn.)–Harlowton (Mont.) im Dienst. Sie benötigte 23 h 15 min, inkl. 19 Halten, was einer Durchschnittsgeschwindigkeit von 39,3 mph entsprach.

Werden Geschwindigkeitsfragen behandelt, dann muss notgedrungen auch auf das "Prairie-Problem" eingegangen werden. Die ‹Illinois Central› hat 1902 mit ihrem Versuch (siehe Seite 137, Band 1) die Diskussion ausgelöst. Die Prairie-Maschinen wurden etwa ab 1901 zu Schnellzugsmaschinen, für Flachlandstrecken teilweise mit

2006,6 mm Triebrad-∅, entwickelt und standen im Begriffe, die Atlantic mit nur 2 Triebachsen zu entthronen. Eine zeitlang schien die ‹Lake Shore & Michigan Southern› mit ihren schnellen und grossrädrigen Maschinen (siehe Abb. 126, Band 1) tatsächlich dem 2–6–2-Achsbild zum Sieg zu verhelfen. Die ‹Penn› wiederum blieb nach Versuchen mit 2 Prairies (Abb. 135, Band 1) dem 4–4–2-Achsbild treu. Dann aber holten die Pacifics (bessere Laufeigenschaften etc.) definitiv auf und lösten die konkurrierenden Achsbilder ab. Tatsache ist, dass die eleganten Prairie-Maschinen der ‹LS&MS› mit ihren Schnellzügen im Flachland mit 80 mph gefahren sind, oft sogar mit 12 Holz-Luxuswagen. Die Umbauten der Prairie-Maschinen zu Pacifics (siehe Seite 141, Band 1) haben dann aber eindeutig die Vorteile des 4–6–2-Achsbildes belegt. Die Bissel-Lenkachsen wurden zwar wesentlich verbessert; das geeignetere Krauss-Helmholtz-Drehgestell scheint aber in den USA bei Prairie-Maschinen nie angewendet worden zu sein.

Anmerkung: Eine Tabelle mit Angaben über Geschwindigkeitsrekorde bei den Eisenbahnen findet sich unter dem Titel 'American Trains Hold World Speed Records' in Rw. Age, 4.4.1936, Seite 583–586.

Die Dampfloks der Bauart Mallet, waren in der Regel keine Hochgeschwindigkeitsmaschinen, sondern superstarke "Zugpferde" im niederen bis mittleren Geschwindigkeitsbereich; man fuhr 50 bis 80 km/h, später auch mehr (siehe 1934, Beyer-Garratt). Selbst die bekannten «Big Boys» fuhren normalerweise nie schneller als mit 95 bis 105 km/h, obwohl man mit ihnen bis etwa 125 km/h gehen könnte. ‹Norfolk und Western› als Pioniergesellschaft für die Dampftraktion baute Mallet-Maschinen für 105 bis 112 km/h Geschwindigkeit. – Die Daseinsberechtigung dieser Loks beruhte vor allem auf der Tatsache, dass z.B. die ‹Union Pacific› dank ihrer 4–8–8–4-Maschinen selbst bei schwersten Güterzügen auf den steigungsreichen Strecken über das Wasatch-Gebirge (Utah) keine Schubloks einsetzen musste. Die ‹UP› hatte bekanntlich 25 Stück dieser Riesen während Jahren in Betrieb. Obwohl sie mit 129 km/h fahren konnten, arbeiteten sie bei 48 km/h am besten, wenn sie grosse Lasten zu ziehen hatten, was ja der Normalfall war. Nach dem Ersten Weltkrieg wurden aber die Eilgüterzüge immer wichtiger, weshalb die Maschinen auch geschwindigkeitsmässig besser ausgenützt wurden. Die ‹Southern Pacific›, die mit ihren 2–8–8–4-'cab-ahead'-Maschinen der 2. Serie aber auch den konventionellen Maschinen dieses Achsbildes auf ihren Rampen grosse Traktionsaufgaben erfüllen konnte, ordnete folgende Maximalgeschwindigkeiten an:

Westlich von El Paso:

Dampfgüterzüge	80,5 km/h (4–8–8–2-Typ)
Dampfpersonenzüge	112,7 km/h
Stromliniendampfpersonenzüge	120,7 km/h (4–8–4-Typ)

Östlich von El Paso:

Dampfgüterzüge	80,5 km/h
Dampfpersonenzüge	105,5 km/h
	(zwischen Dallas und Houston 120,7 km/h)

Anmerkung: Für Angaben der Fahrgeschwindigkeit amerikanischer Bahnen im 19. Jhd. sei auf das Werk von Büte und Borries "Die Nordamerikanischen Bahnen in technischer Beziehung" hingewiesen, das 1892 in Wiesbaden (C.W. Kreidels Verlag) erschienen ist. Hier seien nur einige Angaben über den «Empire State-Express» der ‹NYC› gemacht. Die 704 km lange Strecke New York–Buffalo wurde in 7½ h zurückgelegt. Die durchschnittliche Geschwindigkeit betrug 96 km/h. Als Lok dienten 4–4–0-Maschinen, die 3 Wagen zogen (16 Achsen total); Lokgewicht 54 t, Triebrad-∅ 1983 mm.

Anhang 6
Überholungszeiten amerikanischer Dampfloks

Zu Fragen der Überholungszeiten von Dampfloks gibt ein Beitrag von H. A. F. Campbell und P. T. Warner in den Baldwin-Mitteilungen (Jahrgang 1930) Aufschluss. Folgende Daten sind dort aufgeführt:

Expresszüge mit 600–800 t Gewicht sind mit Geschwindigkeiten von 72,5–80,5 km/h zu befördern.

Expresszüge mit 1000–1200 t Gewicht sind mit Geschwindigkeiten von 56–72,5 km/h zu befördern.

Als Zugmaschinen dienten 4–6–2- und 4–6–4-Typen, resp. 4–8–2- und 4–8–4-Typen. Die monatlichen Laufleistungen wurden mit 11 000–21 000 km angegeben. Nach ca. 137 000 km durfte die 1. Revision fällig werden. – Vgl. auch Seite 132.

Auf der Strecke zwischen Kanada und USA der ‹Central Vermont› (Montreal–Washington mit oft 15 Wagen) verkehrten ab 1927 Schnellzugsmaschinen (Alco) vom Typ 4–8–2 (Class U 1a) mit 2(660×711 mm)-Zylindern bei 14 atü Kesseldruck, 20 t Zugkraft und 1854,2 mm Triebrad-⌀. Noch 1937 liefen die meisten Maschinen dieser Klasse ausgezeichnet und wiesen dabei Überholungszeiten auf, die sehr wirtschaftlich waren. So wurde Nr. 603 (Serie 600–603) meist erst nach 300 000 km überholt; einmal waren es 338 000 km ehe sie wieder in die Werkstatt gelangte. Die Züge bestanden immer aus schweren Ganzstahlwagen und Pullman-Wagen.

1934 meldete Baldwin von den 4–6–4-Schnellzugsmaschinen (Class F 6a) der ‹Milwaukee Road›, dass sie monatlich im Durchschnitt über 10 000 Meilen vor dem Zug Minneapolis–Harlowton und zurück (1839 Meilen) zurücklegten und dass sie für gewöhnlich zwischen 350 000 und 450 000 Meilen fuhren, ehe der normale Werkstatt-Service fällig wurde. Die Schnellzüge bestanden aus 9–10, gelegentlich 11–14 Personenwagen.

Anhang 7
Dienstalter markanter amerikanischer Dampfloks

Viele amerikanische Dampfloks haben Dienstalter erreicht, die weit über 35 Jahre liegen. Immer wieder stösst man in der Literatur auf derartige Angaben; einige daraus seien hier aufgeführt:

‹Santa Fé› Lok Nrn. 2414, eine 2–8–0-Maschine aus dem Jahre 1880 wurde erst 1939 aus dem Dienst gezogen. – Santa Fe Lok Nr. 2403, genannt «Uncle Dick», stand von 1877 bis 1921 im Dienst, und zwar im Gebiet von New Mexico. Es war eine 2–8–0-Maschine mit 65 t Gewicht, 10 atü Kesseldruck, 2 Zylindern mit 508 mm ⌀ und 660,4 mm Hub. Mit ihrer Zugkraft von rund 10 t tat sie noch lange als Schublok am Ratonpass Dienst.

Eine berühmte 4–4–0-Lok besass die ‹Pontchartrain RR Comp.› (vgl. 1830). Sie wurde 1848 von William Norris, Philadelphia, geliefert und erst am 15. 3. 1932 aus dem Dienst gezogen. Sie besass den Namen «Smoky Mary».

Dem ausführlichen Lokregister der ‹Southern Pacific› sind sehr viele Senioren unter den Loks zu entnehmen. Man könnte eine lange Liste von «Grossmüttern» schreiben, wenn man alle erwähnen würde. Hier einige typische Fälle besonders hohen Alters:

4–4–0-Loks, Class E 9 und 10:	SP 28/1306 1875–1924;
	CP 104/1277 1882–1925
Class E 11:	O&C 25/1358 1883–1925
Class E 20:	CP 79/1366 1868–1923
Class E 2:	SP 223/1373 1887–1927
Class E 4 und 5:	SP 348/1385 1888–1926
	SP 349/1386 1888–1927
	SP 350/1387 1888–1929
	SP 355/1392 1888–1929
	SP 359/1396 1888–1928
	SP 360/1397 1888–1928
	SP 361/1398 1888–1928
	SP 364/1401 1888–1928
Class E 6:	Nor. Ry. 1004/1406 1888–1928
	Nor. Ry. 1005/1407 1888–1928
Class E 1:	SP 75/1432 1883–1928
Class E 23	1433/1500 1899–1949
	1434/1501 1899–1940
	1445/1502 1900–1951
2–6–0-Loks, Class M 4	1442/1617 1899–1953
	1448/1623 1899–1953
	1452/1627 1899–1952
	etc.
4–6–0-Loks, Class T 16	SP 126/2055 1881–1925
	etc.
Class T 11	SP 318-2127 1888–1933
	SP 324/2133 1888–1934
Class T 9	SP 256/2160 1888–1935
	etc.

Class T 8 und 9	*Nor. Ry.* 1010/2174	1888–1948
	1014/2178	1888–1951
Class T 1	1823/2242	1895–1949
4–6–2-Loks Class P 4	2402	1904–1953
Class P 3	2431	1911–1954
2–8–0-Loks, Class C 12	2503	1902–1936
Class C 2	2609	1900–1952
	etc.	
4–8–0-Loks, Class TW 1	2023/2913	1895–1951
Class TW 4	2931/2831	1882–1950

Schon nur dieser kurze Auszug aus langen Listen beweist, wie oft eine Lokkonstruktion trotz rauhem amerikanischen Betrieb ein hohes Alter erreicht hat, wobei noch viele Maschinen dazu gezählt werden müssen, die modernisiert wurden und nochmals ein zweites Leben zurücklegten. Beinahe alle alten Gesellschaften können solche Maschinen aufführen. Noch 3 Maschinen sollen als Beispiele erwähnt werden. Sie standen bei der ‹SP› im Dienst. Die 4–8–0-Güterzugsmaschine mit Nr. 1986 stammte aus dem Jahre 1891; sie tat auf der Tehachapi-Rampe Dienst als Alco-Kreuzverbundmaschine. Sie wurde erst 1949 verschrottet; Nr. 1984, eine Cooke-Maschine mit Einfachdehnung, aus dem Jahre 1882, wurde sogar erst 1950 verschrottet. Ähnlich erging es einer Baldwin-2–8–0-Lok aus dem Jahre 1898 (damals noch ‹CP› 2309); ab 1909 leistete sie Rangierdienst und stand noch 1950 bei der ‹SP› im Dienst.

Einen interessanten Fall von Langlebigkeit kann auch die ‹Philadelphia & Reading› vorweisen. Lok Nr. 561 (später 538), eine 4–6–0 von Baldwin mit Wotten-Feuerbüchse und vorgeschobenem Führerhaus wurde 1890 gebaut und stand 1941 noch immer in Betrieb. Triebrad-∅ 1562 mm.

Die Pacific-Lok Nr. 154, aus dem Jahre 1905 (Serie Nr. 150–154) der ‹Louisville & Nashville› wurde erst 1949, Nr. 151 erst 1948 ausgemustert. Die Gesellschaft besass zahlreiche Einheiten vom Pacifictyp. Sie fuhren die Schnellzüge auf dem ausgedehnten Streckennetz (siehe SN 30), besassen zur Hauptsache nur 1752,6 mm Triebrad-∅, denn nur wenige Maschinen hatten 1854,2 mm grosse Räder. Immer wieder wurden Modernisierungen durchgeführt (auch Stromlinienverkleidung). Hudsons wurden nie angeschafft. Die Pacifics hatte demnach einen strengen Dienst.

Die von Baldwin gebaute Pacific Nr. 589 für die ‹NYC› aus dem Jahre 1925, Class K 14h (‹B&A›) stand noch 1939 im täglichen Einsatz vor schweren Expresszügen. Sie besass 13,4 atü Kesseldruck, 2(660,4×660,4 mm) Zylinder, 1828,8 mm Triebrad-∅, 17,5 t Zugkraft und 122 t Maschinengewicht. Schon im Jahre 1927 betreuten 53 Hudsons mit 2006,6 mm Triebrad-∅ den schweren Schnellzugsverkehr.

Das Dienstalter wurde oftmals auch dadurch verlängert, dass man alte, bewährte Loks umbaute und modernisierte. Ein gutes Beispiel bot 1946 auch die ‹Chesapeake & Ohio› mit ihren 5 Pacific-Maschinen (vgl. Abb. 74) aus dem Jahre 1926, die man so quasi anstelle einer Totalrevision zu stromlinierten Expressmaschinen umbaute, und zwar zu Hudsons (vgl. Abb. 235 und 236) mit grösserem Feuerraum. Hier zeigte sich der Vorteil robuster Bauweise, verbunden mit hochwertigen Werkstoffen, die erlaubten, 20 Jahre alte Maschinen in supermoderne Schnellzugsloks umzubauen. – Weitere Umbauten z.B. von 4–6–0 zu 4–6–2 wurden bei der ‹Great Northern› durchgeführt. Auch die ‹UP› baute aus Pacifics von 1904 noch 1937 Mountain-Stromlinienloks.

Bei der ‹Frisco› wurden zahlreiche Umbauten vorgenommen. Leichte Pacific-Maschinen aus den Jahren 1910 und 1917 wurden modernisiert und vergrössert zu Hudson-Maschinen 4–6–4, wobei teilweise ausserordentlich schöne Stromlinienloks entstanden sind. Aus der Serie 1060–69 erhielten einige Maschinen grössere Feuerbüchsen und taten noch bis 1945 Dienst vor Schnellzügen zwischen Kansas City und Birmingham (Ala.). Der Kesseldruck und der Triebrad-∅ wurde leicht vergrössert. Von der Serie 1015–39 aus dem Jahre 1910 wurden einige Pacific- ebenfalls zu Hudson-Maschinen umgebaut.

Interessante Umbauten von Mikados in Hudsons führte die ‹Wabash› in der eigenen Werkstätte durch (siehe 1943, ‹Wabash›), und zwar hat man Güterzugsmaschinen aus dem Jahre 1925 noch 1943 in Expressloks verwandelt. Amerikanische Dampfloks waren unverwüstlich, eigneten sich daher für derart extreme Modernisierungen.

Alte Güterzugslokomotiven wurden in schnellere Maschinen mit modernerem Achsbild umgebaut, so z.B. bei ‹Frisco›. Alte 2–10–2-Maschinen mit nur 1524 mm Triebrad-∅ wurden noch 1936 und 1939 in 4–8–2-Loks mit 1778 mm Triebrad-∅ umgebaut, und zwar im eigenen Werk in Springfield. Die erneuerten Maschinen liefen mit den Güterzügen merklich schneller und hätten sonst abgebrochen werden müssen. Sie erhielten auch Booster zum Anfahren auf Rampen (Serie Nrn 4400–4422).

Die ‹Northern Pacific› hat 1918/19 alte 2–6–2-Loks, z.B. Nr. 2347 von Brooks (Alco) aus dem Jahre 1906, in 2–8–2-Loks umgebaut und diese noch 1939 in ihren Loklisten aufgeführt. Die Hauptdaten der 2–8–2-Loks waren: Kesseldruck 14,06 atü. Zylinder 2(609,6×711,2 mm); Triebrad-∅ 1600,2 mm; Zugkraft 19 t; Maschinengewicht 113 t; Kessel verlängert. Die ‹NP› und die ‹GN› haben zahlreiche alte Maschinen an die ‹Spokane, Portland & Seattle› weitergegeben, so z.B. 2–8–0 aus den Jahren 1901 und 1903, die alle noch in den Loklisten 1938 aufgeführt waren. Auch 2–8–2 und 2–6–2-Maschinen aus den Jahren 1910–1917 gingen so in den Besitz der ‹SP&S› über. Alte 4–6–0-Loks von der ‹GN› wurden noch in 4–6–2-Maschinen umgebaut (bis 1929).

Kleine Auswahl geometrischer Daten amerikanischer Dampfloks in Tabellenform (Massangaben in mm)

	l_M	h_{M_v}	h_{M_h}	l_{M+T}
4–6–2				
Southern, Class 27 F 92, Alco 1923	14852	4547	4470	28038
Erie, Class K 5A, Baldwin 1923/1929	15069	4569		27969
L&N, Class K 7, Alco 1925/1940	14976	4636	4483	29601
B&O, Class P 7, Baldwin 1927	15006	4699	4544	26784
B&M, Class P4a, Alco 1934–1937	15350	4534	4626	27037
Reading, Class G 1sas, Reading 1923	14958	4605		26454
4–6–4				
Wabash, Class P 1, Alco 1927	16364	4877	4877	26645
NKP, Class L 1B, Lima 1929	15439	4585	4585	26083
CB&Q, Class S 4, Baldwin 1930	16022	4826		28464
CMStP&P, Class F 7, Alco 1930–1938	16258	4720		31696
NYC, Class J 3A, Alco 1937	16501	4597		29235
Santa Fé, Class 3460, Baldwin 1937	16555			
C&NW, Class E 4, Alco 1938	17214	4871	4864	31033
2–8–2				
M&St.L, Class Mac 2–61, Alco 1916	13630	4572		22425
NC&St.L, Class L 2A55, Baldwin 1922	14882	4623		25314
WP, Class 332, Alco 1929	14606	4683		25587
2–8–4				
L&N, Class M 1, Baldwin 1942–1945	17341	4826	4699	32214
4–8–2				
FEC, Nrn. 801–823, Alco 1926	16703	4572		31026
T&P, M 2, Baldwin 1928	17424	4769	4699	29521
4–8–4				
DL&W, Class Q 5, Alco 1934	18117	4635		30391
Rio Grande, Class M 68, Baldwin 1938	18893	4956		33122
Milwaukee, Class S 2, Nrn. 200–229, Baldwin 1937	19764	4877		33572
NC&St.L, Class J 3–57, Alco 1942/43	18277	4699		30388
CofG, Class K, Lima 1943	18444	4839		29410
MP, Class 2201, Baldwin 1943	18898	4902		33332
NP, Class A 5, Baldwin 1943	19507	4985	4813	34391
NYC, Class S 1B, Alco 1945/46	19352	4642		35139
CRI&P, Class 66 B, Alco 1946	19394	4813		33172
2–10–4				
Penn, Class J Ia, Penn 1942	18892	5017		35865
4–10–2				
SP, Class SP 2, Alco 1925	18018	5050		
4–6–6–4				
NP, Class Z 8, Alco 1944	23574	5167		38462
2–8–8–2				
Rio Grande, Class L 132, Alco 1930	22644	4888		36576
4–8–8–4				
UP-Big Boy	25991	4941		39852

l_M Maschinenlänge
h_{M_v} Maschinenhöhe, vorne
h_{M_h} Maschinenhöhe, hinten
l_{M+T} Länge Maschine + Tender

Höhe Kesselmitte über Schienenoberkante (K_{SO}) einiger amerikanischer Dampfloks

Achsbild	Gesellschaft	Baujahr	K_{SO} in mm	Achsbild	Gesellschaft	Baujahr	K_{SO} in mm
4–4–0	NYC&HR	1893	2730	4–8–4	NP	1943	3251
2–6–0	Penn	1905	2894	4–8–4	CofG	1943	3251
2–6–2	CM&PS (ähnlich CMSt. P&P)	1908	2946	4–8–4	MP	1943	3239
2–8–0	W&LE	1905	3150	4–8–4	NYC	1945/46	3246
2–8–2	C&O	1912	2997	4–8–4	CRI&P	1946	3200
2–8–2	Lackawanna	1915	3048	4–8–4	N&W	1945	3251
2–8–4	Nickel Plate	1934	3213	4–10–2	SP	1925	3226
2–8–4	P&LE	1948	3264	2–6–6–2	N&W	1936	3264
2–8–4	B&A	1926	2972	4–6–6–4	NP	1944	3353
2–10–4	KCS	1937	3315	4–6–6–4	D&RGW	1941	3303
2–10–4	Penn	1942	3302	0–8–8–0	D&H	1910	3048
4–4–2	Penn	1912	2956	2–8–8–0	GN	1940	3200
4–4–2	Rock Island	1905	2895	2–8–8–2	D&RGW	1930	3226
4–6–0	NYC&HR	1906	2921	2–8–8–2	N&W	1932–1949	3150
4–6–0	D&H	1911	2946	2–8–8–2	Virginian	1912	3198
4–6–2	Alco Experiment	1910	3027	2–8–8–2	WP	1931	3251
4–6–2	Reading	1916–1923	3048	2–8–8–4	B&O	1944	3251
4–6–2	B&M	1934–1937	3035	2–8–8–4	DM&IR	1941	3251
4–6–4	NYC	1938	3124	2–8–8–4	NP	1930	3226
4–6–4	Milwaukee	1939	3277	2–8–8–4	SP	1939	3251
4–8–2	C&O	1912	3048	4–8–8–4	UP	1941	3378
4–8–2	FEC	1926	3048				
4–8–2	T&P	1928	3150		Europäische Vergleichsmaschinen		
4–8–4	DL&W	1934	3175				
4–8–4	D&RGW	1938	3239	2C1	Nord 231B	1917–1924	2820
4–8–4	NYC	1939	3238	2D2T	NS GTO (Reihe 6300)	1930	3120
4–8–4	UP	1939	3277	2D2h3	DRB (Baurheihe 06)	1939	3060
4–8–4	NC&StL	1942/43	3150	1D	DRB (Baureihe 25)	1954/55	3215

Anhang 9
Konstruktive Massnahmen zur Vergrösserung der Dampfproduktion

Einige USA-Loks mit Wasserkammern,
Wassertaschen (Thermosyphons)   Wk
mit Wasserumlaufrohren
(Auflager für die Feuerbrücke)   Wr
mit Verbrennungskammer   Vk

	Wk Anzahl	Wr	Vk (soweit bekannt)
Einrahmen-Maschinen mit vorderer Laufachse			
2–8–2 ‹CN›, S 4b 3801–05, 1935	1		
2–8–2 ‹DT&I›, 800–807, 1940		1	
2–8–4 ‹B&A› A 1c, 1445–54, 1930	1		
2–8–4 ‹DT&I›, 704/05, 1939		1	
2–8–4 ‹L&N› M 1, 1950–63, 1942	3		
2–8–4 ‹NS›, 600–604, 1940	3		
2–8–4 ‹C&O› K 4, 2700–39, 1944	2		
2–8–4 ‹RF&P›, 571–580, 1942	1		
2–8–4 ‹W&LE› K 1, 6401–6432, 1937–41	1		
2–10–4 ‹Santa Fé›, 5001–5005, 1938	3		
2–10–4 ‹B&LE›, 636–647, 1942	3		

	Wk Anzahl	Wr	Vk (soweit bekannt)
Einrahmen-Maschinen mit Leitdrehgestell			
4–8–4 ‹CRI&P› R 67, 5100–5109, 1944	4		X
4–8–4 ‹MP› 26S63 2201–2215, 1943	3		
4–8–4 ‹NP› A 5, 2680–2689, 1943		6	
4–8–4 ‹WM› JL, 1401–1412, 1947	4		X
Mallet-Maschinen			
2–6–6–6 ‹C&O› H 8, 1600–1619, 1940–1943	3		
4–6–6–4 ‹WM› M 2, 1201–1212, 1940	5		X
2–8–8–4 ‹B&O› EM 1, 7600–7619 (2600–2619), 1944	5		X
2–8–8–4 ‹DM&IR› M 3–4, 220–237, 1941–1943	4		X
2–8–8–4 ‹SP› AC 9, 3800–3811, 1939		7	
4–8–8–4 ‹UP›, 4000–4019, 1941		7	X

Anhang 10

Korrekturen und Ergänzungen zu Band 1
(Seite, Spalte, Zeile)

5,18 ...1891 gebaute...

11,2,18 ...sagen. In der amerikanischen Literatur wird gelegentlich für Mallets auch Malleys verwendet.

11,2,21 400000 km sowie...7,8 Mio km² (ohne Alaska und Hawai)...

12,1,40 Wismann

14,1 Gegenüber Seite 36, unten (Zeile 4): 9.8.1831

15,1 Gegenüber Seite 144, oben (Zeile 6): wurde am...

15,2 Gegenüber Seite 160, unten (Zeile 1): Grif Teller, 1938: 'Main Line of American Commerce'

15,2 Gegenüber Seite 160, unten (Zeile 5): aus dem Jahre 1930 (siehe 1926, ‹Penn›, Band 2).

15,2 Gegenüber Seite 176: Seite 248

16,2 Gegenüber Seite 113, oben (Zeile 3): auf einer Station. Als Ort wird Stratford (Conn.) östlich Bridgeport am Long Island Sound angegeben. Zahlreich...

17,1 Gegenüber Seite 177: Seite 249

25,2,11 Hefti, 1975

28,1,11 1866, ‹NP›. 1919 lieferte Baldwin die 50000. Lok als 2–8–8–2-Mallet an die ‹SR›.

30,1,21 1919 lieferten...

33,1,2 ...erhielt im April 1834...

34,2,38 Zum Zeitvergleich mit Europa: 5.5.1835 erste dampfbetriebene Eisenbahnstrecke Mecheln–Brüssel in Betrieb genommen; im gleichen Jahr folgte Nürnberg–Fürth (7.12.1835).

40,1,23 ...festgelegt. Es begann das Zeitalter der Bahnpost. Die erste Strecke soll Philadelphia–New York gewesen sein, auf der ein Postbeamter unterwegs den Postdienst versah.

40,2,44 ...1853 baute Hinkley für die ‹NYC&HR› eine 4–4–0-Lok mit dem Namen «New Orleans». Sie besass folgende Hauptdaten: Zylinder 2 (406× 559 mm); Triebrad-∅ 1829 mm. 1855...

41,1,3 ...Borsig, der 1837 in Berlin eine Werkstätte gründete, konnte...

42,1,45 der damals 30jährige englische...

44,2,16 New York–Paoli–Harrisburg (192 Meilen)

49,1,20 ...Brückenbaues. Eine Foto aus dem Jahre 1942 zeigt z.B. einen Güterzug mit einer 2–10–2- und einer 2–8–4-Maschine an der Spitze auf dem alten Viadukt.

49,Abb.24 Quelle: Fig.37 in John H. White jr. 1968.

49,2,31 ...Überhang. Es gibt eine Foto der Camelback-Maschine Nr.217 aus dem Jahre 1873, die eine solche 4–6–0-Lok mit leicht geneigten Zylindern und grossem verglasten Führerstand auf dem Langkessel zeigt. – Winans...

53,2,44 Einer Karte aus dem Jahre 1893 ist zu entnehmen, dass die ‹SP› auch Schiffahrtslinien betrieb. Als wichtige Route galt die Schiffsverbindung New York–New Orleans mit der ein grosser Teil der Einwandererströme in die Süd- und südlichen Pacificstaaten befördert werden konnte, ohne dass die grossen Bahnlinien benützt werden mussten.

57,1,Abb.32 (5.Zeile) ...schobenes Leitdrehgestell und aussenge...

59,1,5 ...wurde. Wie ernst es Vanderbilt mit der Beschleunigung des Verkehrs war, beweist die Bestellung von 2 Schnellzugsmaschinen mit Triebrad-∅ 1981,2 mm, Zylinder 2 (406,4× 558,8 mm) für die Strecke New York–Albany–Buffalo. Lieferant: New York Locomotive Works (Breese, Kneeland & Co.). Die 1.Lok, genannt «Superior», wurde im März 1854 geliefert, die 2.Lok hiess «Baltic». Sie besassen 2 Dampfdome und einen starken Rahmen (Quelle: John H. White, jr. 1968).

59,1,7 in der ‹B&O› aufgegangen)...

59,1,8 loks. SN 4 zeigt...

60,1,14 ...ausprobiert. Es sollen auch 2–6–0-Loks der ‹CP› mit Vanderbilt-Feuerbüchsen ausgerüstet worden sein. 1903...

65,2,6 ...genommen. Einige Daten: Kesseldruck 7 atü; Zylinder 2 (381× 558,8 mm); Triebrad-∅ 1371,6 mm. 1869 wurde sie modernisiert. Die...

65,2,15 ...haben. – Bevor die ‹CP› Teil der ‹SP› wurde, hatte sie sich einige andere Gesellschaften einverleibt, so z.B.: ‹California Pacific›, ‹Western Pacific›, ‹San Francisco & Oakland› und ‹San Francisco & Alameda›.

66,Abb.37,9.Zeile u. ff.: – Die amerikanische Lokliteratur zeigt immer wieder Bilder von Zügen, die über den Sherman-Pass (2438 m), die Wahsatch Mountains-Strecke (etwas östlich von Salt Lake City) und den Summit-Pass (2141 m) gefahren werden. Vgl. auch Abb.37 (I), SN 50 und SN 54.

66,1,16 (siehe Abb.204, Band 2) Geschichte...

67,2,38 Columbian! Am 28.5.1911 soll die 1.Fahrt des «Olympian» von Tacoma (Wash.) aus stattgefunden haben. Beide...

68,1,30 ...wurde (Umbau 1885 in eine 0–10–0-Camelback mit Nr.1449. Abgebrochen 1912).

70,2,28 aufgeführt. – Ergänzend sei erwähnt, dass auch die ‹Penn› (siehe Seite 102 und Abb.42) eine grosse Stückzahl von Consolidations unterhielt. 1924 sollen 3335 Einheiten im Dienst gestanden haben (44% aller Loks). Die letzten wurden 1915 geliefert (Class H 10 s).

71,2,12 1872/73

74,1,21 ‹LS&MS› (siehe Seite 101)

76 Leavenworth (Fort Leavenworth) war damals der Ausgangspunkt für den Santa Fé-Trail (Seite 107). Mehrere Bahngesellschaften gingen anfänglich von Leavenworth aus.

78,SN 1, 7.Zeile der Legende: ‹Santa Fé›... 9.Zeile der Legende: ...Die Strecke Barstow–San Bernardino (Cajon-Pass) wird heute von der ‹Santa Fé› und der ‹UP› gemeinsam betrieben.

80,SN 8, 6.Zeile der Legende: Zwischen Russel (Ky.) und Ronceverte und südlich befinden sich die grossen Steinkohlenvorkommen. Mehr als ⅔ des Staates West Virginia besitzt Kohlenfelder.

81,SN 9, 9.Zeile: ...SN 11, 12, 13, 26, 54).

83,SN 17, 8.Zeile: ...‹Santa Fé...
11.Zeile: – Als Slogan hat die ‹Rio Grande› oft den Satz 'Thru The Rockies – Not Around Them' verwendet.

85,SN 25, 1.Zeile: Das Profil SN 25 der ‹GN› zeigt...

86,SN 24, 4.Zeile: Streckenprofil St.Paul–Seattle siehe SN 25. Die ‹GN› übernimmt in Butte (Mont.) die Züge der ‹UP› (siehe SN 54).

89,SN 35, 6.Zeile: ...etwas den Westzipfel...

94,SN 49, 5.Zeile: Die Strecke Cincinnati–New Orleans wird auch von der ‹L&N› befahren, ebenfalls über Birmingham (Ala.). Die ‹SR› besitzt für Mobile eine eigene Linie.

94,SN 50, 9.Zeile: Einer Kartenskizze aus dem Jahre 1937 ist zu entnehmen, dass die Strecke Chicago–San Francisco vom Luxuszug «Overland Limited», die Strecke San Francisco–Seattle vom «The Cascade», die Strecke Chicago–El Paso vom «Golden State Limited», die Strecke New Orleans–El Paso vom «Sunset Limited» und die Strecke Tucson–Mexico City vom «West Coast Route» befahren wurden. Wie der Vergleich mit den Angaben auf Seite 53, Band 1 zeigt, sind einige Änderungen vorgenommen worden. Die Kartenskizze enthält auch die Route New York–New Orleans der ‹Southern Pacific Steamship Lines›. Diese Schiff-Bahn-Kombination kann auch als Abwehr der ‹SP› gegenüber dem Panama-Kanal aufgefasst werden.

95, SN 55 Zeile 4: Konkurrenzlinien zur Strecke St. Louis–Omaha siehe SN 9, SN 26 und SN 36.

96, SN 56 Zeile 4: – Die ‹WP› darf nicht mit der ‹Western Pacific RR Co.›, die die Strecke Sacramento–Oakland (siehe SN 50) und San José betrieb und 1870 von der ‹CP› übernommen wurde, verwechselt werden.

98, 1, 22 – Vor Hazleton (Pa.) befand sich eine 40‰-Steigung, die nur mit Doppeltraktion überwunden werden konnte. Ein Bild aus späterer Zeit zeigt eine K 4s mit Zug; Vorspann: eine Consolidation.

104, 1, 7 … von Cheyenne aus 1870.

105, Abb. 47 Zeile 4: Siehe auch Abb. 97.

106, 2, 28 … J. Gould †).

109, 2, 31 … Nr. 83. Anfänglich fuhr die Gesellschaft mit Tendermaschinchen, z. B. 4–2–2 und 2–4–0.

110, 1, 11/12 … Eastern (z. B. New York), Central (z. B. Chicago), Mountain und Pacific (z. B. San Francisco) waren…

112, 2, 17 … Gouverneur). Sie wurde vom damaligen General Master Mechanic der Gesellschaft, A. J. Stevens, und seinem Assistenten, Howard Stillman, entworfen und besass interessante Details, z. B. eine Stevens-Steuerung, die von der Mannschaft als «Stevens Monkey Motion» bezeichnet wurde. Ihr…

112, 2, 26 Sie trug die Nr. 229 und war…

112, 2, 33 … die Stevens-Steuerung mit…

112, 2, 34/35/36 … wurde. Die American Nr. 123 war ein solcher Eigenbau, der ausserdem noch ein aussengelagertes Leitdrehgestell besass. Maschinen der Baujahre 1886–1888 waren oft damit ausgerüstet. Als Nachfolger des Generalchefmechanikers der…

112, 1, 37 Lokwerkstatt Sacramento Stevens wurde H. J. Small ernannt, der bald zum General Superintendent of Motor Power befördert wurde. Small war Anhänger der Kreuzverbundbauweise.

114, 2, 36 ‹KCM&O›).

118, 1, 33 … Sondermaschine vom Typ 2–4–0, Lok Nr. 1320, deren…

118, 1, 39 … 27,3 t; Tender 3achsig;

121, 1, 13 … Neuseeland. In den USA war die 2–6–2-Lok bei manchen Gesellschaften nur wenige Jahre im Dienst, doch hatten andere Gesellschaften wie die ‹SOO›, ‹NP›, ‹GN›, ‹Santa Fé› und ‹Milwaukee› noch 1934 Prairie-Maschinen vor allem auf Zubringerstrecken im Einsatz. – Das…

121, 2, 29 … möglich wird».

124, Abb. 51 Zeile 6: Ansicht siehe Abb. 111.

127, 1, 12 (Kongressbeschluss 2. 3. 1893)

127, 1, 20 – Auch Japan hat die Janney-Kupplung eingeführt (17. 7. 1925).

133, 1, 7 ab 1909 Mallet –

135, 1, 26 gebaut. D 16 war anfänglich die Bezeichnung für 4–4–0-Loks mit 1727,2 mm Triebrad-⌀ und D 16 a für solche mit 2032 mm ⌀. Zwischen 1895 und 1910 wurden 429 Exemplare der D 16-Class (nach Überhitzer-Einbau D 16 s) gebaut. D 16 s bestand aus 5 Sub-Classes, alle im Werk Altoona gebaut. Die…

138, 1, 46 … Sanspoint (nördlichster Zipfel von Idaho)…

138, 2, 23 … Maschine – siehe auch Seiten 249/50 – der…

139, 1, 40 (siehe Abb. 123). Die…

140, 1, 3 … worden. Zwei dieser Loks, Nrn. 162 und 163 sind wegen Vergleichsfahrten mit Pacifics aus dem Jahre 1913 (Brooks) bekannt geworden; Strecke Du Bois–Salamanca, 156 km mit Steigungen von 11‰ auf 27,7 km (vgl. SN 4). Auch hier hat der Pacific-Typ seine Überlegenheit bewiesen. Die Atlantics waren wohl modernisiert, doch kam es zu Verspätungen. Die Pacifics dagegen holten nach allen Langsamfahrstellen stets wieder zügig auf.

140, 2, 18 – An dieser Ausstellung soll auch die 0–6–6–0-Mallet der ‹B&O› (siehe Seite 138) ausgestellt worden sein.

140, 2, 21 – Verbundlok, Nr. 2512, System…

140, 2, 27 (ND)

140, 2, 28 (HD)

140, 2, 29 -Maschine, die den Übernamen «Mengel's Paperweight» (Master Mechanic, Altoona) besass, waren:

140, 2, 33 … 8,85 t. Im Werk «Pennsy Power» von A. F. Stauffer, 1962, wird diese Maschine mit dem kurzen Satz charakterisiert: «They just didn't built them tough enough for American's heavy railroad requirement» (S. 131).

141, 2, 36 … -Steuerung. – Eine 2. Maschine dieses Achsbildes lieferte Baldwin 1905, ebenfalls System Vierzylinder-Verbund (Nr. 3804).

142, 1, 6 Am 12. 6. 1905 (andere Quellen 11. 6. 1905) stellte eine E 2-Atlantic (spätere Bezeichnung E 7 sa mit Nr. 7002) mit…

142, 1, 31 zialzug der ‹Penn›, bestehend…

142, 1, 37 … 2spurig. Das Farbbild oben gegenüber Seite 160 zeigt den «Broadway Limited» mit einer K 4s (nähere Angaben Seite 15 in Band 1).

142, 2, 21 … ‹L&N›). – Die ‹L&N› hat grosses Gewicht auf ihre Pacific-Flotte gelegt, denn sie hat mit dem Achsbild 4–6–2 grosse Aufgaben des Personenverkehrs gelöst.

148, 1, 8 … 1906 (andere Quellen geben als Ablieferungsdatum September 1905 an) von…

148, 1, 9 … Prairie-Typ, Class J 28. Dieses…

148, 1, 19 … Walschaert. Die 2. Maschine vom Achsbild 2–6–2 hatte die Nr. 7453. Auch sie besass wie Nr. 2761 keine Belpaire-Feuerbüchse; Steuerung innen. Später…

149, 2, 51 werden. – Weitere Bahngesellschaften, die den Staat Oklahoma befahren: ‹Missouri Pacific›, ‹Rock Island›, ‹Santa Fé›, ‹Frisco›.

150, 1, 25 Dampfverteilung. Anfänglich soll die Steuerung Baker-Pillion geheissen haben. Als erste Anwendung wird eine Lok der ‹Toledo, St. Louis & Western› zitiert.

150, 2, 25 … (438 Meilen). Es werden 42 Eloks von General Electric und Alco gebaut und 1915 in der Rocky Mountains Division eingesetzt, 30 mit Güterzugsübersetzung und 12 mit Personenzugsübersetzung (Vmax 30 mph, resp. 60 mph).

150, 2, 47 17,5 t. Die Jacobs-Shupert-Feuerbüchse und der Verbundbetrieb wurden aufgegeben. Der neue Überhitzer besass 69 m².

151, 1, 19–20 organisierte damit 1909 die ‹Southern Pacific RR Comp. of Mexico›, die 1923 1300 Meilen von…

151, 1, 22 … betrieb. Die ‹SP› hat 1910 die ‹Twin Buttes› als grenzüberschreitende Linie gekauft (siehe SN 50), um den Anschluss an die ‹F. C. Sonora› zu erhalten. Harriman…

151, 1, 25 … werden. Im Dezember 1951…

151, 1, 26 … zurück. Der Name der Gesellschaft lautete dann ‹Ferrocarril Del Pacifico› (Abkürzung ‹FdelP›).

151, 2, 35 … ‹GN›). Vor dem Einsatz der ersten Compound-Mallets betreuten 270 Consolidations (vgl. Bild 124), die Baldwin zwischen 1902 und 1907 geliefert hatte, den Güterverkehr der Gesellschaft. Für den schweren Güterverkehr wurden die 2–8–0-Loks nur noch ausnahmsweise zugezogen, da die 2–8–8–2-Mallets zu viele Vorteile boten.

152, 1, 34 1040–1041. A. Haas (Lok Mag. 75, S. 493) spricht von 6 2′B1′h4-Maschinen, was jedoch im Widerspruch steht zu den offiziellen Angaben (z. B. Lokliste September 1935). Die ‹Rock Island› hat dann noch einmal 1924 mit einer 3 Zylinder-Pacific ein Experiment gewagt.

152, 2, 10 … Heizfläche 241,2 m², später mit Überhitzer ausgerüstet; …

153, Abb. 56 Legende 6. Zeile: Triebrad-⌀ 2006,6 mm, Grosser Kessel und Stehkessel mit Feuerschirm. Handbetätigte Schrauben-Umsteuerung, also nicht mehr den langen Hebel mit Zahnsegment-Fixierung.

153, Tab. letzte Kolonne: Triebrad-⌀ 2006,6 mm.

155,2,1 ...baute 1911 im Topeka-Werk aus...

155,2,13 ...19,2 atü; Vor dem Langkessel war ein HD- und ein ND-Dampfüberhitzer eingebaut, sowie ein Speisewasser-Vorwärmer;

155,2,17 ...Baldwin. Der 2×3achsige Tender fasste 45,5 m³ Wasser und 15,2 m³ Heizöl. Diese...

158,1,3 ...‹SP›). Dort waren bekanntlich lange Strecken in Steigungen unter Schneedächern zu durchfahren, weshalb Lokmannschaft und Feuerung gelegentlich unter Sauerstoffmangel litten. Es war daher sehr zweckmässig, den Führerstand vor das Kamin der Lok zu nehmen.

160,2,24 den (siehe auch Abb. 153, Legende).

161,2,42 ...383,3 t (andere Quellen 382,7 t);

162,2,19–20 Die fälschlicherweise abgetrennte Zeile 20 ist an Zeile 19 anzuhängen, da zusammengehörend.

162,2,39 ‹LS&MS›). – Die wichtigsten Bahngesellschaften, die mit der Zeit das ‹New York Central System› bildeten, waren: ‹New York Central› (gebildet aus der alten ‹NYC&HR› und der ‹LS&MS›). ‹Big Four› (‹Cleveland, Cincinnati, Chicago & St. Louis). ‹Pittsburgh & Lake Erie› (Strecke Pittsburgh (Pa.)–Youngstown (Ohio), Benützungsrechte). ‹Michigan Central› (Chicago–Detroit–Buffalo). ‹Boston & Albany›. ‹West Shore› (Parallel-Strecke New York–Buffalo). ‹Peoria & Eastern› (Peoria (Ill.)–Indianapolis).

163,2, als letzter Abschnitt zu Kapitel 1914: Die berühmtesten Loks der ‹Penn› waren schon die E6s und K4s. Ein Pendant auf der Güterlokseite war die 2–8–2-Maschine, die in den Jahren 1914 bis 1919 in 574 Exemplaren von Juniata, Baldwin und Lima hergestellt worden ist. Der Prototyp ist zu gleicher Zeit wie die 4–6–2, Class K4s (siehe 1927, ‹Penn›), entstanden. Beide hatten den gleichen Kessel (es sollen über 1000 gebaut worden sein, was auch für die USA als hoher Rationalisierungseffekt betrachtet werden darf). Die Dampfproduktion erlaubte eine Dauerleistung von 2790 PS und nach Einbau des Stokers soll sich dieser Wert auf gegen 3800 PS vergrössert haben. Die Hauptdaten waren: Kesseldruck 14,43 atü; Zylinder 2 (685×762 mm); Triebrad-∅ 1574,8 mm; Rostfläche 6,5 m²; Heizfläche 375,4 m²; Überhitzer 87,6 m² (später 113 m²), einer Datentabelle aus dem Jahre 1917 ist zu entnehmen, dass in ihren damals gelieferten 2–8–2-Maschinen ein Überhitzer mit 93 m² eingebaut war; Maschinengewicht 145,8 t; Reibungsgewicht 109,3 t; Zugkraft 27,9 t. Die Auswuchtgenauigkeit soll so gut gewesen sein, dass als Höchstgeschwindigkeit 65 mph (105 km/h) erlaubt war. – Die ‹Penn› hat 1919 auch 5 leichte USRA-Mikados erhalten, die aber bei der ‹Grand Rapids & Indiana RR› eingesetzt waren.

165,2,19 ...‹Virginian›. – Ing. M. Henderson von Baldwin hat auch eine Quadruplex-Mallet vom Achsbild 2–8–8–8–2 entworfen, die aber nie gebaut worden ist.

166,2,35 ...Alco. Abb. 183 zeigt den Prototyp Nr. 2500.

167,2, vor Abschnitt «Die ‹St. Louis Southwestern›...» ist folgender Abschnitt einzusetzen: Eine Santa Fé-Maschine mittlerer Grösse erhielt die ‹New York, Ontario & Western› von Alco im Jahre 1916. Es war die Serie 351–362, bestimmt für den schweren Güterzugsdienst auf kurvenreichen Berglandstrecken (siehe SN 40). Die Hauptdaten waren: Kesseldruck 13,36 atü; Zylinder 2 (711,2×812,8 mm); Triebrad-∅ 1450 mm; Rostfläche 7,5 m²; Heizfläche 418 m²; Überhitzer 93 m²; Maschinengewicht 160 t; Reibungsgewicht 135 t; Zugkraft 32,3 t; Kesseltyp: Wagon top; Tender 2×2achsig (13,5 t Kohle + 34 m³ Wasser); Walschaert-Steuerung; kleiner Rad-∅ der hinteren Laufachse.

167,2,25 ...wurde (vgl. SN 52).

167,2,48 ...Compound, Class NU-1 b, Nrn....

168,1,32 – Im April 1917 wurde der Lokbau in den USA gestoppt, doch schon im Sommer 1917 eröffnete die USRR Administration (USRA) ein Konstruktionsbüro zum Entwurf einheitlicher Loks, die in grossen Serien und weitgehend gleichen Einzelteilen gebaut werden konnten. Aus über 100 Entwürfen wurden 12 Typen (060, 080, 462 A und B, 482 A und B, 282 A und B, 2102 A und B, 2662, 2882) bestimmt. Steuerung und Überhitzervergrösserung war den Gesellschaften freigestellt. Auch Tendergrösse blieb freigestellt. Diese Standardisierung entwickelte sich zum amerikanischen Rationalisierungserfolg grössten Ausmasses, der von langer Dauer und grosser Wirkung auf den Nachkriegslokbau in den USA war.

168,2, vor Abschnitt «Baldwin lieferte ‹Santa Fé›...» ist folgender Abschnitt einzusetzen: Die 23 Meilen lange Strecke zwischen Dayton (Tex.) und Goose Creek wurde von der Bahngesellschaft ‹Dayton–Goose Creek› 1917 gebaut, um die Ölfelder von Goose Creek an die Liniennetz der ‹Southern Pacific› in Dayton anzuschliessen. 1926 wurde die ‹D–GC› von der ‹SP› übernommen. Dieser Fall zeigt neben andern, dass das Erdöl auch für die Bahn neue Verdienstmöglichkeiten brachte, so lange keine Pipe Line den Transport übernahm.

169,1,27 ...ebenfalls ‹Southern›-Steuerung.

169,2,49 ...Mullens (W. V.) und Roanoke (Va.)...

169,2,51 ...sein. Offenbar hatten diese Riesen (grösste Höhe 5080 mm, grösste Breite 3658 mm) die ihnen zugedachte Aufgabe zur Zufriedenheit gelöst. Weitere Einheiten wurden nicht gebaut. – Umbauten von 2–10–2 in 2–10–10–2 hat die ‹Santa Fé› vorgenommen (siehe Seite 155).

173,2,28 ...1922. – Lok Nr. 4375, Class I 1s besass Schub- und Kuppelstangen aus Al-Legierung. Die hin- und her-gehenden Massen waren also merklich kleiner. Die Maschine liess sich darum mit 50 mph fahren.

173,2,37 bungsgewicht 86,9 t;...

175,1,19–20 ...die Serien 4625–4634, 4697–4699, 4701–4722, 4875–4884 Pacific-Loks...

175,1,24 ...Jahren 1912 bis 1923 hat...

175,1,25 ...(Class K 3c–K 3q, siehe auch 1927, ‹NYC›)

175,2,20 Kesseltyp: Wagon top;

178, Abb. 65, 4. Zeile: – Eine andere Erklärung zum Bild gibt N. R. Ewan (1954, Mai, Bulletin der ‹R&L Historical Soc.»). Er spricht vom Abbau der Mergel-Vorkommen der Vincentown Branch der ‹C&A›. Der Mergel-Transport sei jahrelang die Haupteinnahmequelle der Bahngesellschaft gewesen. Die abgebildete Lok besass Nr. 547.

186, Abb. 79, 9. Zeile: – Die «C. P. Huntington» war genau genommen nicht Lok Nr. 1 der ‹CP›, sondern eine 4–4–0 mit Namen «Governor Stanford» (siehe Seite 65).

189, Abb. 84, 4. Zeile: ...auf einer Station in Wyoming (andere Quellen Nebraska).

190, Abb. 86, 5. Zeile: ...×609,6 mm); Triebrad-∅ 1524 mm; Zugkraft 5,5 t; Maschinengewicht 34 t. –

190, Abb. 86, 7. Zeile: ...werfer. Die Maschine soll anfänglich den Namen «Denver» besessen haben und mit Nr. 10 soll sie in Dienst gestellt worden sein. Engineer James D. Taylor steht vor dem rechten Zylinder.

192, Abb. 92, 6. Zeile: ... – Nach D. L. Joslyn (Bulletin Nr. 94, Rw. & Loc. hist. Soc.) soll die «Jupiter» gar nicht die auserwählte Maschine gewesen sein, sondern die «Antilope», die aber durch eine Luftdruckwelle eines auf der Anfahrstrecke niedergegangenen Felssturzes aus den Schienen gehoben wurde.

193, Abb. 91, 5. Zeile: ...Division›. Diese Division der ‹UP› ist am 6.6. 1863 aus der ‹Leavenworth, Pawnee & Western RR› (gegründet 1861) hervorgegangen. Leavenworth (Fort Leavenworth) war einst der Ausgangspunkt des Santa Fé-Trails und liegt wenige Meilen nordwestlich von Kansas City (vgl. auch Seite 76). Präsident Lincoln bestimmte Omaha als Ausgangspunkt der ‹UP›, wodurch die ‹LP&W› bedeutungslos wurde (siehe Seite 74).

194, Abb. 95, 6. Zeile: …*Pacific*›. Die beiden Männer, die sich in der Mitte die Hände reichen, waren die Chef-Ingenieure: links S. S. Montague (‹CP›), rechts Major G. M. Dodge (‹UP›).

195, Abb. 96 – Das Bild aus der Sammlung Lassueur stammt von R.&L.H.S. Collection. Ewing Galloway, N. Y.

196, Abb. 98, 4. Zeile: – Dieser Bahnhof ist jüngst unter Denkmalschutz gestellt worden, was die geplante Überbauung unmöglich macht.

198, Abb. 103 – Die auf der Maschine aufgemalte Abkürzung F. E. C°. heisst nicht ‹Florida East Coast›, sondern «Fontaine Engine Co.». Sie besass einen 2×2achsigen Tender.

198, Abb. 106 – Diese Lok wurde als Ausstellungsmaschine bezeichnet. Grund: ausgestellt auf der «Kansas Centennial Days».

204, Abb. 114 – Die 4 Motoren der Elektrolok erbrachten 750 kW Leistung.

205, Abb. 117 – Die mit Kolbenschieber ausgerüsteten Nassdampf-Schnellzugsmaschinen waren die leistungsfähigsten Ten Wheels vor 14-Wagenzügen in der Ebene. Merkwürdigerweise erhielten sie nie Überhitzer eingebaut. – Die ‹NYC› hat während der Jahre 1899–1907 ebenfalls 4–6–0-Schnellzugsloks, Entwurf W. Buchanan, aber mit kleinerem Triebrad-$\varnothing$ angeschafft, Class Fx. Nrn. 800–818 mit 1524 und 1574,8 mm Triebrad-$\varnothing$; in den Jahren 1905–1908, Class F 12, Nrn. 819–876 mit 1752,6 mm Triebrad-$\varnothing$ (siehe Abb. 145 und 146).

208, Abb. 124 – 2–8–0-Loks dieser Serie aus dem Jahre 1907 standen noch im 2. Weltkrieg im Einsatz, so fotografierte z. B. William Barham einen Früchtezug bei Roseville (siehe Seite 147), der als Vorspannlok eine solche Consolidation besass.

210, Abb. 130 – Eine Foto von C. W. Fischer (Rw. Mag. Mai/Juni 1947, S. 166) zeigt die Atlantic 2952, eine Vorläuferin von Nr. 3000, vor dem «Empire State Express» mit 4 Luxuswagen im Jahre 1902. Diese grossrädrigen Maschinen verkürzten die Fahrzeiten zwischen New York und Buffalo. – Eine eigentliche Abwertung des 4-4-2-Achsbildes erlebte die ‹LS&MS› 1907, indem 10 Atlantics mit kleinem Triebrad-$\varnothing$ (1752,6 mm) für Nebenlinien ange-

schafft wurden. Die Prairies hatten gesiegt (siehe Abb. 126).

211, Abb. 131 – Eine ähnliche Maschine mit grösseren Triebrädern zeigt Abb. 117. Beide Maschinen waren respektable Vertreter schnellster Ten Wheeler.

212, Abb. 135 Diese Maschine, die mit Nr. 2761 und Nr. 7453 die einzigen Prairies der Gesellschaft waren, ist in gewisser Beziehung eine Vorläuferin der Pacific gemäss Abb. 153.

215, Abb. 143 – Diese 1909 von Baldwin im Auftrag der Gesellschaft gebaute Mallet war die grösste Schnellzugsmaschine ihrer Zeit. Sie hat aber nie befriedigt, denn sie fuhr nie wie vorgesehen 70 mph (112 km/h), sondern nur etwa 30 mph (50 km/h), damit der Gegendruck in den ND-Zylindern nicht entstehen konnte. Die beiden Kesselteile besassen 442 m² Heizfläche, der Überhitzer nur 30 m² und der Wiedererhitzer zwischen ND und HD-Zylinder 74 m². Es blieb bei den beiden Einheiten (Nrn. 1300 und 13, später 198 und 1399).

216, Abb. 145 – Die Bauweise der Ten Wheeler (siehe Abb. 131, 145, 146, 187, 211) entsprach etwa der einer Atlantic, nur dass die hintere Laufachse zur Triebradachse entwickelt wurde.

216, Abb. 146 …, Class F 12 g, Nr. 2146…

217, Abb. 149 – Die Maschinen besassen 575 m² Heizfläche und 132,9 m² Überhitzerfläche. Sie ersetzten die 2–6–8–0-Mallets aus dem Jahre 1909 (siehe Abb. 148).

218, Abb. 150, Legende 1. Zeile: …Nr. 769 (Serie 764–769, weitere Serien 770–774, 775–793) der ‹Rio Grande›…
2. Zeile: …1701,8 mm; Stehkessel über dem Rahmen, jedoch zwischen die Räder hinuntergezogen
3. Zeile: Alco 1908, Normalspur. – Ten Wheeler wurden von der ‹Rio Grande› schon 1881/82 angeschafft, dann 1883/84 und 1887–1898

220, Abb. 153, Legende 1. Zeile: …lok, Class K 29s, Nr. 3395…
3. Zeile: Die Triebräder der angetriebenen Achse besassen keine Spurkränze. Der Tender besass einen 'Water pick up' (siehe auch Abb. 126, 135, 136, 145, 146, 155). – Böse Zungen behaupten, dass diese Versuchsmaschine die eigentliche Vorläuferin der K 4s gewesen sei und nicht K 2s oder K 3s (siehe auch Seite 160).

220, Abb. 155: – Eine ‹MC›-Pacific aus dem Jahre 1925 wird in Abb. 59, Band 2 gezeigt; Triebrad-$\varnothing$ 2006,6 mm.

233, Abb. 181 Diese Maschine ist im Lokverzeichnis 'Steam Power of the ‹NYC›-System', Vol. 1 (1915–1955) von A. F. Staufer, 2nd Printing 1962, nicht aufgeführt. Andere ‹B&A›-Maschinen sind jedoch darin aufgeführt.

236, Abb. 189 Als Vergleichsmaschine kann auf Abb. 155 (‹MC›-Pacific aus dem Jahre 1912) verwiesen werden.

236, Abb. 191 Man beachte den grossen Hub (812,8 mm) zu diesen kleinen Triebrädern ($\varnothing$ 1447,8 mm). Ähnliche Verhältnisse zeigt die 2–10–2 auf Abb. 174 und die 2–10–0 auf Abb. 118.

240, Abb. 199, Legende Zeile 7: …1600,2 mm. Alco 1916. – Vgl. auch kohlenstaubgefeuerte 2–8–0-Güterzugslok der AEG, 1928 (Glasers Ann. 102 (1928) 4, Seiten 45–58; 5, Seiten 59–70).

240, Abb. 200 Diese Maschinen (Class CC 2s) besassen wohl den kleinsten Triebrad-$\varnothing$; für den schweren Schubdienst am Ablaufberg wurde aber grosse Leistung bei kleinen Geschwindigkeiten verlangt. Die Nummerierung dieser Maschinenserie zeigt die Willkür (7332, 7335, 7649, 7693, 8158, 8183, 9357, 9358, 9359), die bei der Nummerngebung der ‹Penn› herrschte. – Weitere kleinrädrige Mallet-Schubloks siehe Abb. 188. – Der hier verwendete Tendertyp hatte den Namen 'high sides tender' (siehe auch Abb. 206 a und b).

242/43, Ab. 206 a/b Die beiden 2–10–2-Güterzugsloks der ‹Penn› besassen auch das schwere Deichselgestell unter dem Stehkessel, wie es die 4–4–2 der Gesellschaft (siehe Abb. 164/165) schon eingebaut erhielten. Es handelte sich um die Bauert Kiesel; William F. Kiesel (1866–1954) trat 1888 als Zeichner bei der Gesellschaft ein.

244, Abb. 207 Über der 2. vorderen Triebachse war der Speisewasservorwärmer, Typ Worthington BL–2 (links Heizer, rechts Kalt- und Warmwasserpumpe, darüber antreibender Dampfzylinder).

247, Abb. 213 Diese Maschinen fuhren mit 15 Wagenzügen ohne Lokwechsel von Franklin (Mo.), südwestlich Moberly (siehe SN 35) nach San Antonio (Tex.) = 872 Meilen.

249, 1, 36 …Deutsche Fritz Rimrott…

250, 12 …Frischdampf-Gelenklok (vgl. Seite 156, Versuchs-2–8–8–2-Mallet)

Literaturhinweise

Es hat sich gezeigt, dass viele Leser des ersten Bandes ein Literaturverzeichnis wünschen. Wer aber die Fülle der amerikanischen Eisenbahnliteratur nur einigermassen kennt, sieht ein, dass dieser Wunsch kaum auf wenigen Seiten erfüllt werden kann. Hier sei darum nur in Form von Hinweisen Weniges aus der vom Autor eingesehenen Literatur aufgeführt. Wer mehr wünscht, muss selber Bücher beschaffen wie: «railways, a reader guide by ET Bryant (Clive Bingley, London 1968), Seiten 116–133, oder Bücherverzeichnisse von amerikanischen Eisenbahnbücher-Verlagen verlangen, z.B. Bonanza Books, Caxton Printers Ltd, Chicago University Press, Crown Publishers Inc, Empire State Rw Museum Ass, Golden West Books, Howell–North Press, Kalmbach Publishing Co, Knudsen Publications, McGraw-Hill Publishing, Nebraska University Press, Clarkson N Potter Inc, Railroadiana, Alvin Staufer, Superior Publishing usw. Der Autor möchte bei dieser Gelegenheit auch auf Bücher wie «A Pictorial History of Western» (Hamlyn, London-New York-Sidney-Toronto 1972) aufmerksam machen. Der Schweizer Yul Brynner wird darin als Star neben andern weltberühmten Grössen der amerikanischen Western gefeiert. Diese Welt muss man kennen, will man die Geschichte der amerikanischen Eisenbahn verstehen. Erst ein Einblick in die Pionierzeit der USA verhindert eine schulmeisterliche Beurteilung mancher Geschehnisse, die z.B. im ersten Band oft gestreift werden. Wer aber hat schon genügend Zeit – nebst den unerlässlichen Sprachkenntnissen – die zahlreichen in englischer Sprache verfassten Werke selbst zu lesen. Das vorliegende zweibändige Übersichtswerk in deutscher Sprache soll keineswegs einen Ersatz für die Fülle der bis heute veröffentlichten amerikanischen Bücher über die Eisenbahnen der USA sein. Es möchte vielmehr dazu beitragen, dem Leser den Einstieg in die amerikanische Verkehrsgeschichte auf dem Eisenbahnsektor zu erleichtern.

Einzelwerke

Lucius Beebe & Charles Clegg: The Age of Steam, Rinehart & Co. Inc., New York/Toronto 1957.

Lucius Beebe & Charles Clegg: Hear the Train blow, E.P. Dutton & Co. Inc., New York 1952.

Alfred W. Bruce: The Steam Locomotive in America, Bonanza Books New York (with W.W. Norton & Co.) 1952.

Stewart, H. Holbrook: The Story of American Railroads, Crown Publisher, New York 1947.

Henry Sampson: World Railways 1950–51, A Survey of the Operation and Equipment of representative Rail Systems, Sampson Low, Martston & Co. Ltd., London 1951.

Merle Armitage: The Railroads of America, Duell, Sloan & Pearce-Little, Brown & Co. 1952.

Robert G. Lewis: The Handbook of American Railroads, Simsons-Boardman Publishing Corp., New York 1951.

David P. Morgan: Steam's finest Hour, Kalmbach Publishing Co., Milwaukee 1959.

Linn H. Westcott: Steam Locomotives (Model Railroader Cyclopedia Vo. 1), Kalmbach Publishing Co. 1960.

John H. White Jr.: American Locomotives, an engineering history, 1830–1880, Johns Hopkins Press, Baltimore.

George H. Burgess and Miles C. Kennedy: Centennial History of the Pennsylvania RR Comp. 1846–1946, Philadelphia 1949.

Bericht einer Europ. Sachverständigengruppe: Die Eisenbahnen in den Vereinigten Staaten, C. Röhrig Verlag, Köln und Darmstadt 1952.

T.W. Van Metre: Trains, Tracks and Travel, New York 1940.

R.J. Church, D.D.S.: Those Daylight 4-8-4's, Omaha 1966.

Ralph P. Johnson: Locomotive, Locomotive Industry, The Encyclopedia Americana 1962, 17.

Ralph P. Johnson: The Steam Locomotive, New York 1924.

Angus Sinclair: Development of the Locomotive Engine, New York 1907.

J.G.H. Meyer: Modern Lomotive Construction, New York 1904.

Robert J. Casey and W.A.S. Douglas: Pioneer Railroad, New York 1948.

George B. Abdill: Rails West, Bonanza Books7New Erk MCMLX.

Donald Duke: Southern Pacific Steam Locomotives, Golden West Books 1955.

J. Jahn: Die Dampflokomotive in entwicklungsgeschichtlicher Darstellung ihres Gesamtaufbaues, Berlin 1924.

Dr. Fritz Voigt: Verkehr, Bd. 2, 1. Hälfte, Berlin 1965.

Charles Frederick Carter: When RR were new, New York 1939.

AAR: American RR, Their Growth and Development, Washington 1958.

AAR: Locomotive Cyclopedia of Amrcan Prctice. Definitions and Typical Illustrations of RR and Industrial Locomotive, Their Parts and Equipment; also Locomotives Built in America for Operations in Foreign Countries – Including a Section on Locomotiv Shops and Engine Terminals. 10. Edition 1938.

AAR: 1950–52 Locomotive Cyclopedia of American Practice. 14. Edition 1950–52.

Arnold Haas: Dampflokomotiven in Nordamerika (USA und Kanada)Franckh 1978.

Karl Sachs: Elektrische Triebfahrzeuge, 1973, Abschnitt 9.2 Dampfturboelektrische Fahrzeuge, Seite 1015–1018.

J. Snowden Bell: The early Motive Power of the ‹Baltimore & Ohio›, New York 1912.

G. Lloyd Wilon: Interstate Commerce (Major Pieces of Legislation etc.). The Encyclopedia Americana 1962, 383–390, 7.

Edward C. Kirkland: United States Railroads. The Encyclopedia Americana 1962, 138–144, 23.

Zeitschriftenaufsätze

S.M. Vauclain: The History of Locomotive Development. 1923 (vermutlich Rw. Age).

L.K. Sillcox: Steam or Diesel-Electrics? An evaluation of the characteristicof the two types of motive power for high-speed passenger-train service. 1939 (Rw. Age 18.3. 1939, S.459–462).

‹Pennsylvania› 4-4-4-Locomotives. Two streamlined assenger units, of T–1 class, were designed to handle 880-ton trains at 100 mph with one fuel stop, over 713-mile Harrisburg–Chicago run. Rw. Age Dec. 12. 1942, p.956–962.

‹C&O› «Allegheny» Locomotives, First of 2-6-6-6-Type. New power built by the Lima Locomotive Works designed to handle heavy trains over the Allegheny mountains – Tractive force 110, 200 lb. Rw. Age March 7. 1942, p.478–483.

A Powerful High-Speed Freight Locomotive, 4-6-6-4 type built for the ‹Union Pacific› by the American Locomotive Company develops 97 400 lb. tractive force and has boiler for high power output. Rw. Age Dec. 19, 1936, p. 900–903.

‹Union Pacific› Buys Twenty 4–8–8–4 Locomotives. Heaviest single-expansion articulated locomotives to handle maximum tonnage without helpers on 1.14% mountain grades – Running gear distinguished by high degree of controlled flexibility. Rw. Mech. Engineer, Nov. 1941, p. 463–474.

‹Union Pacific› Fourteen-Wheel Tenders. Large capacity for length and weight, improved stability and easy riding properties are features of tender built on a combined truck and pedestal cast-steel bed. Rw. Mech. Engineer, Oct. 1940, p. 386–388 und 390.

New Express Passenger Beyer-Garratt Locomotives for Algeria. The Rw. Gazette, March 27, 1936, p. 615–621.

Le coût de la traction diesel-électrique aux États-Unis par H. F. Brown, Traduction par G. Vuillet. Rev. de l'Ass. Française des Amis des Chemins de Fer, Juillet–Août 1977, p. 171–185.

First Texas Type Locomotives for T.&P, Rw. Age Dec 19, 1925.

World's Largest Locomotive Built for the ‹Northern Pacific›. Rw. Age Dec. 29, 1938.

The Texas and Pacific Rw., by Curtis G. Green, July & Sept. 1929 Baldwin Locomotives.

Single Expansion Articulated Locomotive on the ‹Western Pacific RR›, by Mark Noble. Baldwin Locomotives Jan. 1932.

A Note on the Evolution of Locomotive Types, by Lawford H. Fry, M. Inst. C. E. Baldwin Locomotives July 1925.

Water Circulation in Relation to Steaming Capacity, bei C. A. Seley, Baldwin Locomotives July 1928.

Modern America Express Locomotives, by E. C. Poultney, The Locomotive June 1929.

Long Locomotive Runs, Baldwin Locomotives July 1923.

Personenzuglokomotiven mit 4, 5 und 6 gekuppelten Achsen, von E. Lassueur, STZ, Zürich 19. 5. 1927.

The «James Archibald» High Pressure Locomotive, Rw. Eng. 612, 1931.

Experimental Locomotive ‹Norfolk & Western›, The Locomotive Nr. 661, 1947.

Amerikanische 2–D–2-Schnellzugslokomotiven, von E. Lassueur, STZ, Zürich 26. 7. 1928.

Quellenangabe

Umschlagbild 1. Band, Farbtafeln S. 36, S. 52, S. 68, S. 112, S. 128, S. 144, S. 160 und S. 248 aus UP-Kalender, resp. Neujahrskartenbilder = Paintings by Howard Fogg for Union Pacific RR, resp. for Leanin' Tree Publishing Co., Boulder, Colo, USA.

Umschlagbild 2. Band, 1. Band Farbtafel S. 160 unten, Paintings by Grif Teller aus Pennsylvania-Kalender 1937, rsp. 1938.

Verzeichnis der Bahngesellschaften und Bahnsysteme

(inkl. Divisions und offiz. Streckenbezeichnungen)

Anmerkung: Auf Seiten 256–259 in Band 1 sind weitere Bahngesellschaften aufgeführt.
Abkürzungen amerikanischer Bahngesellschaften finden sich ebenfalls in Band 1 auf Seiten 251–255.

Verzeichnis der Lokomotiven

Geordnet nach Achsbild. Hauptgruppen: Starr / Mallet / Duplex etc.

Starr

4–2–2 Abb. 31 (I)
4–4–0 (American) 42 (Monon/Cornwall), 60 (C&IM), 62 (Frisco)
4–4–2 (Atlantic) 53 (Penn E 6s), 90 (Milwaukee)
4–4–4 (Reading, Jubilee) 84 (B&O), 93 (CPL)
2–6–0 (Mogul) 42 (GB&W), 64 (SP)
2–6–2 (Prairie-Loktyp) 120 (I), Anhang 5
2–6–4 (Adriatic) 27 (ÖBB)
4–6–0 (Ten Wheel) 47 (I), 32, 35 (Penn)
4–6–2 (Pacific) Schutzumschlag (K 4s), 13 (TE3), 13 (TE4), 14 (TE5), 14 (TE6), 15 (TE7), 30 (PO), 31 (CB&Q), 31 (AL), 34 (B&O), 34 (Southern), 35 (NYC), 35 (B&M), 35 (MKT), 36 (T&P), 36 (BR&P), 38 (NYC), 39 (LV), 40 (L&N), 42 (P&WV), 42 (MP), 43 (MC), 44 (L&N), 44 (MP), 48 (Reading), 48 (C&O), 49 (WPR), 50 (MP), 52/3 (RF&P), 53 (Penn), 59 (B&O), 60 (B&O), 66 (Penn), 68 (Rutland), 70 (CSt.PM&O), 90 (B&A), 94 (NYC), 97 (UP), 103 (Reading), 109 (Frisco), 115 (SAL), 115 (Erie), 137 (Reading)
4–6–4 (Hudson) 2 (Frontispiz), 48 (C&O), 52 (Santa Fé), 56 (NYC), 62 (B&A), 65 (Nickel Plate), 66 (NYC), 73 (MC), 76 (Milwaukee), 76 (B&A), 78 (NYC), 81 (Milwaukee), 84 (Milwaukee), 87 (B&O), 94 (NYC), 97 (NYNH&H), 97 (Santa Fé), 98 (DRB), 103 (Lacka-wanna), 107 (Milwaukee), 137 (C&O), Abb. 95 a
4–6–4 T (Double Ender) 63 (CofNJ)
4–6–6 T (Double Ender) 63 (B&A)
0–8–0 (switcher) 36 (BR&P), 40 (NYNH&H), 60 (Erie)
2–8–0 (Consolidation) 25, 30 (WM), 32 (P&WV), 32 (M&P), 40 (D&H), 42 (GB&W), 44 (L&H), 45 (Reading), 99 (GW of Denver), 99 (NC&St.L), 111 (D&H), 116 (NS), 125 (GB)
2–8–2 (Mikado) 15 (TE8), 31 (NC&St.L.), 31 (NYC/MC/P&LE), 34 (Sewell Val-ley), 34 (Nickel Plate), 34 (Rio Grande), 40 (D&TSL), 40 (L&N), 42 (GB&W), 45 (Reading), 48 (C&O), 50 (MP), 54 (CGW-Tabelle), 62 (CNO&TP), 65 (WP), 66 (Monon), 75 (Frisco), 94 (L&A), 106 (A&S), 132 (DT&I), 134 (SNCF)

2–8–4 (Berkshire) 16 (TE9), 34 (Nickel Plate), 43 (Lima), 49/50 (B&A), 51 (Erie), 51 (ÖBB), 59 (Santa Fé), 70 (B&M), 71 (MP), 92 (DT&I), 99 (W&LE), 99 (RF&P), 99 (L&N), 114 (DT&I), 126 (L&N), 129 (Vgn), 136 (C&O), 137 (Nickel Plate), 141 (NKP + W&LE)
4–8–0 (Mastodon-Lokytyp) 36 (BR&P), 40 (D&H)
4–8–2 (Mountain) 16 (TE10), 17 (TE11), 32 (UP), 32 (Burlington), 34 (NC&St.L.), 37 (SP), 37 (N&W), 38 (FEC), 38 (NYC), 40 (NYNH&H), 43 (T&P), 45 (NYC), 45 (SAL), 46 (NC&St.L), 48 (Rio Grande), 48 (N&W), 49 (Penn), 49 (SOO), 57 (MP), 66 (Penn), 71/2 (Wa-bash), 90 (B&A), 91 (B&M), 97 (UP), 115 (NYC), 119 (N&W), 126 (IC), 129 (L&HR)
4–8–4 (Northern, Niagara, Greenbrier, Pocono) 17 (TE12a und b), 18 (TE13), 18 (TE14), 19 (TE15), 49 (NP), 52 (Lackawanna), 57 (NP), 62 (Santa Fé), 66 (C&NW), 67 (GN), 67 (UdSSR/RENFE), 71 (Burlington), 71/2 (Wabash), 72 (T&NO), 76 (NYC), 78 (L&V), 80 (Lackawanna), 87 (B&O), 90 (Milwaukee), 93 (SP), 102 (UP), 106 (Milwaukee), 109 (ACL), 110 (Santa Fé), 110 (RF&P), 110 (Rio Grande), 118 (N&W), 119 (Santa Fé), 119 (SP), 124 (WP), 126 (MP), 127 (D&H), 127 (Milwaukee), 133 (RF&P), 133 (NYC), 135 (Rock Island), 136 (Reading), 136 (WM), 137 (C&O)
2–10–0 (Decapod) 37 (GM&N), 45 (Osage), 58 (L&NE), 74 (Tabelle), 75 (D&S), 135 (Russland)
0–10–2 (Union) 94 (Union RR)
2–10–2 (Santa Fé) 19 (TE16), 20 (TE17), 20 (TE18), 30 (IC/A&V), 32 (C&S), 33 (SP), 36 (UP), 45 (CofG), 50 (MP), 53 (KO&G), 60 (C&IM), 62 (CV), 74 (Tabelle)
2–10–4 (Texas) 25, 26, 43 (T&P), 53 (T&P), 59 (CB&Q), 74 (CGW), 74 (Santa Fé), 75 (C&O), 101 (KCS), 123 (Penn)
4–10–0 (Gobernador) 115 (I)
4–10–2 (Overland, Sierra) 30 (Tabelle), 44 (SP), 44 (UP), 47 (Baldwin)
0–12–0 (Twelve Coupled) 68 (I)

4–12–2 (Nines) 21 (TE19), 24 (Tafel 1), 41 (UP), 46 (UP)
4–14–4 (Lugansk-Typ) 141 (Russland)

Mallet

0–6–6–0 138 (I)
2–6–6–0 158 (I)
2–6–6–2 154 (I), 73 (B&O), 73 (Milwaukee), 73 (USRA), 86 (Weyerhaeuser), 128 (SP), 140 (C&O)
2–6–6–4 86 (P&WV), 90 (SAL), 92 (N&W), 113 (N&W), 141
2–6–8–0 63/(Southern)
2–6–6–6 (Allegheny) 22 (TE21), 124 (C&O), 129 (Vgn)
4–4–6–2 150 (I)
4–6–6–2 (cab ahead SP) 157 (I)
4–6–6–4 (Challenger) 21 (TE20), 86 (UP/NP), 92 (NP), 92 (UP), 111 (Rio Grande), 115 (D&H), 119 (WM), 124 (UP), 126 (UP), 126 (Clinchfield), 128 (NP)
0–8–8–0 147 (I)
2–8–8–0 40 (KCS), 114 (UP), 129 (Tafel 8)
2–8–8–2 22 (TE22), 23 (TE23), 25 (TE25), 36 (BR&P), 39 (GN), 49 (C&O), 58 (Rio Grande), 59 (GN), 63 (Southern), 77 (WP), 86 (Weyerhaeuser), 137 (Rio Grande), 140 (N&W)
2–8–8–4 (Yellowstone) 23 (TE24), 62 (NP), 62 (DM&IR), 68 (Tafel 4), 113 (SP), 117 (DM&IR), 129 (B&O), 141
4–8–8–2 (cab ahead SP) 103 (SP)
4–8–8–4 (Big Boy) 55 (Tafel 3), 86 (UP), 117 (UP)
2–10–10–2 155 (I), 169 (I)
2–8–8–8–2T 141 (I)
2–8–8–8–4T 161 (I)

Duplex etc.

4–4–4–4 (Duplex) B&O, 196,5 t 100 (B&O), Abb. 24
4–4–4–4 (Duplex) Penn 225,53 t 122 (Penn)
6–4+4–6 (Duplex) 275 t (schwerste Northern 227 t) 112 (Penn)
4–6–4–4 (Duplex) 122 (Penn)
4–4–6–4 (Duplex) 123 (Penn)
4–6–6–4 (Turboelektrolok) 103 (UP)
6–8–6 (Dampfturbinenlok mit Direktan-trieb) 129 (Penn)

Orts- und Streckenverzeichnis

(Geographische Begriffe)

Sachverzeichnis

Firmen, Vereinigungen, Technische Fachausdrücke, Zugsnamen, Ausstellungen, Betriebsausdrücke, Loknamen, Brücken, Signaltechnik, Lokmodernisierungen, Umweltschutz, Bahnhöfe, Krisen, Unwetter, Eisenbahnunglücke, Geschwindigkeiten etc.

Namenverzeichnis

Während es in den Geistes- und Naturwissenschaften selbstverständlich
ist, Werke, Theorien und Gesetze nach ihren Schöpfern und Entdeckern
zu benennen und mit biographischen Angaben wiederzugeben, so dass
sie zu Begriffen werden, folgt die Technik diesem Brauch nur zögernd. –
Nachdem aber heute die Technik als Disziplin anerkannt ist, muss
endlich auch hier diese falsche Bescheidenheit einer Würdigung dieser
schöpferischen Menschen Platz machen.

Hans-Christoph Graf von Seherr-Thoss, 1965